Jessica Jungbauer

URBAN OASIS

Parks & Projects for a Greener Future

teNeues

CONTENTS

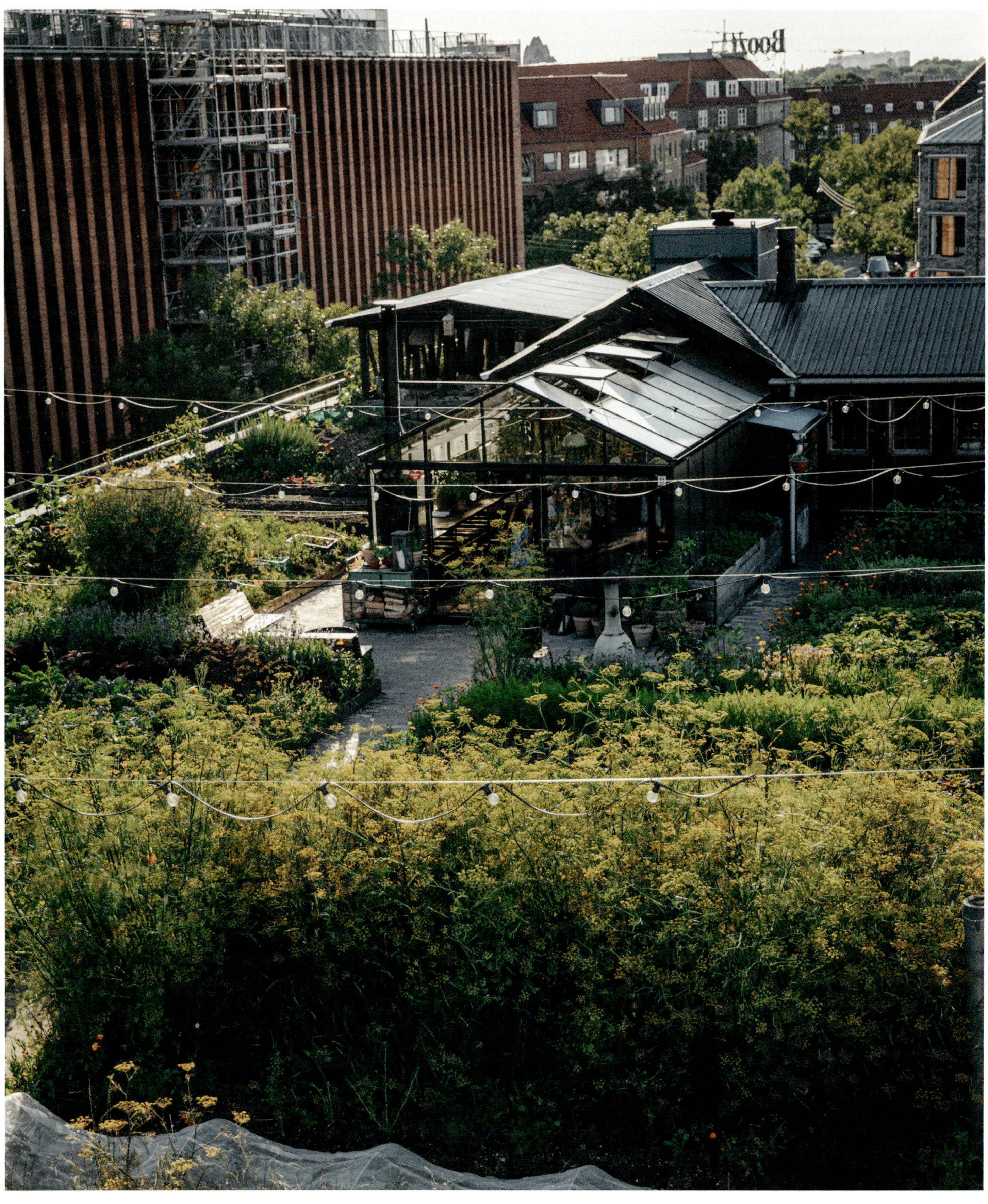

INTRODUCTION

Sprouting from the rooftops of New York City, hidden amongst the skyscrapers of Shanghai, and flourishing in the bustling streets of Berlin, a new movement is gathering pace. Urban oases—such as rooftop farms, secret gardens, and public parks on abandoned lots—are popping up in conurbations all around the world, offering city-dwellers peace, tranquility and the chance to reconnect with nature. But parks and gardens do more than just provide a calming escape amidst the concrete jungle—they also have essential environmental benefits, lowering temperatures, reducing flooding and improving air quality, and thus are crucial in the fight against the climate crisis. This book presents some of the most inspiring green projects worldwide that model an urban future worth living in.

Landscape architects, urban planners, conservationists and activists are all working to plant, restore and protect greenery in public spaces. Forward-thinking landscape architecture firms such as Kotchakorn Voraakhom's **LANDPROCESS** in Thailand (p. 168), **Hideo Sasaki's** namesake firm with offices in the United States and China (p. 188), and **T.C.L** in Australia (p. 202) are focusing on the holistic design of sustainable green spaces—to give only a few examples. At the same time, activists are taking matters into their own hands. Inspiring urban gardening communities such as **The Ron Finley Project** in Los Angeles (p. 110) or **Allmende Kontor** at Tempelhofer Feld in Berlin (p. 24) are planting for the common good, transforming unused spaces into thriving places. Rooftop-farming initiatives such as **Brooklyn Grange** in New York City (p. 100) and **ØsterGRO** in Copenhagen (p. 38) are using limited space in cities to grow food, showcasing the creative ways that people are finding to bring nature into the city. The projects presented in this book show that it is possible to create green spaces even in the most urban of environments, and that the benefits of doing so are numerous.

The Intergovernmental Panel on Climate Change (IPCC) also calls for more greening in cities in its latest report on the climate crisis. Depending on location the threats facing cities vary from heatwaves to heavy rainfalls, but all are caused or exacerbated by global heating and increasingly extreme weather. More trees can help combat these challenges by sequestering carbon, removing greenhouse gases from the atmosphere, improving air quality, and contributing to greater biodiversity. More green vegetation in public spaces can also have a cooling effect, counteracting urban heat islands caused by hot paved sidewalks and concrete buildings, and green spaces are able to better store and retain rainwater than concrete surfaces, mitigating the effects of heavy rainfall.

Pockets of green in the city are also a vital source of respite for residents, promoting a higher overall quality of life. A stroll through a park or garden can have a lasting impact on stress levels, making these areas essential for both mental and physical well-being. These oases of greenery serve as important social hubs as well, providing a place for people to come together for leisure, recreation and community-building. Whether for a peaceful stroll, a picnic with friends or an afternoon of play, parks and gardens offer something for everyone. The sight of lush green grass, towering trees, and vibrant flowers lifts the spirits and provides a much-needed escape from the concrete jungle: in today's fast-paced world, green spaces remind us to slow down and appreciate the beauty of nature.

As the value of urban green spaces becomes increasingly apparent, however, they also become vulnerable to green gentrification. The "High Line effect," named for the elevated **High Line Park** in New York City (p. 82) and describing the way in which developers revitalize abandoned landscapes in order to drive up property values, is just one example of the potential negative consequences of creating more green space in the city. To counter these we must approach urban development with a holistic and inclusive ethos, taking into consideration not only the environmental benefits but also the needs of local communities, including the requirement for affordable housing. Only by promoting sustainability on both environmental and social levels can

we ensure that the creation of green spaces truly benefits everyone in the community. Citizen-led initiatives such as **Tempel-hofer Feld** (p. 20) demonstrate the importance of involving local residents in the planning and development of green spaces. By giving the community a say in the future of the former airport, the project was able to avoid the negative consequences of urban development and create a space that truly meets the needs of the community. Such an approach is necessary to ensure that such spaces are not just prestige projects but actually improve the quality of life in the city for all.

Yet even with that said, it is certainly true that the more small pockets of green space scattered throughout cities the better. Another way to achieve this is through reforestation and afforestation initiatives, exemplified by Medellín's **Green Corridors** (p. 122) and the **Lineal Gran Canal Park** in Mexico City (p. 118). Pocket forests, inspired by the Japanese Miyawaki forests, are another quick and effective way to employ native trees to help combat pollution and promote biodiversity.

Finally, one of the most sustainable solutions is to preserve and protect existing urban natural habitats. This can involve restoring parks like the **Körnerpark** in Berlin (p. 16) or saving them from development, as was achieved in the case of **Royal Djurgården** in Stockholm (p. 46), the world's first national urban park. Indeed, public parks themselves increasingly require protection from the impacts of the climate crisis, something highlighted through the efforts of organizations like the **Central Park Climate Lab** (p. 92). Initiatives to protect endangered virgin forests and native wildlife are also critical to preserving the planet's precious biodiversity, with examples including **Banco National Park** (p. 142) in Côte d'Ivoire, one of the few remaining urban rainforests, and **Nairobi National Park** in Kenya (p. 146), the world's only urban wildlife sanctuary.

This book showcases some of the most beautiful urban oases on our planet and explores the many ways in which they enrich our cities and change lives for the better. At the same time, it pays tribute to the passionate people behind the projects that are shaping the future of our urban landscapes. From the winding paths of Parisian parklands to the verdant forests of Tokyo, the green spaces presented in this book remind us of the beauty and resilience of nature while offering a glimpse into a more sustainable future for our planet and its people.

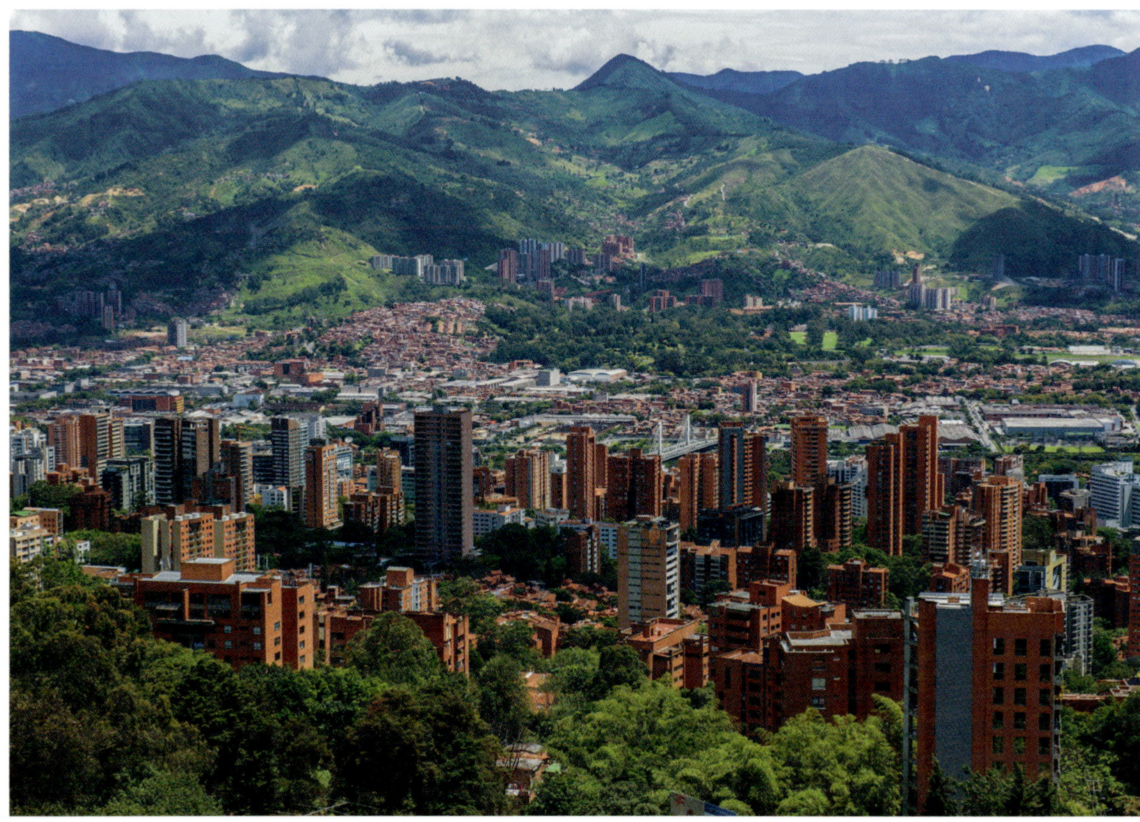

EINFÜHRUNG

Auf den Dächern New York Citys, versteckt zwischen den Wolkenkratzern Shanghais und in den belebten Straßen Berlins, überall auf der Welt entstehen urbane Oasen wie Dachfarmen, geheime Gärten und öffentliche Parks auf verlassenen Industriebrachen. Sie laden die Menschen in der Stadt dazu ein, sich wieder mit der Natur zu verbinden. Doch Parks und Gärten bieten nicht nur idyllische Erholungsräume inmitten des Großstadtdschungels – sie haben auch erhebliche Vorteile für die Umwelt: Sie senken die Temperaturen, verringern Überschwemmungen und verbessern die Luftqualität, was sie unverzichtbar im Kampf gegen die Klimakrise macht. Dieses Buch stellt einige der weltweit inspirierendsten grünen Projekte für eine lebenswerte Zukunft in der Stadt vor.

Landschaftsarchitekt:innen, Stadtplaner:innen, Naturschützer:innen und Aktivist:innen setzen sich für die Bepflanzung, Wiederherstellung und den Schutz grüner Orte im öffentlichen Raum ein. Zukunftsweisende Landschaftsarchitekturbüros wie Kotchakorn Voraakhoms **LANDPROCESS** (S. 168) in Thailand, **Sasaki** (S. 188), gegründet vom berühmten Landschaftsarchitekten Hideo Sasaki, und **T.C.L** (S. 202) in Australien konzentrieren sich auf die ganzheitliche Gestaltung nachhaltiger Grünflächen. Gleichzeitig nehmen die Menschen die Dinge selbst in die Hand. Inspirierende Urban-Gardening-Communities wie **„The Ron Finley Project"** (S. 110) in Los Angeles oder **„Allmende Kontor"** (S. 24) auf dem Tempelhofer Feld in Berlin pflanzen für das Gemeinwohl und verwandeln ungenutzte Flächen in blühende Orte. Innovative Ideen wie die Dachfarmen **Brooklyn Grange** (S. 100) in New York City und **ØsterGRO** (S. 38) in Kopenhagen nutzen den begrenzten Platz in den Städten für den Anbau von Lebensmitteln und zeigen, welche kreativen Wege die Menschen finden, um die Natur in die Stadt zu holen. Die in diesem Buch vorgestellten Projekte beweisen, dass es möglich ist, selbst in den am dichtesten besiedelten Städten grüne Oasen zu schaffen, und dass dies viele Vorteile mit sich bringt.

In Zeiten der Klimakrise fordert auch der Zwischenstaatliche Ausschuss für Klimaänderungen (IPCC) in seinem jüngsten Bericht mehr Grün in den Städten. Die größten Bedrohungen für Städte reichen von Hitzewellen bis hin zu Überschwemmungen durch die globale Erwärmung und immer extremeres Wetter. Mehr Bäume helfen dabei, diese Herausforderungen zu bewältigen, indem sie CO_2 aus der Luft binden, die Luftqualität verbessern und zu einer größeren biologischen Vielfalt beitragen. Mehr Grünpflanzen im öffentlichen Raum haben auch die Fähigkeit, ihre Umgebung zu kühlen und so städtischen Wärmeinseln entgegenzuwirken, die durch aufgeheizte Bürgersteige und Betongebäude entstehen. Bei Starkregen wiederum können Grünflächen das Regenwasser besser speichern und zurückhalten als versiegelte Flächen.

Grüne Oasen in der Stadt sind natürlich wichtige Erholungsquellen für ihre Bewohner:innen und tragen zu einer höheren Lebensqualität bei. Schon ein einfacher Spaziergang durch einen Park oder Garten wirkt sich nachhaltig auf den Stresspegel aus. Diese städtischen Freiräume sind daher sowohl für das seelische als auch für das körperliche Wohlbefinden förderlich. Grüne Orte sind bedeutende soziale Zentren, in denen sich die Menschen zur Freizeitgestaltung und zum geselligen Beisammensein treffen. Ob für einen entspannten Spaziergang, ein Picknick mit Freunden oder einen Nachmittag voller Aktivitäten – Parks und Gärten bieten für jeden etwas. Der Anblick von saftigem Grün, hohen Bäumen und bunten Blumen hebt die Stimmung und bietet eine dringend benötigte Auszeit vom Alltag. In unserer schnelllebigen Welt erinnern uns grüne Oasen daran, zu entschleunigen und die Schönheit der Natur zu genießen.

Da der Wert städtischer Grünflächen immer deutlicher wird, können sie anfällig für „grüne Gentrifizierung" werden. Der „High-Line-Effekt", benannt nach dem **High Line Park** (S. 82) in New York City, bei dem Bauträger stillgelegte Brachflächen wiederbeleben, um Immobilienwerte in die Höhe zu treiben, ist nur ein Beispiel für mögliche negative Folgen von mehr Grünflächen in der Stadt. Es ist von entscheidender Bedeutung, dass die Stadtentwicklung in einem ganzheitlichen und inklusiven Ansatz gedacht wird,

der nicht nur die Vorteile für die Umwelt, sondern auch die Auswirkungen auf die lokalen Gemeinschaften berücksichtigt, einschließlich des Bedarfs an bezahlbarem Wohnraum. Wenn die Nachhaltigkeit sowohl auf ökologischer als auch sozialer Ebene gefördert wird, kann sichergestellt werden, dass die Schaffung grüner Orte wirklich allen in der Gemeinschaft zugutekommt.

Bürgerinitiativen wie das Paradebeispiel **Tempelhofer Feld** (S. 20) in Berlin zeigen, wie wichtig die Beteiligung der Anwohner:innen an der Planung und Entwicklung von Grünflächen ist. Durch das Mitspracherecht bei der Zukunft des ehemaligen Flughafens konnte das Projekt negative Folgen der Stadtentwicklung vermeiden und einen Raum schaffen, der die Bedürfnisse der Gemeinde berücksichtigt. Dieses Vorgehen bei der Gestaltung von Grünflächen stellt sicher, dass die Parks nicht nur Prestigeprojekte sind, sondern tatsächlich die Lebensqualität in der Stadt für alle verbessern.

Eine weitere Möglichkeit, mehr Grün in die Städte zu bringen, sind Aufforstungsinitiativen wie die „**Grünen Korridore**" (S. 122) in Medellín und der **Lineal Gran Canal Park** (S. 118) in Mexiko-Stadt. Pocket Forests nach dem Vorbild der japanischen Miyawaki-Wälder sind eine schnelle und effektive Möglichkeit, einheimische Bäume zu pflanzen, die zur Förderung der Artenvielfalt und zur Bekämpfung der Umweltverschmutzung beitragen. Je mehr kleine grüne Inseln in den Städten verteilt sind, desto besser.

Eine der nachhaltigsten Lösungen besteht schließlich darin, das Bestehende zu bewahren und den natürlichen Lebensraum in den Städten weltweit zu schützen. Das kann bedeuten, Parks wie den **Körnerpark** in Berlin (S. 16) wiederherzustellen oder sie vor Bebauung zu bewahren, wie im Fall des **Royal Djurgården** (S. 46) in Stockholm, dem ersten Nationalstadtpark der Welt. Zunehmend müssen öffentliche Parks auch selbst vor den Auswirkungen der Klimakrise geschützt werden, was durch die Bemühungen von Organisationen wie dem **Central Park Climate Lab** deutlich wird (S. 92). Auch der Schutz bedrohter Urwälder und einheimischer Wildtiere ist von entscheidender Bedeutung, um die wertvolle biologische Vielfalt auf diesem Planeten zu erhalten, sei es im **Nationalpark Banco** (S. 142) in Abidjan, in der Elfenbeinküste, einem der wenigen verbliebenen urbanen Regenwälder, oder im **Nairobi-Nationalpark** (S. 146) in Kenia, dem weltweit einzigen städtischen Schutzgebiet für Wildtiere.

Dieses Buch präsentiert einige der schönsten urbanen Oasen unserer Welt und verdeutlicht, auf welch vielfältige Weise sie unsere Städte bereichern und zum Positiven verändern. Gleichzeitig würdigt es die leidenschaftlichen Menschen, die hinter diesen Projekten stehen und die Zukunft unserer Stadtlandschaften gestalten. Mit zunehmender Urbanisierung wächst die Bedeutung dieser Räume. Von den verschlungenen Pfaden der Pariser Parklandschaften bis zu den grünen Wäldern Tokios – die in diesem Buch vorgestellten grünen Orte erinnern uns an die Schönheit und Widerstandsfähigkeit der Natur und geben gleichzeitig einen Ausblick auf eine nachhaltigere Zukunft für unseren Planeten und seine Bewohner:innen.

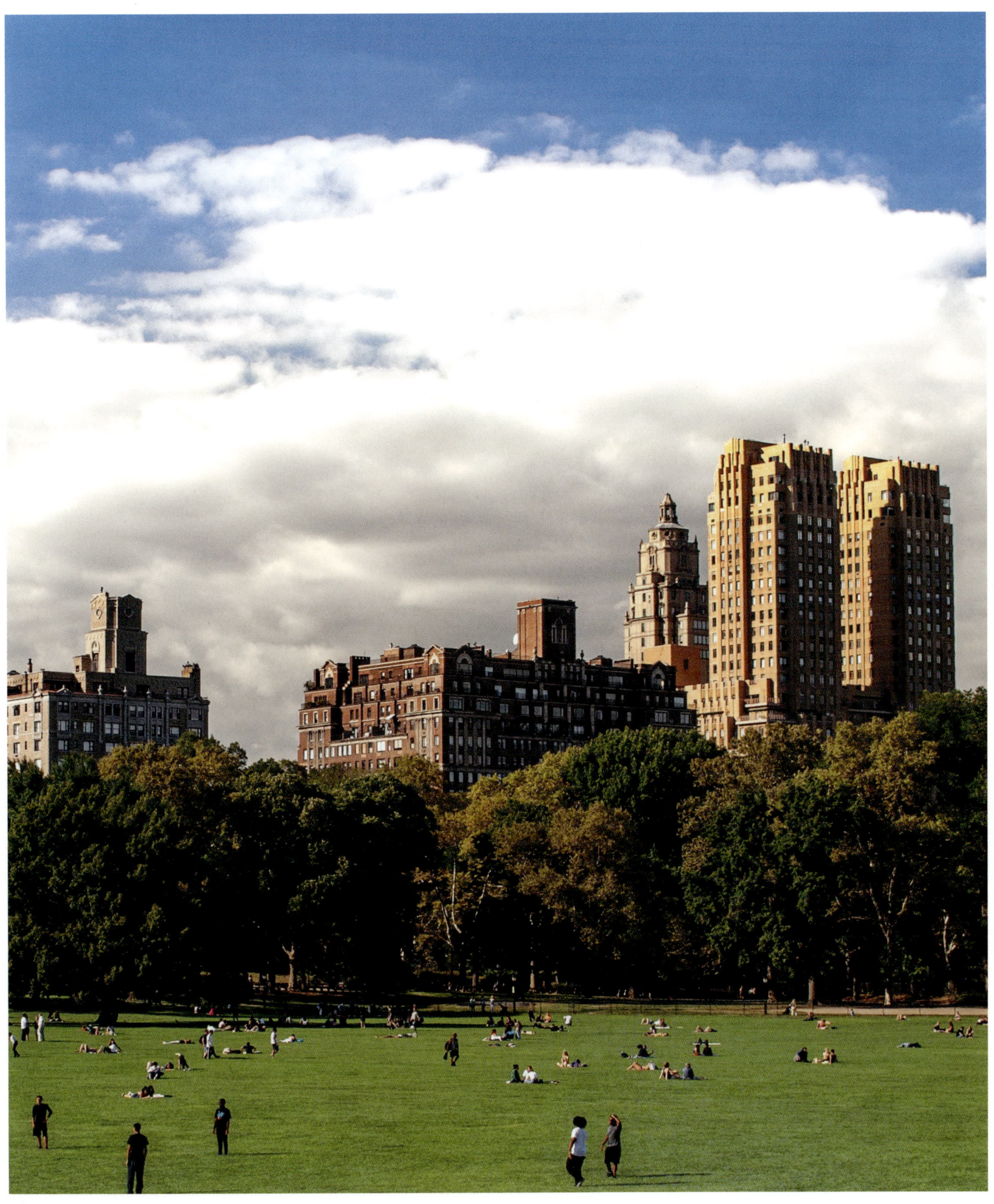

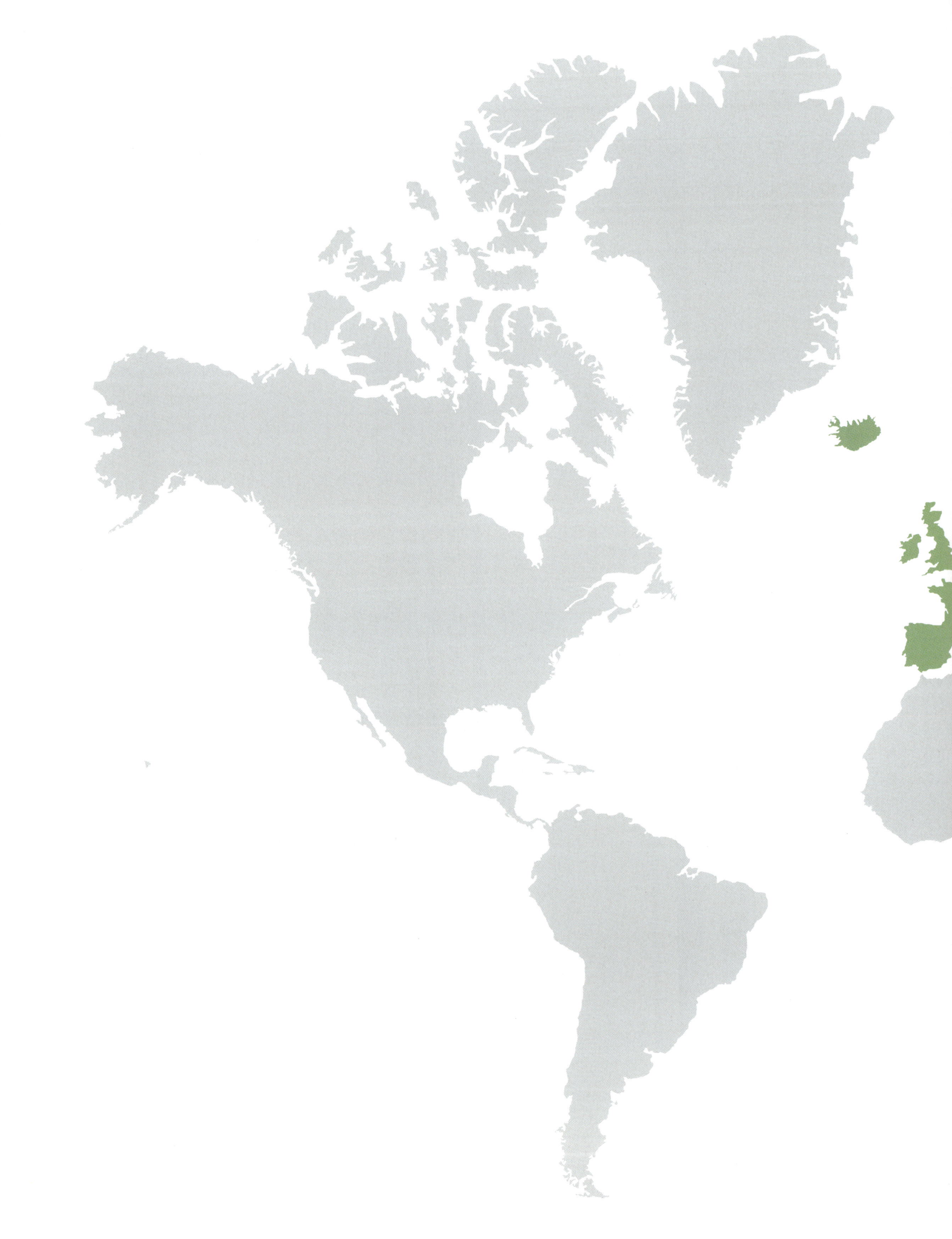

EUROPE

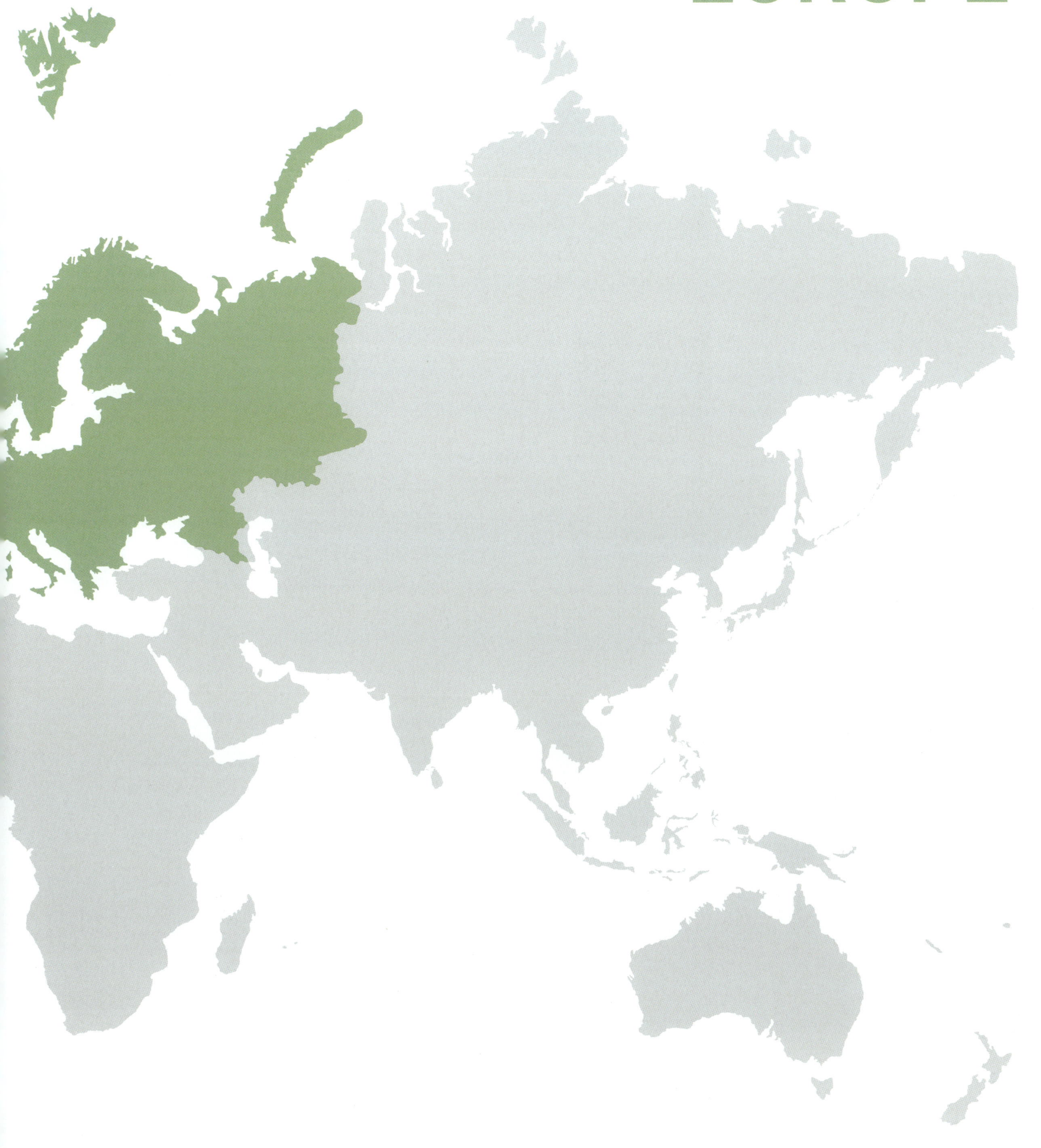

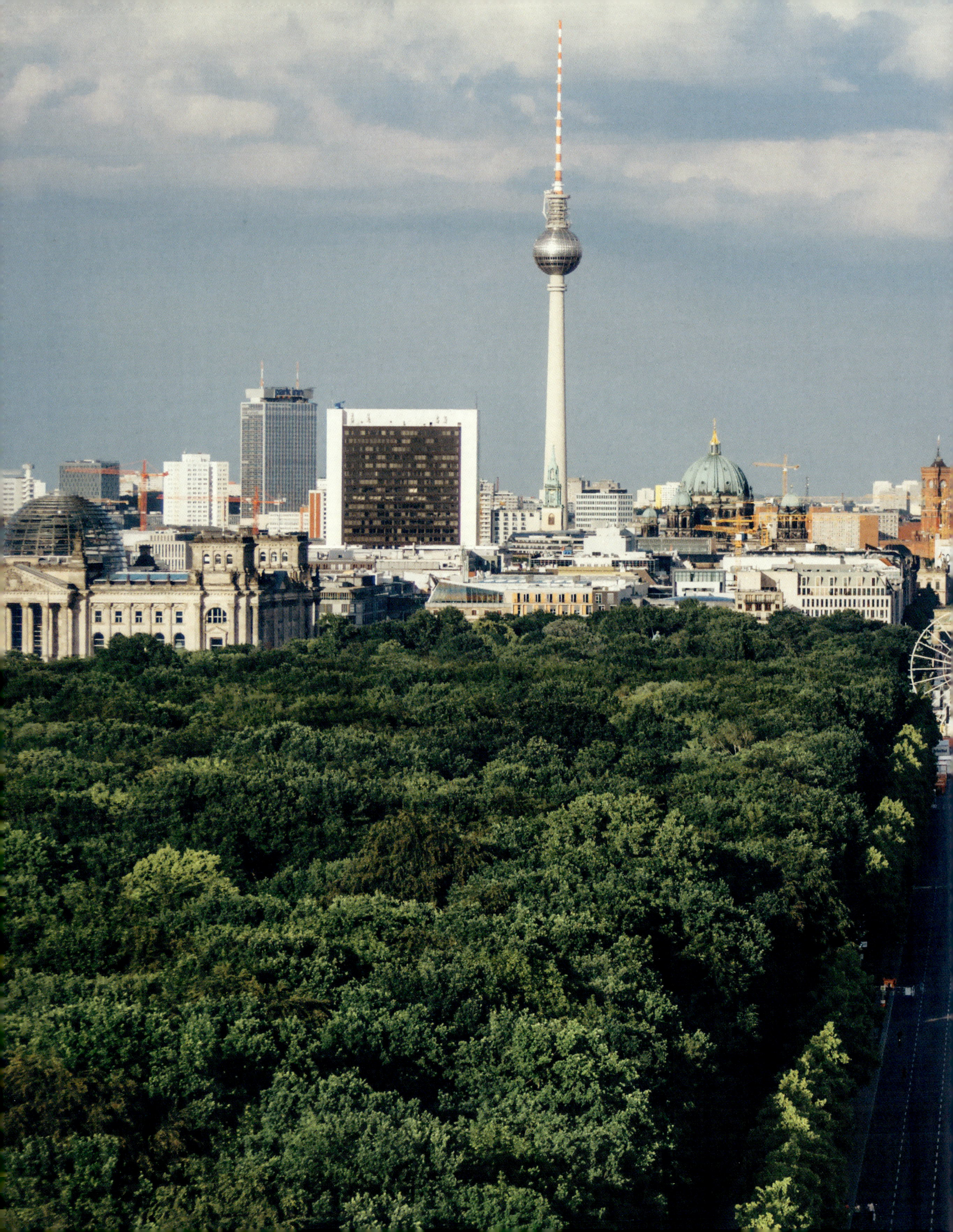

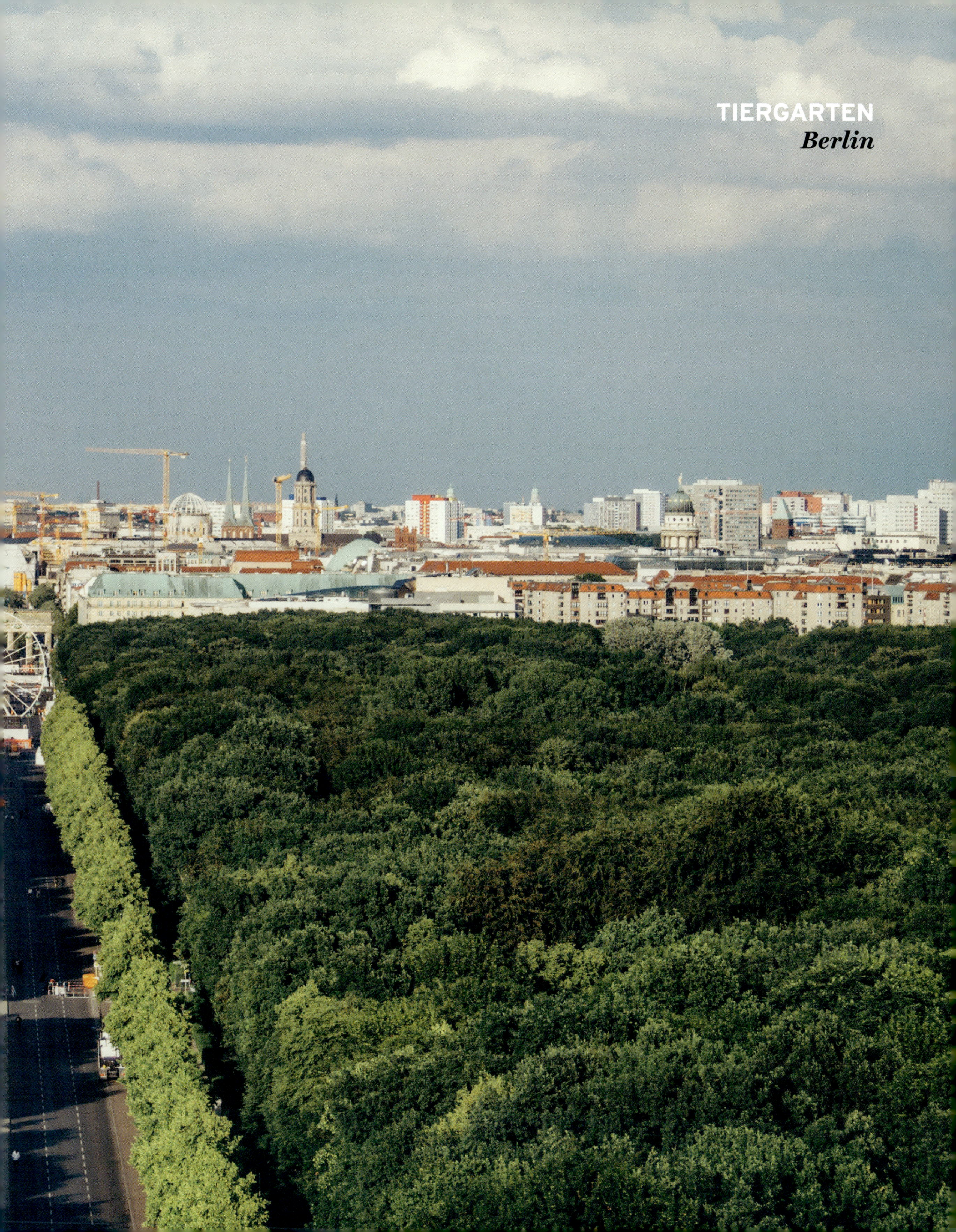

TIERGARTEN
Berlin

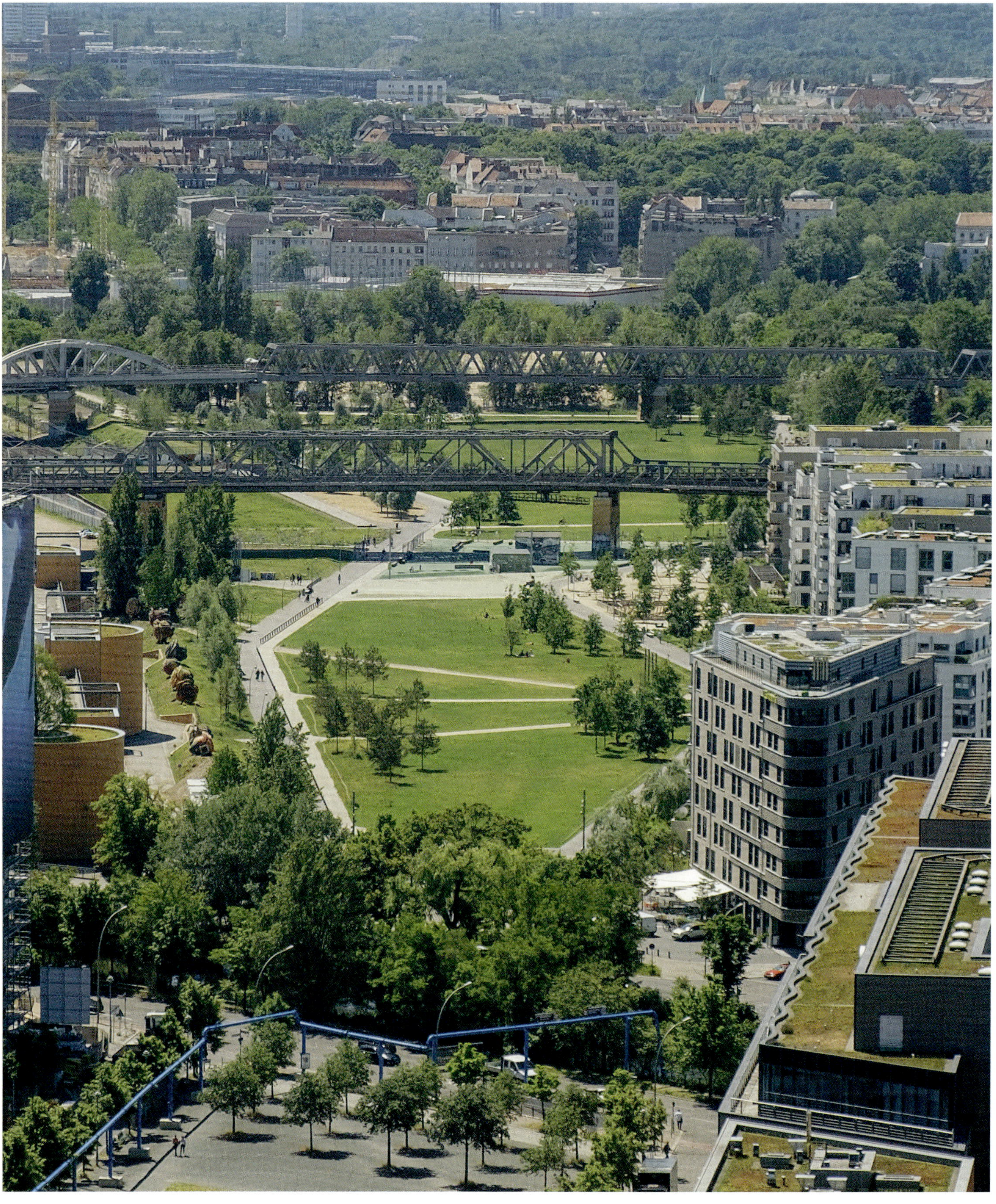

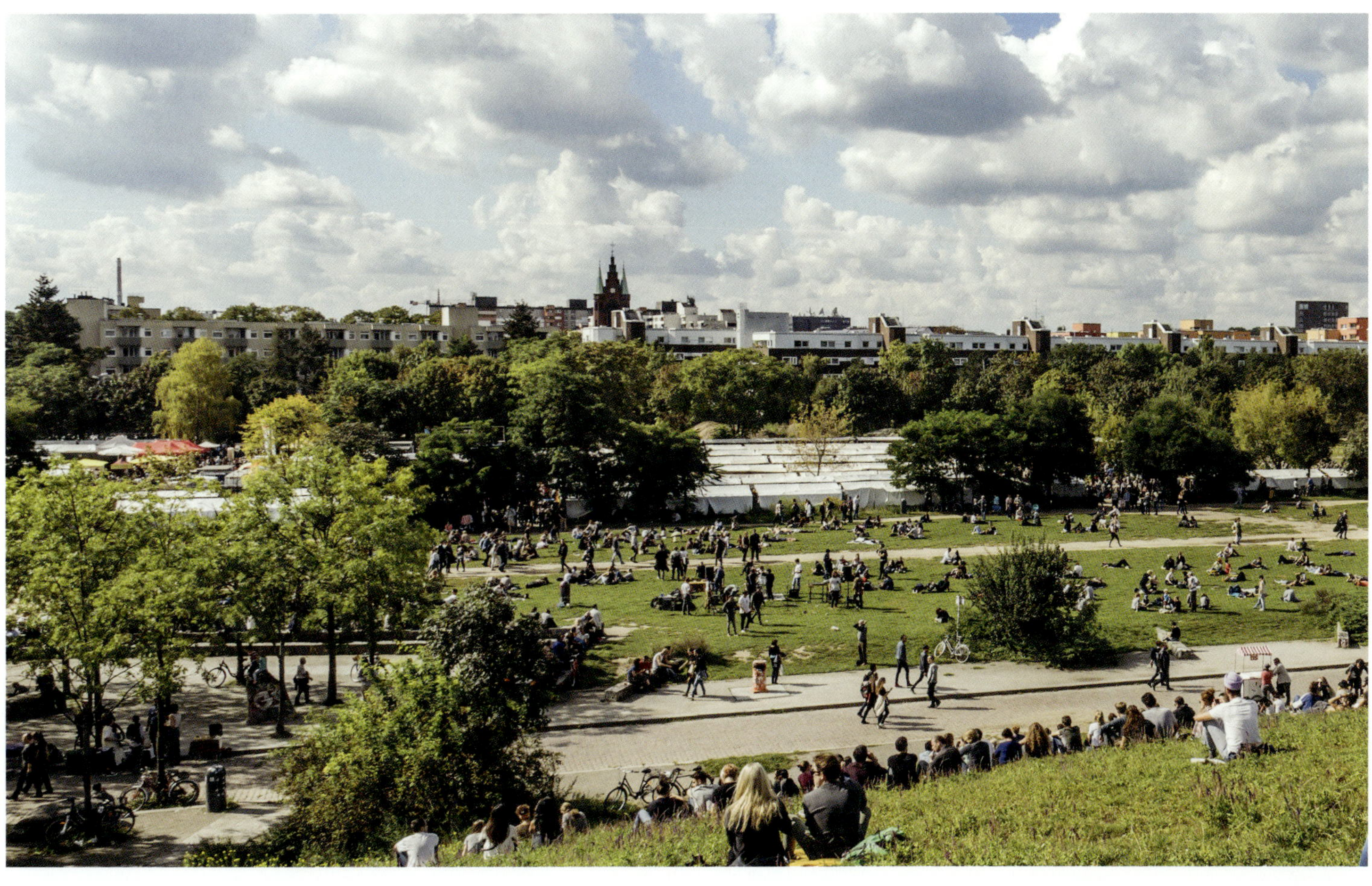

Mauerpark, built on the former site of the Berlin Wall and its "death strip" in Prenzlauer Berg, stands as a powerful reminder of the city's past. Today it is a lively green space boasting street performers and a popular flea market on Sundays, while still featuring a graffiti-covered section of the Wall.

Der Mauerpark im Prenzlauer Berg ist ein eindrucksvolles Zeugnis der Vergangenheit der Stadt, denn er wurde auf dem ehemaligen Gelände der Berliner Mauer und des Todesstreifens errichtet. Heute ist er eine lebhafte Grünanlage mit Straßenkünstlern und einem beliebten Flohmarkt an Sonntagen sowie einem mit Graffiti besprühtem Teil der Berliner Mauer.

Built on an abandoned railway site in the heart of Berlin, Park am Gleisdreieck emerged gradually in the years after 2013 through a planning process marked by strong public participation. Today, its expansive lawns are a lively haven where people of all ages and backgrounds can unwind, play, and connect with nature.

Der Park am Gleisdreieck wurde auf einem ehemaligen Bahngelände im Herzen Berlins errichtet und entstand seit 2013 schrittweise in einem Planungsprozess, der von einer starken Bürgerbeteiligung geprägt war. Heute sind die weitläufigen Rasenflächen ein attraktiver Ort für Menschen jeden Alters und jeder Herkunft, um sich zu entspannen, zu spielen und die Natur zu genießen.

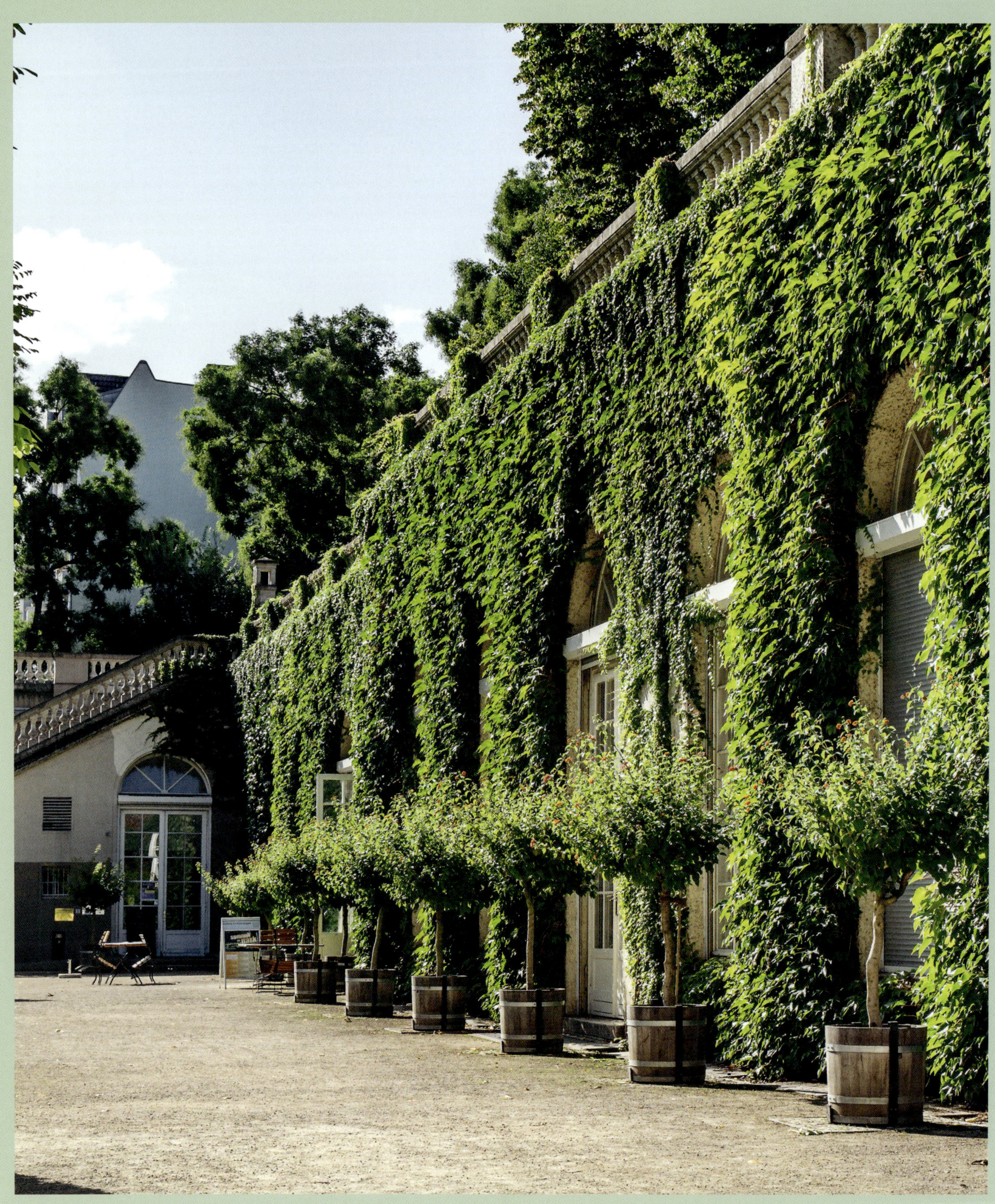

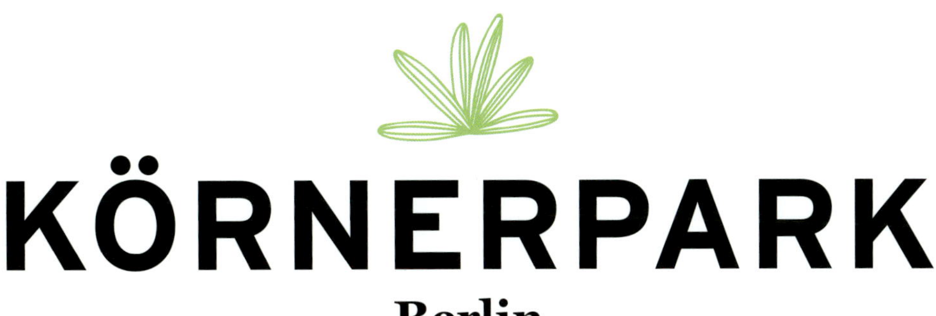

KÖRNERPARK

Berlin

Körnerpark in Berlin is a true hidden gem. Nestled among rows of houses in Berlin's working-class Neukölln neighborhood, the park features a low-lying neo-baroque design with a spring fountain, palm trees and a large lawn. Its history dates back to the early 20th century, when it was a gravel pit before being converted into a community gathering-place.

The pit's owner, Franz Körner, decided to open the space to the public and donated it to the then-city of Rixdorf in 1910. Over the decades, though, the park fell into disrepair until being restored to its former glory by the district office of Neukölln and the landscape architecture firm Henningsen in 2008, a restoration that included modernizing the leaking fountain system according to sustainable standards.

Today, Körnerpark is a lively and beloved place where people enjoy much-needed shade during summer and children play in the fountain. There's an orangery with a café and exhibition space, and local residents organize small concerts and an open-air cinema. The way people use the park enriches the entire neighborhood.

Der Körnerpark in Berlin ist ein wahres Kleinod inmitten des Stadtteils Neukölln. Eingebettet zwischen den Häuserzeilen des Arbeiterviertels, besteht der Park aus einem tiefliegenden, neobarocken Design mit Skulpturen, einem Springbrunnen, Palmen und einer großen Wiese. Seine Geschichte reicht bis ins frühe 20. Jahrhundert zurück. Damals war er eine Kiesgrube, die in einen kleinen Stadtpark umgewandelt wurde.

Ihr Besitzer, Franz Körner, wollte den Ort lieber der Öffentlichkeit zugänglich machen und schenkte die Kiesgrube 1910 der damaligen Stadt Rixdorf. Im Laufe der Jahrzehnte verfiel der Park jedoch, bis er 2008 vom Bezirksamt Berlin-Neukölln und dem Landschaftsarchitekturbüro Henningsen restauriert wurde. Im Zuge der Restaurierung wurde auch die undichte Brunnenanlage nach nachhaltigen Standards modernisiert, sodass der Park wieder in neuem Glanz erstrahlte.

Heute ist der Körnerpark ein lebendiger und beliebter Ort, an dem die Menschen im Sommer den dringend benötigten Schatten genießen und Kinder an den Fontänen des Springbrunnens spielen. Es gibt eine Orangerie mit einem Café und Ausstellungsraum und die Anwohner:innen veranstalten kleine Konzerte und ein Open-Air-Kino. Die Art und Weise, wie die Menschen den Park nutzen, macht ihn zu einer wahren Bereicherung für das gesamte Stadtviertel.

HENNINGSEN LANDSCAPE ARCHITECTS
Q&A

What was your goal with Körnerpark?

Our goal was to restore the garden monument to its original state, taking into account modern technical requirements and economic considerations. We wanted to preserve the original character of the park while increasing its attractiveness. In the accompanying perennial planting at the fountain, we considered factors such as light and shade and the location of the park in order to create as much of a sustainable and long-lasting effect as possible.

What is important to you in your work?

Our focus is the reconstruction of parks that are protected as monuments. We analyze the original design and develop it in a respectful and contemporary way. We carefully examine the existing vegetation and trees, as well as the use of the park by different groups. We also involve local residents in the development process and ensure that the park is designed to be sustainable. In recent years, we have also focused on climate adaptation in our plant selection and rainwater management.

How can restoration help in the fight against the climate crisis?

Re-using materials in parks is an important step toward conserving resources. For example, existing pathway pavements can be secured and reused, and existing trees and plants can be cared for and pruned without the need for complete replanting. In recent years, many cities, not only Berlin, have reduced their park maintenance to a minimum due to financial and capacity constraints. Now they have to make up for these deficits through renovation and reconstruction. In the future, it will be increasingly critical to create more green spaces in cities to provide shade and reduce CO_2 emissions. Managing rainwater is becoming increasingly important. It is a matter of infiltrating it on-site or using it to irrigate parks. Last but not least, green spaces provide recreational areas and opportunities for a break, especially in the context of rising temperatures.

Was war Ihr großes Ziel mit dem Körnerpark?

Unser Ziel war es, das Gartendenkmal originalgetreu wiederherzustellen und bei der Brunnensanierung die heutigen technischen Anforderungen und wirtschaftliche Gesichtspunkte zu berücksichtigen. Wir wollten den ursprünglichen Charakter des Parks bewahren und gleichzeitig seine Attraktivität erhöhen. Bei der begleitenden Staudenpflanzung am Brunnen haben wir die Licht- und Schattengegebenheiten sowie die Lage des Parks berücksichtigt, um eine möglichst nachhaltige und langlebige Wirkung zu erzielen.

Was ist Ihnen in Ihrer Arbeit wichtig?

Unser Fokus liegt auf der sorgfältigen Rekonstruktion von Parkanlagen, die unter Denkmalschutz stehen. Wir analysieren die ursprüngliche Anlage, um sie respektvoll und zeitgemäß weiterzuentwickeln. Dabei achten wir genau auf die vorhandene Vegetation und Bäume sowie auf die Nutzung des Parks durch verschiedene Nutzergruppen. In einem Partizipationsverfahren involvieren wir die Anwohner bei der Entwicklung und stellen sicher, dass der Park nachhaltig angelegt wird. In den letzten Jahren haben wir bei der Pflanzenauswahl und dem Regenwassermanagement auf die Klimaanpassung geachtet.

Wie hilft Restaurierung im Kampf gegen die Klimakrise?

Die Wiederverwendung von Materialien in den Parkanlagen ist ein wichtiger Schritt, um Ressourcen zu schonen. So können beispielsweise Wegebeläge gesichert und wiederverwendet werden und vorhandene Bäume und Pflanzen so gepflegt und geschnitten werden, dass es keine komplette Neubepflanzung braucht. Viele Städte, nicht nur Berlin, haben aus finanziellen und Kapazitätsgründen die Pflege ihrer Parks auf ein Minimum reduziert. Jetzt müssen sie die Defizite durch Sanierung und Rekonstruktion ausgleichen. In Zukunft wird es immer wichtiger sein, mehr Grünflächen in der Stadt zu schaffen, um Schatten zu spenden und CO_2-Emissionen zu reduzieren. Der Umgang mit dem Regenwasser wird immer wichtiger. Es geht darum, es vor Ort zu versickern oder für die Bewässerung von Grünanlagen zu benutzen. Nicht zuletzt bieten grüne Räume in der Stadt den Bürgern Orte der Erholung und Auszeiten.

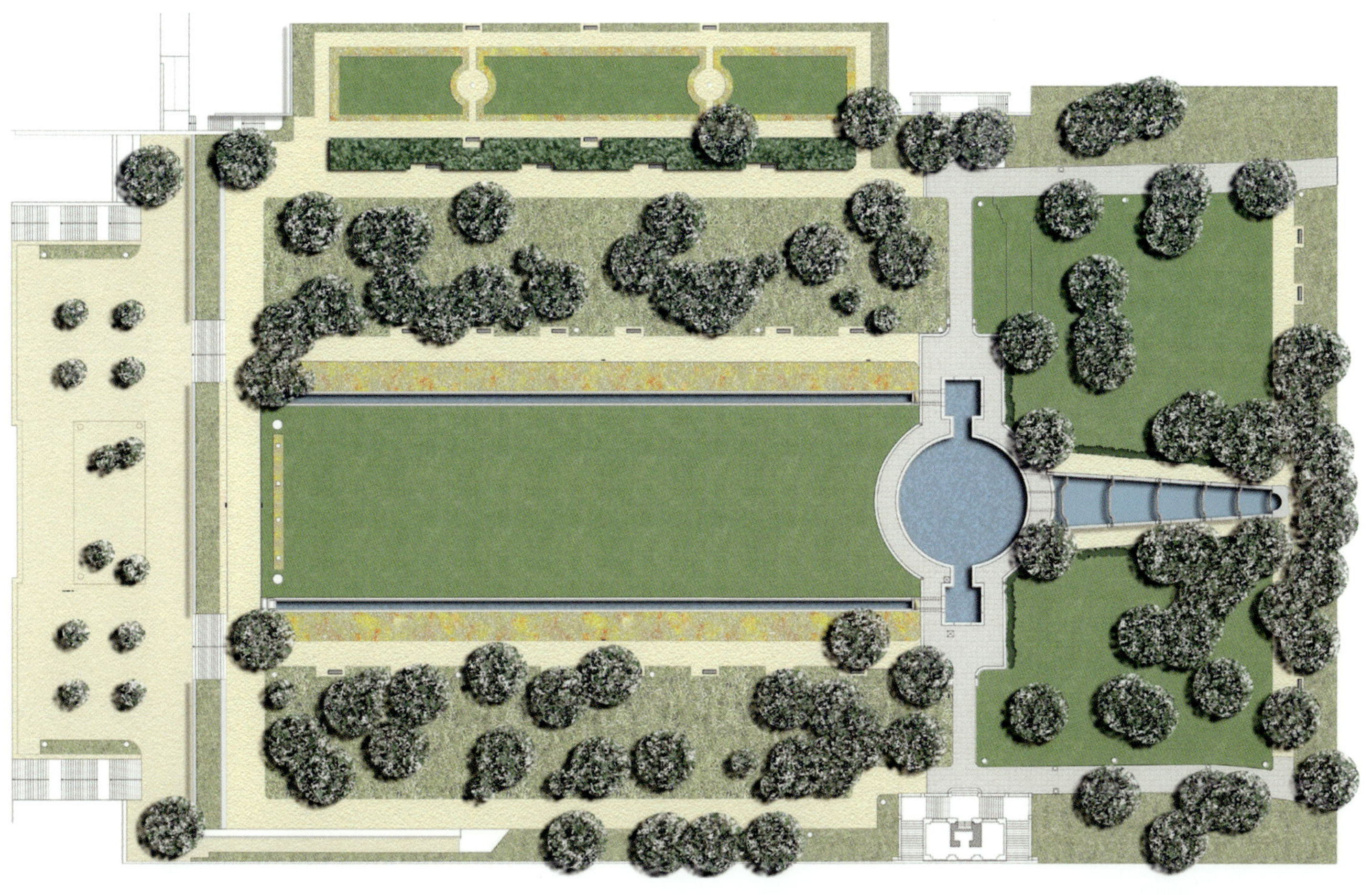

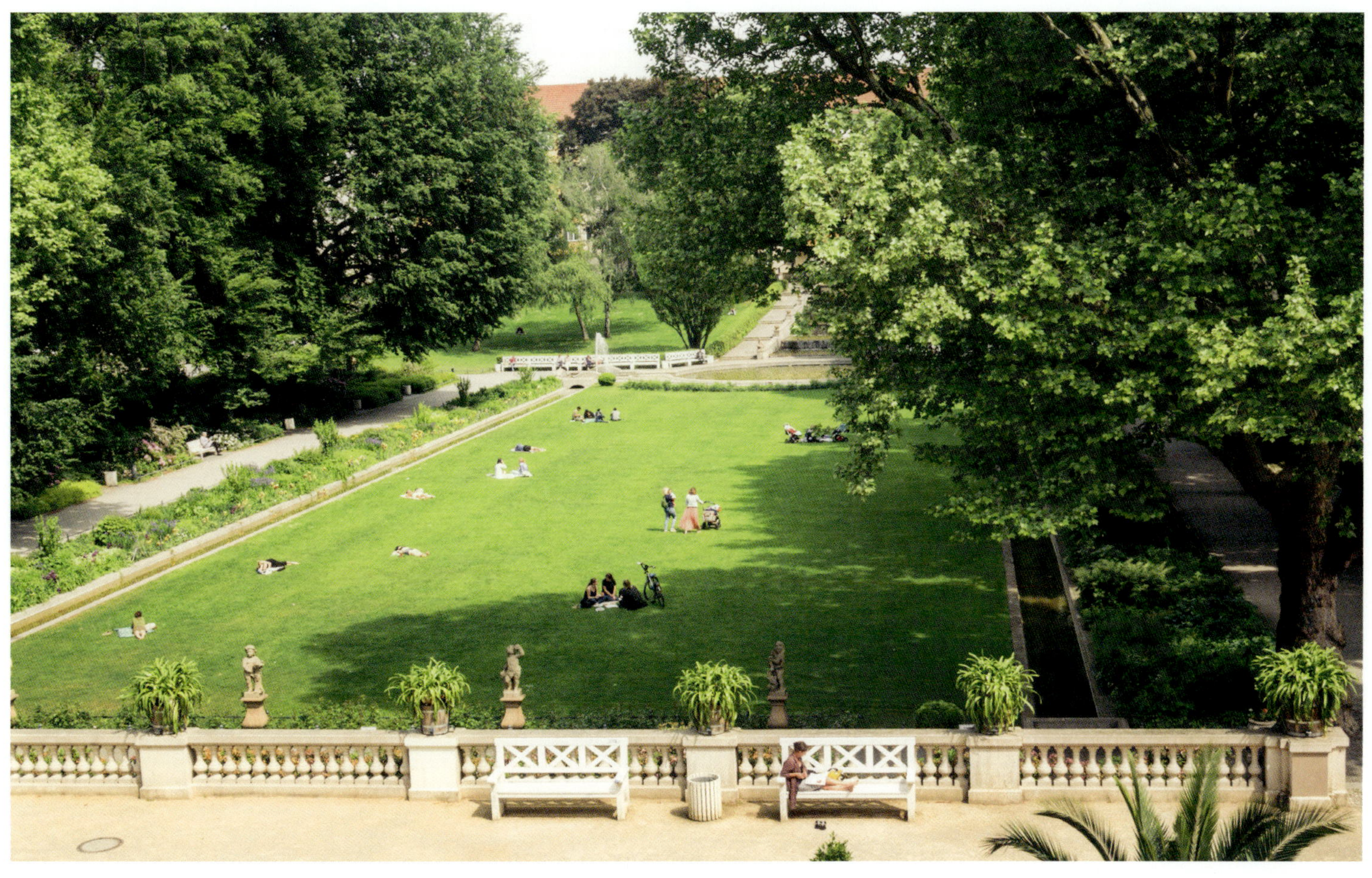

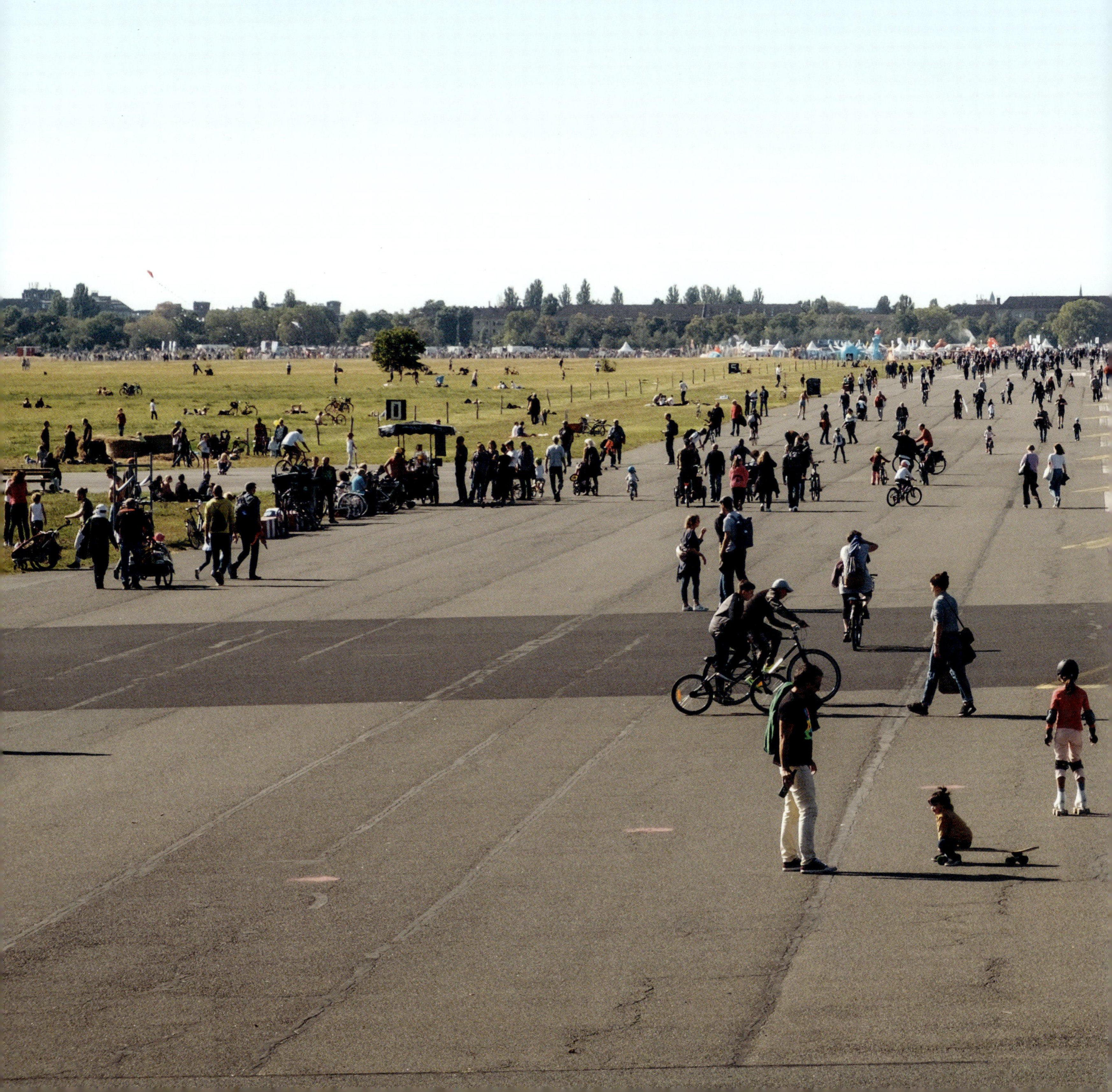

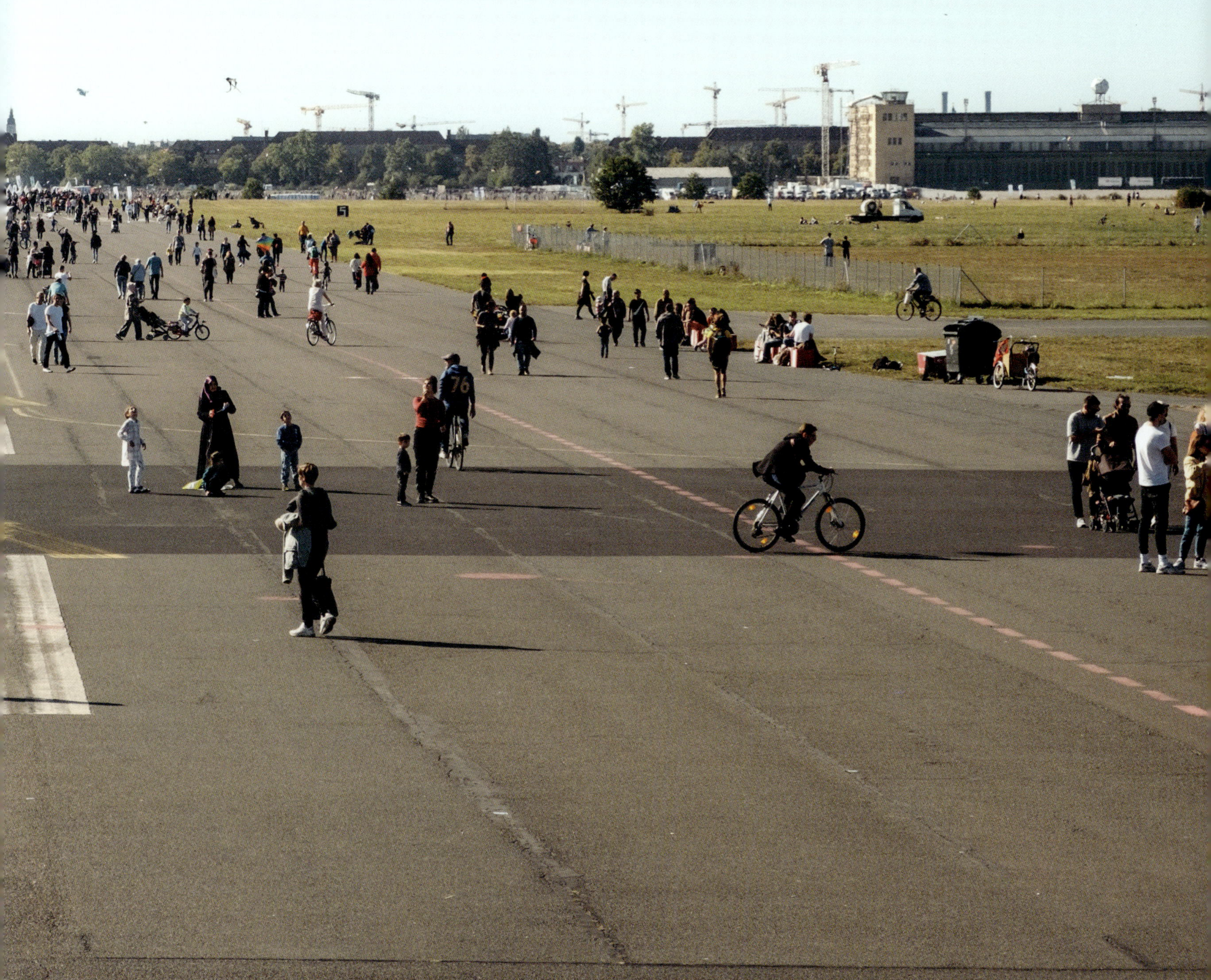

TEMPELHOFER FELD
Berlin

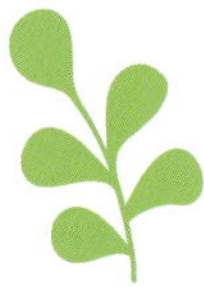

ALLMENDE KONTOR

Berlin

Where planes used to take off and land, pouring forth fumes, people now ride their bicycles into the sunset; on the former runways of a once-busy airport people now fly kites or go jogging. Providing an example to the rest of the world, Berlin-Tempelhof has been transformed into a thriving public park.

When the airport closed in 2008, the future of the 875-acre space—larger than Central Park in New York City—was initially uncertain. But in 2011 activists formed a community garden initiative called Allmende Kontor and planted raised beds on the former airfield. The garden quickly became a haven for urban dwellers, plants and animals, and in 2014 a large citizen's initiative led to a public referendum in which over 64 percent of Berliners voted against any development. Instead, they wanted the site to remain as it is: a huge open space in the heart of the city.

Today, Allmende Kontor has more than 250 raised beds where Berliners grow their own fruits and vegetables. With 122 plant species and 40 of bees, the garden also supports the preservation of urban biodiversity, and Tempelhofer Feld more widely is home to nature reserves for protected plants and bird sanctuaries for the native skylark. As one of the world's best-known examples of citizen participation in urban planning, Allmende Kontor and Tempelhofer Feld have become a guiding light showing other cities worldwide what is possible.

Wo früher Flugzeuge abhoben und dabei Abgase ausstießen, fahren Menschen heute mit ihrem Fahrrad dem Sonnenuntergang entgegen – aus dem einst hektischen Flughafen in Berlin ist heute ein belebter öffentlicher Park geworden. Auf den ehemaligen Start- und Landebahnen von Berlin-Tempelhof lassen die Menschen heute Drachen steigen oder gehen joggen.

Als der Flughafen 2008 geschlossen wurde, war die Zukunft des 355 Hektar großen Areals, größer als der Central Park in New York City, zunächst ungewiss. Doch 2011 schlossen sich Aktivisten zur Gemeinschaftsgarteninitiative „Allmende Kontor" zusammen und legten auf dem ehemaligen Flugfeld Hochbeete an. Seitdem hat sich der Garten zu einem Refugium für Stadtbewohner:innen, Pflanzen und Tiere entwickelt. 2014 fand durch eine große Bürgerinitiative ein Volksentscheid statt, bei dem sich über 64 Prozent der Berliner:innen gegen eine Bebauung aussprachen und stattdessen dafür, dass das Gelände so bleibt, wie es ist: eine riesige Freifläche im Herzen der Stadt.

Heute hat der Garten mehr als 250 Hochbeete, in denen die Berliner:innen ihr eigenes Obst und Gemüse anbauen. Mit 122 Pflanzen- und 40 Bienenarten unterstützt das „Allmende Kontor" den Erhalt der biologischen Vielfalt in der Stadt. Das Tempelhofer Feld selbst verfügt über geschützte Biotope für Pflanzen und Schutzzonen für die heimische Feldlerche. Als eines der weltweit bekanntesten Beispiele für die Beteiligung der Bürger:innen an der Stadtplanung sind das „Allmende Kontor" und das Tempelhofer Feld zum Inbegriff einer urbanen Oase geworden und zeigen, was alles möglich ist.

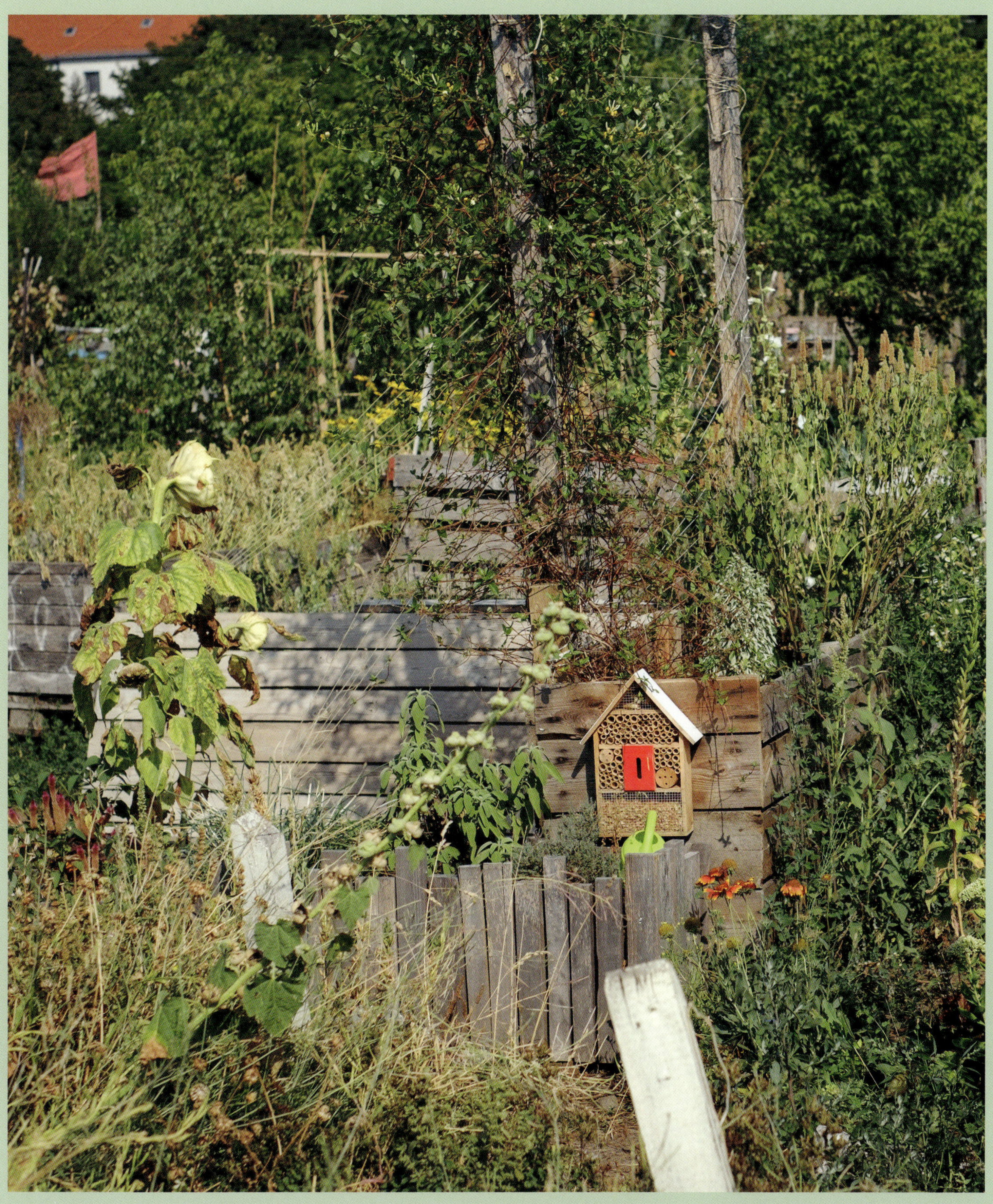

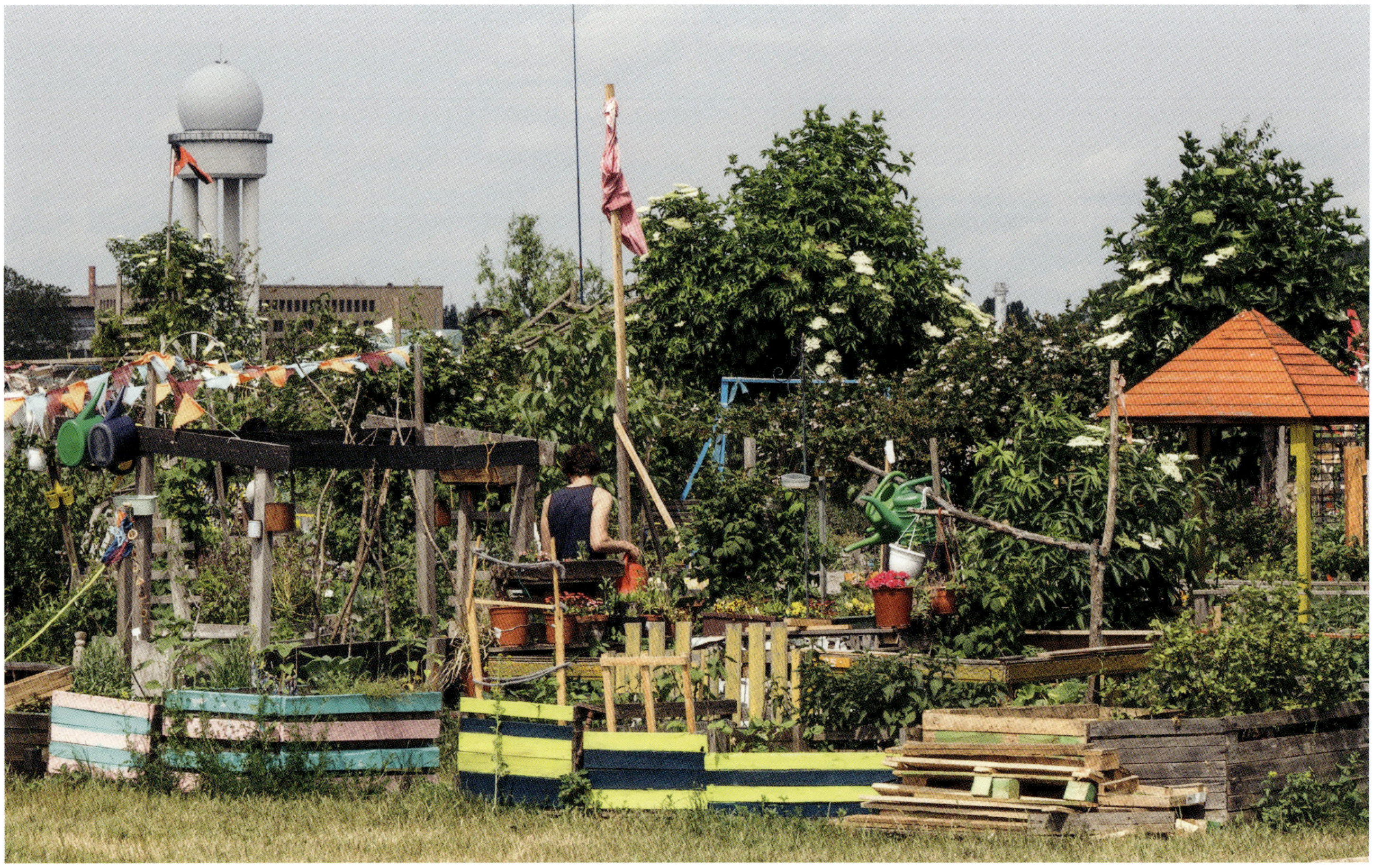

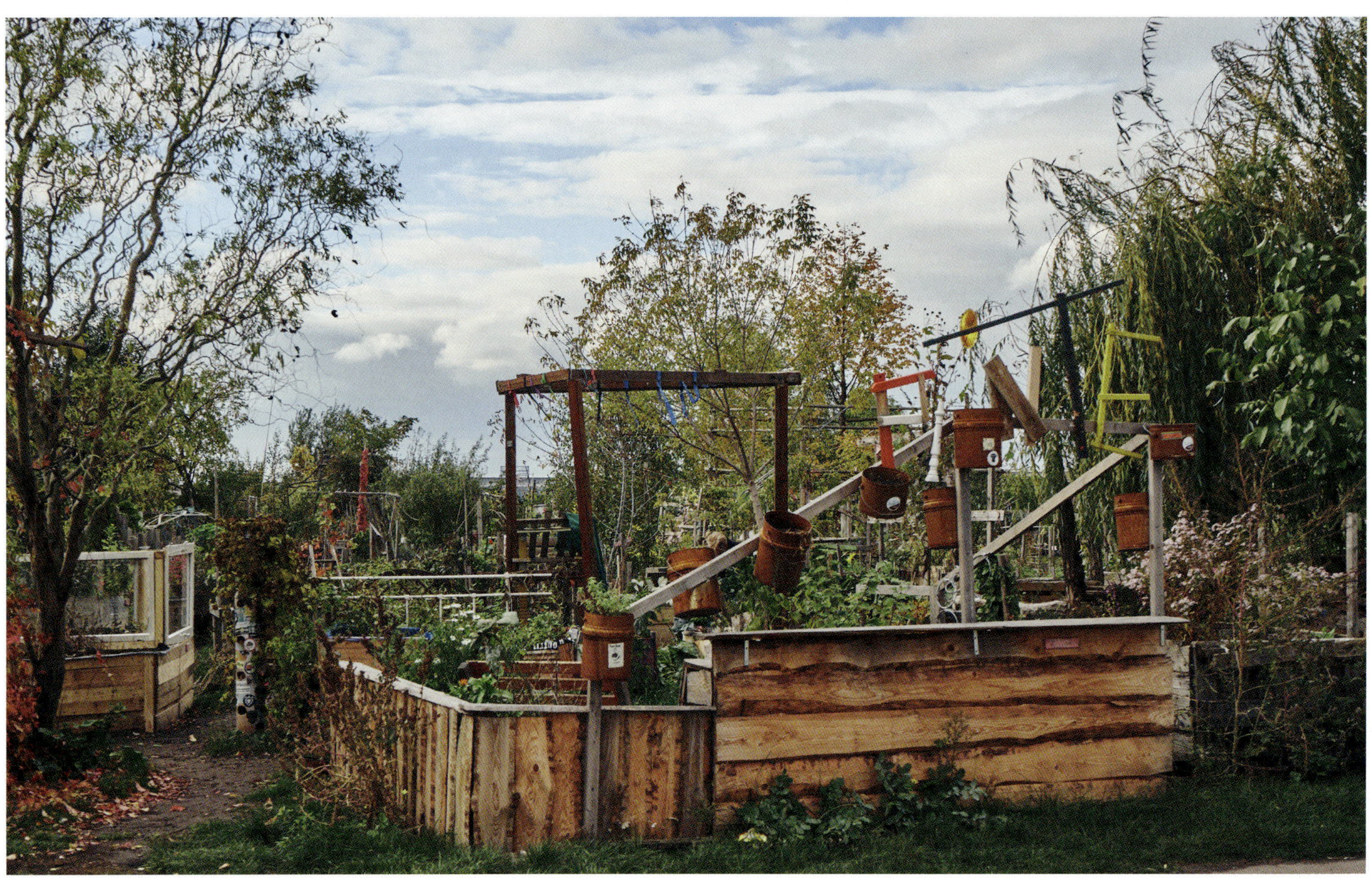

Q&A

How did you end up founding Allmende Kontor?

We started as part of a project to shape the future of the field after the airport's closure. Allmende Kontor was an initiative of a group of 13 people who all came from different backgrounds, in gardening but also in sociology. The original idea was to set up a Berlin-wide networking office for urban gardens, with the garden as a practical example. ("Kontor" for office and "Allmende" means the reviving of the communal use of spaces in the city.) However, due to its size and location, the garden quickly exceeded the capacities of these 13 volunteers in the very first year, so they focused solely on the garden.

What makes Tempelhofer Feld so special?

Tempelhofer Feld is the largest inner-city open space in the world. You can see the sunset and have a feeling of spaciousness in the middle of Berlin. Even sheep graze here! The field is a playground where people can freely express themselves athletically, spiritually, or culturally, and it attracts people from all nations. This is also what makes Tempelhofer Feld so special, the non-design of the place. It's an industrial wasteland where our garden is a small oasis. There is not much greenery here, but we have been watering this area for more than 10 years, and many trees have grown. We have become a forest garden.

What can community gardens do for a neighborhood?

They're meeting places in the city where people can get together outside of their homes or workplaces. What's most important to us is that they're non-commercial, free spaces that are far from any neoliberal thinking. You have to be involved in the community, but the idea of consumption doesn't count, even if it's just a cup of coffee. In a big city like Berlin, with many people living alone, community gardens can act as a substitute for family and provide an outdoor living room. Every backyard should have a community garden where people come together to plant and meet others. Gardening breaks down boundaries, be they nationality or money, and allows everyone to be equal.

Wie kam es zur Gründung des Allmende Kontors?

Wir sind im Rahmen der Pionierprojekte entstanden, die nach der Schließung des Flughafens zur Gestaltung des Feldes ausgerufen wurden. Das Allmende Kontor war eine Initiative von 13 Personen, die alle aus unterschiedlichen Bereichen kamen – aus Gärten, aber auch mit soziologischem Hintergrund. Die ursprüngliche Idee war, eine berlinweite Beratungs- und Vernetzungsstelle für urbane Gärten aufzubauen, mit einem Garten als Praxisbeispiel. „Kontor" ist ein alter Begriff für Büro und „Allmende" steht für die Wiederbelebung der gemeinschaftlichen Nutzung von Flächen. Schon im ersten Jahr überstieg der Garten aufgrund der Größe und Lage die zeitlichen Kapazitäten der 13 Ehrenamtlichen, sodass der Gedanke des „Kontors" in den Hintergrund trat.

Was macht das Tempelhofer Feld so besonders?

Das Tempelhofer Feld ist die größte innerstädtische Freifläche der Welt. Man kann mitten in Berlin den Sonnenuntergang genießen und hat ein Gefühl von Weite. Sogar Schafe grasen hier! Das Feld ist wie eine Spielwiese, wo sich die Menschen frei entfalten können, sei es sportlich, geistig oder kulturell, und es zieht Menschen aller Nationen an. Auch das macht das Tempelhofer Feld aus, diese Nicht-Gestaltung des Ortes. Eine Industriebrache, auf der wir eine kleine Oase sind. Es gibt hier nicht viel Grün, aber wir bewässern diese Fläche seit über zehn Jahren und inzwischen sind viele Bäume gewachsen. Wir sind ein Waldgarten geworden.

Was bedeuten Gemeinschaftsgärten für einen Stadtteil?

Sie sind Treffpunkte in der Stadt, an denen sich Menschen außerhalb ihrer Wohnung oder ihres Arbeitsplatzes begegnen können. Uns ist es wichtig, dass es sich um nicht-kommerzielle Räume handelt, die frei von neoliberalen Ideen sind. Man muss sich in die Gemeinschaft einbringen, der Konsumgedanke zählt nicht, selbst wenn es nur ein Milchkaffee ist. In einer Großstadt wie Berlin, in der viele Menschen allein leben, sind Gemeinschaftsgärten eine Art Familienersatz und ein Wohnzimmer im Freien. In jedem Hinterhof sollte es einen Gemeinschaftsgarten geben – nicht nur zum Pflanzen, sondern auch zum Zusammenkommen. Wenn man gärtnert, lösen sich alle Grenzen auf, sei es die Nationalität oder der Geldbeutel. Beim Gärtnern sind alle gleich.

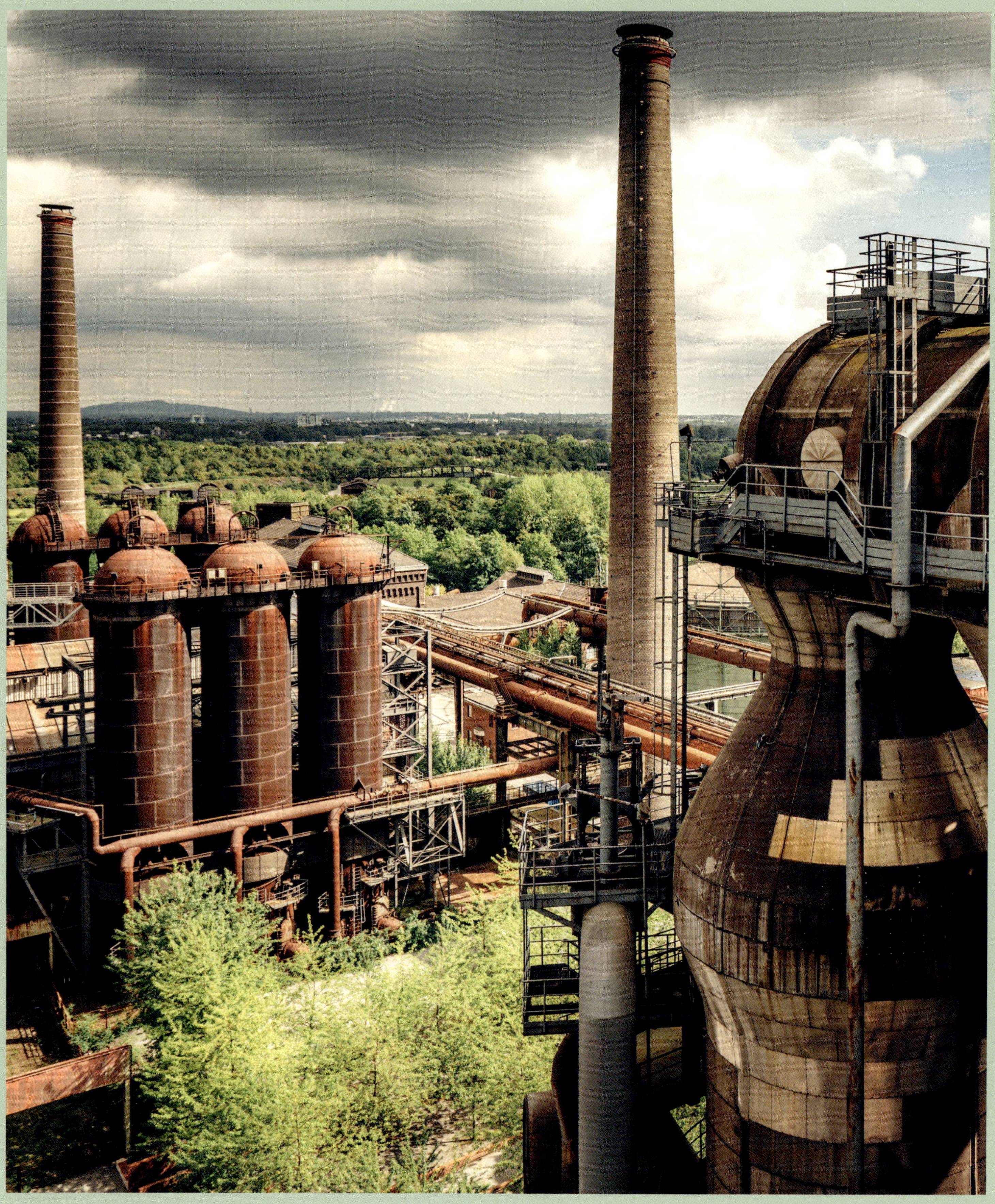

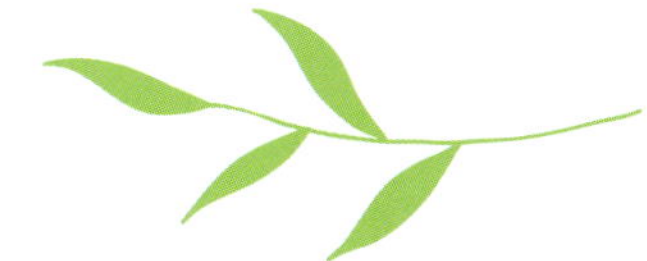

LANDSCHAFTSPARK NORD
Duisburg

With the rusting steelworks of Duisburg lying abandoned, renowned landscape architect Peter Latz saw the potential for something truly special. He envisioned a place where the remnants of industry could coexist with the flourishing beauty of nature, and in 1991 Landschaftspark Duisburg-Nord was born.

Spanning a staggering 570 acres, this urban space preserves the disused buildings with new gardens planted in between. The former blast furnace, towering 230 feet into the sky, stands as a reminder of the industrial past of a site that is now a popular spot for taking in stunning views of the surrounding landscape. The park boasts 700+ plant species and varied trees, and visitors can enjoy walking, hiking and biking through its verdant paths.

But Landschaftspark Duisburg-Nord is more than just a pretty place to take a stroll. It is a pioneering example of urban rewilding, showing how post-industrial spaces can be transformed into biodiverse havens that benefit both the environment and the community. And, popular among locals and tourists alike, it is clear that this unique blend of history and nature has struck a chord.

Als das riesige, rostige Hüttenwerk von Duisburg brach lag, sah der renommierte Landschaftsarchitekt Peter Latz das Potenzial für etwas ganz Besonderes. Ihm schwebte ein Ort vor, an dem die Überreste der Industrie mit der blühenden Schönheit der Natur koexistieren können. So entstand ab 1991 der Landschaftspark Duisburg-Nord.

Auf der insgesamt 230 Hektar großen städtischen Fläche stehen noch die stillgelegten Gebäude, dazwischen wurden neue Gärten angelegt. Der ehemalige Hochofen, der 70 Meter in den Himmel ragt, erinnert an die industrielle Vergangenheit des Geländes und ist heute ein beliebter Ort, um die atemberaubende Aussicht auf die umliegende Landschaft zu genießen. Mit seinen mehr als 700 Pflanzenarten und einer Vielzahl von Bäumen lädt der Park zu ausgedehnten Erkundungstouren, zum Wandern und Radfahren auf den begrünten Wegen ein.

Doch der Landschaftspark Duisburg-Nord ist mehr als nur ein schöner Ort zum Spazierengehen. Er ist Wegbereiter in Sachen städtische Renaturierung und ein Beispiel für die Umwandlung postindustrieller Räume, die sowohl der Umwelt als auch den Menschen zugutekommen. Der Park ist bei Einheimischen und Tourist:innen gleichermaßen beliebt, was beweist, dass die Kombination von Geschichte und Natur einen Nerv trifft.

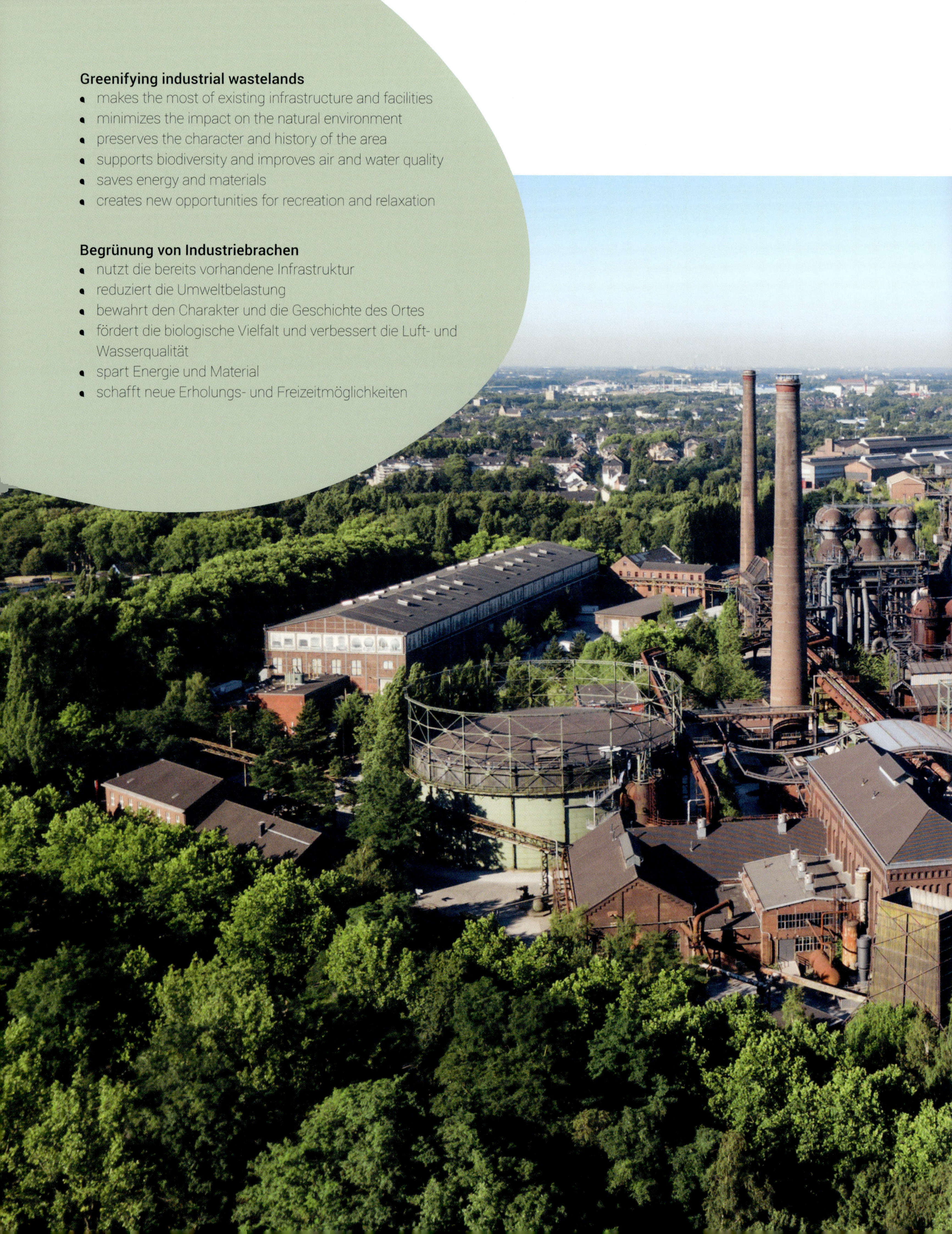

Greenifying industrial wastelands
- makes the most of existing infrastructure and facilities
- minimizes the impact on the natural environment
- preserves the character and history of the area
- supports biodiversity and improves air and water quality
- saves energy and materials
- creates new opportunities for recreation and relaxation

Begrünung von Industriebrachen
- nutzt die bereits vorhandene Infrastruktur
- reduziert die Umweltbelastung
- bewahrt den Charakter und die Geschichte des Ortes
- fördert die biologische Vielfalt und verbessert die Luft- und Wasserqualität
- spart Energie und Material
- schafft neue Erholungs- und Freizeitmöglichkeiten

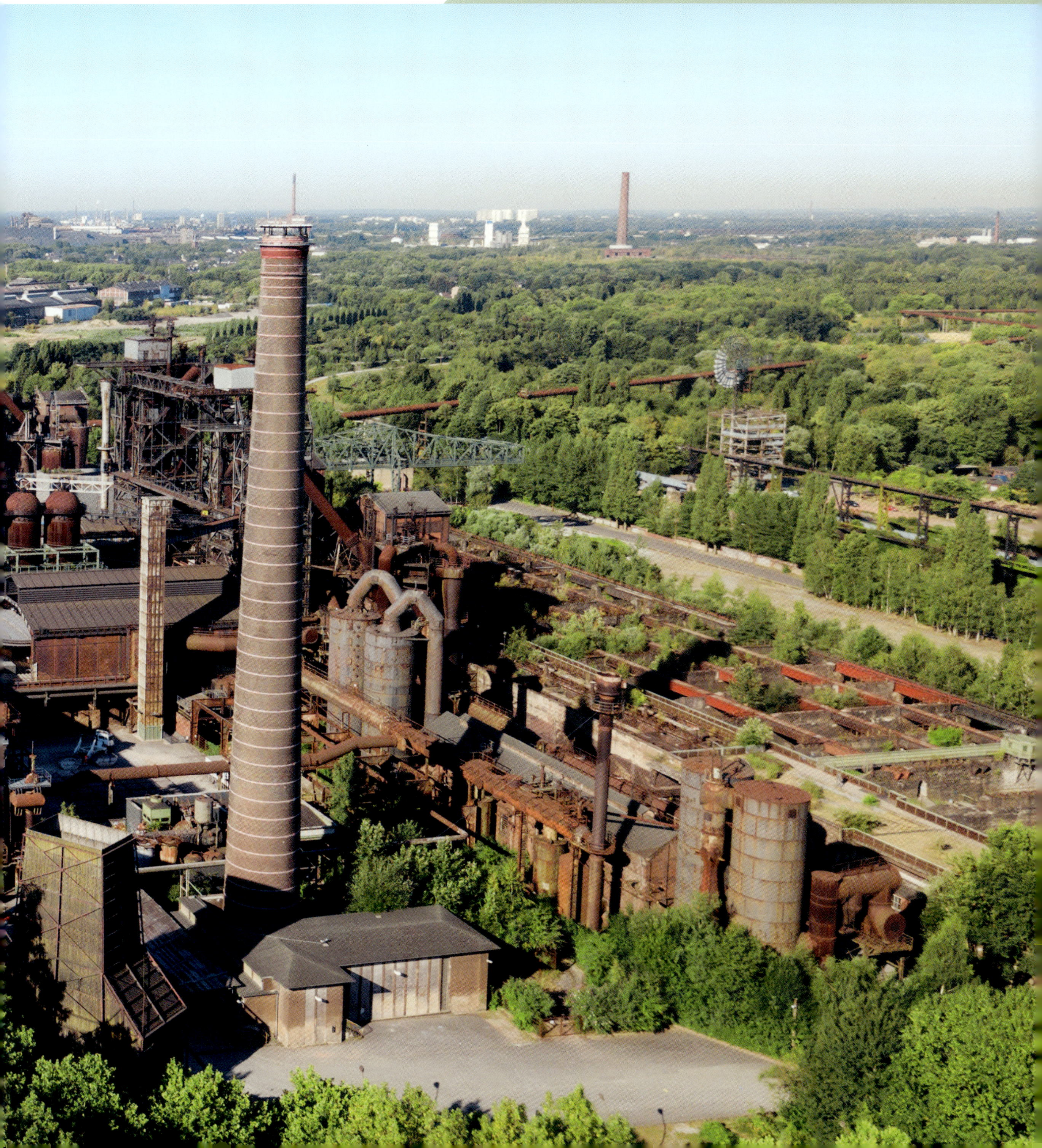

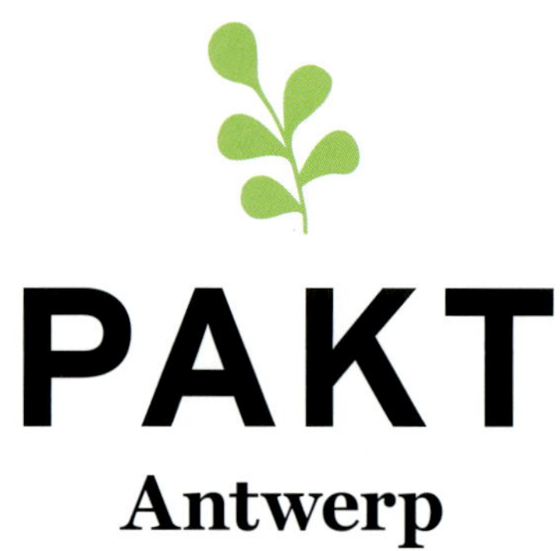

PAKT
Antwerp

Deep in the bustling Berchem neighborhood of Antwerp lies a hidden refuge, a cultural hub that radiates creativity and sustainability. What was once a collection of empty brick warehouses has since been turned into PAKT, a lively public space that is home to 25 small, sustainable businesses and a rooftop farm. PAKT was founded in 2017 by Ismail and Yusuf Yaman and Stefan Bostoen, and has since become a go-to destination for conscious makers, eco-friendly entrepreneurs and anyone seeking inspiration, relaxation and innovative cafés and restaurants.

But PAKT is more than just a place to shop and dine. It is a place where nature and the community thrive. The rooftop farm allows visitors to purchase fresh produce straight from the source and provides a rare opportunity for city dwellers to connect with nature.

The site is a living testament to the power of community, bringing together the city's best creative talent, all committed to building a better future.

PAKT ist ein verstecktes kulturelles Kreativzentrum im Antwerpener Stadtteil Berchem, das einst aus leerstehenden Backstein-Lagerhäusern bestand und heute 25 kleine, nachhaltige Unternehmen und eine Dachfarm beherbergt. Es wurde von Ismail und Yusuf Yaman und Stefan Bostoen 2017 gegründet und hat sich seitdem zu einem Treffpunkt für umweltbewusste Produzent:innen, ökologische Marken und innovative Cafés und Restaurants entwickelt, der Menschen auf der Suche nach Inspiration und Entspannung in der Stadt anzieht.

Doch PAKT bietet mehr als Shops und Restaurants. Es ist ein Ort, an dem Natur und Gemeinschaft gedeihen. Auf der Dachfarm können Besucher:innen frische Produkte direkt vom Feld kaufen und sie haben die seltene Gelegenheit, mitten in der Stadt die Natur zu spüren.

Der Ort ist ein lebendiger Beweis für die Kraft der Gemeinschaft, indem er die kreativsten Köpfe der Stadt zusammenbringt und sich alle für eine bessere Zukunft einsetzen.

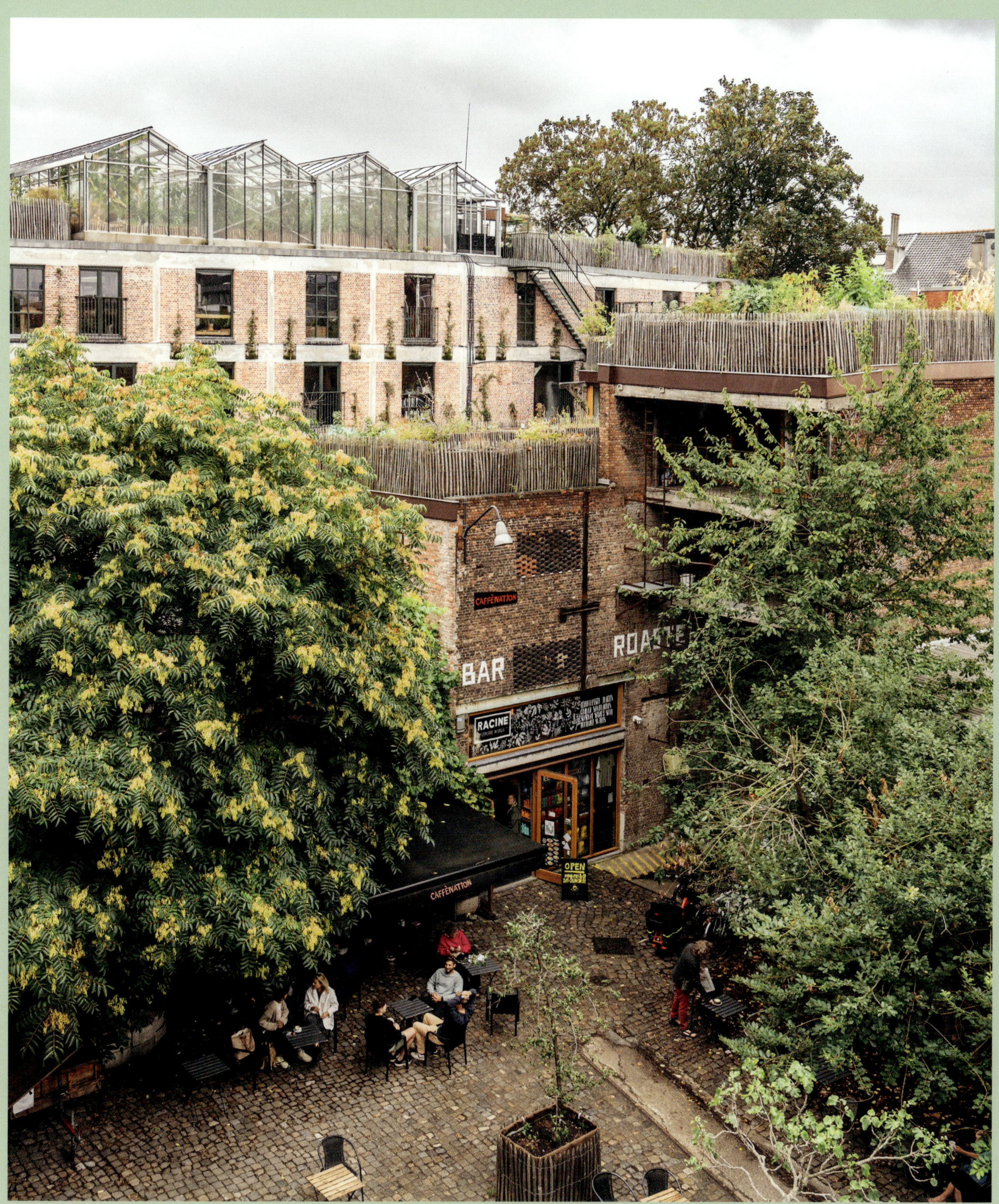

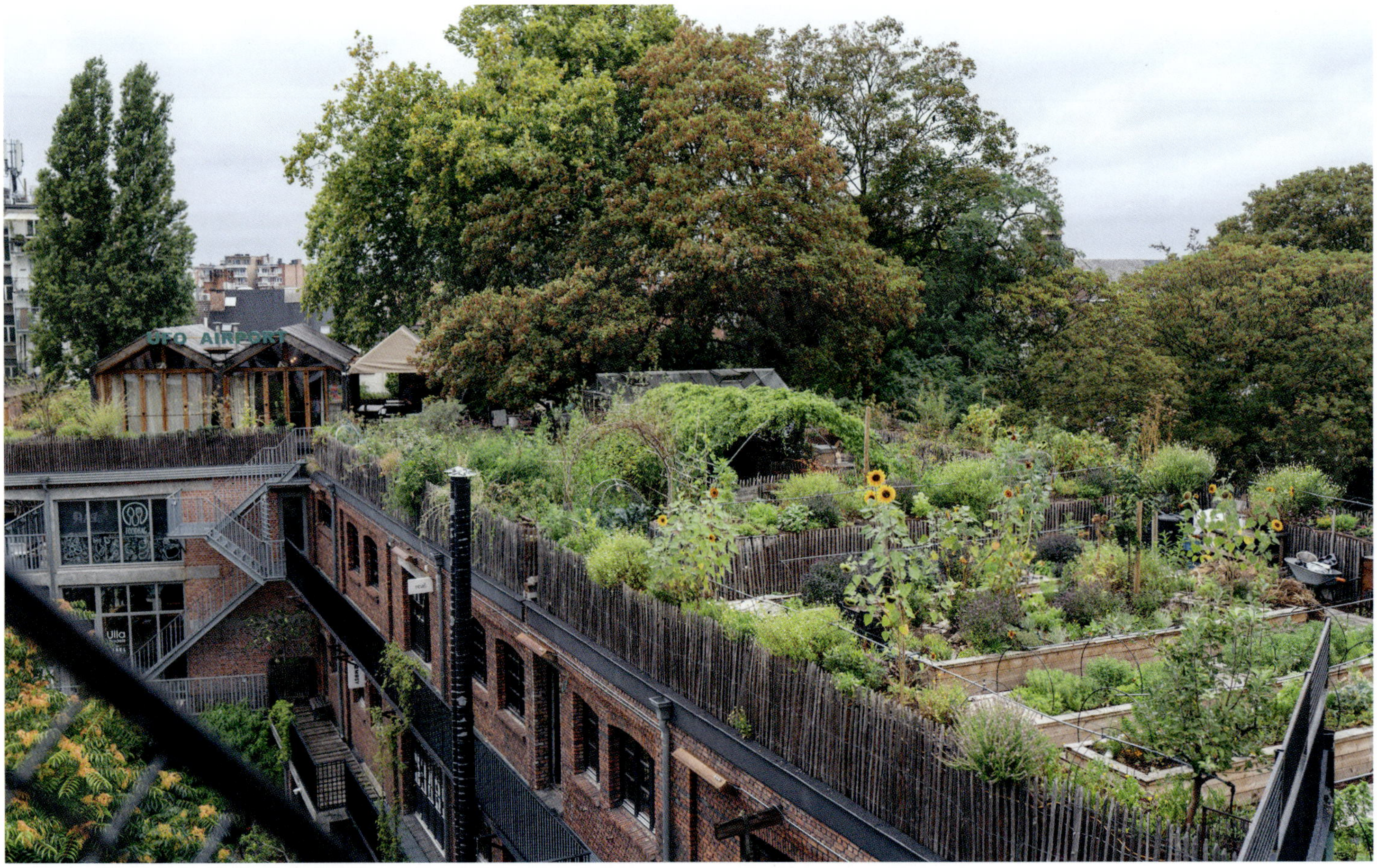

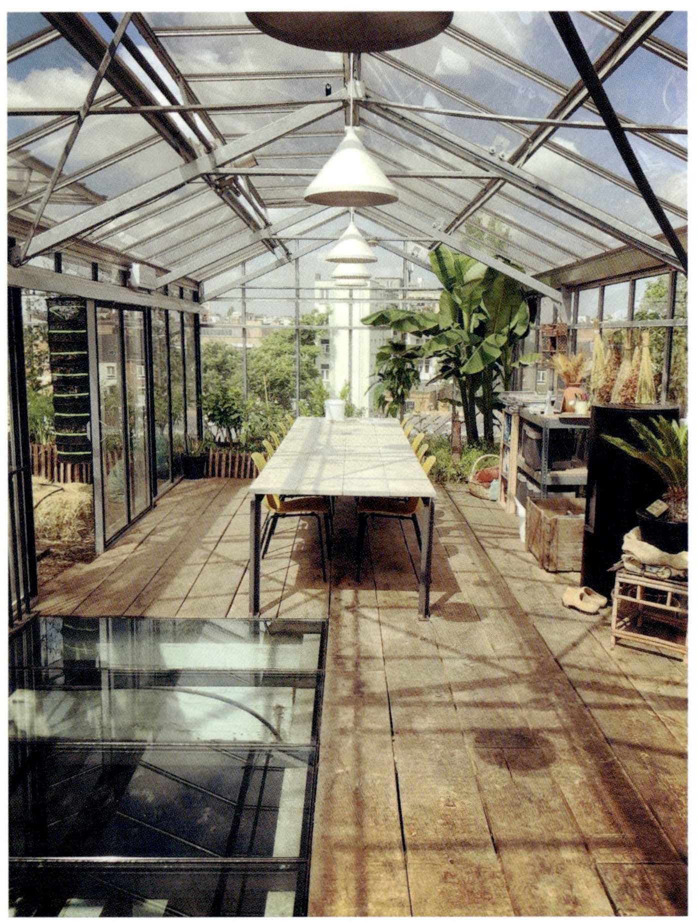

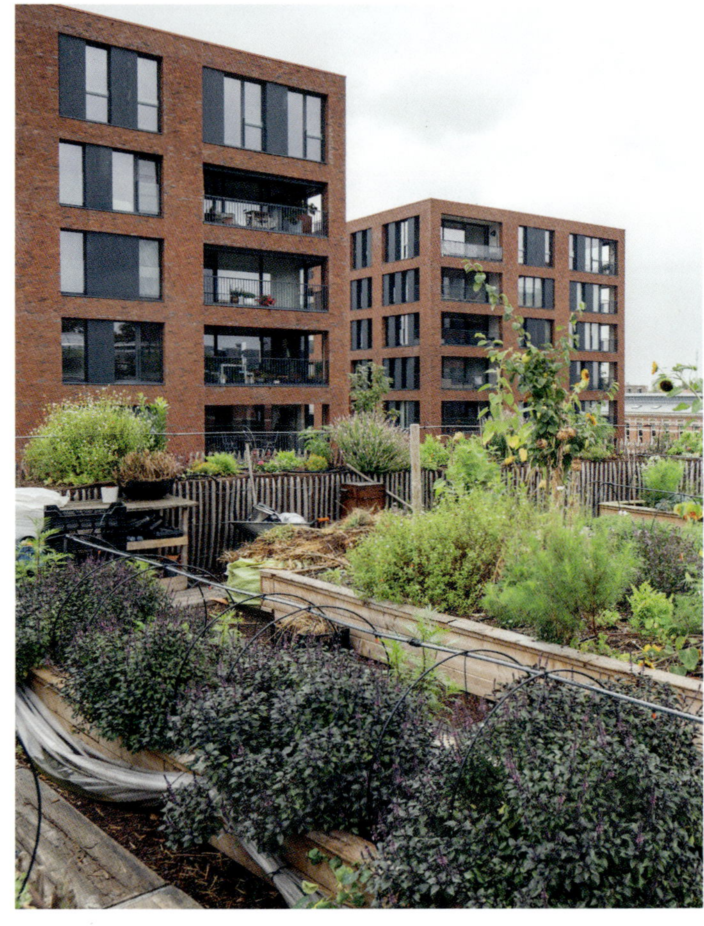

Q&A

How important was the criterion of sustainability when you founded PAKT?
Very important. We wanted to create a sustainable project, both in terms of its visual appearance and ecological impact. Our vision has always been to create a parallel world above our heads where people can expand their living space and gain awareness, meaning, education, and a sense of community.

How did you envision people using this space?
As a shared community space which everyone contributes to. The common interest, care, and love for aesthetics and the living environment automatically lead to a sense of responsibility and commitment.

What were some of the challenges in setting up this creative green space in the city?
There were several challenges: handling logistics, obtaining permits, and ensuring the roof could support the weight of the space. In addition, creating a tight-knit community and a cultivation plan that works for that community required careful consideration of both social dynamics and administration. When you're a pioneer in the field, you have to be aware of everything which will make a project possible and provide opportunities.

Wie wichtig war das Kriterium der Nachhaltigkeit, als ihr PAKT gegründet habt?
Sehr wichtig. Wir wollten ein nachhaltiges Projekt schaffen, sowohl visuell als auch in Bezug auf die ökologischen Auswirkungen. Unsere Vision war immer, eine Parallelwelt über unseren Köpfen zu erschaffen, in der Menschen ihren Lebensraum erweitern und ihr Bewusstsein schärfen, Sinn, Bildung und ein Gemeinschaftsgefühl finden können.

Wie hattet ihr euch die Nutzung von PAKT vorgestellt?
Als Gemeinschaftsraum, zu dem jeder seinen Beitrag leistet. Das gemeinsame Interesse, die Sorge und die Liebe zur Ästhetik und zum Lebensraum führen automatisch zu einem Gefühl der Verantwortung und des Engagements.

Was waren einige der Herausforderungen beim Aufbau dieses kreativen, grünen Raums in der Stadt?
Es gab mehrere Herausforderungen: die Logistik, das Beschaffen von Genehmigungen und die Gewährleistung, dass das Dach das Gewicht der Farm tragen konnte. Darüber hinaus muss man bei der Bildung einer eng verbundenen Gemeinschaft die soziale Dynamik und die Verwaltung berücksichtigen, die für diese Gemeinschaft funktionieren. Als Pionier in diesem Bereich muss man sich darüber bewusst sein, was alles nötig ist, um ein solches Projekt zu verwirklichen.

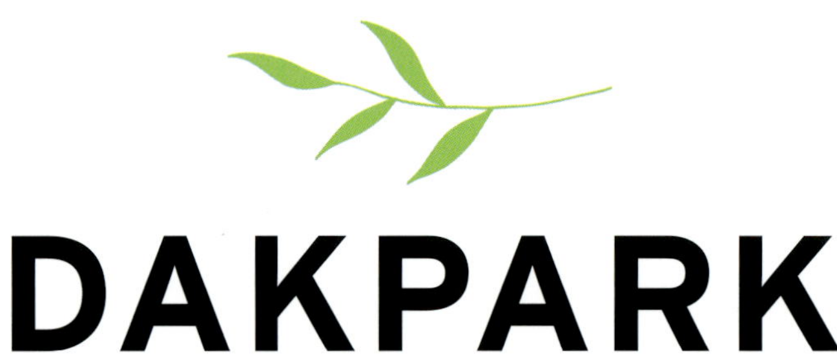

Perched atop a busy shopping mall in Rotterdam, Dakpark is Europe's largest rooftop park and offers a lush and peaceful refuge from the surrounding urban bustle. Almost 4,000 feet in length and towering 30 feet above the ground, the park sprang from the vision and determination of the local community in the Delfshaven district. Opened in 2014, Dakpark is an innovative use of scarce city space and models a practical solution to some of the pressing challenges of the climate crisis.

The park offers plenty of green space, a community garden, and panoramic views of the harbor. "From the street, you wouldn't even know that there's a huge park on the roof," says Ruben van Dijk of the elevated design. The other side of the park slopes down into the neighborhood, forming an artificial dyke.

A city where much of the land lies below sea level, Rotterdam is particularly vulnerable to the devastating effects of rising tides, and Dakpark serves as a reminder of the importance of finding creative solutions to the complex problems posed by the climate crisis. It shows how landscape architects, urban planners, and local communities can work together to create sustainable and resilient urban environments.

Auf einem Einkaufszentrum gelegen, ist der Dakpark in Rotterdam der größte Dachpark Europas und bietet einen grünen und ruhigen Rückzugsort inmitten des geschäftigen Viertels. Der 2014 eröffnete Park, der sich über einen Kilometer erstreckt und neun Meter über den Boden ragt, entstand aus der Vision und Entschlossenheit der Bewohner:innen des Stadtteils Delfshaven. Er steht nicht nur für eine innovative Nutzung des knappen Raums in der Stadt, sondern ist auch eine praktische Lösung für die drängenden Herausforderungen der Klimakrise.

Der Dakpark bietet viel Grünfläche, einen Gemeinschaftsgarten und einen Panoramablick über den Hafen. „Von der Straße aus merkt man gar nicht, dass sich auf dem Dach ein riesiger Park befindet", sagt Ruben van Dijk über das erhöhte Design. Die andere Seite des Parks führt als grüner Hügel in die Nachbarschaft und bildet einen künstlichen Deich.

Weite Teile der Stadt liegen unterhalb des Meeresspiegel und sind damit besonders von dessen Anstieg betroffen. Der Dakpark erinnert daran, wie wichtig es ist, kreative Lösungen für die komplexen Probleme zu finden, die durch die Klimakrise entstehen. Er zeigt, wie Landschaftsarchitekturstudios, Stadtplanungsbüros und lokale Gemeinschaften zusammenarbeiten können, um nachhaltige und widerstandsfähige urbane Umgebungen zu schaffen.

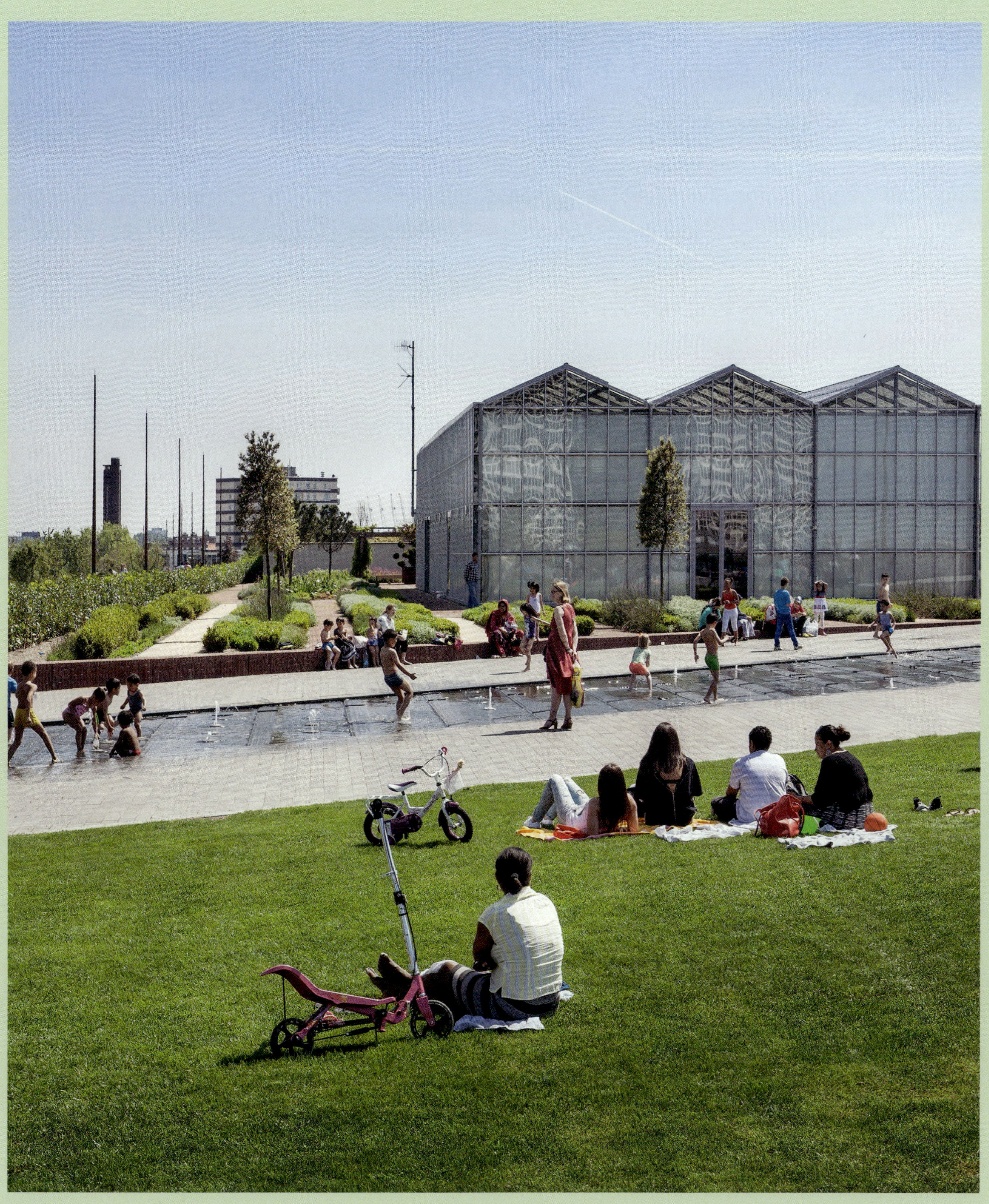

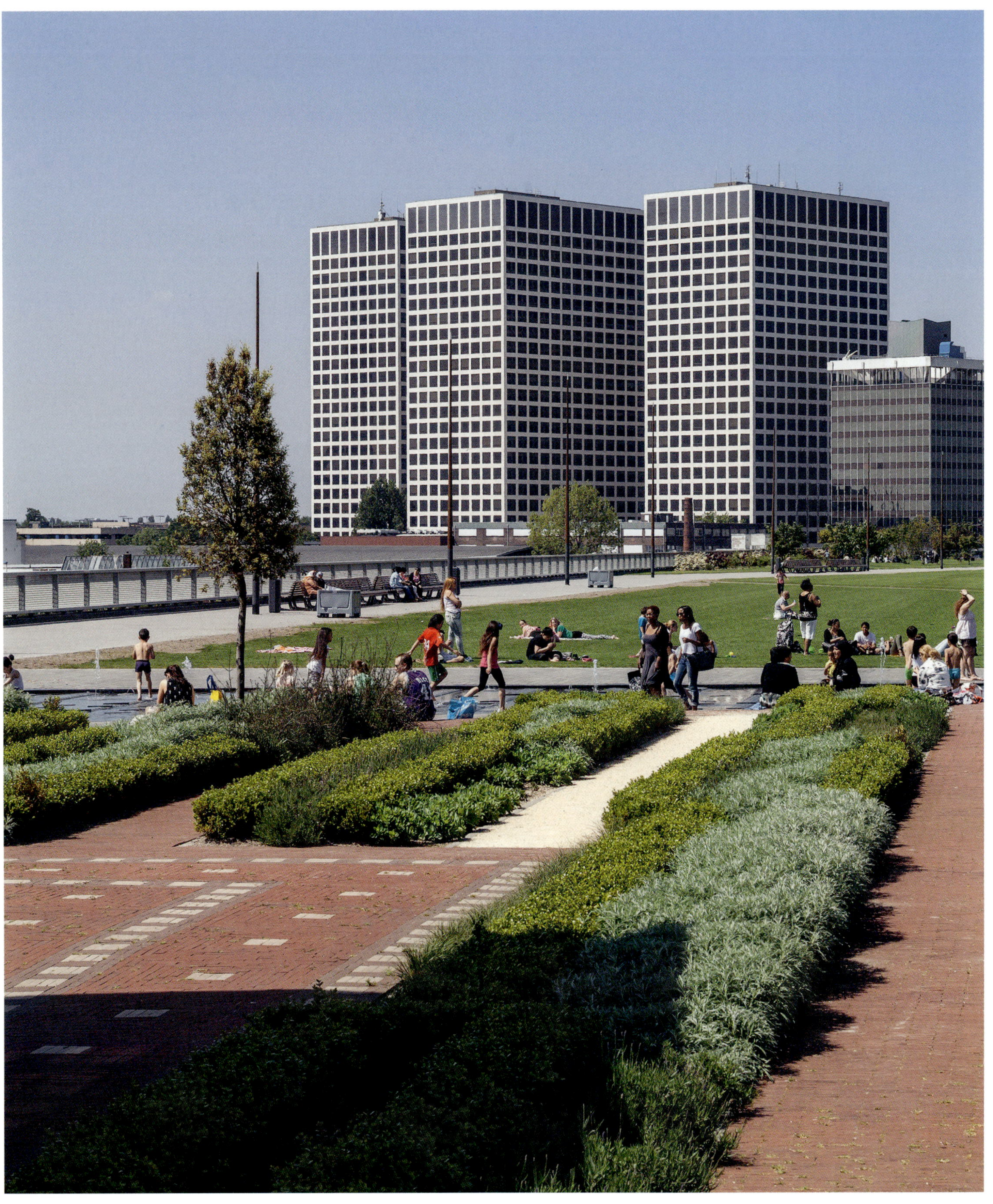

Q&A

What makes Dakpark such a special project?

The city initially planned to build shops and offices on the site, but the community wanted something different—they wanted a green space and a nicer neighborhood. Through a collaborative process, the city and community agreed on Dakpark as an ambitious compromise, with the requirements that the park is accessible from every street and that the community manages parts of the park. The park includes a grassy meadow, a community garden, and even sheep.

What can other landscape architects learn from this project?

One of the unique aspects of Dakpark is the strong involvement of the community in its planning and management. While no project is ever perfect, the fact that the community's input was valued and incorporated into the design of Dakpark has made it a popular and accessible destination for people in the neighborhood.

How can urban planning address the climate crisis?

The park, particularly the community garden, provides people with a connection to nature that is often lacking in urban areas and can help promote a shift in mindset towards greater awareness and appreciation of the natural world. This is especially crucial for children growing up in urban environments, as it helps them understand the importance of nature and where their food comes from. In this part of Rotterdam, there's not a lot of green space, and it's a very young neighborhood. By fostering a deeper understanding of and connection to the natural world, we can work towards combating climate change and creating a more sustainable and equitable future for all beings.

Was macht dieses Projekt so besonders?

Ursprünglich hatte die Stadt die Absicht, auf dem Gelände Geschäfte und Büros zu errichten, aber die Community wollte etwas anderes – sie wollte einen Park und eine schönere Nachbarschaft. In einem gemeinschaftlichen Prozess einigten sich Stadt und Gemeinde auf Dakpark als ehrgeizigen Kompromiss, mit den Voraussetzungen, dass der Park von jeder Straße aus zugänglich sein und Teile des Parks von der Gemeinde verwaltet werden sollten. Zum Park gehören eine Wiese, ein Gemeinschaftsgarten und sogar Schafe.

Was können andere Landschaftsarchitekturbüros von diesem Projekt lernen?

Einer der besonderen Aspekte von Dakpark ist die starke Beteiligung der Gemeinde an seiner Planung und Verwaltung. Zwar ist kein Projekt jemals perfekt, aber die Tatsache, dass die Wünsche der Gemeinde beim Entwurf des Dakparks geschätzt und berücksichtigt wurden, hat dazu beigetragen, dass der Park zu einem beliebten und zugänglichen Ort für alle Menschen im Stadtteil geworden ist.

Wie kann die Stadtplanung zur Bekämpfung der Klimakrise beitragen?

Der Park, insbesondere der Gemeinschaftsgarten, ermöglicht den Menschen eine Verbindung zur Natur, die im urbanen Raum oft fehlt. Er fördert ebenso ein Umdenken – hin zu mehr Bewusstsein und Wertschätzung für die Natur. Das ist besonders wichtig für Kinder, die in der Stadt aufwachsen, da sie so die Bedeutung der Natur und die Herkunft ihrer Lebensmittel besser verstehen können. In dieser Gegend von Rotterdam gibt es nicht sehr viele Grünflächen und es ist ein sehr junges Viertel. Indem wir ein tieferes Verständnis und eine stärkere Verbindung mit der Natur fördern, können wir den Klimawandel bekämpfen und eine nachhaltigere und gerechtere Zukunft für alle Lebewesen schaffen.

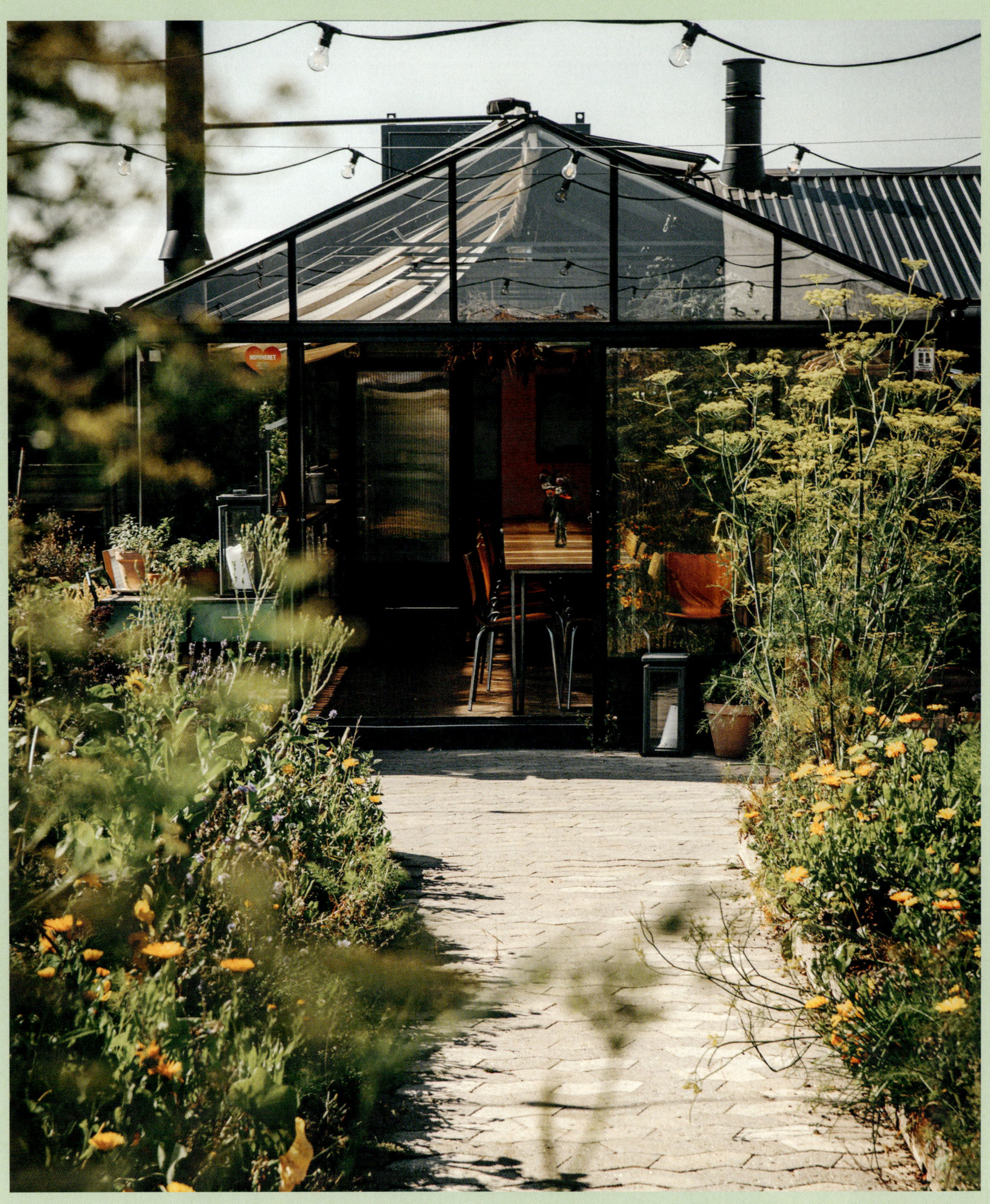

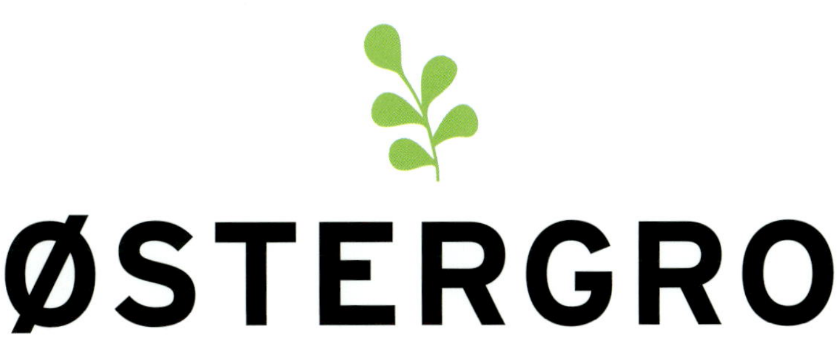

Perched atop an old car auction house in Copenhagen, ØsterGRO invites urbanites to escape the hustle and bustle and indulge in something truly nourishing. This organic rooftop farm houses a restaurant in a greenhouse, offering a truly unique gastronomic experience: a slice of paradise in the midst of the concrete.

Founded in 2014 by visionary landscape architects and gardeners Livia Urban Swart Haaland and Kristian Skaarup, the project blossomed from a seed of curiosity about the possibilities of growing fresh produce in the city. After being inspired by pioneers in the field including Brooklyn Grange and DakAkker, they found a rooftop home for their dream including beehives and a chicken coop in Copenhagen's— and the world's—first climate-resilient neighborhood. At ØsterGRO, they strive to bring people back closer to nature through their Community Supported Agriculture (CSA) model.

With limited space in cities and sky-high rents, it is no wonder that rooftops are becoming a prime location for urban agriculture. Who knows what other green gems may sprout up in the future thanks to mutual exchange among pioneering projects around the world?

Auf dem Dach eines alten Auto-Auktionshauses in Kopenhagen lädt ØsterGRO die Stadtbewohner:innen ein, der Hektik zu entfliehen und etwas wirklich Wohltuendes zu genießen. Die Bio-Dachfarm verfügt über ein Restaurant in einem Gewächshaus und bietet ein einzigartiges gastronomisches Erlebnis — ein kleines Paradies inmitten von Beton.

Das Projekt wurde 2014 von den Visionären Livia Urban Swart Haaland und Kristian Skaarup gegründet und entsprang der Neugier der beiden, ob sich frisches Obst und Gemüse in der Stadt anbauen ließe. Nachdem der Landschaftsarchitekt und die Gärtnerin sich von Pionieren wie Brooklyn Grange in New York City und DakAkker in Rotterdam inspirieren ließen, fanden sie ein geeignetes Dach für ihren Traum einschließlich Bienenstöcken und einem Hühnerstall in Kopenhagens — und dem weltweit ersten — klimaresistenten Stadtviertel. Mit ihrem Modell der solidarischen Landwirtschaft möchte ØsterGRO die Menschen wieder näher an die Natur heranführen.

Angesichts des Platzmangels in den Städten und horrenden Mietkosten ist es nicht verwunderlich, dass Dächer ein idealer Ort für urbane Landwirtschaft sind. Wer weiß, welche grünen Perlen dank des gegenseitigen Austauschs unter Pionierprojekten auf der ganzen Welt in Zukunft noch entstehen werden?

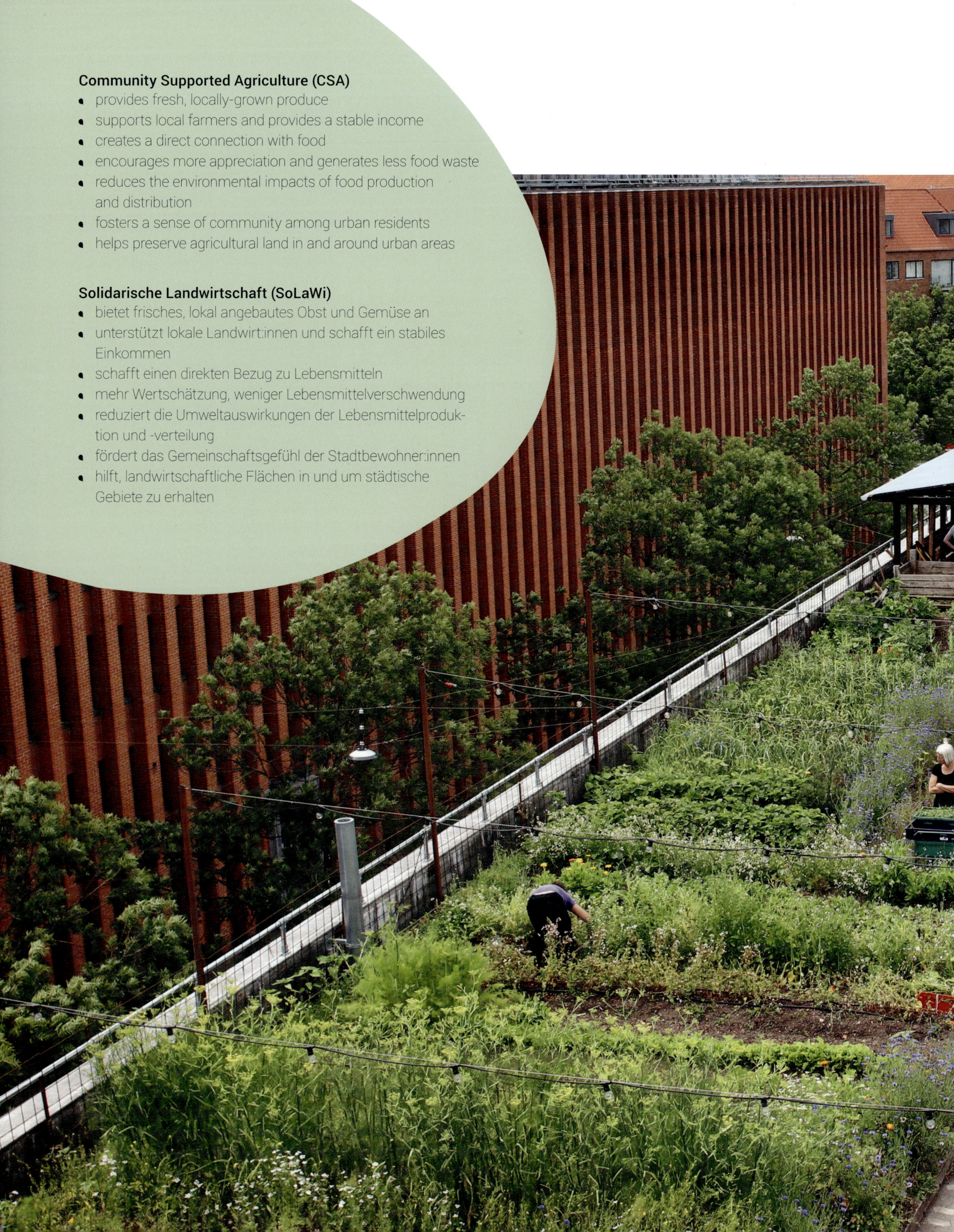

Community Supported Agriculture (CSA)
- provides fresh, locally-grown produce
- supports local farmers and provides a stable income
- creates a direct connection with food
- encourages more appreciation and generates less food waste
- reduces the environmental impacts of food production and distribution
- fosters a sense of community among urban residents
- helps preserve agricultural land in and around urban areas

Solidarische Landwirtschaft (SoLaWi)
- bietet frisches, lokal angebautes Obst und Gemüse an
- unterstützt lokale Landwirt:innen und schafft ein stabiles Einkommen
- schafft einen direkten Bezug zu Lebensmitteln
- mehr Wertschätzung, weniger Lebensmittelverschwendung
- reduziert die Umweltauswirkungen der Lebensmittelproduktion und -verteilung
- fördert das Gemeinschaftsgefühl der Stadtbewohner:innen
- hilft, landwirtschaftliche Flächen in und um städtische Gebiete zu erhalten

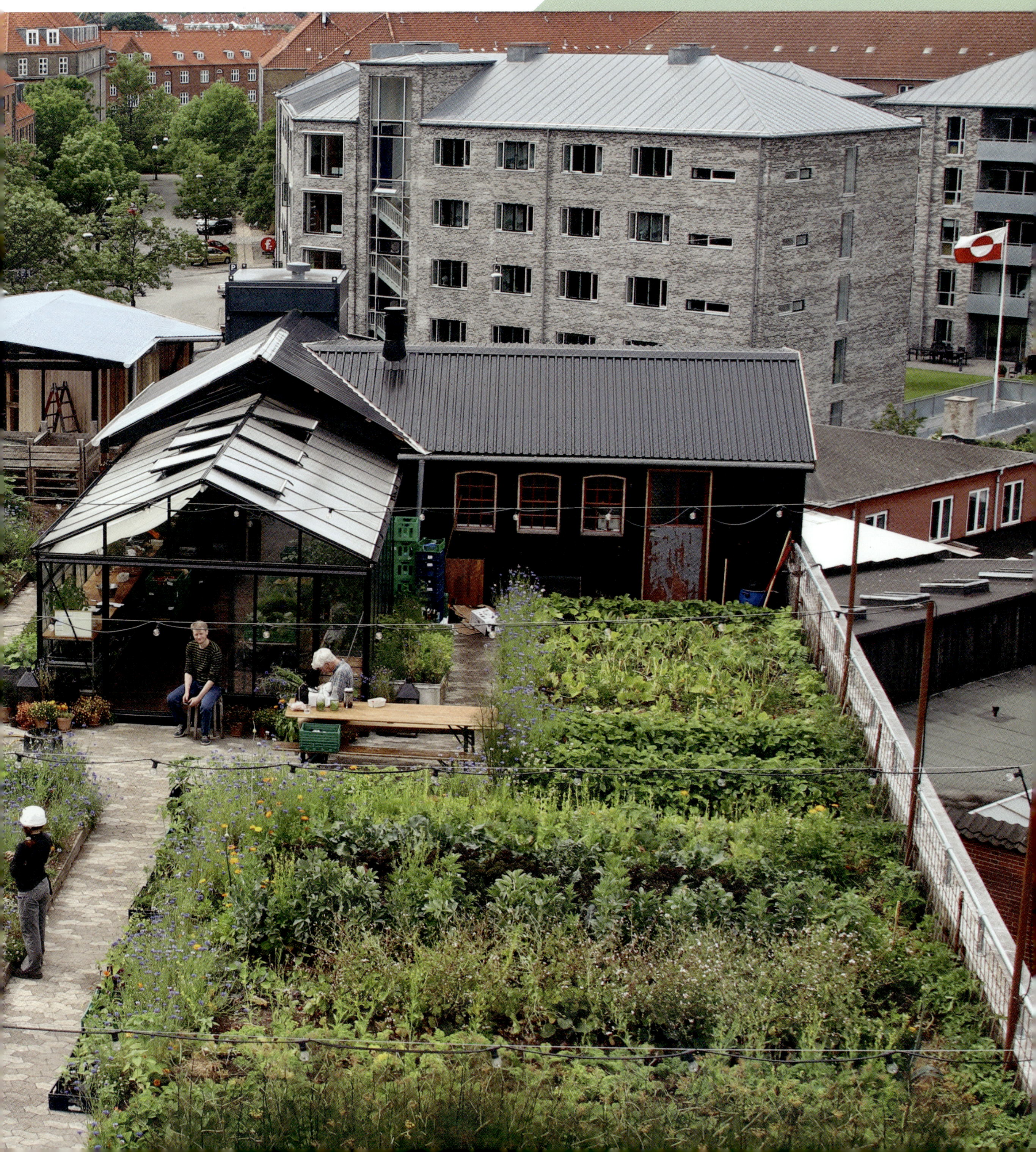

ØSTERGRO
Copenhagen

The Copenhagen neighborhood of Østerbro is a pioneering climate adaptation project aiming to improve the quality of life in the city. Features like green roofs and rain gardens reduce the amount of rainwater runoff, decrease the urban heat island effect, and improve the local microclimate and biodiversity.

Das Viertel Østerbro ist ein Pionierprojekt zur Anpassung an die Klimakrise, das die Lebensqualität in der Stadt verbessern soll. Merkmale wie begrünte Dächer und Regengärten verringern die Menge des abfließenden Regenwassers, reduzieren den städtischen Wärmeinseleffekt und fördern die Artenvielfalt.

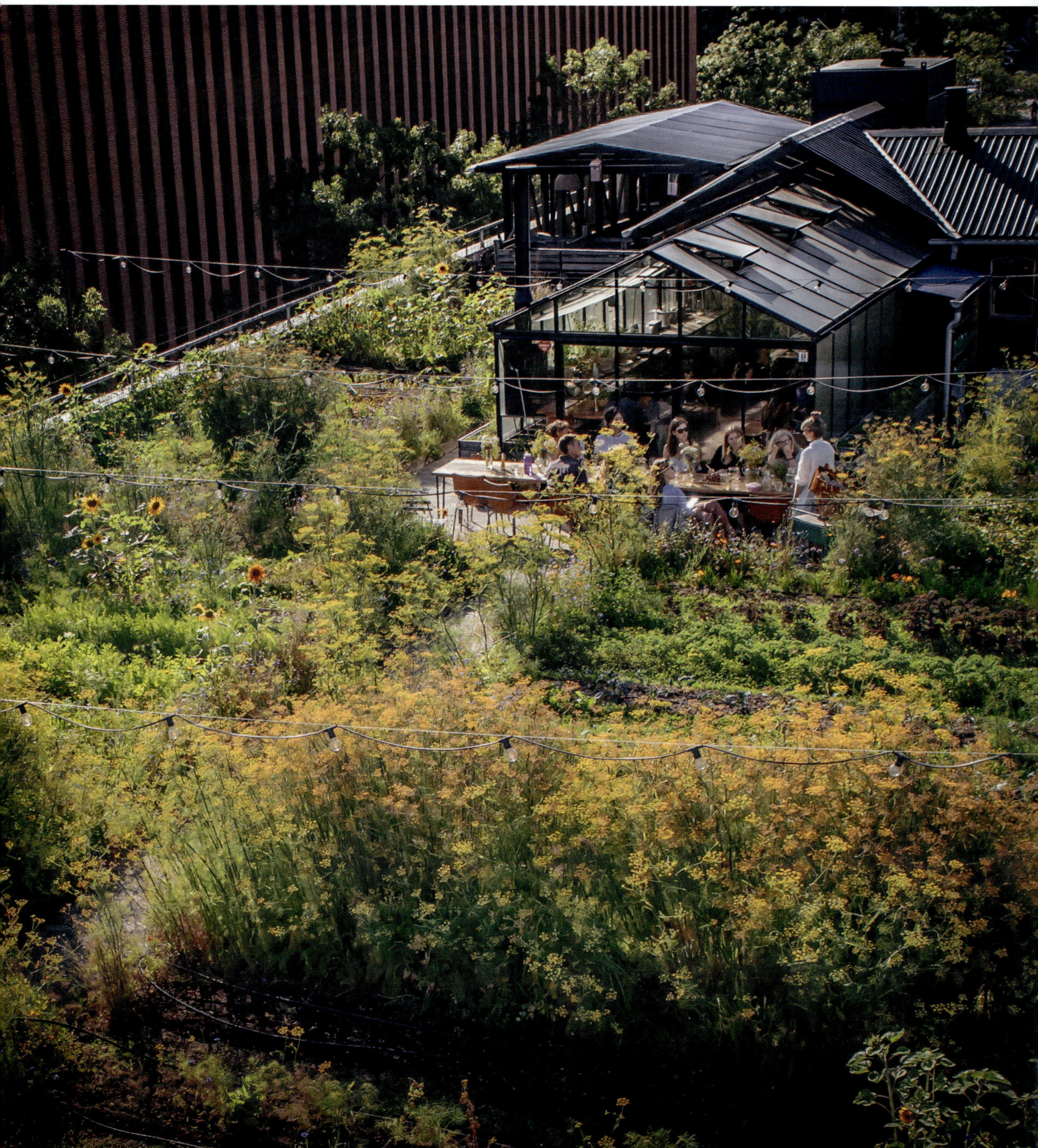

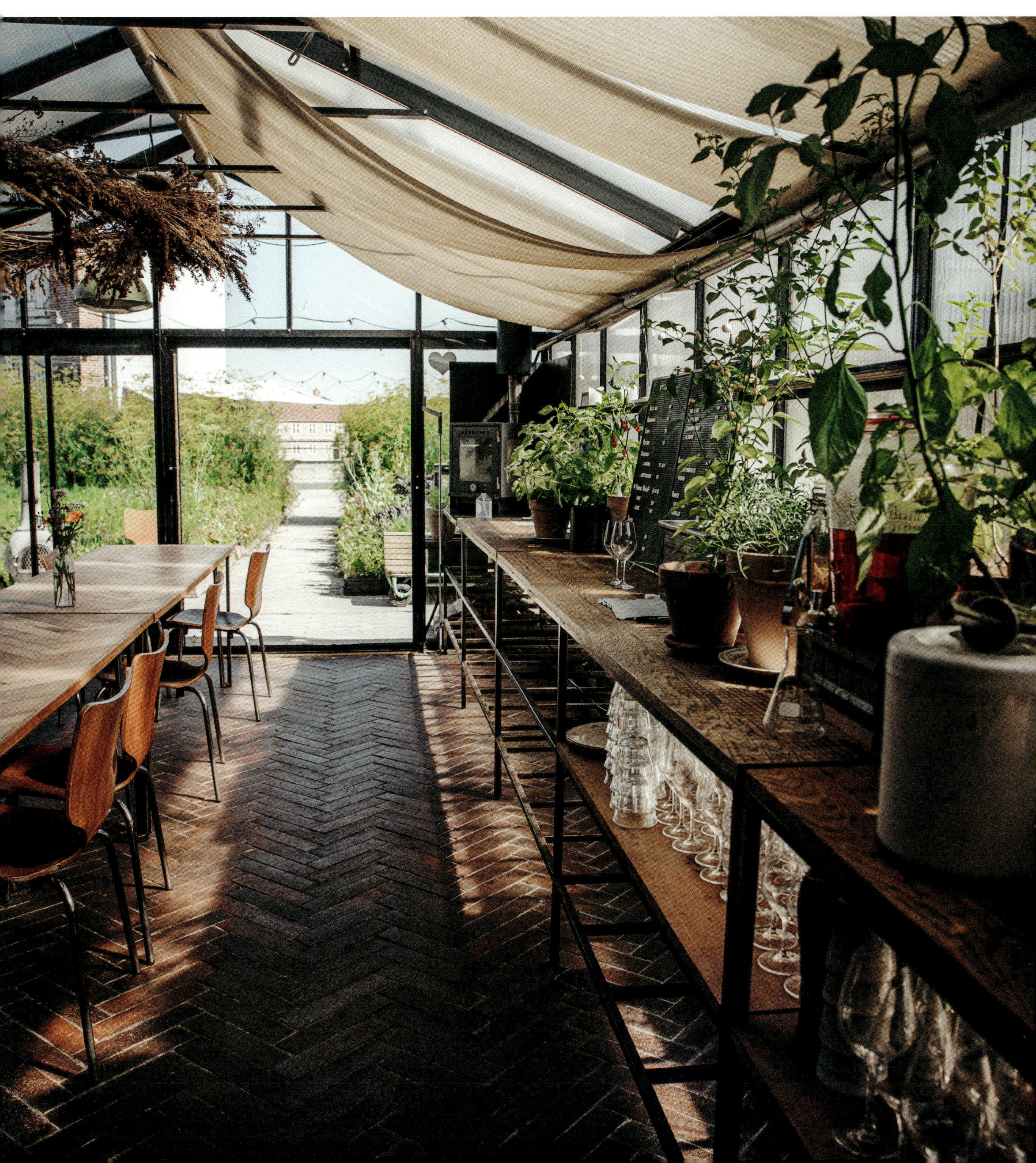

COPENHILL
Copenhagen

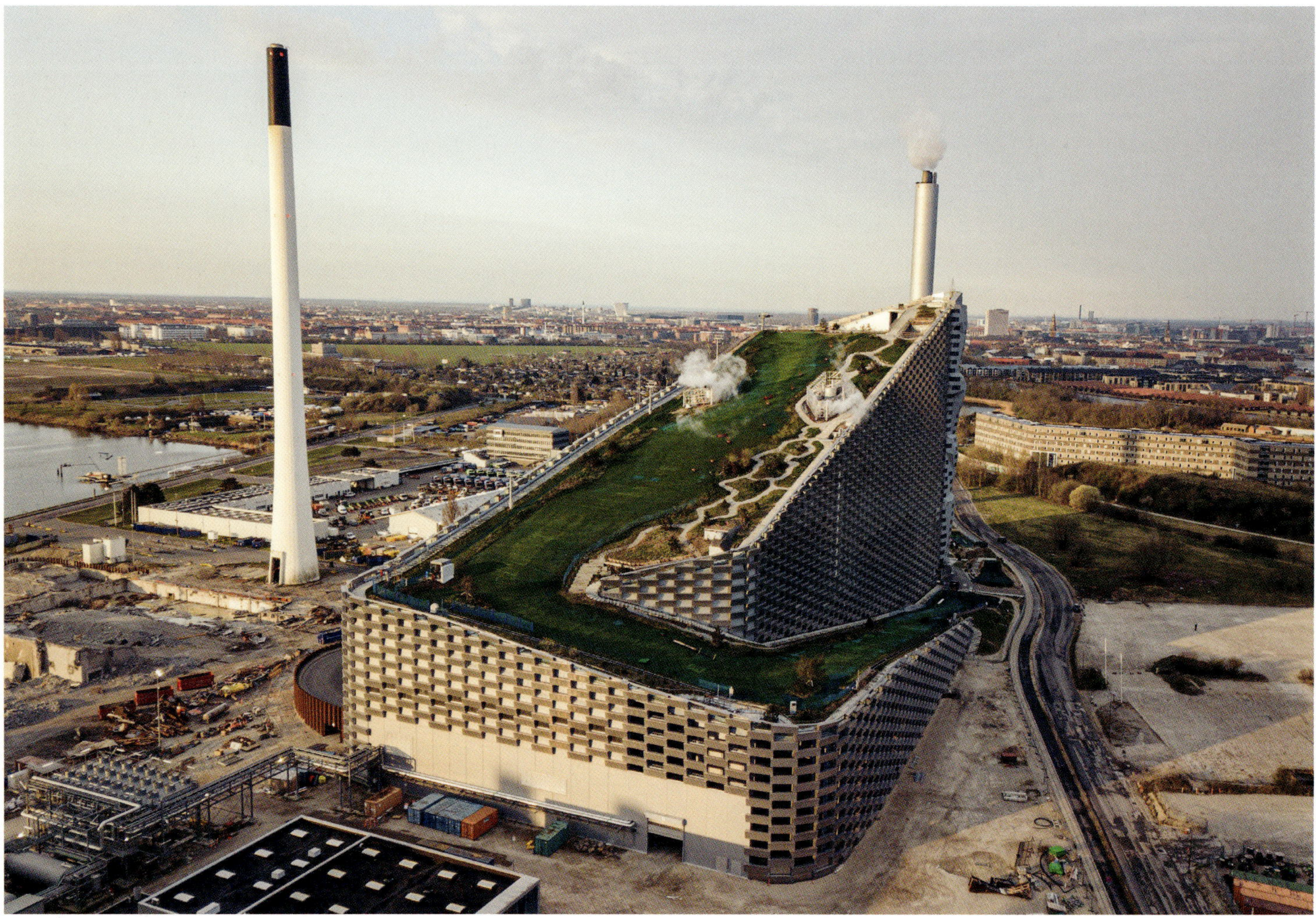

Copenhill is a state-of-the-art waste-to-energy power plant in Copenhagen, designed by the forward-thinking architectural firm BIG. The building features a green rooftop as well as a ski slope, offering a unique urban leisure experience while providing a sustainable solution to the city's waste management needs.

Copenhill ist ein hochmodernes Müllheizkraftwerk in Kopenhagen, das vom zukunftsorientierten Architekturbüro BIG entworfen wurde. Das Gebäude verfügt über ein begrüntes Dach inklusive einer Skipiste für einzigartige urbane Erlebnisse und bietet gleichzeitig eine nachhaltige Lösung für die Abfallwirtschaft der Stadt.

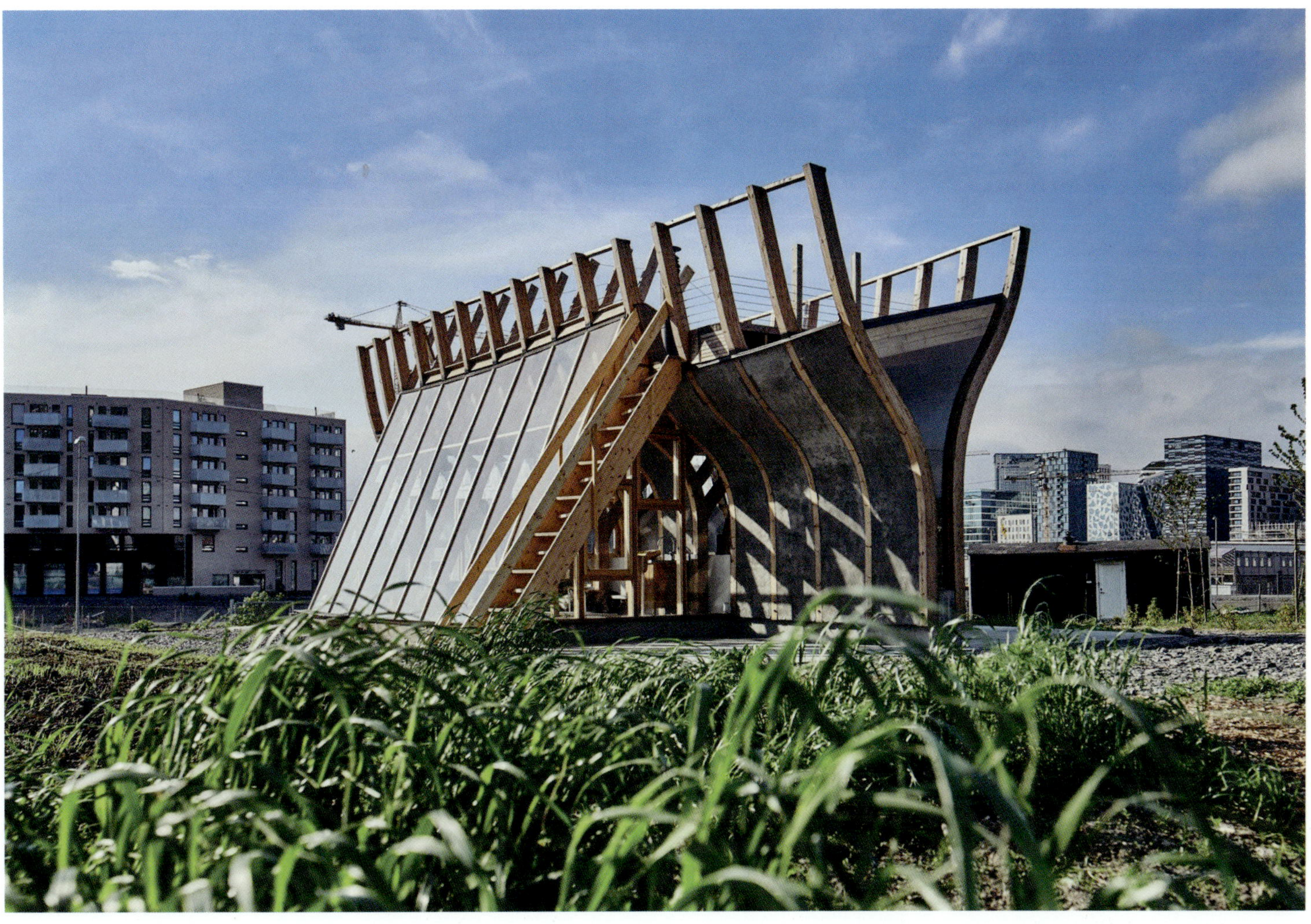

Losæter is a unique public space in Oslo boasting great views over the city's skyline. With a focus on the maintenance of healthy soil and cultivating heritage grains, the park features vegetable patches, beehives, a public bakehouse, and a greenhouse, and the community hosts educational tours as well as communal dinners.

Einen besonderen Blick auf die Skyline Oslos bietet das Projekt Losæter. Hier liegt der Fokus auf gesunden Böden und alten Getreidesorten. Im Park gibt es Gemüsebeete, Bienenstöcke, eine öffentliche Backstube und ein Gewächshaus. Die Losæter-Community veranstaltet zudem pädagogische Führungen sowie gemeinschaftliche Abendessen vor Ort.

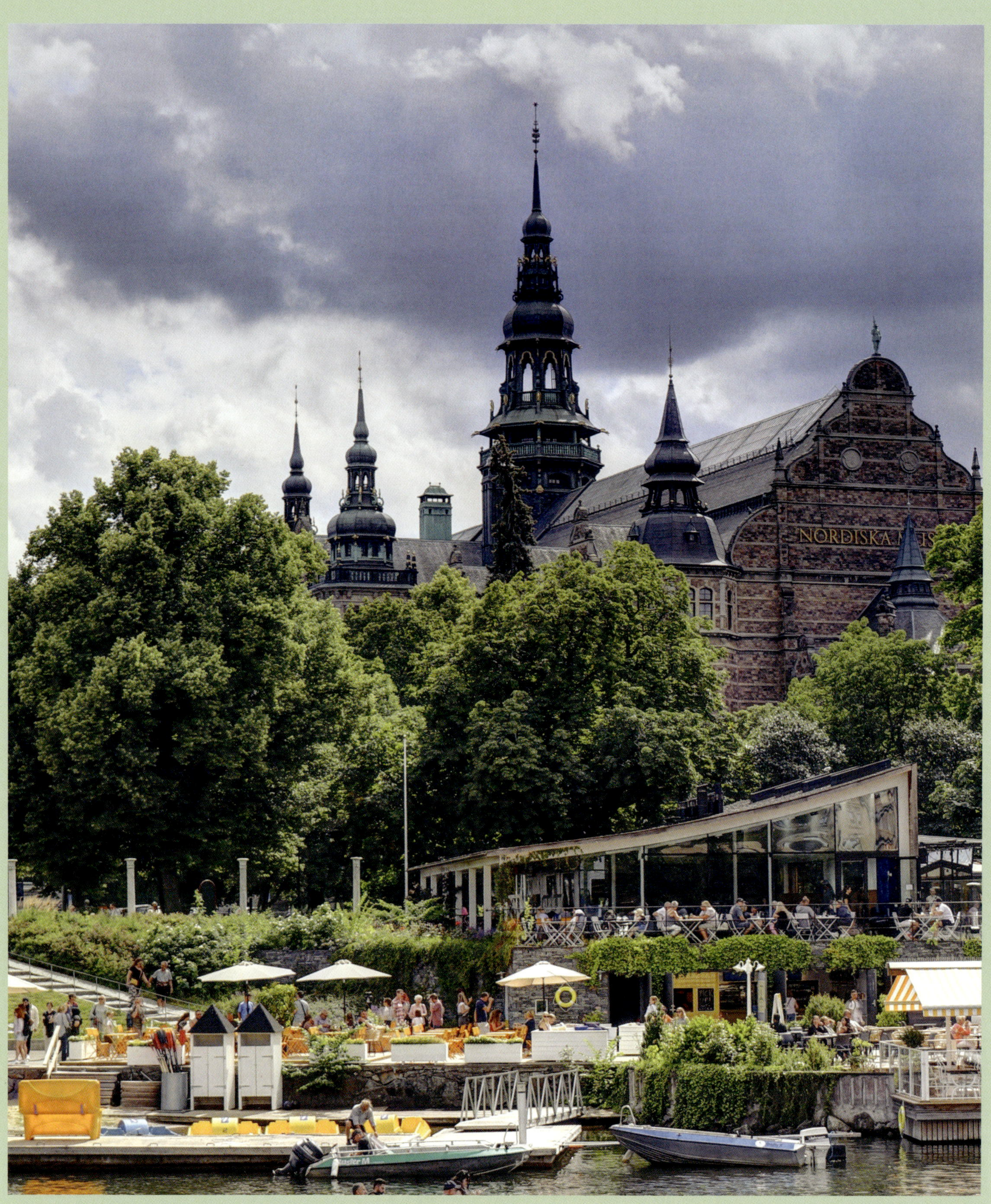

NORDISKA

ROYAL DJURGÅRDEN

Stockholm

Set on an island right in the center of Stockholm, Royal Djurgården is a stunning green space that has been declared the world's first national urban park. With over 400 years of history, this 690-acre public park is a true treasure of ancient forests and historic landscapes as well as many of Sweden's national monuments and Scandinavia's most famous museums, Skansen being the world's first open-air museum.

But Royal Djurgården is not only a beautiful place to retreat to—rather, it is also a pioneer in sustainable urban development. In 1995 several government agencies and organizations, including the World Wildlife Fund (WWF), recognized the park's importance and sought to protect it from development projects by transforming it into a national urban park, ensuring that it would remain a resource for people and nature.

Today, over 800 species of flowers and over 100 species of birds call this green paradise home, and the park's commitment to sustainability has not gone unnoticed: Royal Djurgården has recently received the international Green Destinations Platinum Award for its focus on long-term sustainable development and its structured work in accordance with the UN's sustainability goals as a public park.

Der Königliche Djurgården, eine atemberaubende Grünanlage auf einer Insel im Zentrum Stockholms, wurde zum ersten Nationalstadtpark der Welt erklärt. Mit einer Fläche von 279 Hektar und einer über 400-jährigen Geschichte ist dieser öffentliche Park ein wahrer Schatz an alten Wäldern und historischen Landschaften sowie Standort vieler schwedischer Nationaldenkmäler und der berühmtesten Museen Skandinaviens, darunter auch Skansen, das weltweit erste Freilichtmuseum.

Er ist aber nicht nur ein schöner Rückzugsort, sondern auch ein Vorzeigeprojekt für nachhaltige Stadtentwicklung. Im Jahr 1995 erkannten mehrere Regierungsbehörden und Organisationen, darunter der World Wildlife Fund (WWF), die Bedeutung des Parks und setzten sich dafür ein, ihn vor Bebauung zu schützen. Also erklärten sie ihn zum Nationalstadtpark, um ihn als wichtige Ressource für Mensch und Natur zu erhalten.

Heute sind über 800 Blumen- und mehr als 100 Vogelarten in diesem grünen Paradies zu Hause. Dieses Engagement für Nachhaltigkeit blieb nicht unbemerkt: Der Königliche Nationalstadtpark wurde erst kürzlich für seine Ausrichtung auf eine langfristige nachhaltige Entwicklung und sein strukturiertes Vorgehen in Übereinstimmung mit den UN-Nachhaltigkeitszielen von Green Destinations mit deren Platin-Award ausgezeichnet.

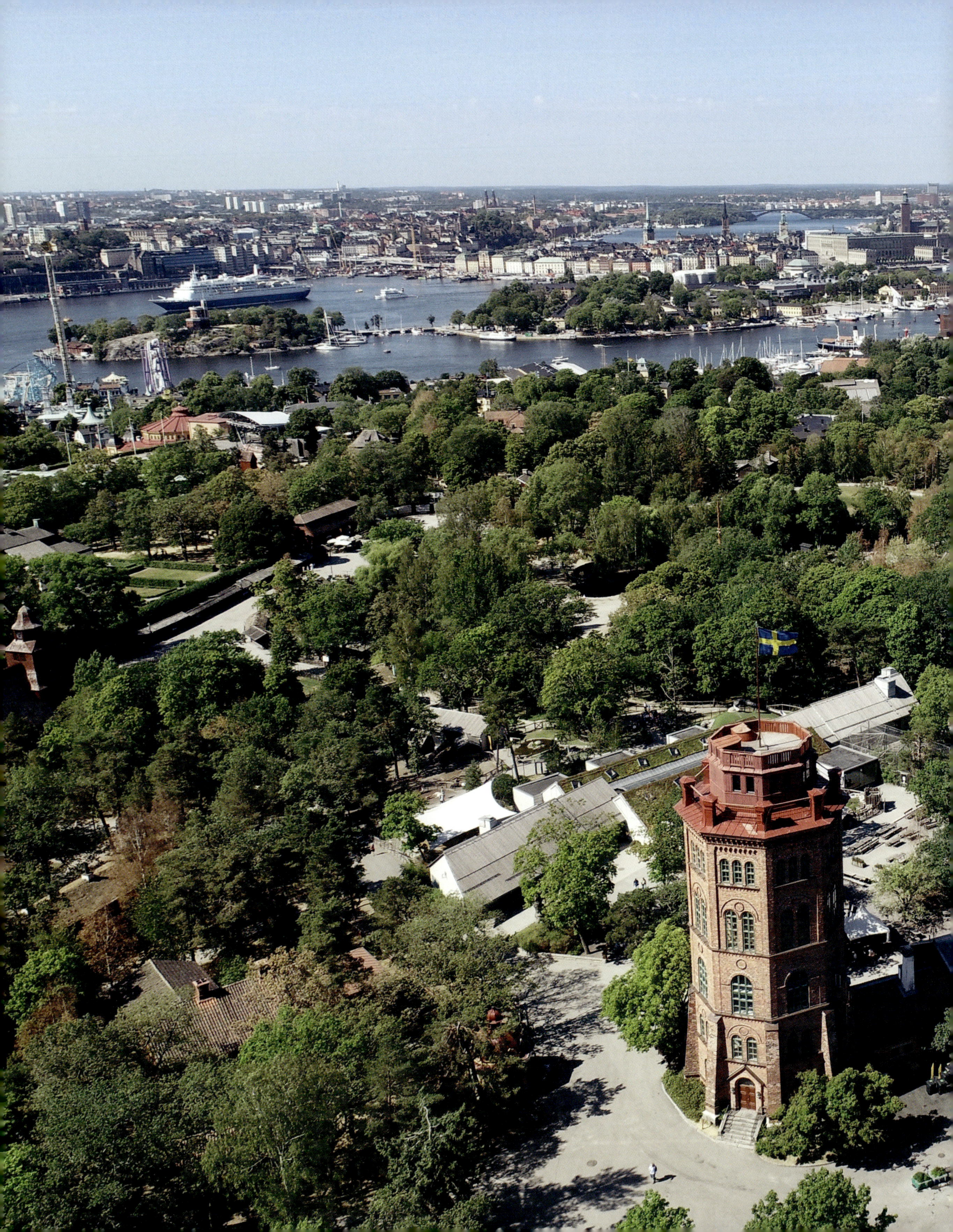

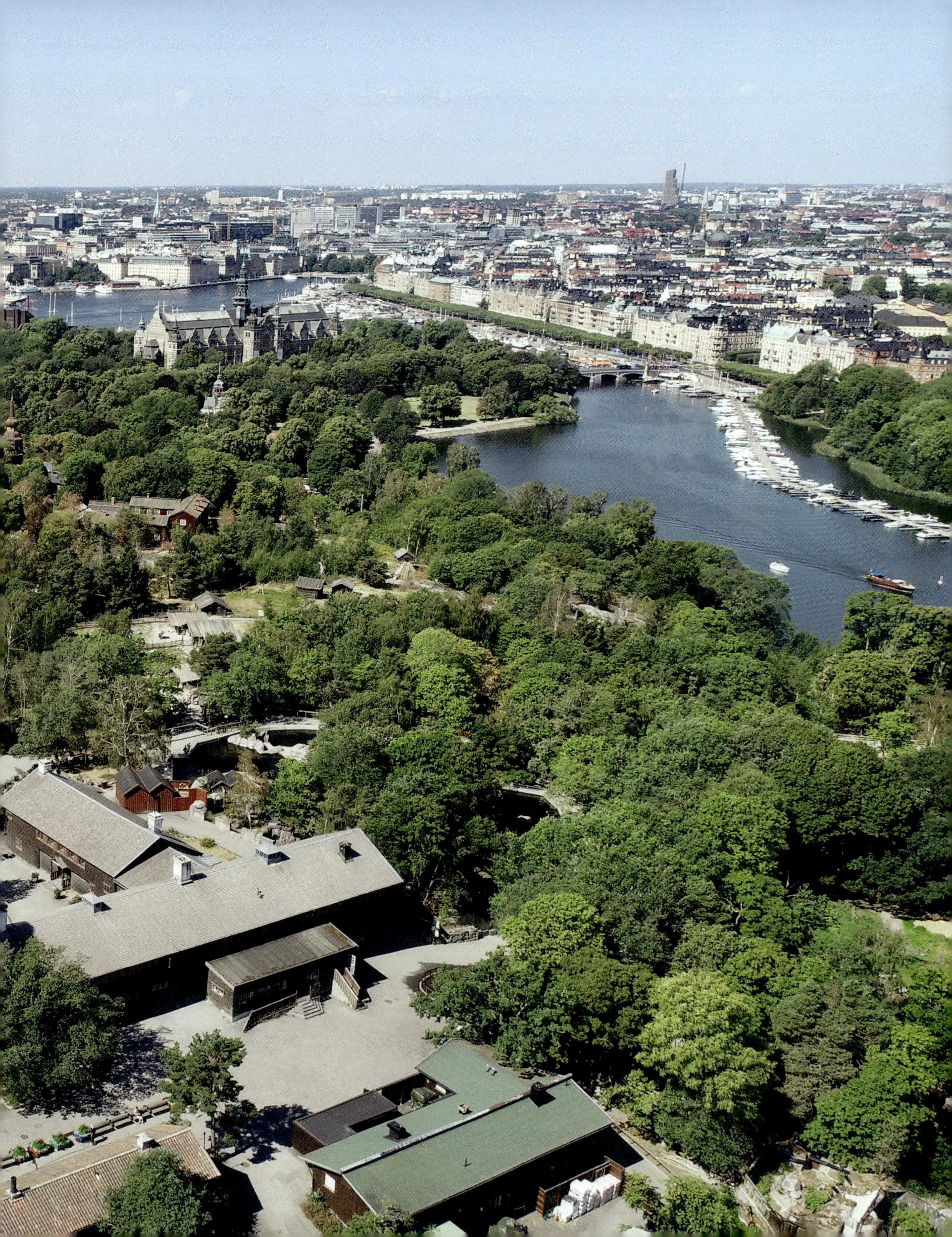

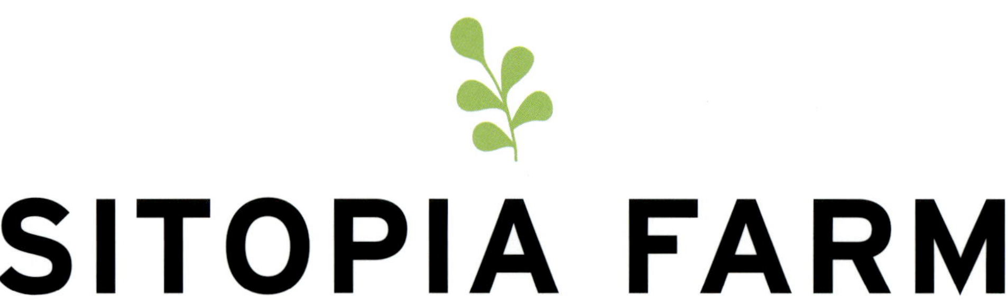

Sitopia Farm in London: an almost surreal place where the climate-friendly idea of regenerative agriculture is brought to life in the heart of the city. It was founded by Chloë Dunnett in 2021, and inspired by Carolyn Steel's book *Sitopia: How Food Can Save The World*, which highlights the benefits of local as opposed to global food systems. Located on a two-acre plot in southeast London, Sitopia Farm demonstrates how urban agriculture can contribute to ecological sustainability.

Going beyond simply organic farming, Sitopia Farm uses regenerative practices such as natural fertilizers and 'no-dig' methods to bolster resilience and promote biodiversity and soil fertility. Healthy soil helps sequester carbon from the atmosphere, making regenerative farming a key solution to the climate crisis rather than a contributor to it.

Even the location suggests the farm's activist roots. Woodlands Farm, of which Sitopia is a part, was established in the 1990s after the local community successfully resisted the construction of a motorway through the site, resulting in a 999-year lease on the land and a requirement that it must be used for environmental purposes. In addition to providing Londoners with locally grown fruits and vegetables, Sitopia Farm is committed to a sustainable future, in agriculture and beyond.

Die Sitopia Farm in London ist ein fast unwirklicher Ort, der die klimafreundliche Idee der regenerativen Landwirtschaft mitten in der Metropole verwirklicht. Sie wurde 2021 von Chloë Dunnett ins Leben gerufen und ist inspiriert von Carolyn Steel's Buch *Sitopia: How Food Can Save The World*, das die Vorteile von lokalen im Gegensatz zu globalen Ernährungssystemen betont. Auf einer Fläche von 8100 Quadratmetern im Südosten Londons zeigt die Sitopia Farm, wie die urbane Landwirtschaft zu mehr ökologischer Nachhaltigkeit beitragen kann.

Die Farm setzt auf regenerative Praktiken wie natürliche Düngemittel und „No-Dig"-Methoden, um die Widerstandsfähigkeit zu stärken und die biologische Vielfalt und Bodenfruchtbarkeit zu fördern. Ein gesunder Boden kann CO_2 aus der Atmosphäre binden, sodass die regenerative Landwirtschaft eine wichtige Lösung für die Klimakrise darstellt, anstatt zu ihr beizutragen.

Der Standort der Farm zeugt von ihren aktivistischen Wurzeln: Sie ist Teil der Woodlands Farm, die in den 1990er-Jahren gegründet wurde, nachdem sich die örtliche Gemeinde erfolgreich gegen den Bau einer Autobahn durch das Gelände gewehrt hatte. Der daraus resultierende Pachtvertrag für das Land gilt für über 999 Jahre, unter der Bedingung, dass es für ökologische Zwecke genutzt werden muss. Neben der Versorgung der Londoner mit lokal angebautem Obst und Gemüse setzt sich Sitopia Farm für eine nachhaltige Zukunft ein, in der Landwirtschaft und darüber hinaus.

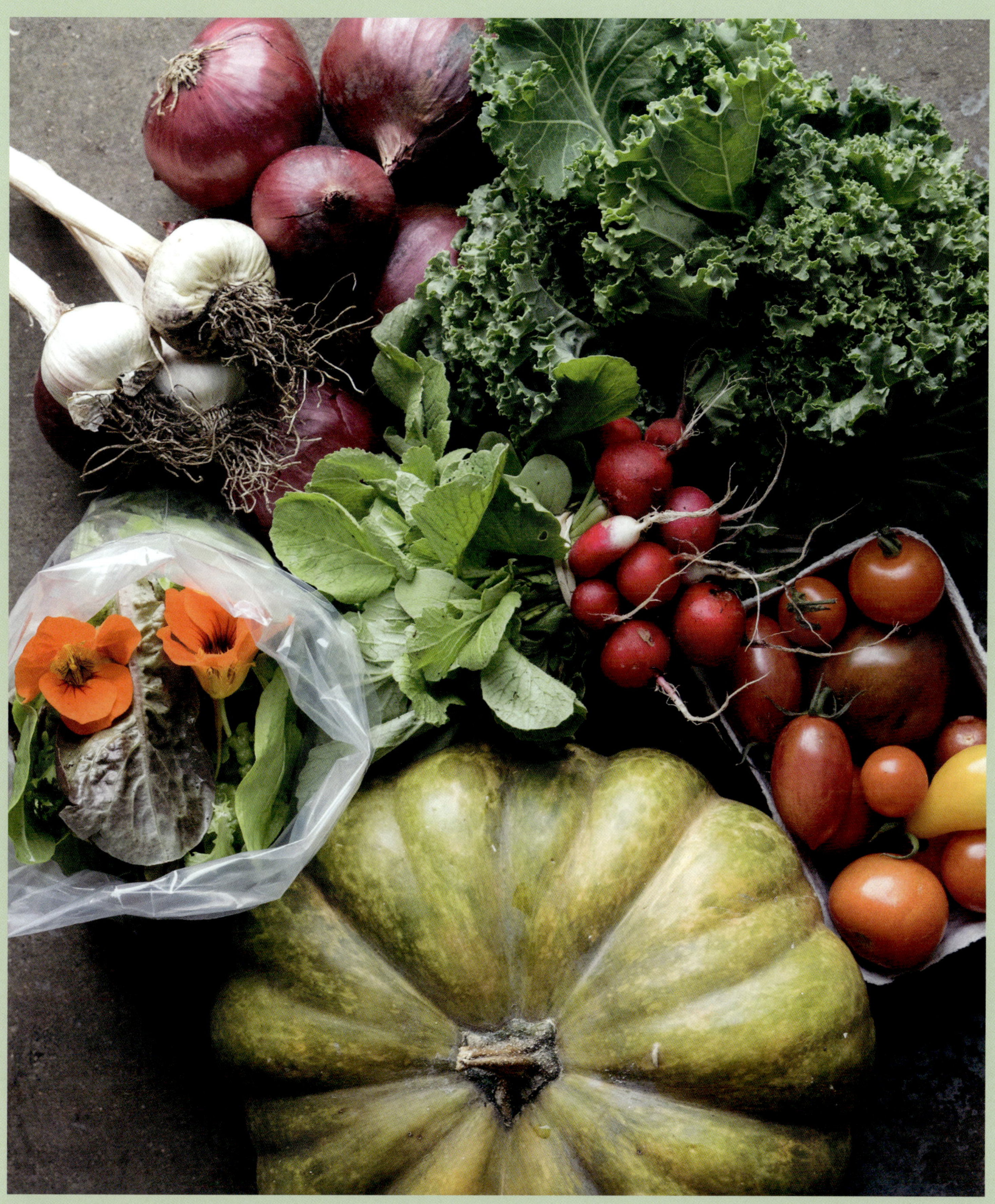

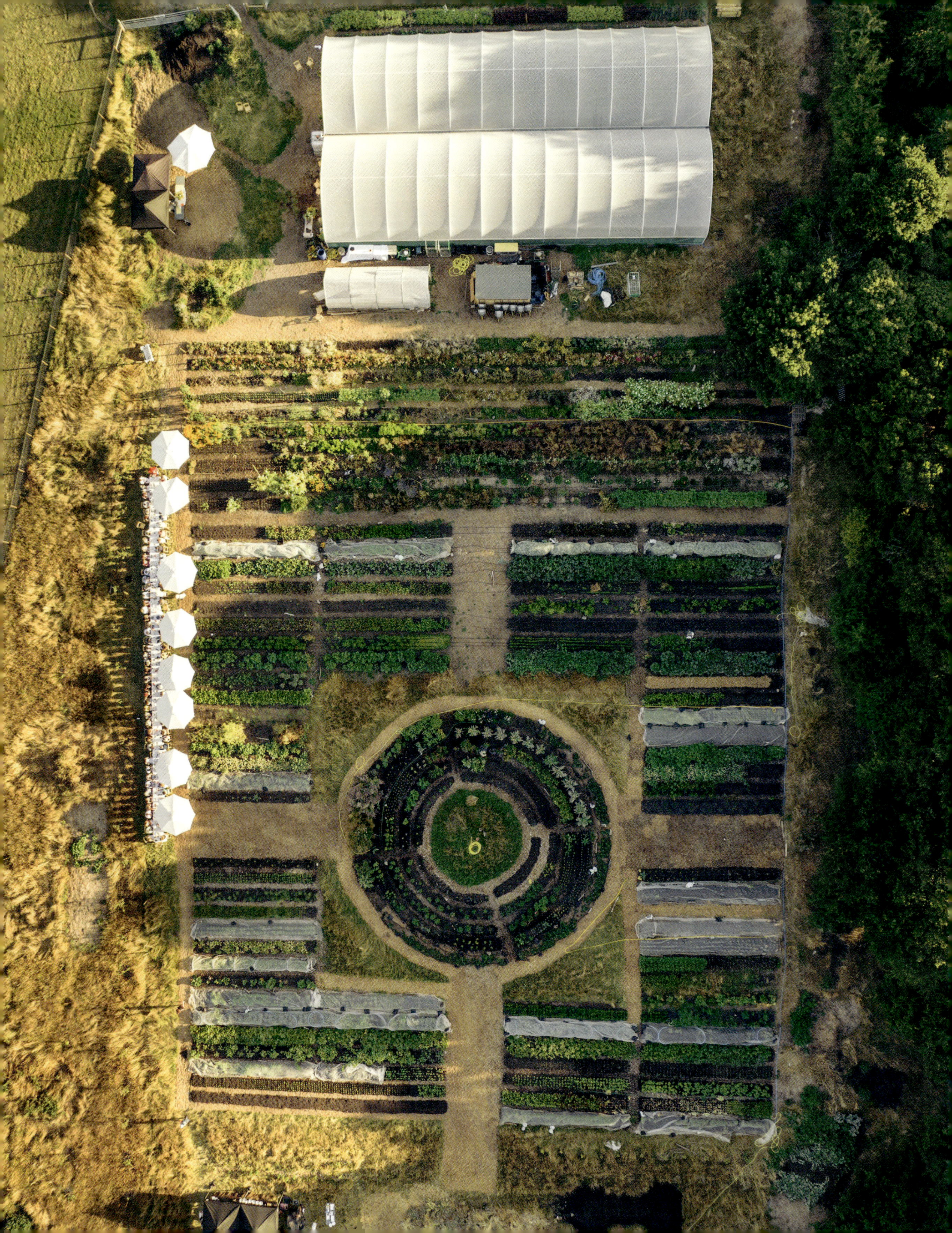

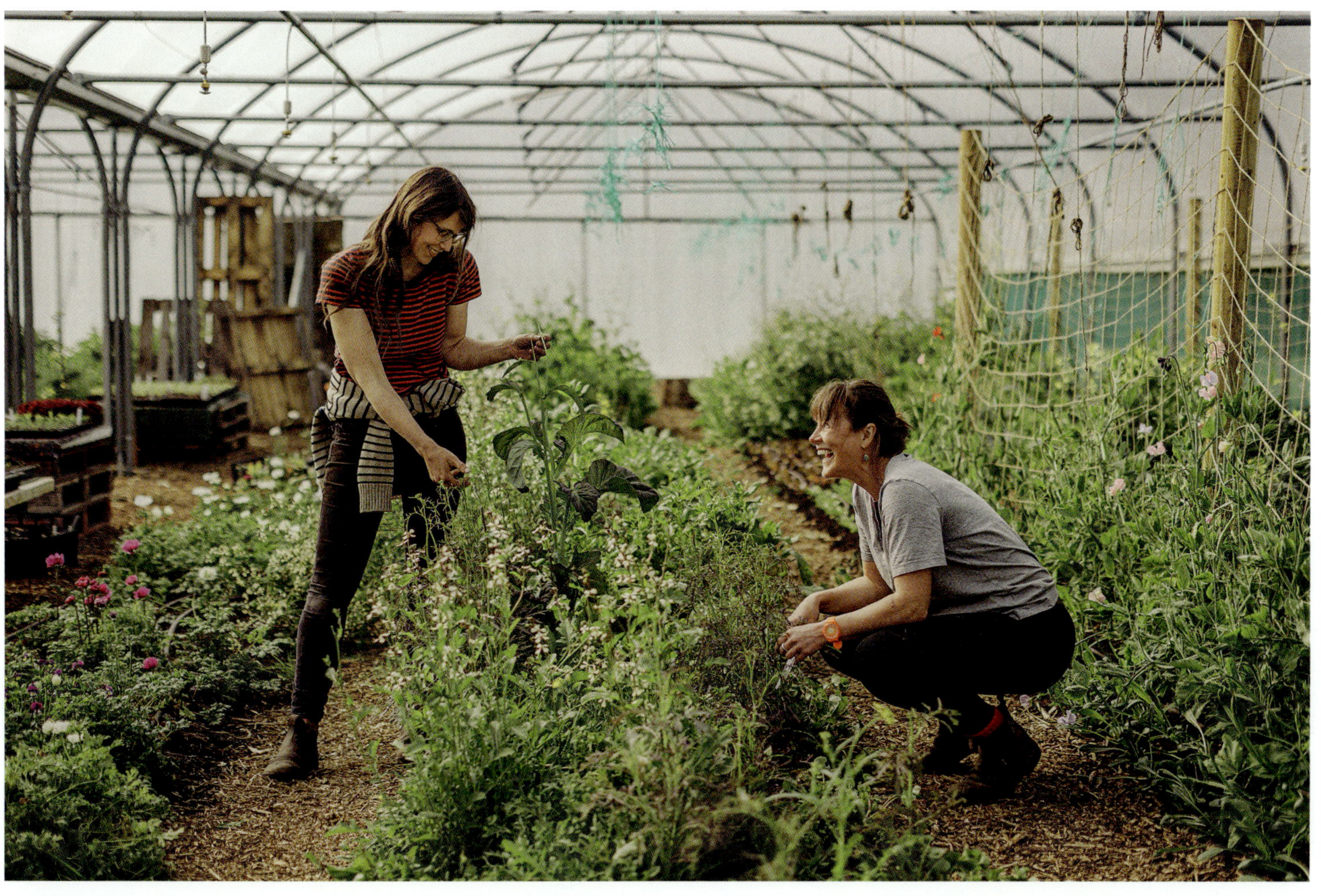

Regenerative agriculture
- improves soil health and fertility
- helps to combat the climate crisis by sequestering carbon in the soil
- promotes biodiversity and protects ecosystems
- reduces the need for synthetic fertilizers and pesticides
- supports the long-term sustainability of food production
- reduces erosion and improves water quality
- supports small farmers and the local economy

Regenerative Landwirtschaft
- verbessert die Bodengesundheit und -fruchtbarkeit
- bindet CO_2 im Boden
- fördert die Biodiversität und schützt die Ökosysteme
- reduziert den Bedarf an synthetischen Düngemitteln und Pestiziden
- unterstützt die langfristige Nachhaltigkeit der Nahrungsmittelproduktion
- vermindert Erosion und verbessert die Wasserqualität
- unterstützt Kleinbäuer:innen und die lokale Wirtschaft

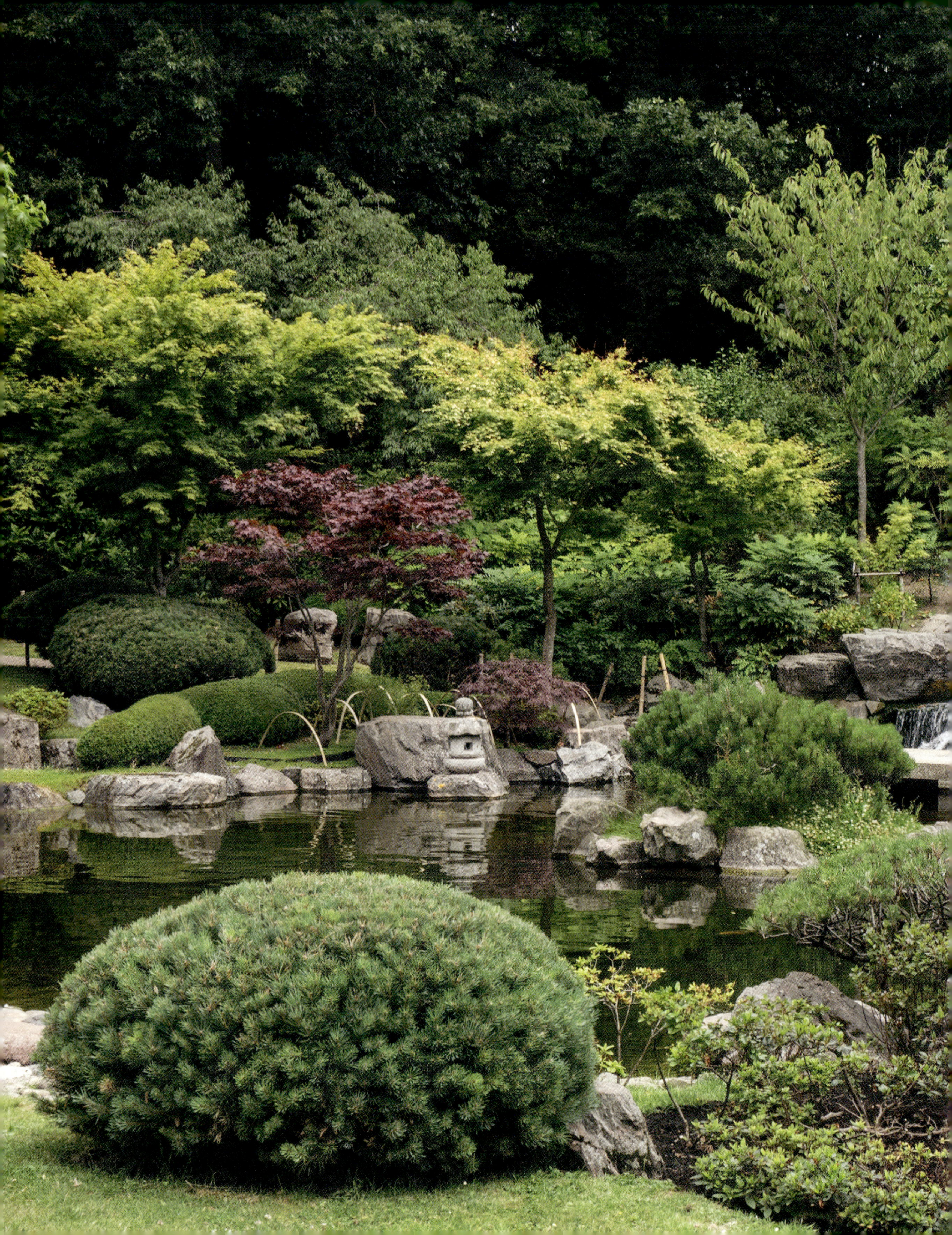

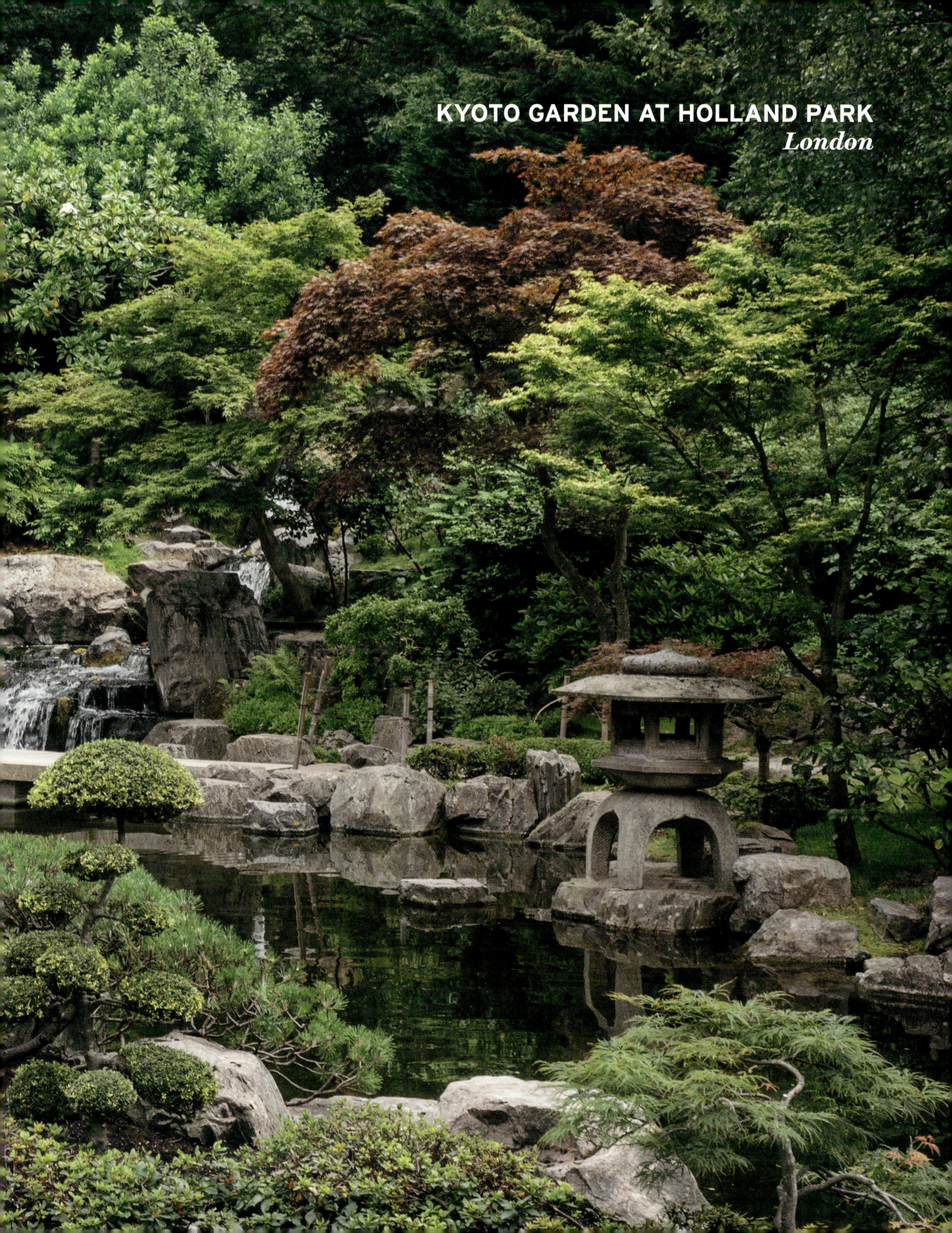

KYOTO GARDEN AT HOLLAND PARK
London

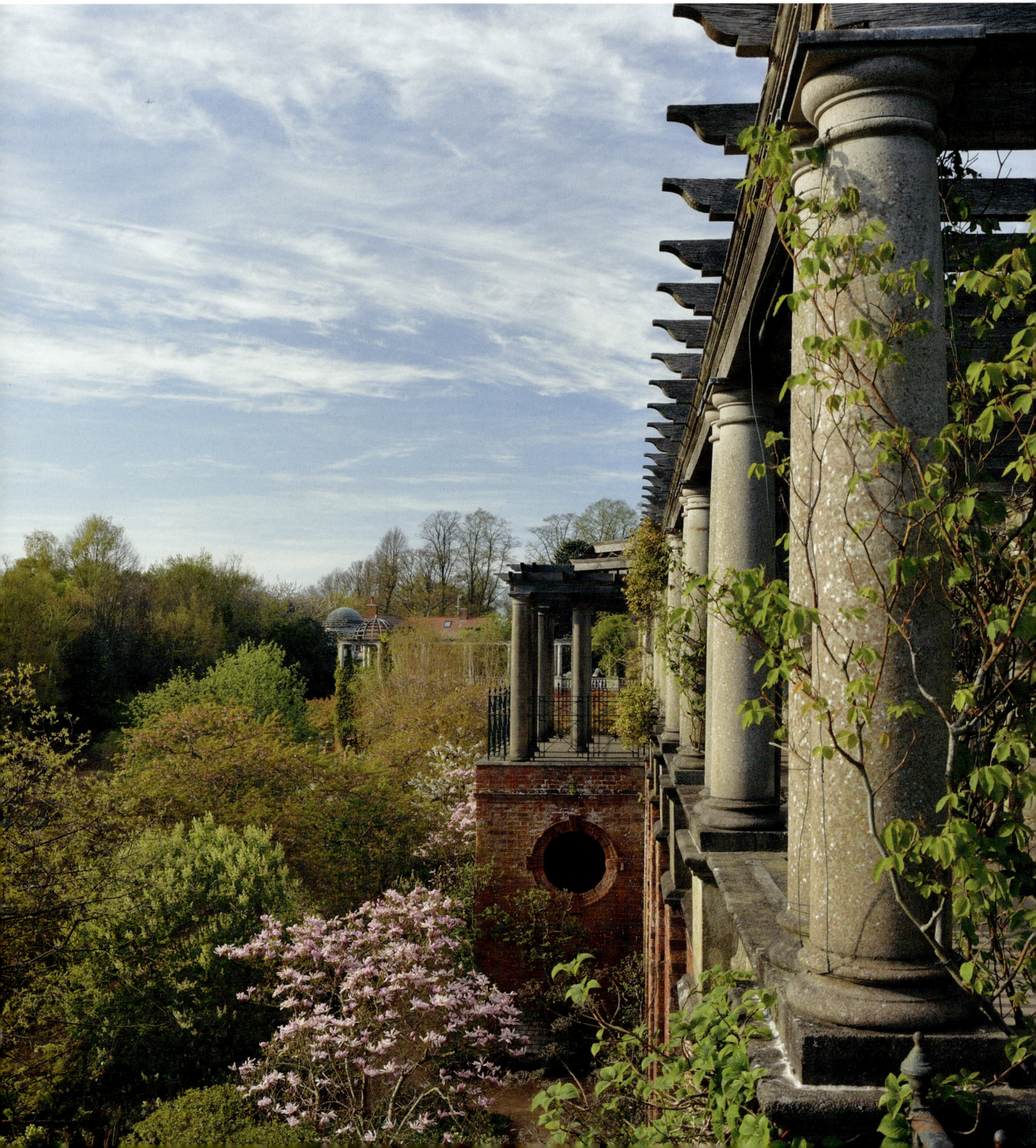

Dating back to the 9th century, Hampstead Heath is a historic wild park known for its rolling meadows, ancient woodlands, ponds and panoramic views of the city.

Hampstead Heath ist ein historischer, wild bewachsener Park aus dem 9. Jahrhundert, der für seine hügeligen Wiesen, uralten Wälder, Teiche und den Panoramablick auf die Stadt bekannt ist.

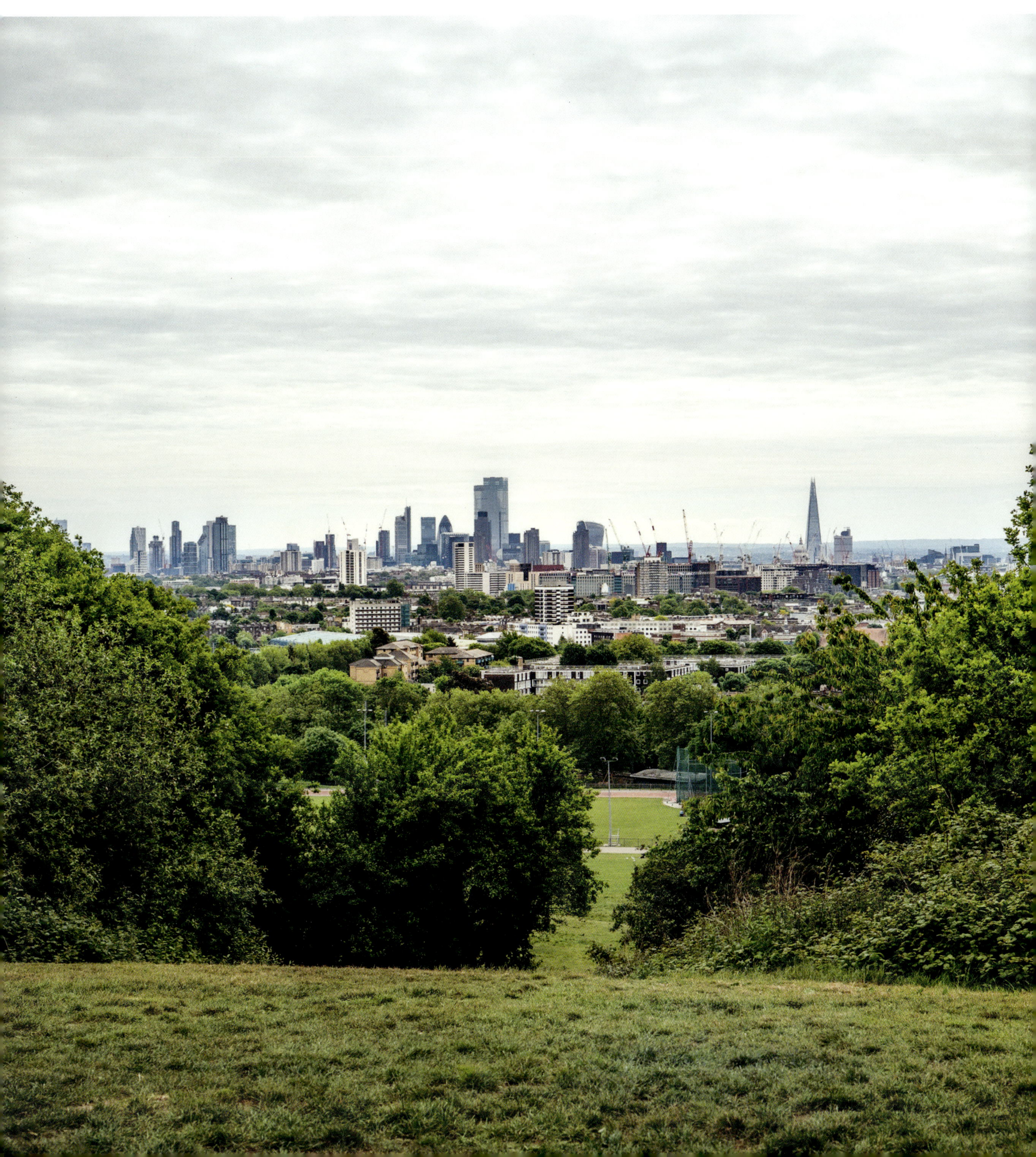
HAMPSTEAD HEATH
London

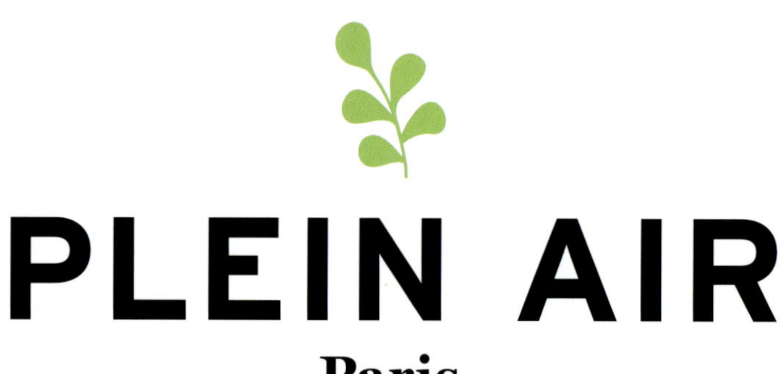

Amidst the bustle of Paris lies Plein Air, the city's first urban flower farm. Founded by Masami Charlotte Lavault, it has bloomed since 2017, transforming an empty 0.3-acre plot behind the Belleville cemetery into colorful fields of organically grown, seasonal flowers.

Lavault, a trained industrial designer, was unhappy with her job and traveled to work on farms abroad, where she realized the negative impact of the traditional flower industry. "I learned how dirty the whole industry is: that the flowers come from far away, from Kenya or Colombia," she says. "And that it's very bad for the environment because of all the chemicals that are used there, let alone all the people who have to work extremely long hours." Determined to make a difference, Lavault proposed her vision for a sustainable flower farm to the Paris City Council and was granted the land to bring her dream to life.

Today, Plein Air is home to over 200 different flowers, and every Saturday morning Lavault opens the gate to visitors— inviting all to experience the magic of her urban oasis, learn more about the slow flower movement and support the environment through the simple act of buying flowers.

Inmitten der typischen Großstadthektik blüht Plein Air, die erste urbane Blumenfarm von Paris. Die 2017 von Masami Charlotte Lavault gegründete Farm verwandelte ein leeres, 1200 Quadratmeter großes Grundstück hinter dem Friedhof von Belleville in bunte Felder voller biologisch angebauter, saisonaler Blumen.

Lavault, eigentlich studierte Industriedesignerin, war mit ihrem Job unzufrieden und reiste ins Ausland, um dort auf Farmen zu arbeiten. Schnell erkannte sie die negativen Auswirkungen der traditionellen Blumenindustrie. „Ich habe gelernt, wie schmutzig die ganze Industrie ist, dass die Blumen von weit her kommen, aus Kenia oder Kolumbien", sagt sie. „Und, dass es sehr schlecht für die Umwelt ist, wegen all der Chemikalien, die da eingesetzt werden, ganz zu schweigen von den Menschen, die extrem lange arbeiten müssen." Entschlossen, etwas zu verändern, schlug Lavault ihre Vision einer nachhaltigen Blumenfarm dem Pariser Stadtrat vor und bekam den Zuschlag für das Grundstück, um ihren Traum zu verwirklichen.

Mittlerweile wachsen bei Plein Air mehr als 200 verschiedene Blumenarten, und jeden Samstagmorgen öffnet Lavault das Tor für Besucher:innen – sie lädt alle ein, den Zauber ihrer urbanen Oase zu erleben, mehr über die Slow-Flower-Bewegung zu erfahren und mit dem Kauf eines Blumenstraußes die Umwelt zu schützen.

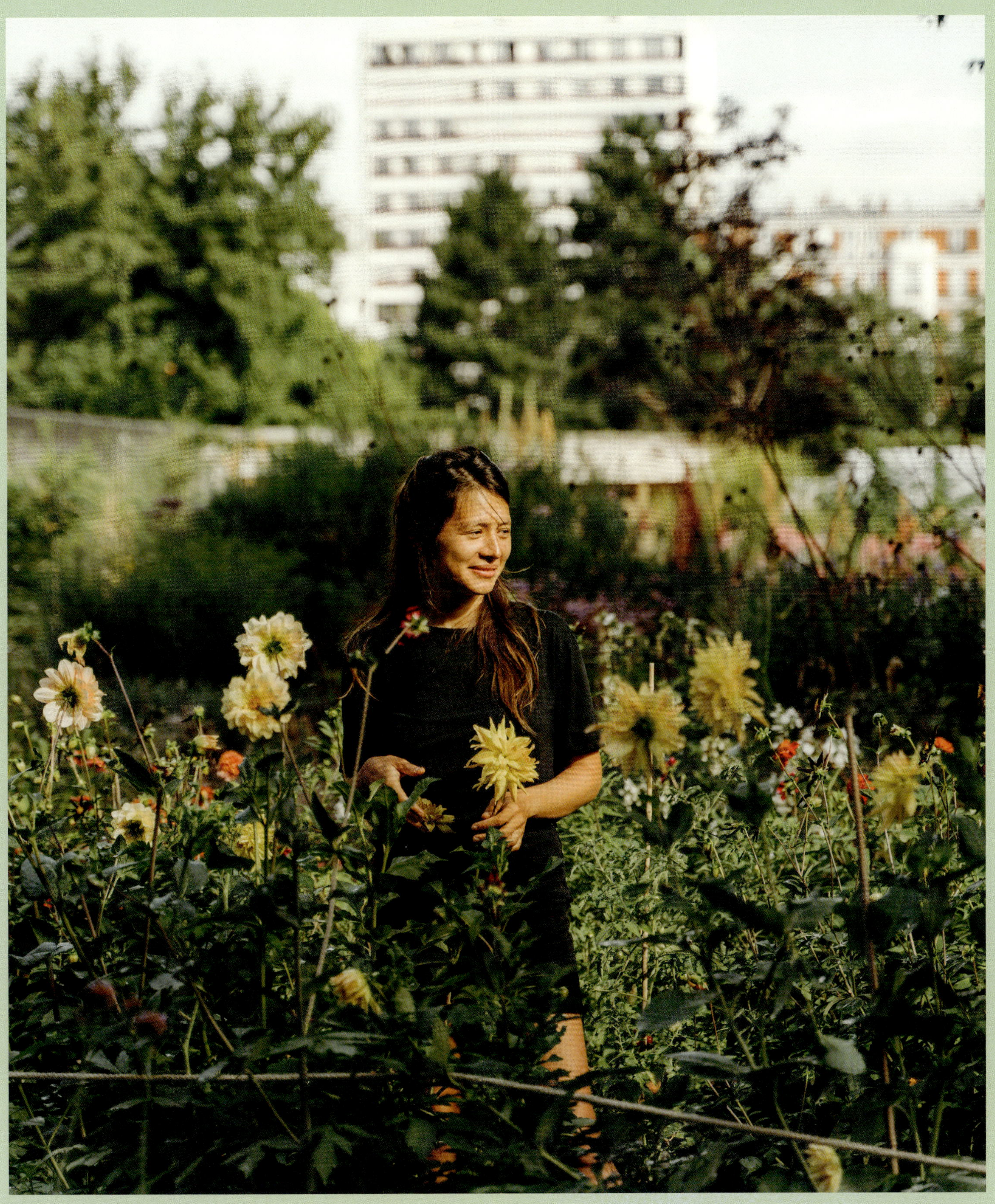

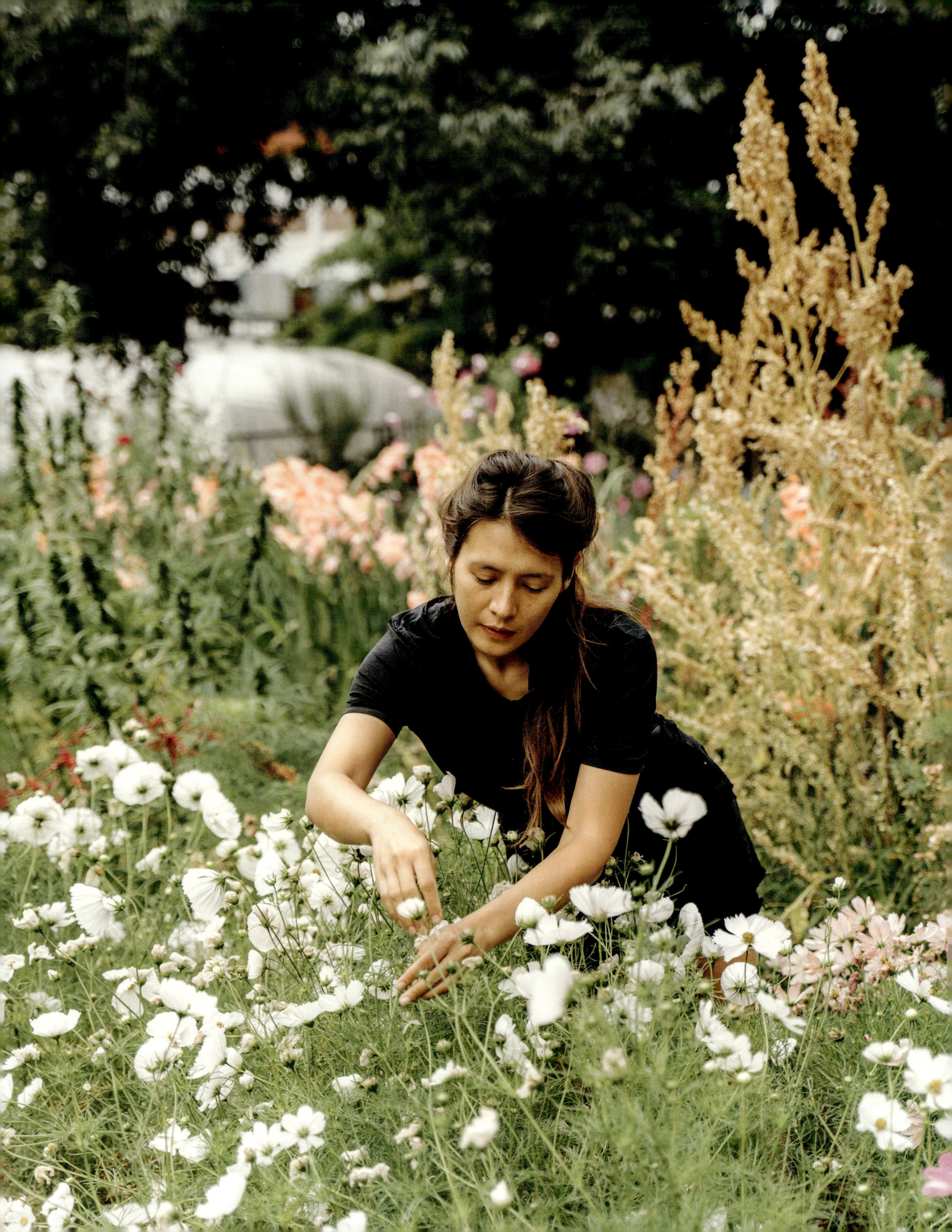

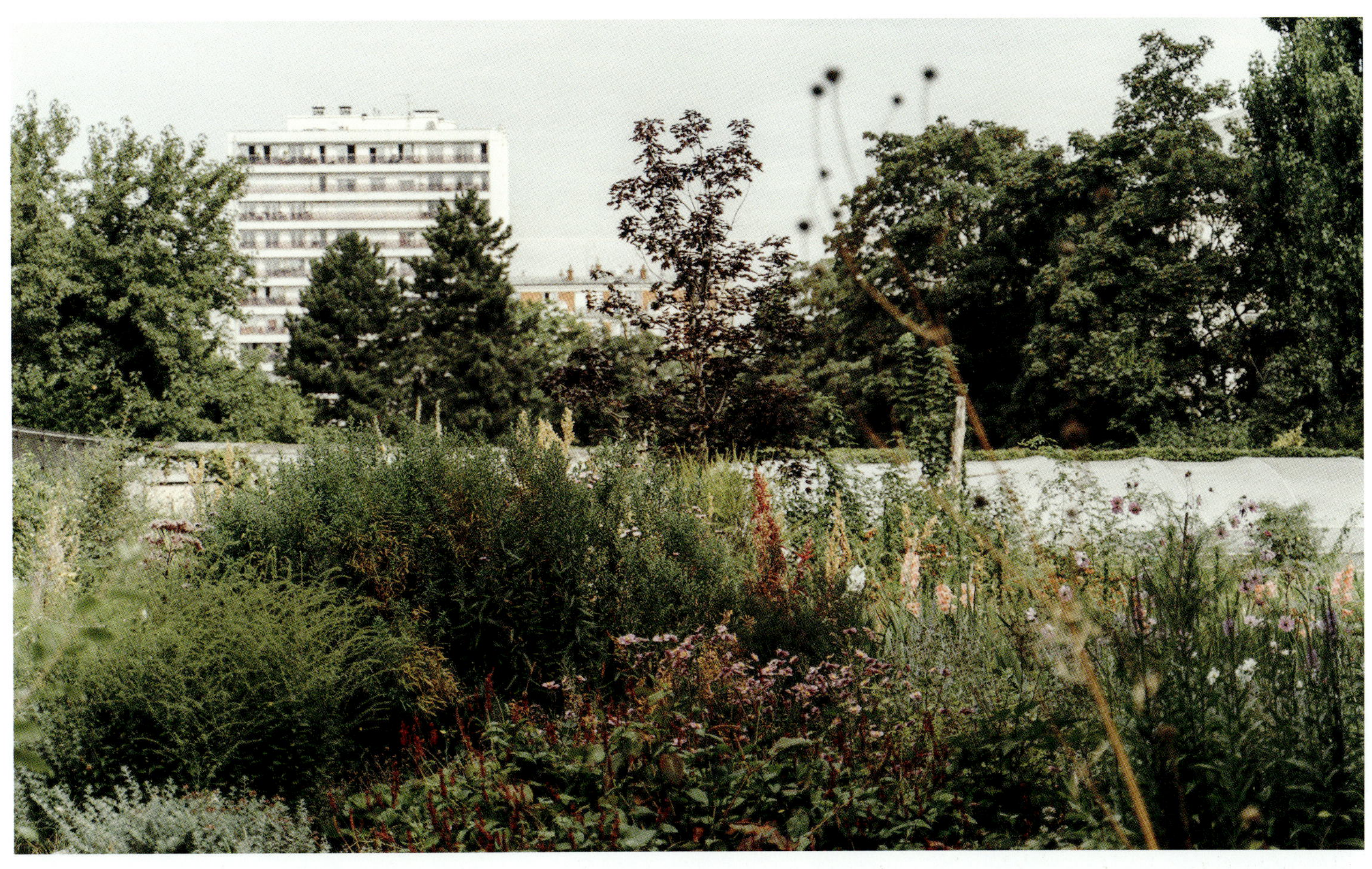

Slow Flower Movement
- promotes locally-grown and seasonal flowers
- reduces the carbon footprint of the floral industry
- protects and preserves biodiversity
- provides economic benefits to local communities
- encourages consumers to consider the environmental impact of their flower choices
- educates consumers about sustainable flower production and consumption
- inspires sustainable approaches to floral design

Slow-Flower-Bewegung
- fördert lokal angebaute und saisonale Blumen
- reduziert den CO_2-Fußabdruck der Blumenindustrie
- schützt und bewahrt die Biodiversität
- bietet wirtschaftliche Vorteile für lokale Gemeinschaften
- ermutigt Verbraucher:innen dazu, die Umweltauswirkungen ihrer Blumenauswahl zu berücksichtigen
- informiert über ressourcenschonende Blumenproduktion und -konsum
- inspiriert zu nachhaltigen Ansätzen in der Floristik

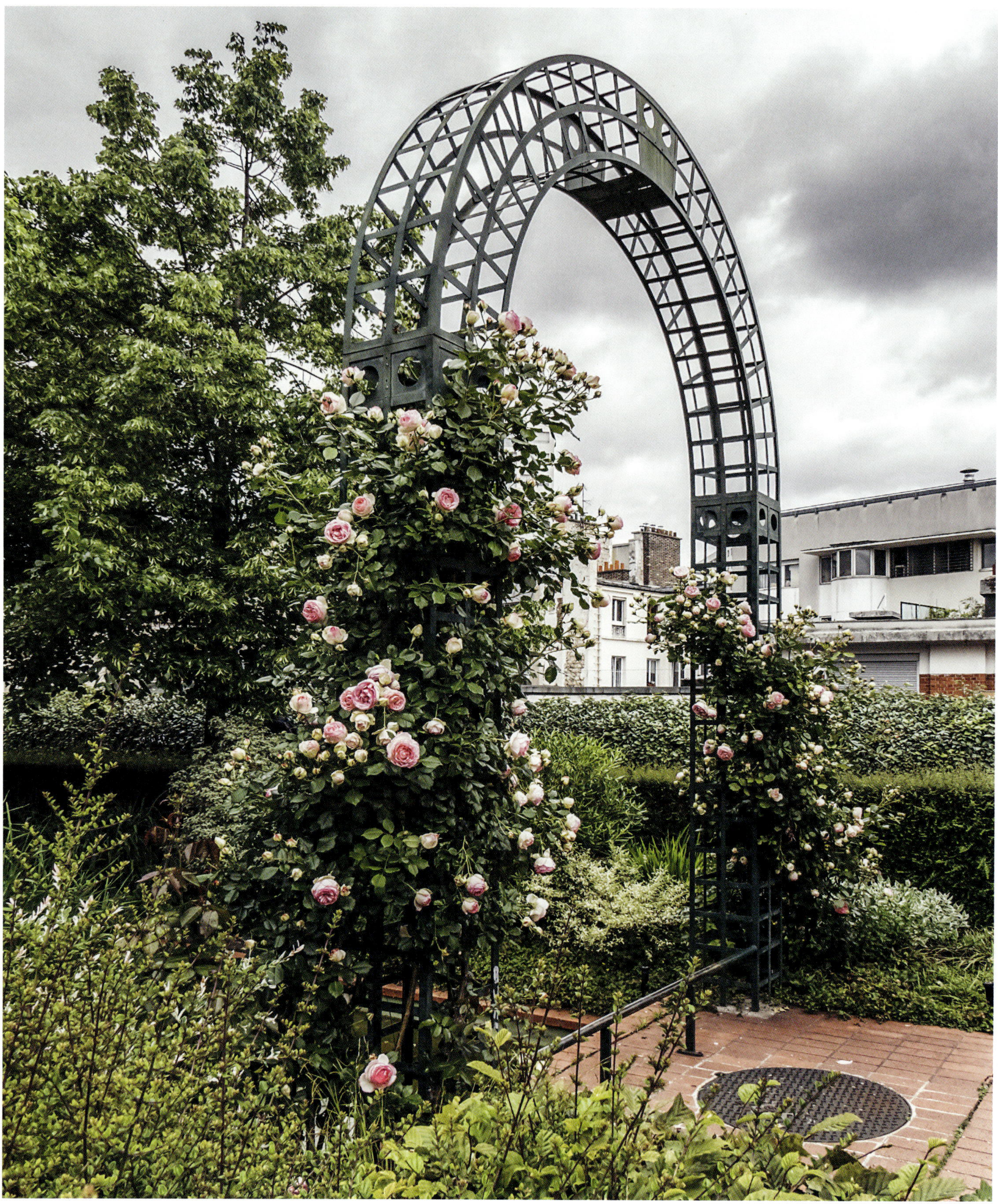

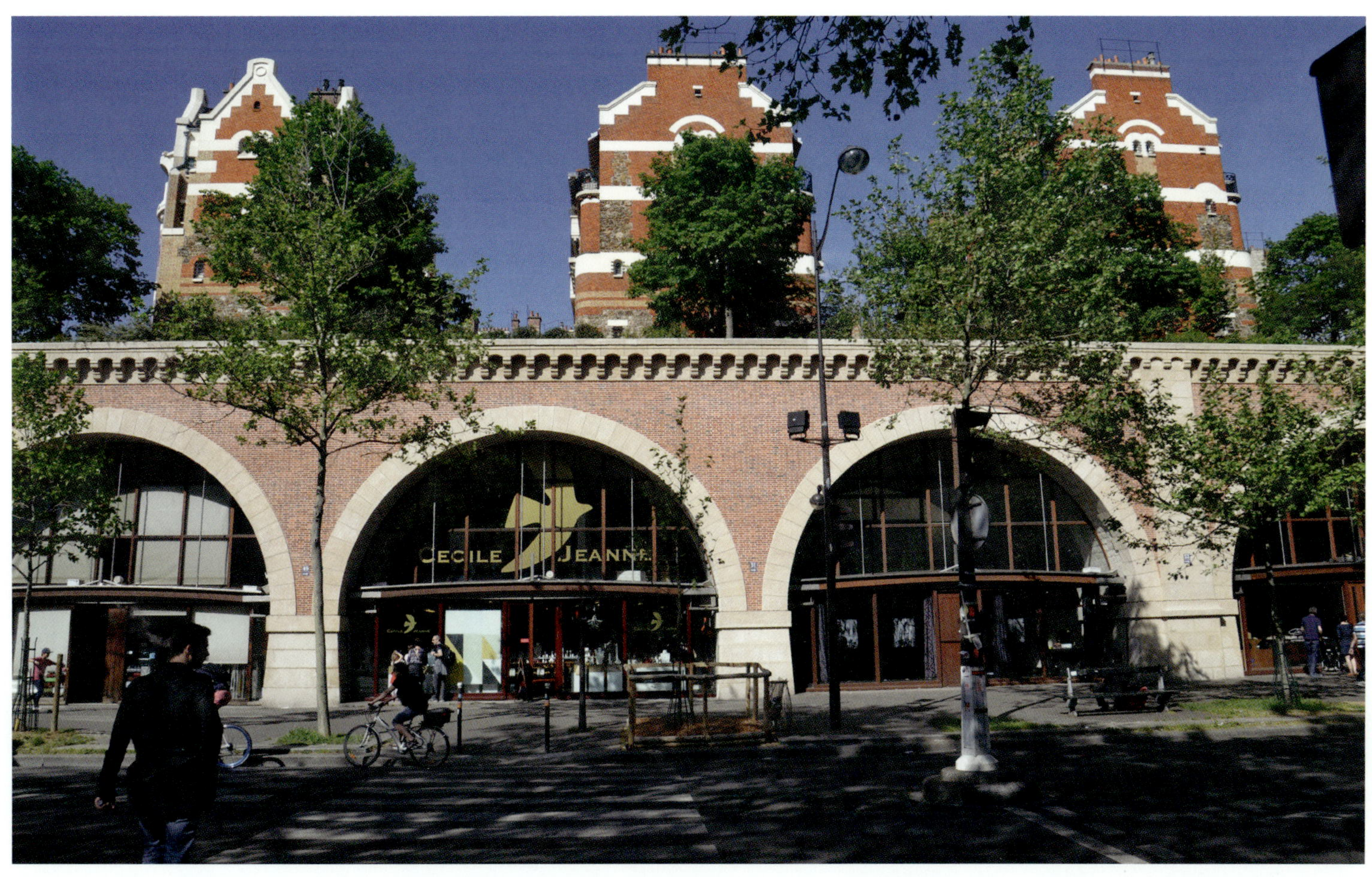

Opened in 1993, the Promenade Plantée was a global first: an elevated park built on a disused railway viaduct, it is now often referred to as the original of New York City's High Line. Tucked away in the 12th arrondissement, winding through lush greenery past historic 19th-century buildings, it is a true gem for those in the know.

Die 1993 eröffnete Promenade Plantée war der erste Park der Welt, der auf einem stillgelegten Eisenbahnviadukt errichtet wurde. Sie wird oft als Vorlage für die High Line in New York City bezeichnet. Versteckt im 12. Arrondissement ist sie ein kleines Juwel für Eingeweihte, denn der Park schlängelt sich durch üppiges Grün und vorbei an den historischen Gebäuden aus dem 19. Jahrhundert.

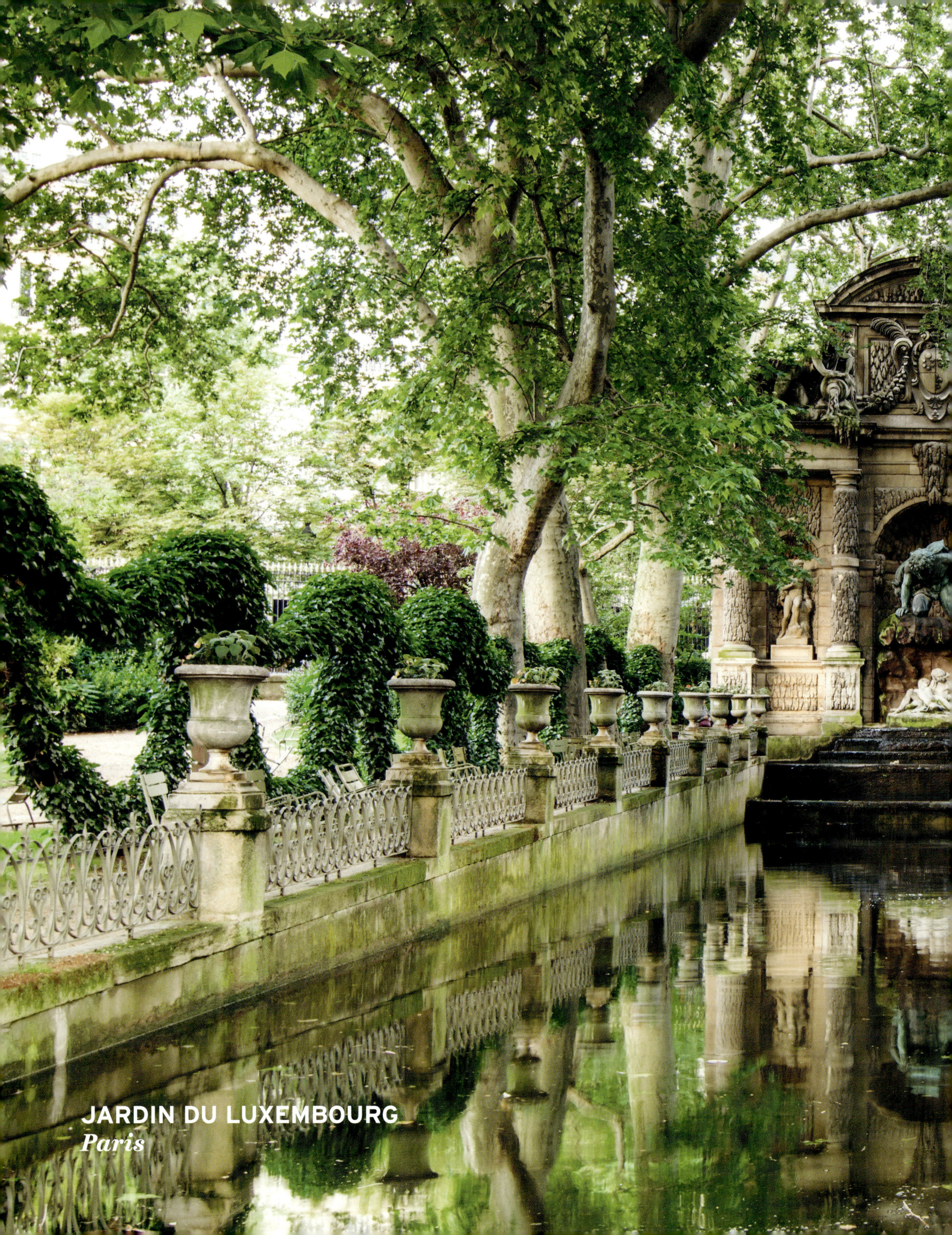

JARDIN DU LUXEMBOURG
Paris

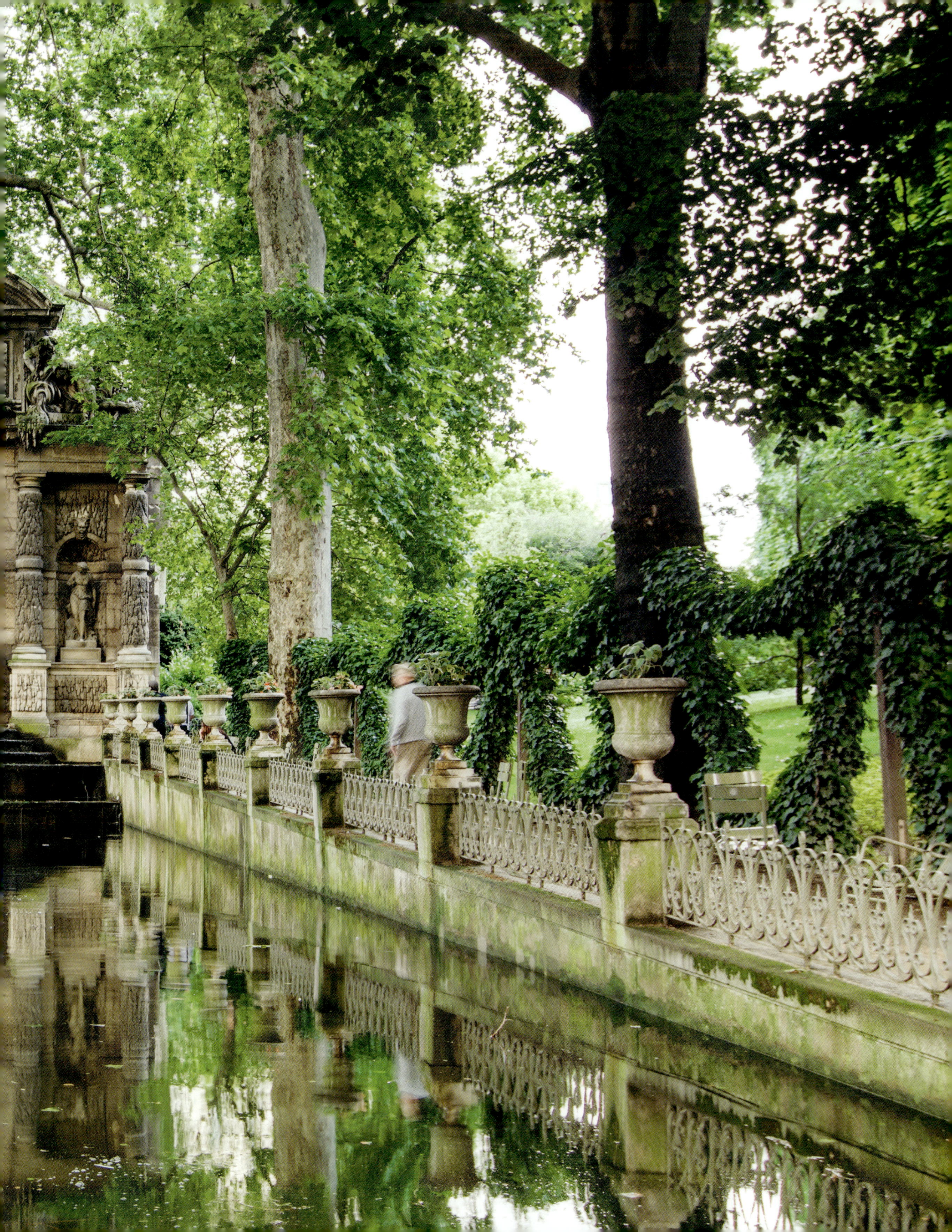

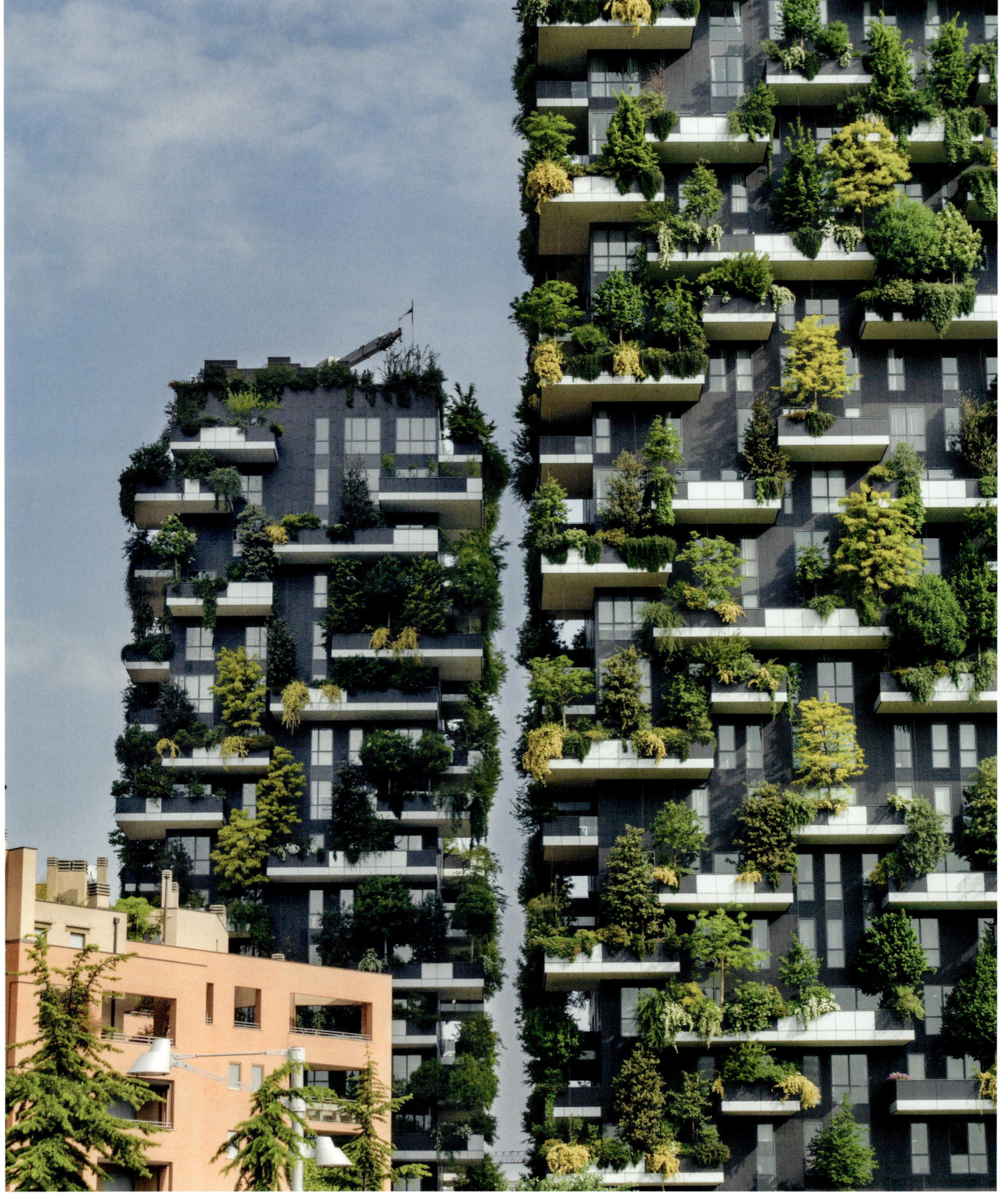

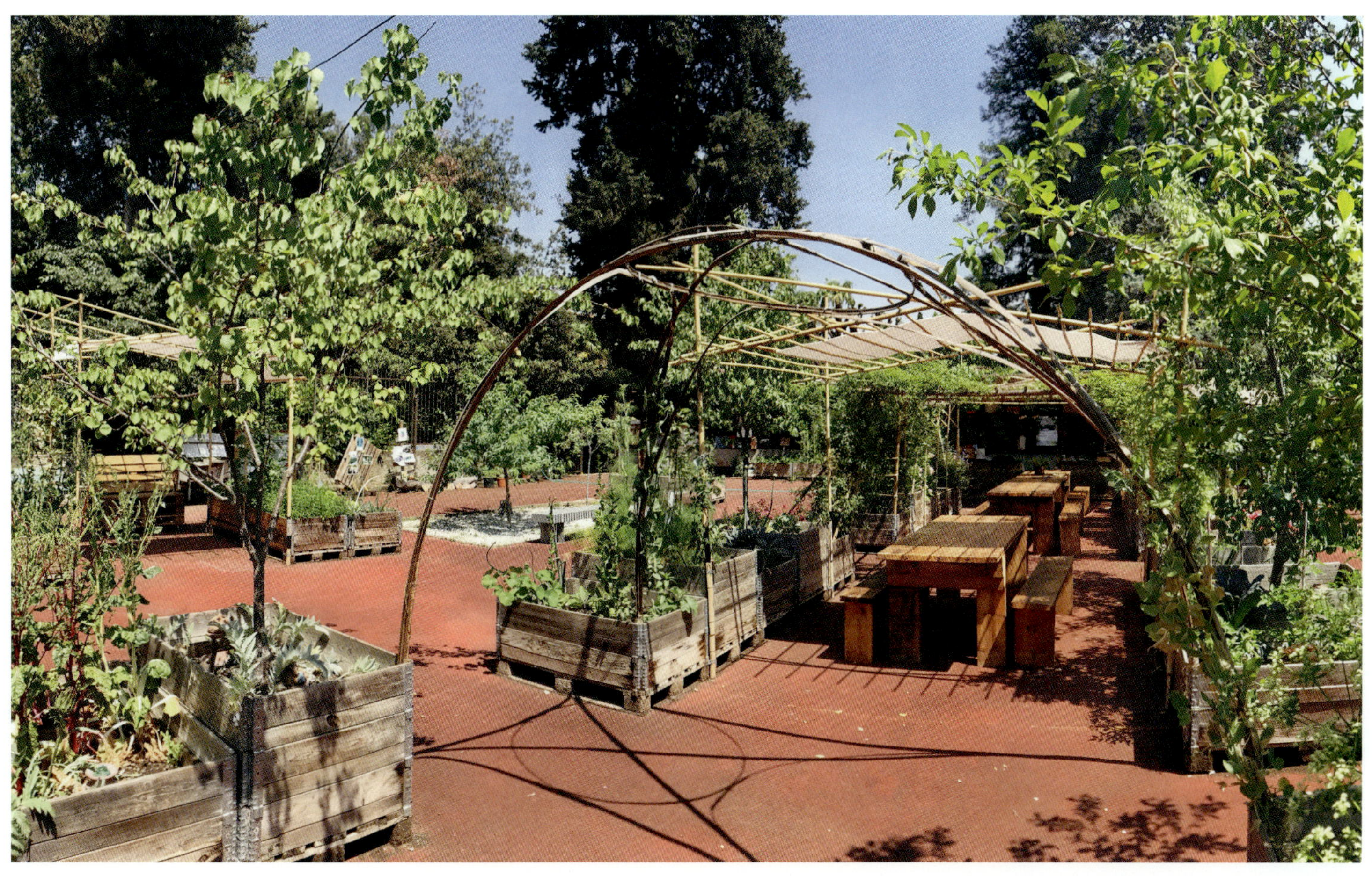

Orti Dipinti, an urban garden in Florence, blends education, culture and sustainable horticulture to foster a sense of community among the city's citizens.

Orti Dipinti, ein Stadtgarten in Florenz, verbindet Bildung, Kultur und nachhaltigen Gartenbau für mehr Gemeinschaft zwischen den Bürger:innen.

Milan's Bosco Verticale, or "vertical forest," is celebrated for an innovative design featuring extensive vegetation on a building's exterior. Covered with over 900 trees, 5,000 shrubs, and 11,000 plants, the two towers were designed to regulate the microclimate, but the project has also driven up real estate prices while serving as a highly visible and attractive reminder of the importance of urban biodiversity.

Bosco Verticale, der „vertikale Wald", ist ein Mailänder Pionierprojekt, das für sein innovatives Design mit großflächiger Fassadenbegrünung der Hochhäuser bekannt ist.
Über 900 Bäumen, 5 000 Sträuchern und 11 000 Pflanzen sollen das Mikroklima regulieren, haben aber auch die Immobilienpreise in die Höhe getrieben. Gleichzeitig steht es für die Bedeutung der biologischen Vielfalt in der Stadt.

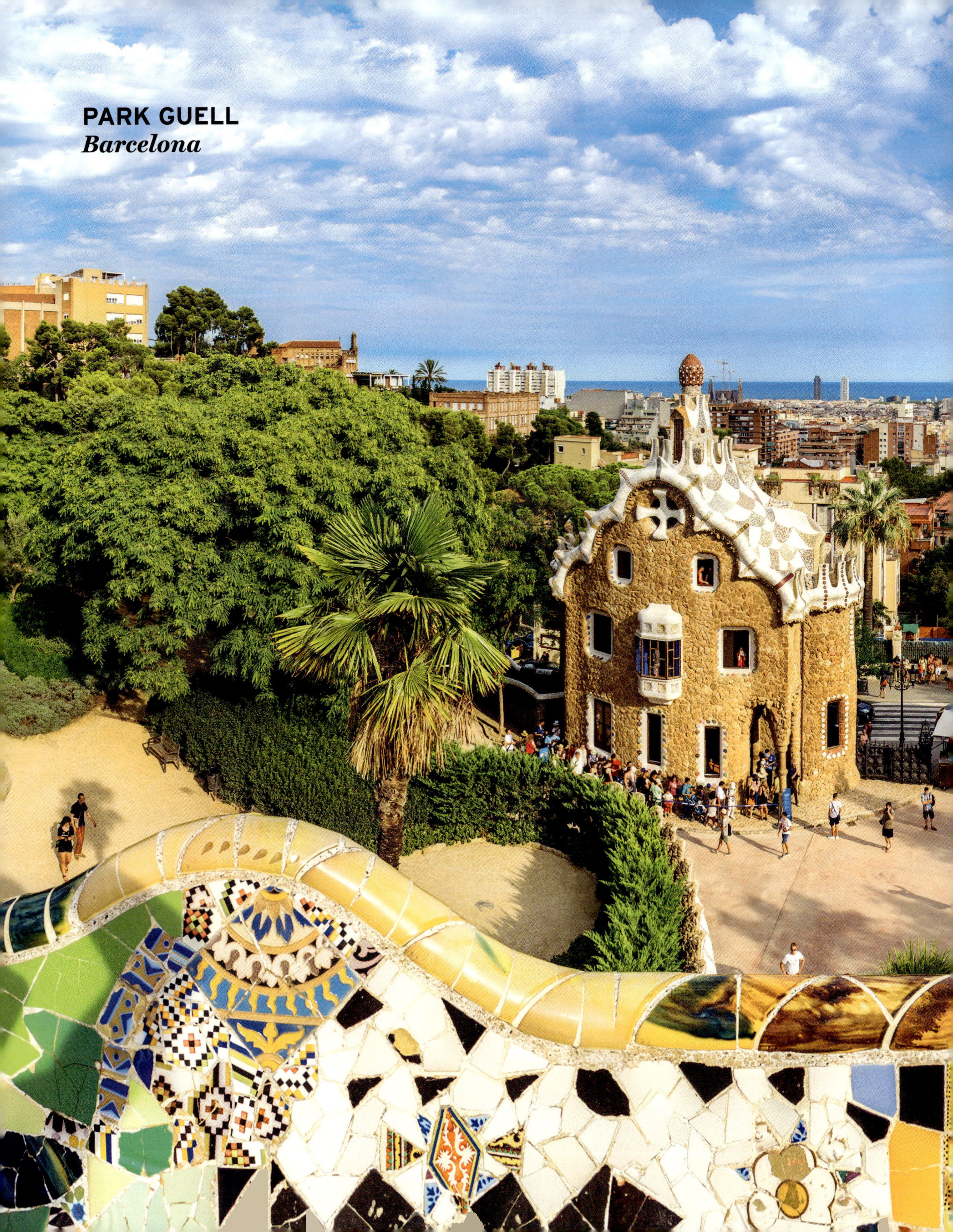

PARK GUELL
Barcelona

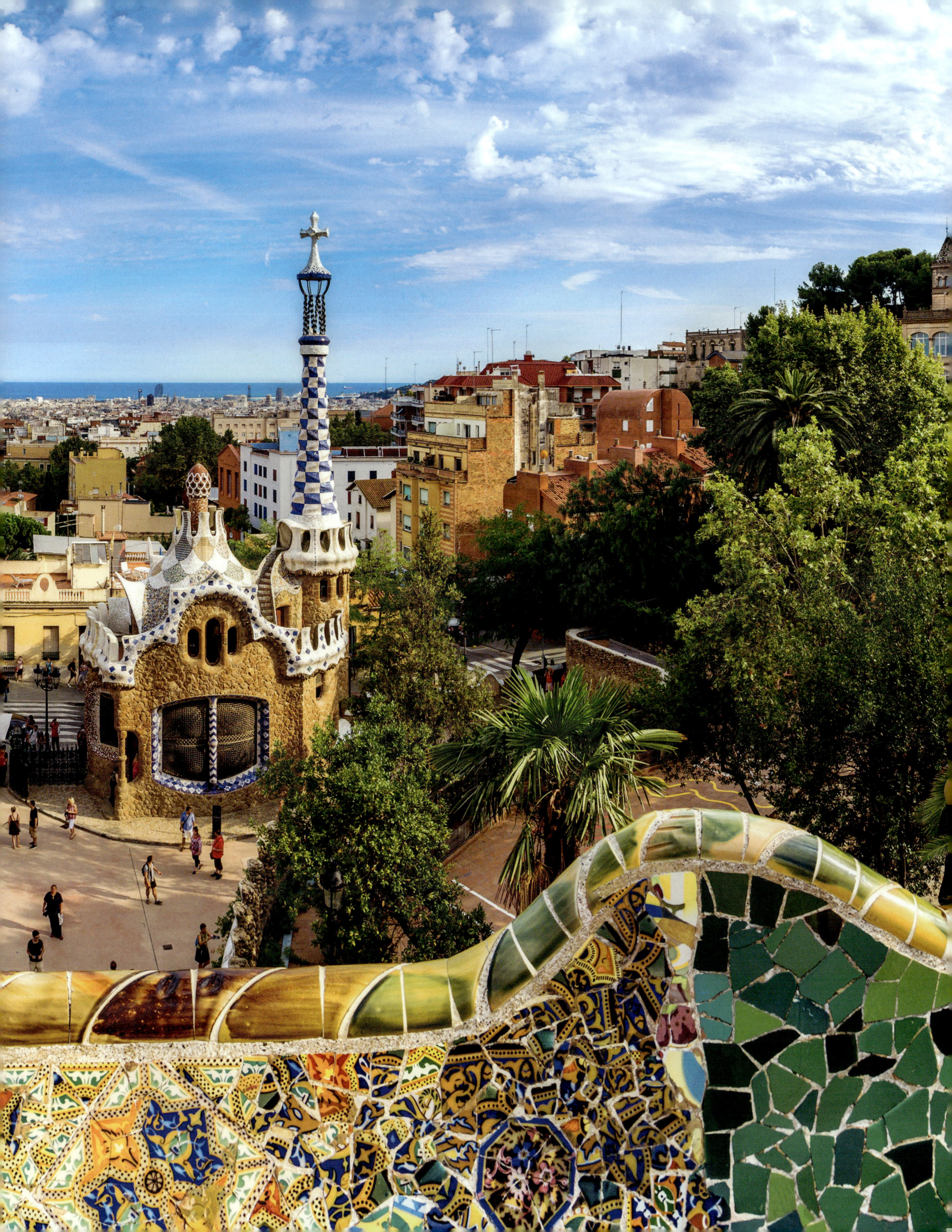

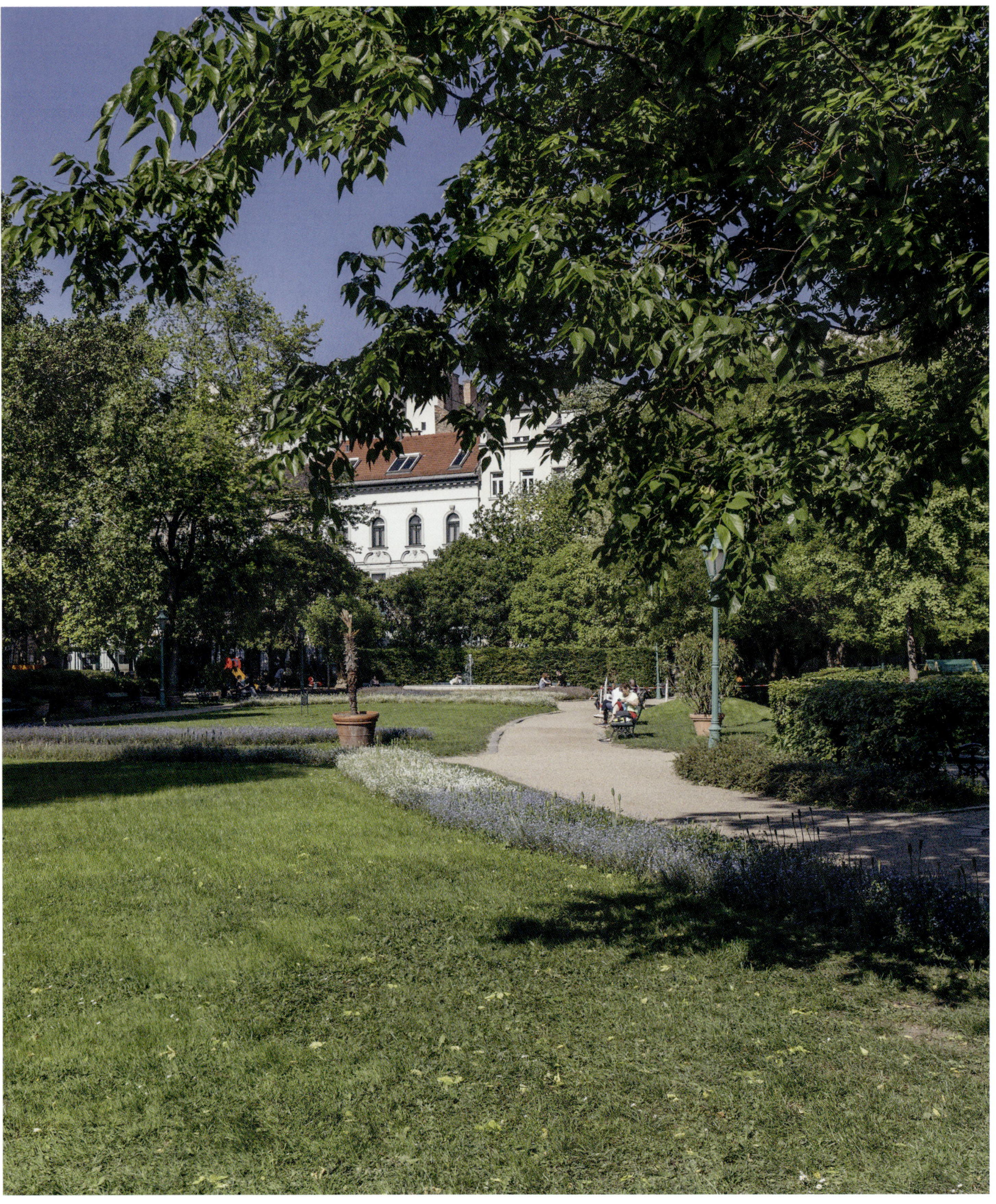

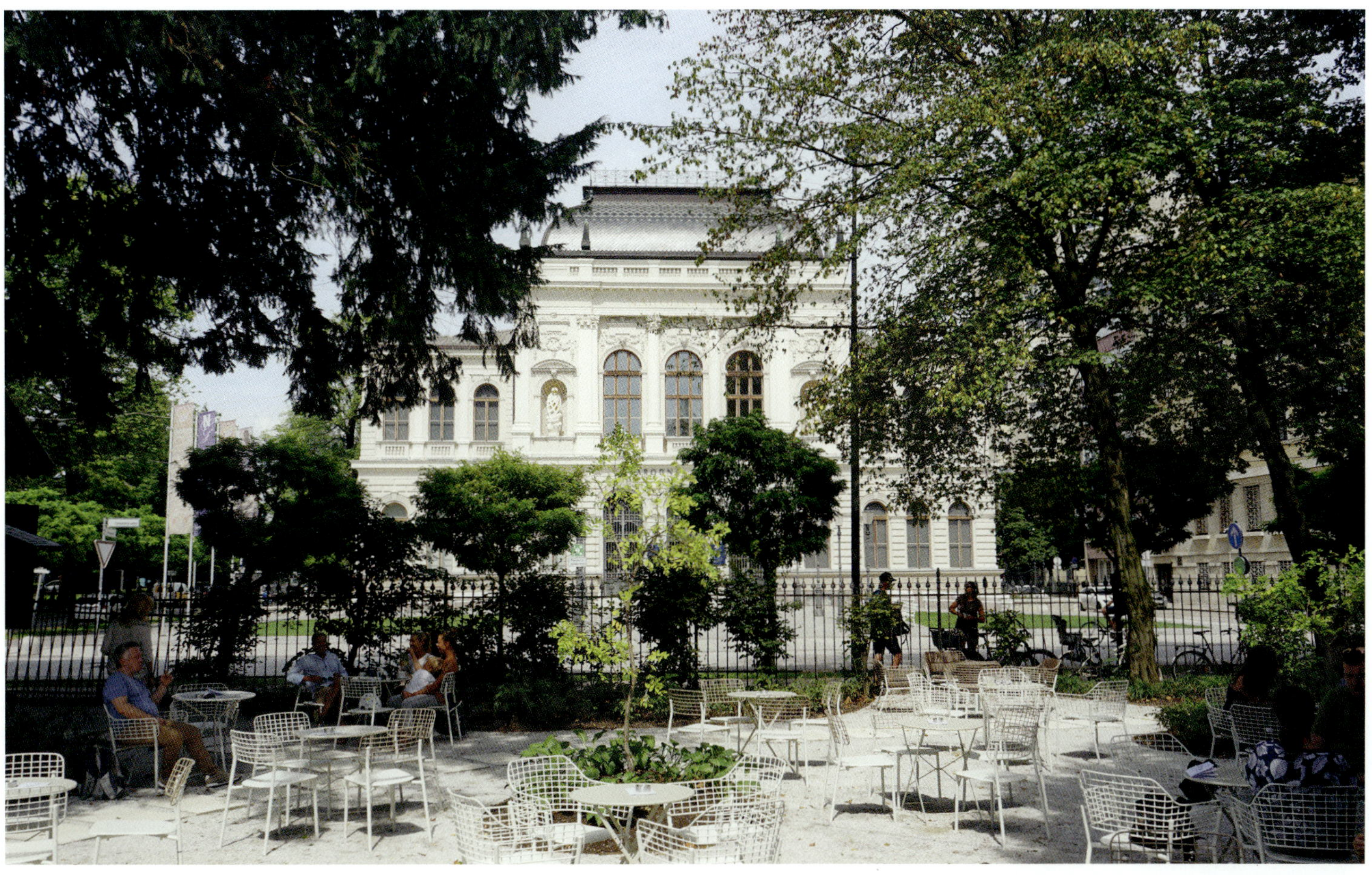

Nestled in the heart of Ljubljana, the Lili Novy Garden is a tranquil oasis that pays tribute to the renowned Slovene poet for which it is named. Long-abandoned until being redesigned and restored in 2020, the garden of the Slovene Writers Association villa now seamlessly blends history, culture and nature through new plants and an added concert space.

Der Lili Novy Garten im Herzen von Ljubljana ist eine Oase der Ruhe und eine Hommage an die berühmte slowenische Dichterin. Der einst vernachlässigste und 2020 umgestaltete Garten der Villa des slowenischen Schriftstellerverbands ist nun ein wahres Schmuckstück, das Geschichte, Kultur und Natur durch eine neue Bepflanzung und eine kleine Konzert-bühne nahtlos miteinander verbindet.

Mount Lycabettus is a lush green hill located in the heart of Athens, featuring forests and cacti. The highest point in the city at 909 feet, it is a popular spot for locals and visitors alike, offering stunning views of the city and its environs.

Der Lykabettus ist ein grüner Hügel im Herzen Athens, umgeben von Wald und Kakteen. Mit 277 Metern ist er der höchste Punkt der Stadt. Der Hügel ist ein beliebtes Ausflugsziel bei Einheimischen und Besucher:innen gleichermaßen und bietet eine atemberaubende Aussicht.

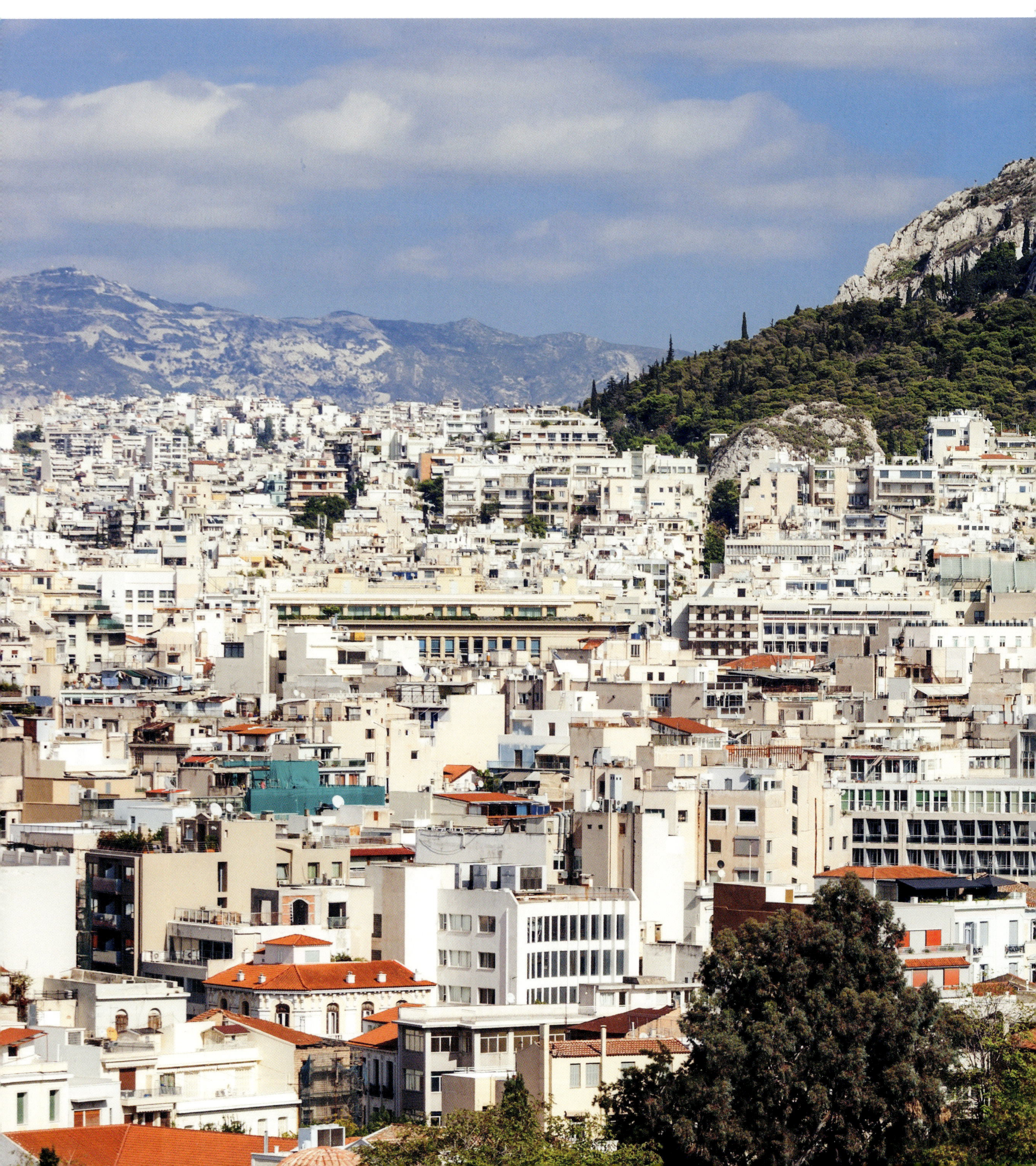

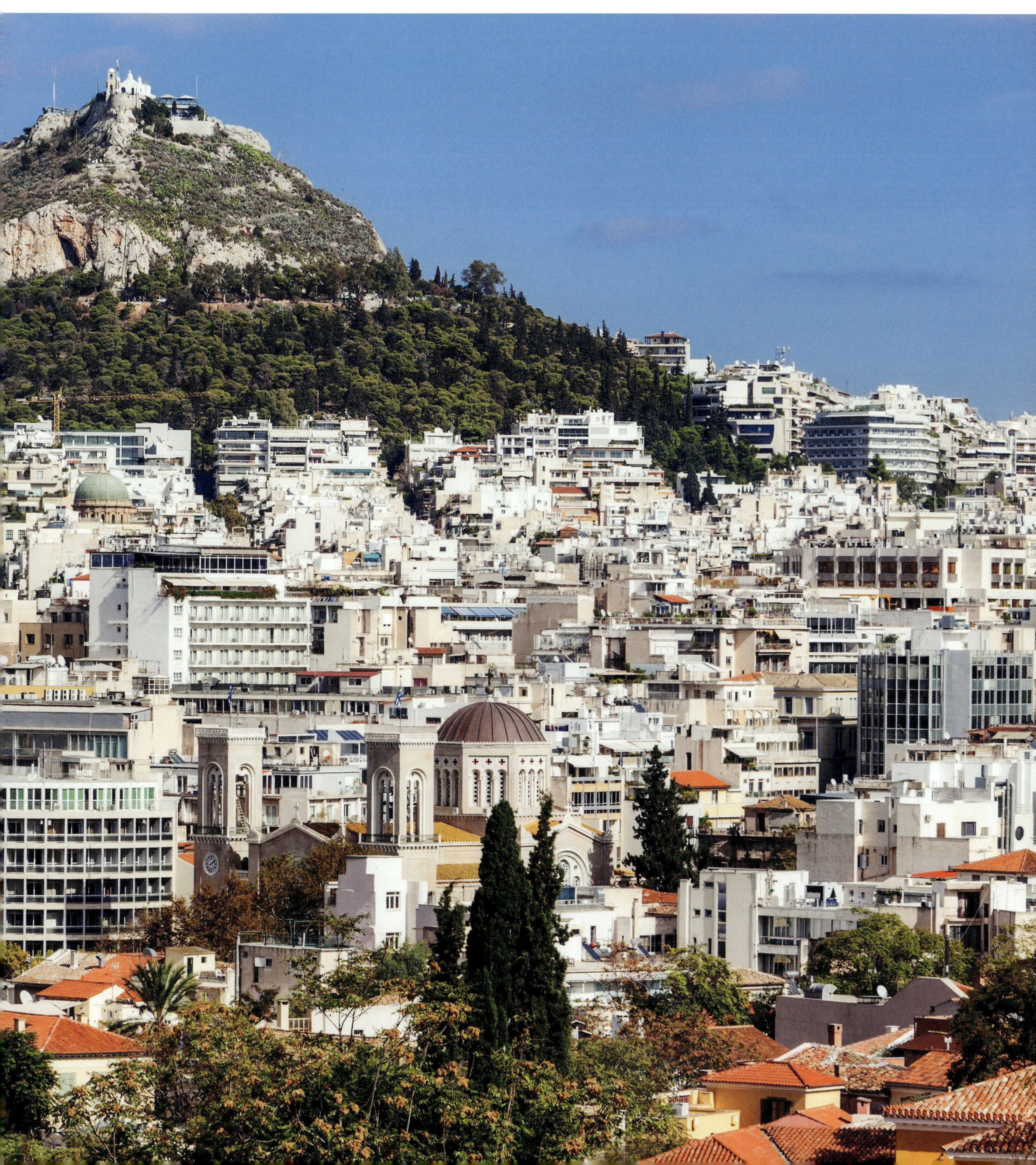

MOUNT LYCABETTUS
Athens

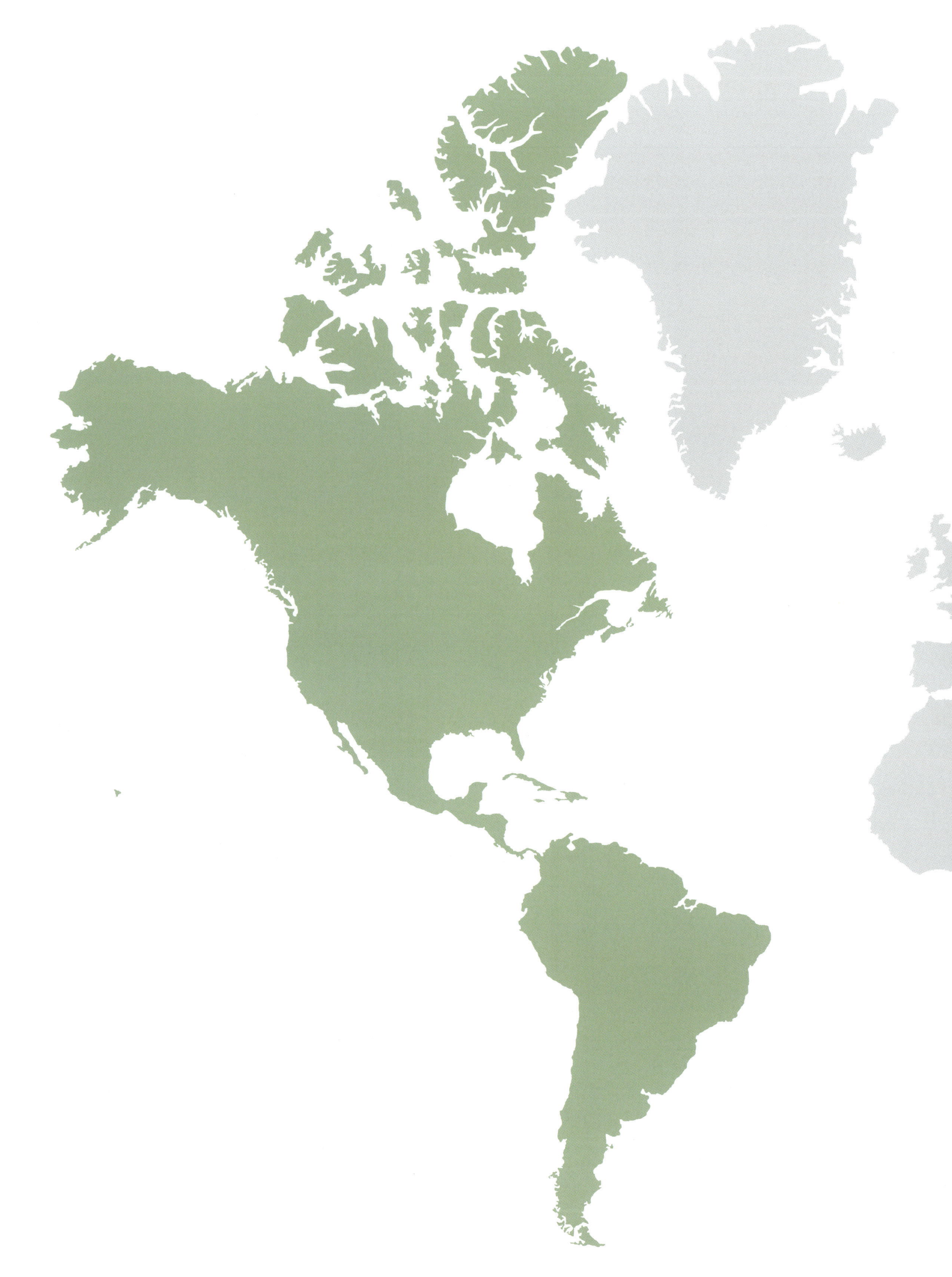

THE AMERICAS

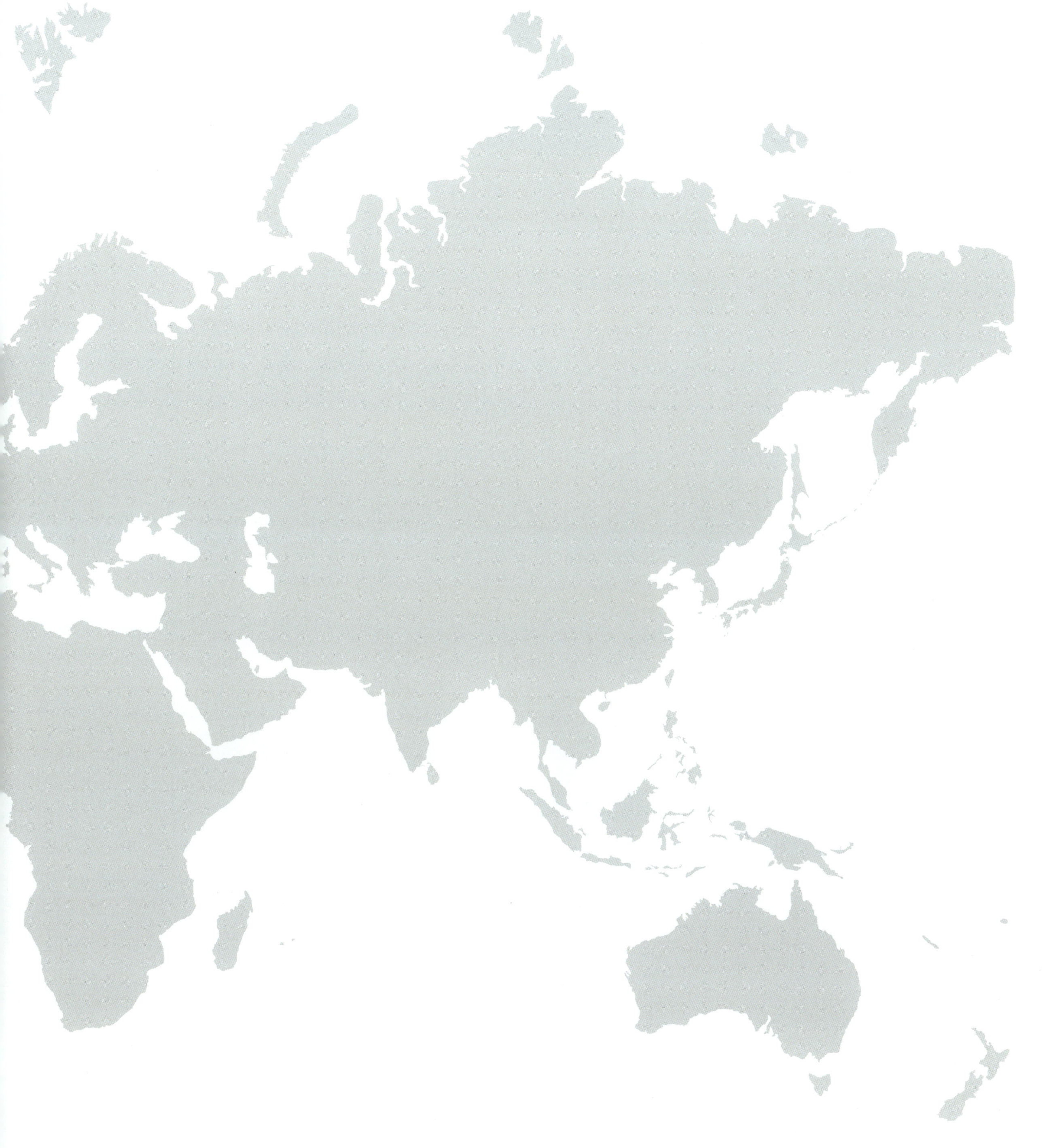

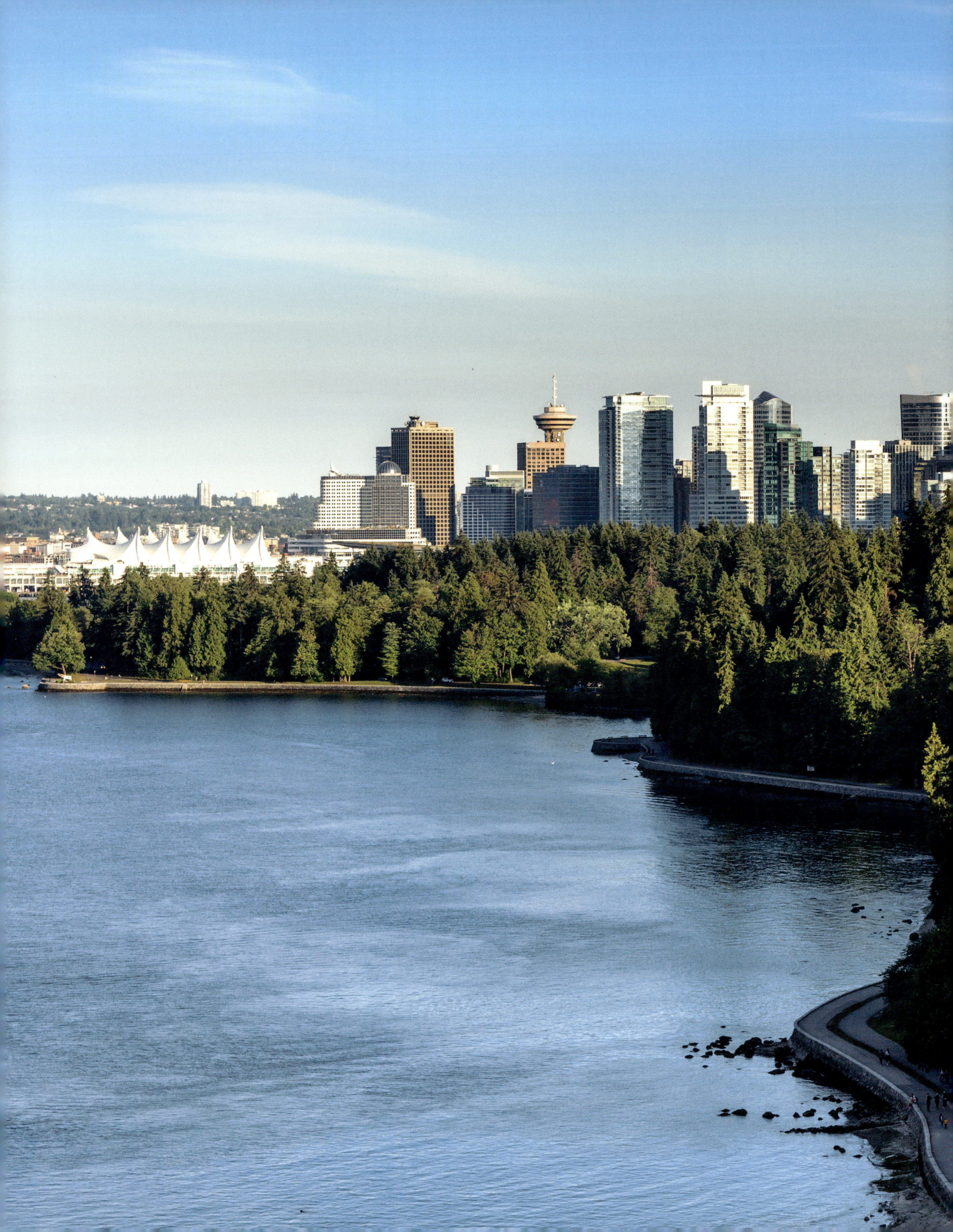

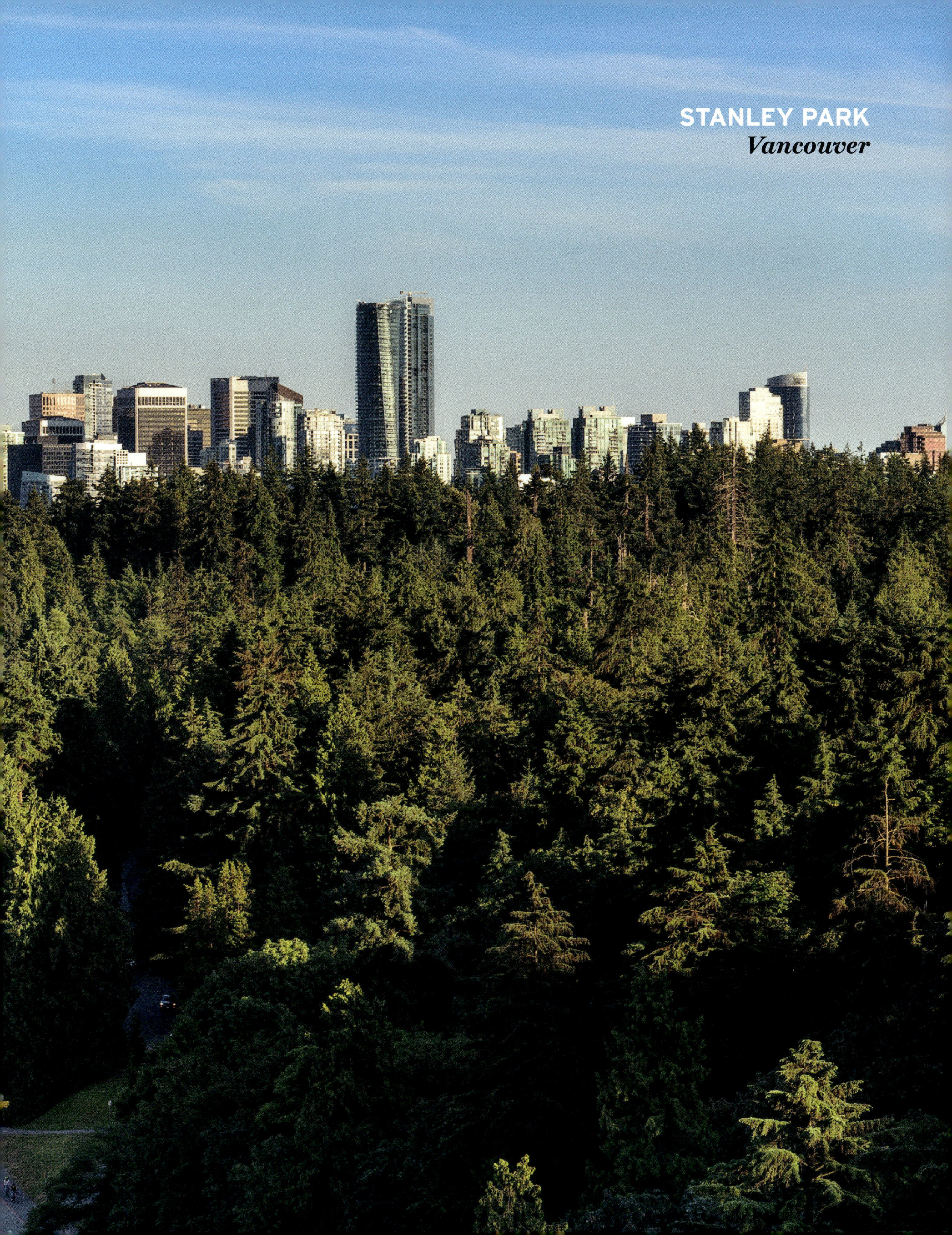

STANLEY PARK
Vancouver

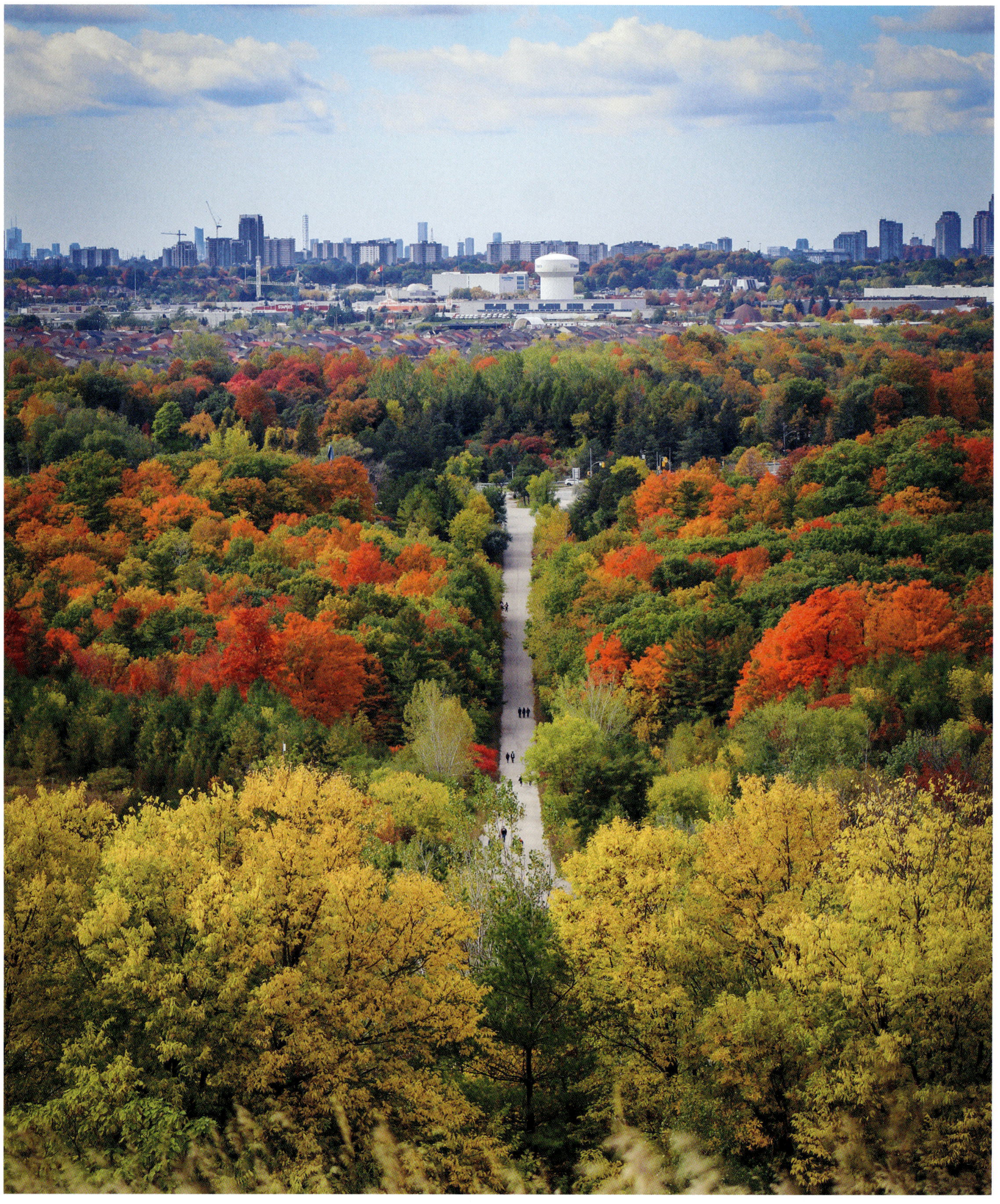

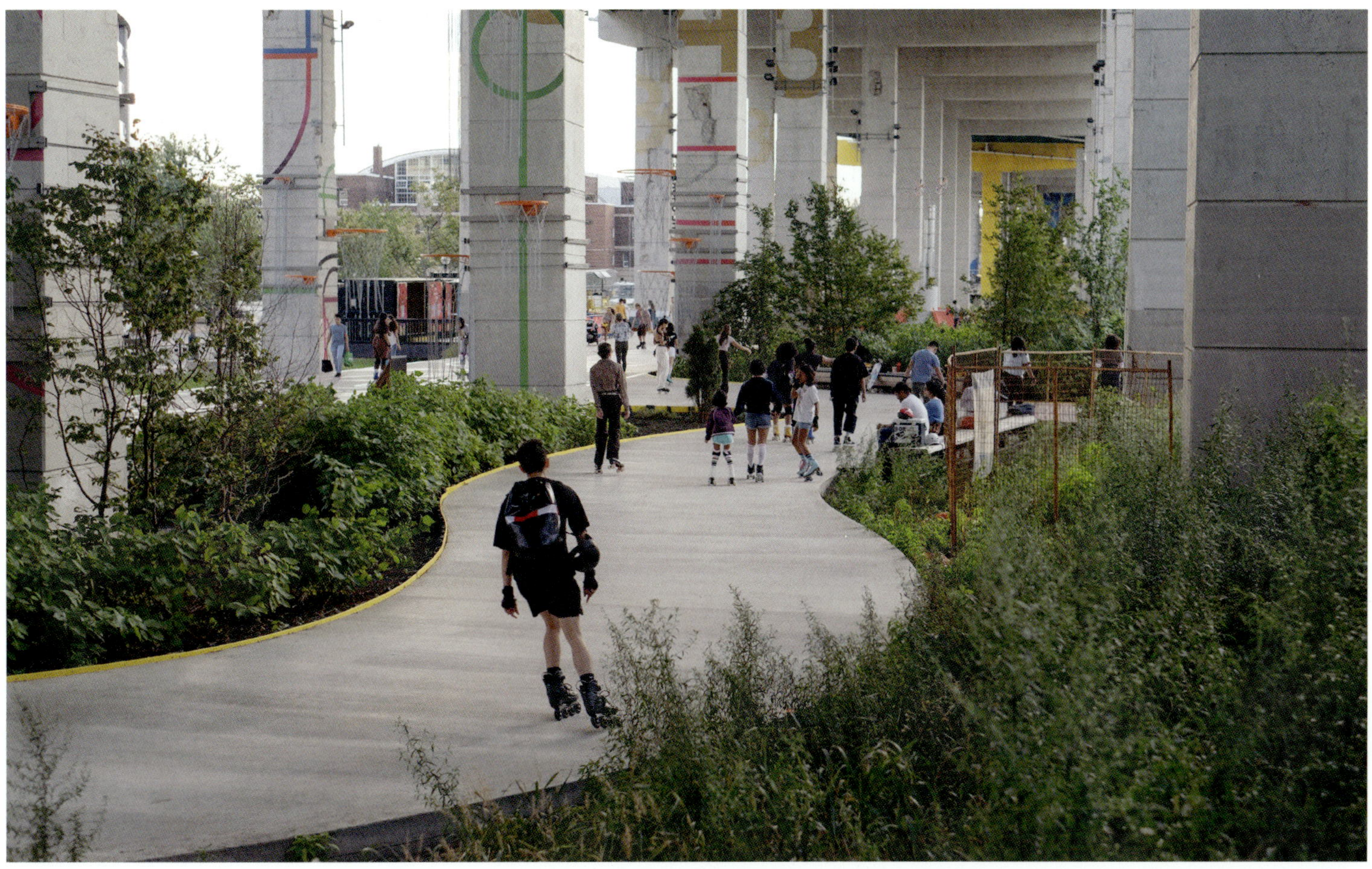

Tucked away beneath the Gardiner Expressway in the center of Toronto, this innovative public space offers a variety of activities, from ice skating in the winter to yoga in the summer. Along with public art installations and a peaceful garden, there are plentiful opportunities for visitors to enjoy nature in unexpected ways.

Versteckt unter dem Gardiner Expressway im Zentrum Torontos bietet dieser innovative öffentliche Raum eine Vielzahl von Aktivitäten: vom Schlittschuhlaufen im Winter bis zum Yoga im Sommer. Zusammen mit Kunstinstallationen und einem idyllischen Garten können Besucher:innen hier die Natur auf unerwartete Weise genießen.

Sprawling across 29 square miles on the outskirts of Toronto, Rouge National Urban Park boasts a wealth of natural wonders from winding trails to lush forests and meadows to wetlands, including the tranquil Rouge River and its tributaries. It is considered Canada's first national urban park.

Der Rouge National Urban Park, der sich am Stadtrand von Toronto über 7 500 Hektar erstreckt, bietet eine Fülle von Naturwundern — von gewundenen Pfaden über üppige Wälder und Wiesen bis hin zu Feuchtgebieten, einschließlich des ruhigen Rouge River und seinen Nebenflüssen. Er gilt als Kanadas erster nationaler Stadtpark.

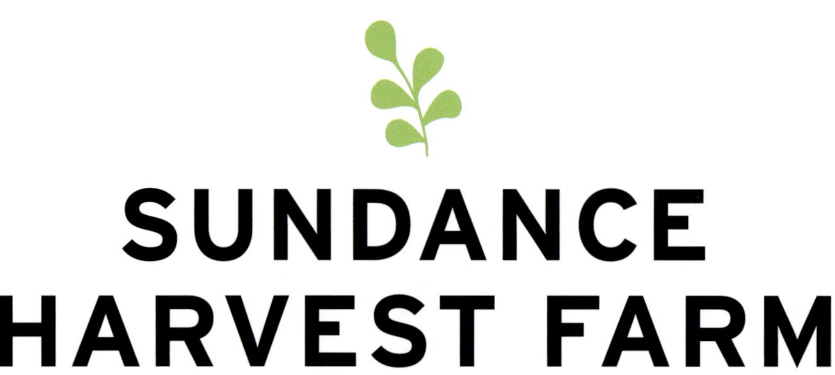

SUNDANCE HARVEST FARM
Toronto

Toronto's Sundance Harvest Farm is a revolutionary farm leading the way on equity in agriculture. At just 21 years old, Cheyenne Sundance started her farm in 2019 with the goal of promoting food sovereignty and addressing systemic inequalities in agriculture across Canada and beyond.

On a two-acre plot of land in Toronto Sundance Harvest Farm grows organic fruit and vegetables year-round for the local community. But its true purpose is to act as an incubator for young farming talent by providing access to land and support. Even at her young age, Sundance has already made a name for herself as a fierce advocate for fair labor practices and as a mentor to aspiring farmers. One of the most high-profile BIPOC farmers in Canada, she has also founded the National Farmers Union BIPOC Caucus.

Sundance's latest venture is an innovative model of large-scale cooperative farming, a multi-farm CSA that enables young farmers to scale and sustain their livelihoods. By addressing the challenges of access to capital and land, Sundance works to create a more equitable and sustainable future for all.

Die Sundance Harvest Farm in Toronto ist eine revolutionäre Farm, die den Weg zu mehr Gerechtigkeit in der Landwirtschaft ebnet. Mit nur 21 Jahren gründete Cheyenne Sundance 2019 ihre Farm mit dem Ziel, die Ernährungssouveränität zu fördern und die systematischen Ungleichheiten in der Landwirtschaft anzugehen, in Kanada und darüber hinaus.

Auf einem 8100 Quadratmeter großen Grundstück in der Großstadt baut sie das ganze Jahr über biologisches Obst und Gemüse für die lokale Gemeinschaft an. Ihr Hauptziel ist es jedoch, als Inkubator für angehende Landwirt:innen zu dienen, indem sie ihnen Zugang zu Land und ihre Unterstützung bietet. In ihren jungen Jahren hat sich Sundance bereits als engagierte Verfechterin fairer Arbeitspraktiken und als Mentorin für die nächste Generation einen Namen gemacht. Als eine der führenden BIPOC-Farmer:innen in Kanada hat sie außerdem den BIPOC-Ausschuss der National Farmers Union gegründet.

Cheyenne Sundances neuestes Projekt ist ein innovatives SoLaWi-Modell einer groß angelegten kooperativen Landwirtschaft mit mehreren Betrieben: Es ermöglicht jungen Landwirt:innen, sich zu vergrößern und ein nachhaltiges Einkommen aufzubauen. Indem sie so den Zugang zu Kapital und Land verbessert, setzt sich Sundance für eine gerechtere und nachhaltigere Zukunft für alle ein.

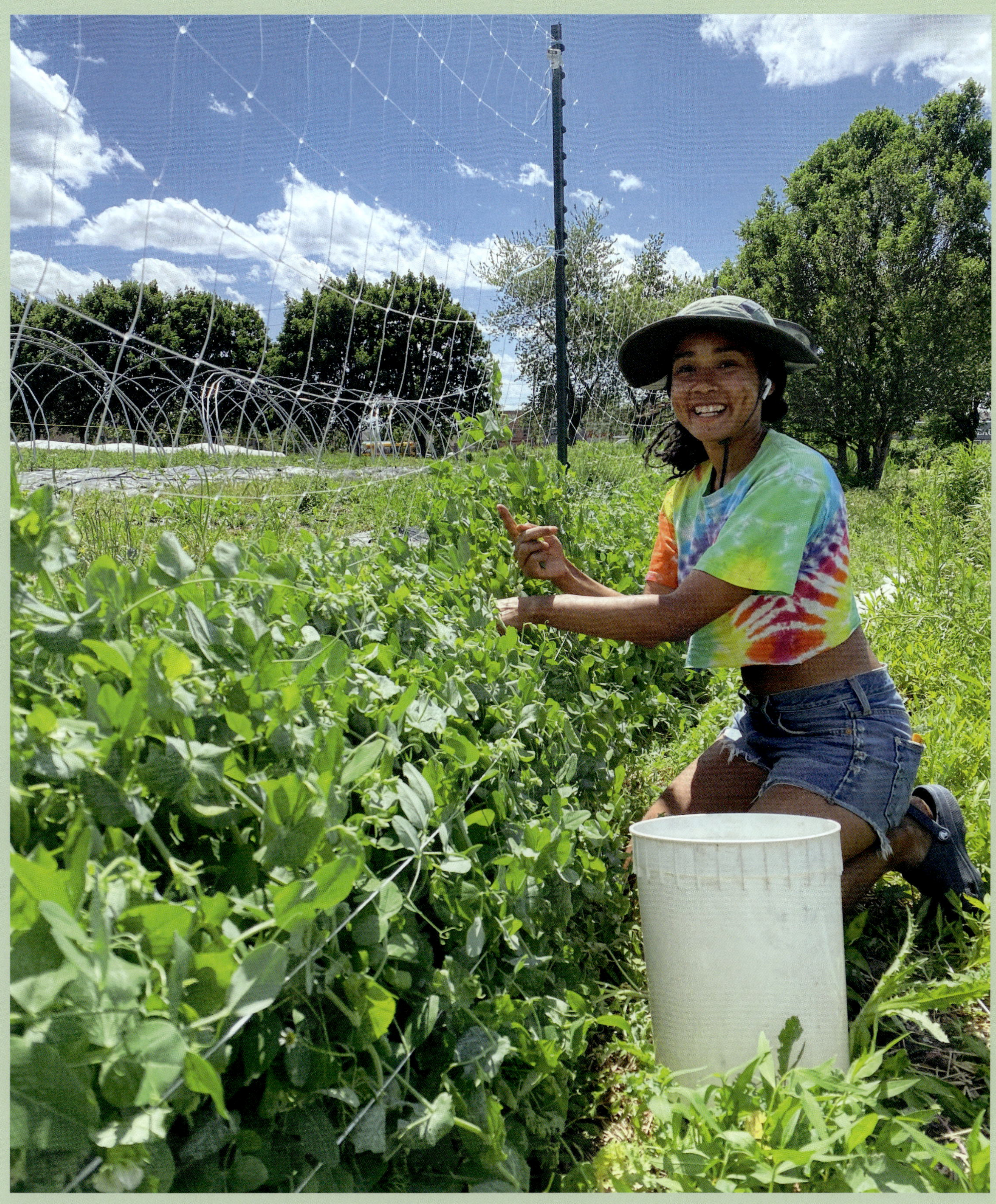

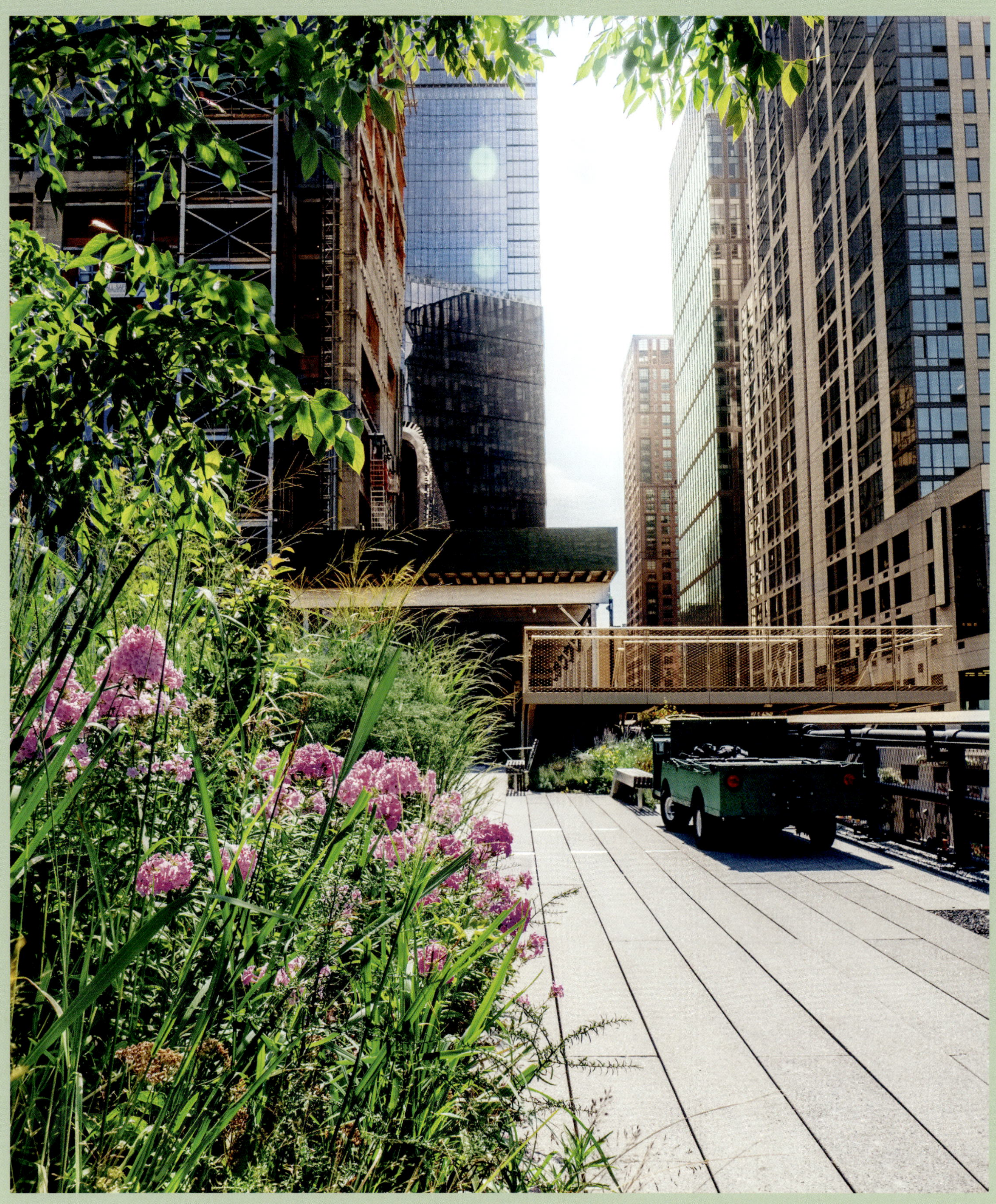

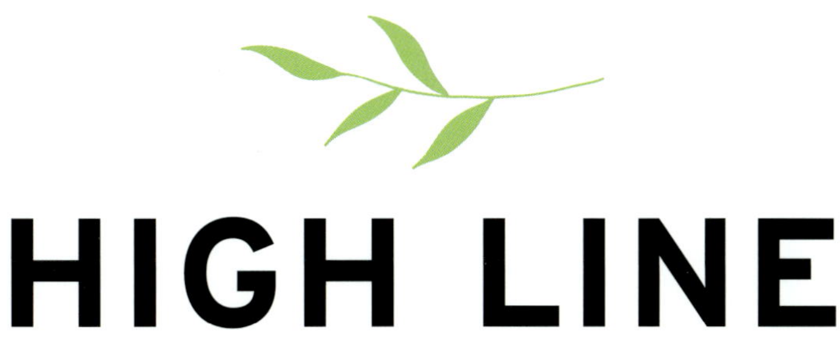

HIGH LINE
New York City

The High Line was created in 2009 on an abandoned viaduct section of railway on the West Side of Manhattan, an elevated linear park that has become one of the most influential examples worldwide of the greened industrial landscape (the lesser-known Promenade Plantée in Paris, which opened in 1993, is considered the original).

Designed by renowned architects James Corner Field Operations and Diller Scofidio + Renfro, the 1.45-mile park offers stunning aerial views of Manhattan. Yet the beauty of the High Line can also be attributed in large part to Piet Oudolf, the pioneer of naturalistic garden design who created for the site a constantly changing garden with over 100,000 native and exotic plants, its combination of drought-tolerant perennials and wild grasses a hallmark of his iconic style.

Despite its popularity, however, and along with other linear parks such as Chicago's 606 and Atlanta's BeltLine, the High Line has faced criticism for its role in green gentrification. Although two neighborhood activists originally initiated the project, the High Line has arguably become a victim of its own success and now attracts more than eight million visitors annually, leading to rising property values and displacement of locals and small businesses. In response, the initiators formed the High Line Network to share their experiences and ensure that in the future likeminded projects elsewhere can prioritize equitable development and the local community's needs.

Einst eine stillgelegte Bahntrasse, wurde die High Line in New York City 2009 zu einem erhöhten, linearen Park umgewandelt und ist heute eines der berühmtesten Beispiele für die Aufwertung von Industrielandschaften. Die weniger bekannte – 1993 eröffnete – Promenade Plantée in Paris gilt als Vorbild. Von den renommierten Architekturstudios James Corner Field Operations und Diller Scofidio + Renfro entworfen, bietet der über zwei Kilometer lange Park atemberaubende Aussichten auf Manhattan.

Die Schönheit der High Line ist größtenteils Piet Oudolf zu verdanken, dem Pionier der naturnahen Gartengestaltung, der einen sich ständig verändernden Garten mit über 100 000 einheimischen und exotischen Pflanzen schuf. Die Kombination aus trockenheitsverträglichen Stauden und Wildgräsern ist das Markenzeichen von Oudolfs ikonischem Stil.

Trotz ihrer Beliebtheit hat die High Line wegen ihrer Rolle bei der grünen Gentrifizierung Kritik erfahren, zusammen mit anderen linearen Parks wie dem 606 in Chicago und dem BeltLine in Atlanta. Obwohl sie ursprünglich von zwei Nachbarschaftsaktivisten initiiert wurde, ist die High Line zum Opfer ihres eigenen Erfolgs geworden und zieht jährlich mehr als acht Millionen Besucher:innen an. Das führte zu steigenden Immobilienpreisen und zur Vertreibung von Einheimischen und kleinen Unternehmen. Als Reaktion darauf gründeten die Initiatoren des Parks das „High Line Network", um ihre Erfahrungen mit anderen Projekten zu teilen und sicherzustellen, dass eine gerechte Entwicklung und die Bedürfnisse der lokalen Community berücksichtigt werden.

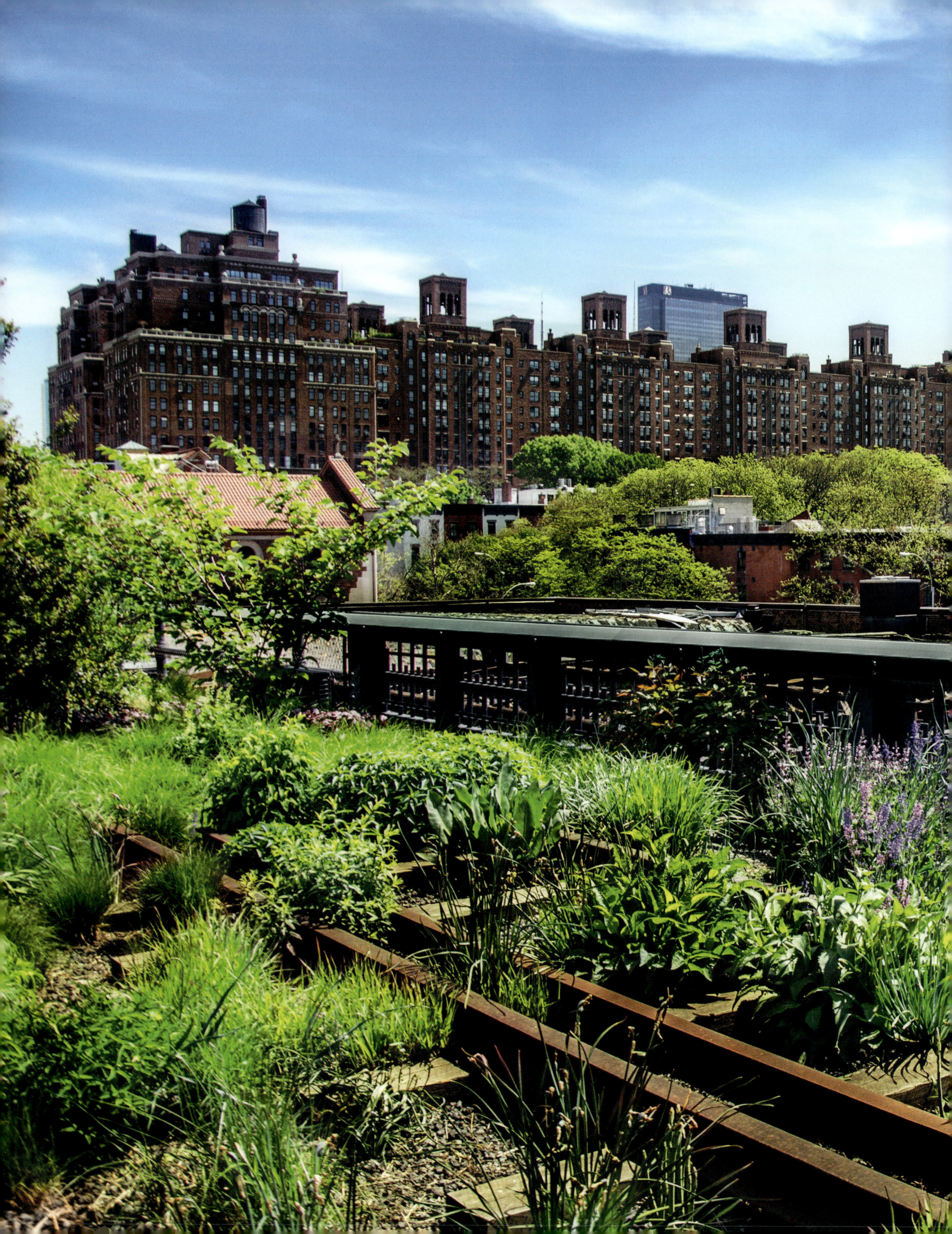

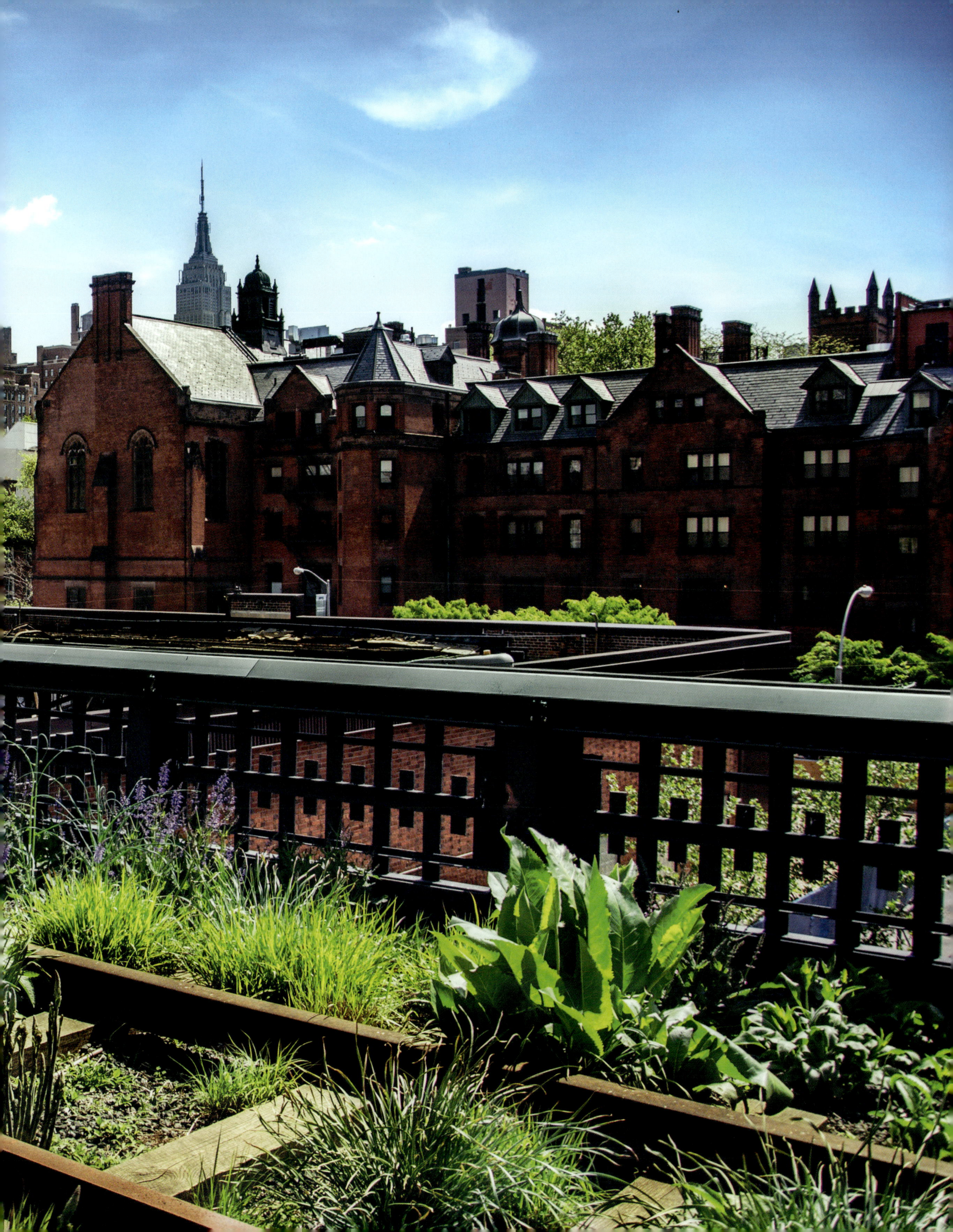

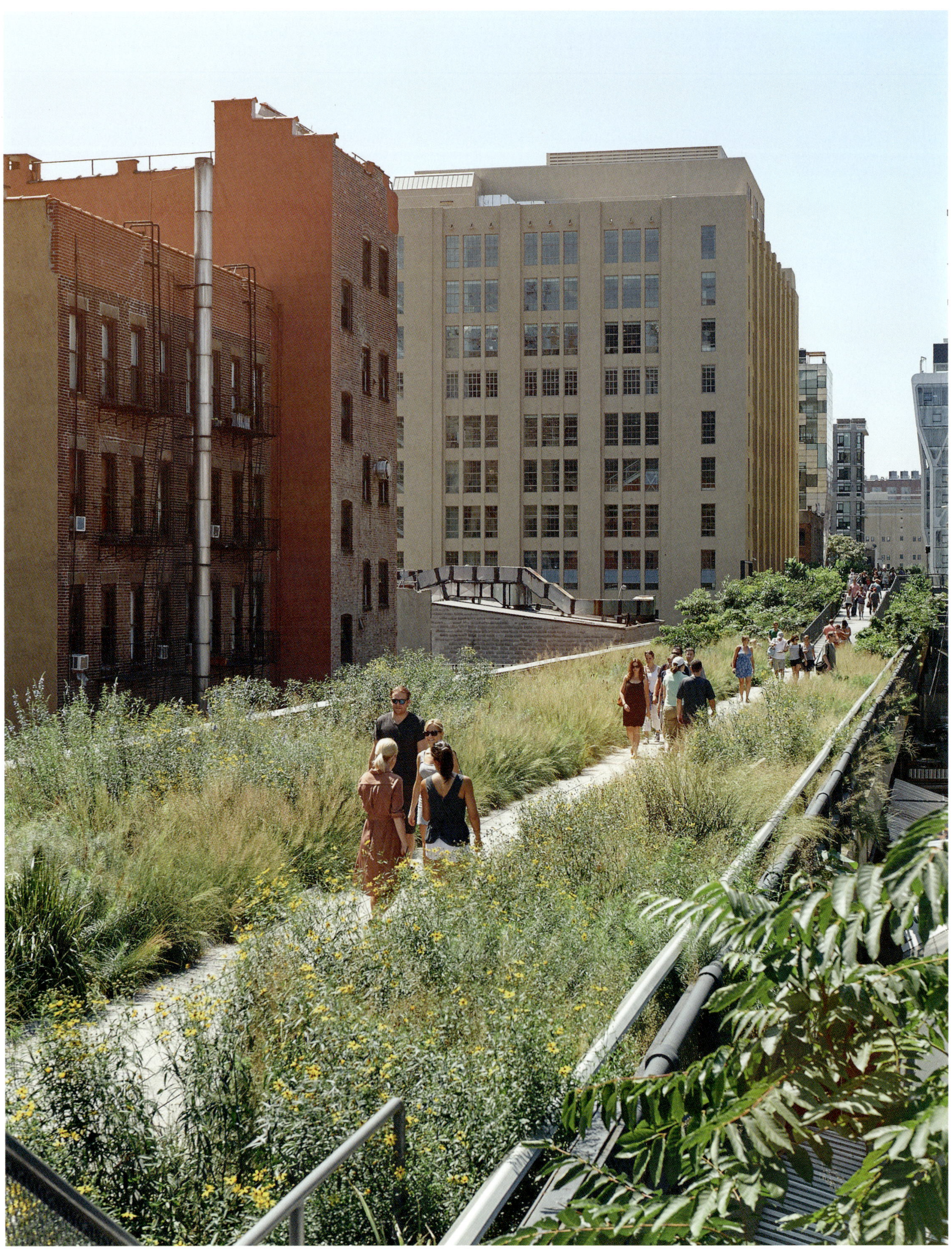

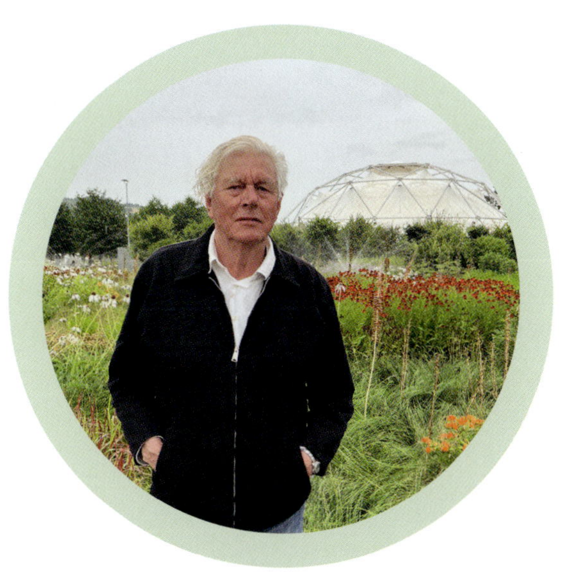

PIET OUDOLF
INTERVIEW

What does working with nature mean to you?

Nature is my main source of inspiration. It's always been this way since I started working in landscape design with my wife 40 years ago. We strived to break free from the traditional, rigid garden design rules, particularly those influenced by English principles. Instead, we focused on plants' natural characteristics and behavior and their place in the environment, which became our guide. Plants have always been my passion.

How do you envision people enjoying your gardens?

I use plants to create beautiful images that allow people to see them in a different light. What I do is entirely different from what you do in a private garden. The plants in a private garden are more based on what you like and new trends. That's changing, too. Nowadays, more people know what you can do with plants. Designing with plants is about creating an environment, not just beautifying a space. I use plants from all over world to create a diverse and harmonious community that benefits the environment. I understand that native plants are important, but I also believe that "native" is a relative term. As a designer, I consider the needs of the community and choose plants that will thrive in the environment.

Was bedeutet es für Sie, mit der Natur zu arbeiten?

Die Natur ist meine wichtigste Inspirationsquelle. Das habe ich schon immer so empfunden, seit ich vor 40 Jahren zusammen mit meiner Frau mit der Landschaftsgestaltung begonnen habe. Wir wollten uns von den traditionellen, starren Regeln des Gartendesigns lösen, insbesondere von denen, die von englischen Prinzipien beeinflusst waren. Stattdessen konzentrierten wir uns auf die natürlichen Eigenschaften und Verhaltensweisen der Pflanzen und ihren Platz in der Umwelt und das wurde zu unserem Leitfaden. Pflanzen waren schon immer meine Leidenschaft.

Wie stellen Sie sich vor, dass die Menschen Ihre Gärten genießen?

Ich verwende Pflanzen, um schöne Bilder zu schaffen, die es den Menschen ermöglichen, sie in einem anderen Licht zu sehen. Was ich mache, ist etwas völlig anderes als das, was man in einem privaten Garten macht. Die Pflanzen in einem Privatgarten richten sich mehr nach dem, was einem gefällt und nach neuen Trends. Das ändert sich auch. Heutzutage wissen mehr Menschen, was man alles mit Pflanzen machen kann. Beim Gestalten mit Pflanzen geht es darum, eine Umgebung zu schaffen, nicht nur eine Fläche zu verschönern. Ich verwende Pflanzen aus der

How has the growing focus on sustainability shaped your approach over the years?

I use plants that are not aggressive and will coexist peacefully with others in the community. However, I also recognize the value of using a wide range of plants to create beauty and engage people emotionally. Public spaces, in particular, offer an opportunity to showcase the potential of plants and make them more accessible to a larger audience.

What is the role of the landscape designer in tackling the climate crisis?

What we do is plant a stage that showcases the value of plants for human well-being and the environment. We began this work in the 1980s with the goal of utilizing public spaces because those without private gardens may not have the opportunity to experience the benefits of plants. What I say is more and more important. That's why I like to work in public spaces—to reach more people and benefit cities with more greenery.

"That's why I like to work in public spaces—to reach more people"

How can cities become greener more easily?

There's no doubt that cities and architects need to incorporate more green spaces into their designs. One way to do this is by planting trees, but it's also crucial to create beautiful green spaces that capture people's attention and engage them emotionally. This can be achieved by designing green spaces in a visually appealing way and emphasizing the importance of these spaces for both the environment and human well-being. By making green spaces more attractive and meaningful, cities can encourage more people to appreciate them.

What do you wish for in the future?

I believe that the current pressure on public greening efforts puts us on the right path for the future. It seems that almost every city is considering how to incorporate green elements into their designs. While we still have a long way to go in addressing environmental issues, it's encouraging to see communities and cities strive to prioritize green spaces and the environment in their planning and development efforts.

ganzen Welt, um eine vielfältige und harmonische Gemeinschaft zu kreieren, von der die Umwelt profitiert. Ich weiß, dass einheimische Pflanzen wichtig sind, aber ich glaube auch, dass „einheimisch" ein relativer Begriff ist. Als Designer berücksichtige ich die Bedürfnisse der Gemeinschaft und wähle Pflanzen aus, die in dieser Umgebung gut gedeihen.

Wie hat der zunehmende Fokus auf Nachhaltigkeit Ihren Ansatz in den letzten Jahren beeinflusst?

Ich verwende Pflanzen, die nicht aggressiv sind und friedlich mit anderen zusammenleben können. Ich erkenne aber auch den Wert einer großen Pflanzenvielfalt, die Schönheit ausstrahlen und die Menschen emotional ansprechen. Insbesondere öffentliche Räume bieten die Möglichkeit, das Potenzial von Pflanzen zu zeigen und sie einem größeren Publikum zugänglich zu machen.

„Deshalb arbeite ich gerne im öffentlichen Raum – um mehr Menschen zu erreichen"

Welche Rolle spielen Landschaftsgärtner:innen bei der Bewältigung der Klimakrise?

Wir schaffen eine Bühne, die den Wert von Pflanzen für das menschliche Wohlbefinden und die Umwelt zeigt. Wir haben diese Arbeit in den 1980er-Jahren mit dem Ziel begonnen, öffentliche Räume zu nutzen, weil diejenigen, die keinen eigenen Garten haben, kaum die Möglichkeit besitzen, die Vorteile von Pflanzen zu erleben. Was ich sage, wird immer wichtiger. Deshalb arbeite ich gerne im öffentlichen Raum – um mehr Menschen zu erreichen und um mehr Grün in die Städte zu bringen.

Wie können Städte leicht grüner werden?

Es besteht kein Zweifel, dass Städte und Architekturbüros mehr Grün in ihre Projekte einbeziehen müssen. Eine Möglichkeit, das zu tun, ist Bäume zu pflanzen, aber es ist auch wichtig, Grünflächen voller Schönheit zu schaffen, die die Aufmerksamkeit der Menschen auf sich ziehen und sie emotional ansprechen. Das erreicht man, indem Grünflächen ästhetisch gestaltet werden und die Bedeutung dieser Flächen für die Umwelt und das Wohlbefinden der Menschen betont wird. So können die Städte mehr Menschen dazu bringen, sie stärker wertzuschätzen.

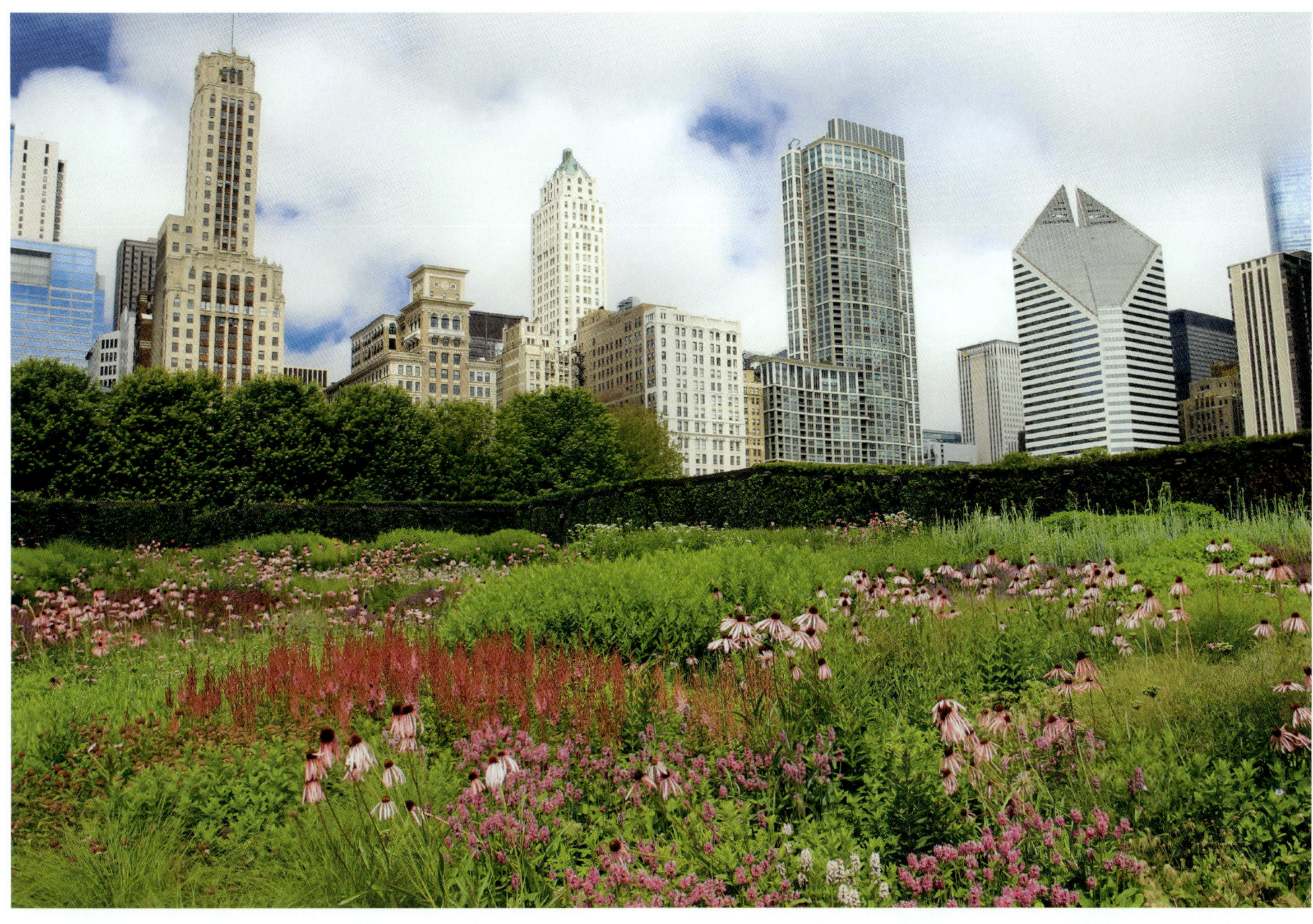

Lurie Garden, Chicago

Was wünschen Sie sich für die Zukunft?

Ich glaube, dass der derzeitige Vorstoß zur Begrünung des öffentlichen Raums uns auf den richtigen Weg für die Zukunft führt. Es scheint, dass fast jede Stadt darüber nachdenkt, wie sie grüne Elemente in ihre Entwürfe einbeziehen kann. Obwohl noch ein weiter Weg vor uns liegt, was umweltbezogene Probleme angeht, ist es ermutigend zu sehen, dass Gemeinden und Städte sich bemühen, Grünflächen und der Umwelt bei der Planung und Entwicklung Priorität einzuräumen.

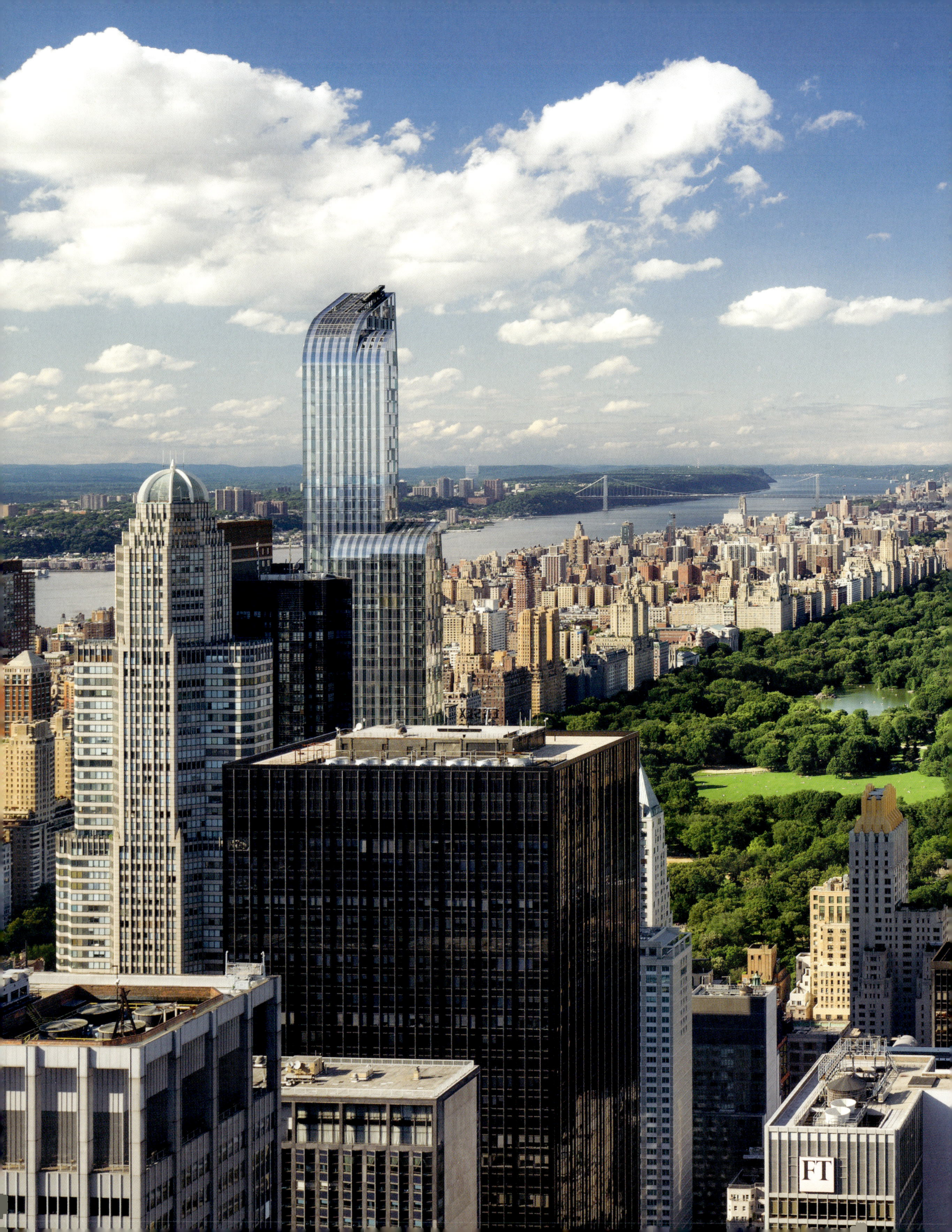

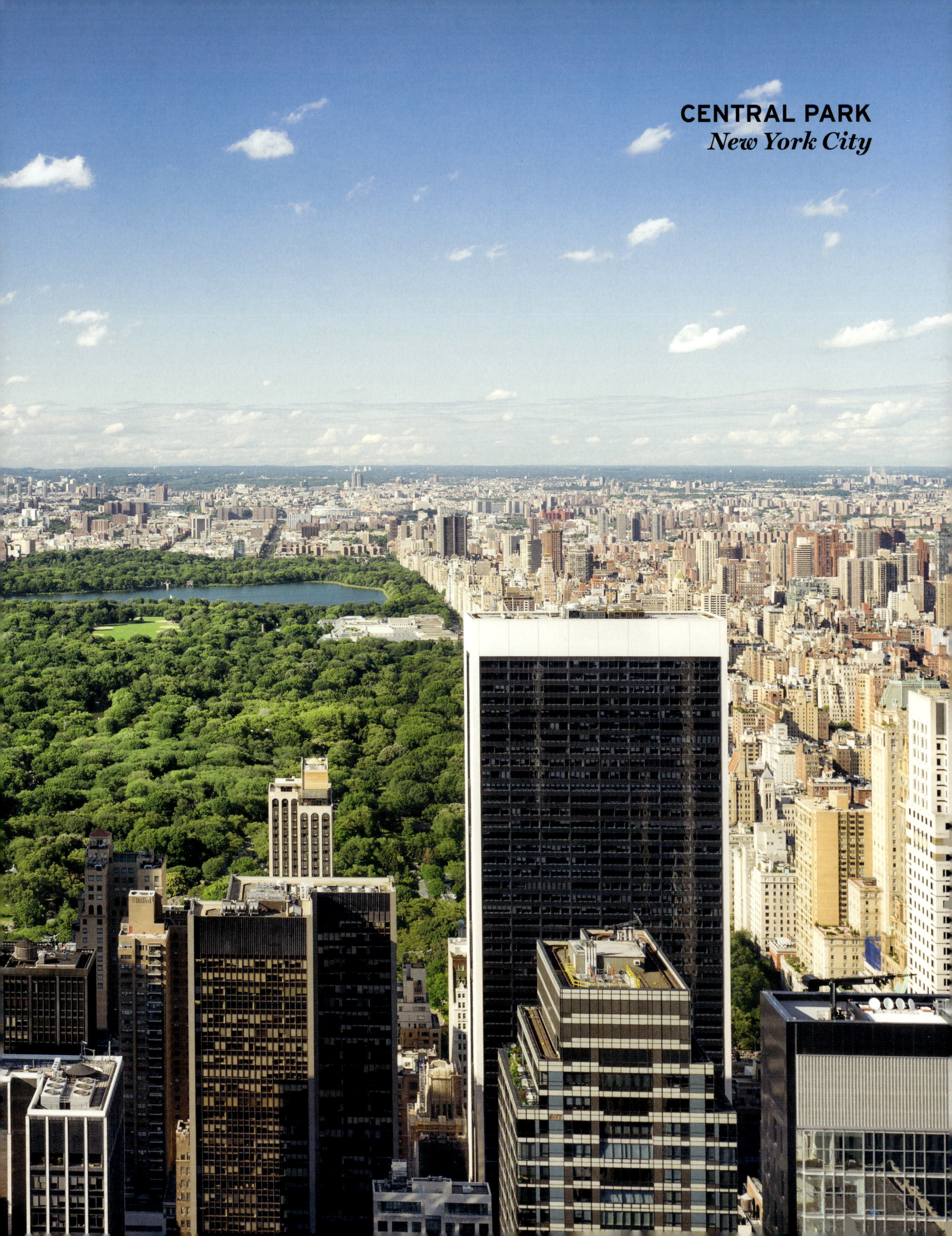
CENTRAL PARK
New York City

CENTRAL PARK CLIMATE LAB
INTERVIEW

Why are urban parks so important?

Urban parks are refuges from city stress, provide opportunities for health and well-being, and, for many communities, serve as the only opportunity to connect to nature. They also play an essential role in the fight against climate change by providing wildlife habitat, cooling surrounding neighborhoods, and absorbing stormwater.

What effect does greenery have on people?

Green spaces support connections with the natural world and ground people in abundance. Public parks help us relax, spark creativity, invite joy, cultivate community, and teach us about the species that share urban areas with us.

What are the biggest threats to urban parks today?

Insufficient funding for maintenance is among the largest threats to urban parks today. Attention-grabbing new construction projects are easier for cities to garner support for, but long-term maintenance of existing parks is often overlooked, even though it is essential to keep parks running.

In addition, the dual crises of climate change and biodiversity-loss are threatening urban parks. The resilience of urban parks is directly tied to a rich variety of species and naturally-functioning ecosystems.

Another challenge is ensuring that park space is equitably distributed throughout urban areas and paired with policies that support low-income housing to reduce the harms of displacement or gentrification caused by the effects of park spaces on increasing property values.

How does conservation help tackle the climate crisis?

Conservation supports large-scale, thriving ecosystems, therefore building urban resilience. From an adaptation perspective, healthy forest helps keep our cities cool during heat waves; wetlands protect our cities from storm surges; and pervious surfaces with plantings can hold water during extreme rain events and reduce the threats of flooding.

Warum sind Stadtparks so wichtig?

Stadtparks sind Zufluchtsorte vor dem Stress der Stadt, bieten Erholungsmöglichkeiten für die eigene Gesundheit und das Wohlbefinden und sind für viele Communities die einzige Möglichkeit, mit der Natur in Kontakt zu kommen. Sie sind auch ein wesentlicher Bestandteil im Kampf gegen den Klimawandel, denn sie bieten Lebensraum für Tier- und Pflanzenarten, kühlen die umliegenden Stadtteile ab und absorbieren Regenwasser.

Wie wirken Grünflächen auf uns Menschen?

Grünflächen fördern die Verbundenheit mit der Natur und geben den Menschen Halt. Öffentliche Parks helfen uns zu entspannen, unsere Kreativität zu entfalten, Freude zu wecken und Freundschaften zu pflegen, und lehren uns etwas über die Spezies, die mit uns in Städten leben.

Was sind heute die größten Bedrohungen für Stadtparks?

Eine der größten Bedrohungen für unsere Stadtparks sind unzureichende finanzielle Mittel für ihre Instandhaltung. Für spektakuläre Neubauprojekte erhalten Städte leichter Unterstützung, aber die langfristige Pflege bestehender Parks wird oft übersehen, obwohl sie für den Erhalt unserer Grünflächen unerlässlich ist.

Darüber hinaus bedroht die Doppelkrise aus Klimawandel und Verlust der biologischen Vielfalt die Parks in der Stadt. Ihre Widerstandsfähigkeit steht in direktem Zusammenhang mit einer reichen Artenvielfalt und einem gesunden Ökosystem.

Eine weitere Herausforderung besteht darin, sicherzustellen, dass Parkflächen gleichmäßig und gerecht in Städten verteilt sind und mit Maßnahmen zur Förderung von Wohnraum für Menschen mit niedrigem Einkommen verknüpft werden. Dies hilft wiederum, die negativen Folgen wie Verdrängung oder Gentrifizierung zu verringern, die neue Parkflächen auf steigende Grundstückswerte haben.

Park spaces can capture greenhouse gases through carbon sequestration and storage. Woody plants and soils also play a part in this process.

What are some simple solutions for more green in the city?

There are many opportunities to increase vegetation on our streets and buildings. For example, we can expand tree pits, add planters to balconies, and look for opportunities for pocket parks. Residents can get involved in programs to learn how to care for street trees, volunteer at parks, and advocate for park funding.

What are your hopes for the future?

The Central Park Climate Lab hopes that municipalities prioritize urban parks as essential resiliency infrastructure and a key part of the climate solution. By prioritizing parks in our cities, we can unlock multiple benefits for people and the planet.

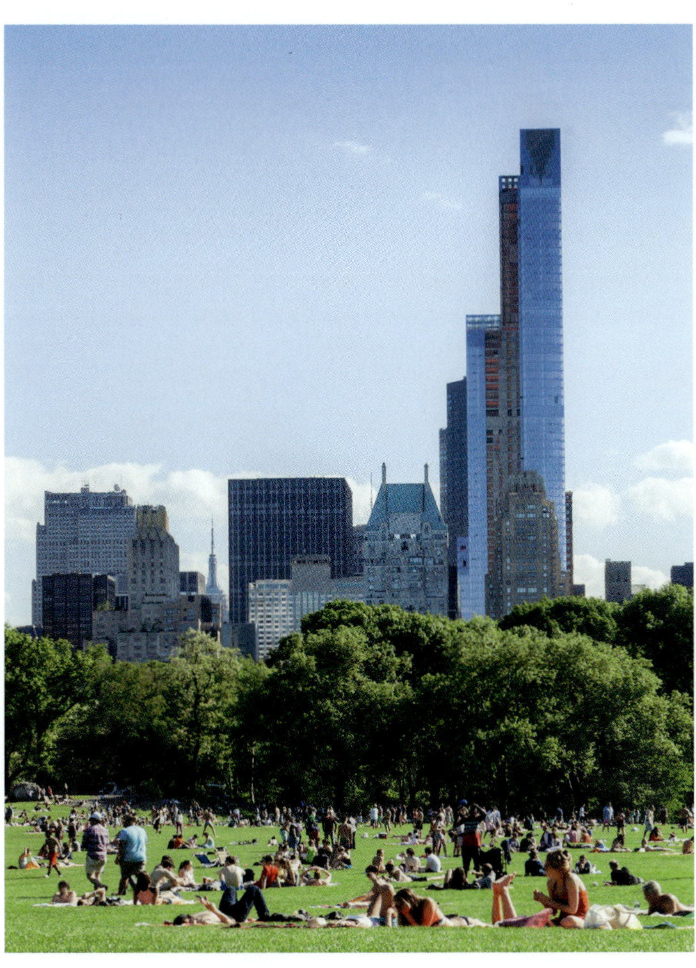

Welchen Beitrag leistet der Naturschutz zur Bewältigung der Klimakrise?

Naturschutz fördert großflächige, gesunde Ökosysteme und trägt damit zur Stärkung der Resilienz von Städten bei. Unter dem Gesichtspunkt der Anpassung helfen gesunde Wälder, unsere Städte bei Hitzewellen kühl zu halten; Feuchtgebiete schützen unsere Städte vor Sturmfluten; und durchlässige Flächen mit Bepflanzungen können bei extremen Regenfällen Wasser aufnehmen und die Gefahr von Überschwemmungen verringern. Grünflächen können Treibhausgase durch Kohlenstoffsequestrierung und -speicherung binden. Auch Gehölze und Böden spielen dabei eine große Rolle.

Welche einfachen Lösungen gibt es für mehr Grün in der Stadt?

Es gibt viele Möglichkeiten, die Begrünung unserer Straßen und Gebäude zu erhöhen. Wir können zum Beispiel Baumscheiben vergrößern, Balkonkästen anbringen und nach Möglichkeiten für Pocket Parks suchen. Bürger:innen können an Programmen teilnehmen, um zu lernen, wie man Straßenbäume pflegt, ehrenamtlich in Parks mitarbeitet und sich für die Finanzierung von Parks einsetzt.

Was sind Ihre Hoffnungen für die Zukunft?

Das Central Park Climate Lab hofft, dass Kommunen Stadtparks als wesentliche Resilienzinfrastruktur und als wichtigen Teil der Klimalösung begreifen. Durch die Priorisierung von Parks in unseren Städten können wir viele Vorteile für die Menschen und den Planeten freisetzen.

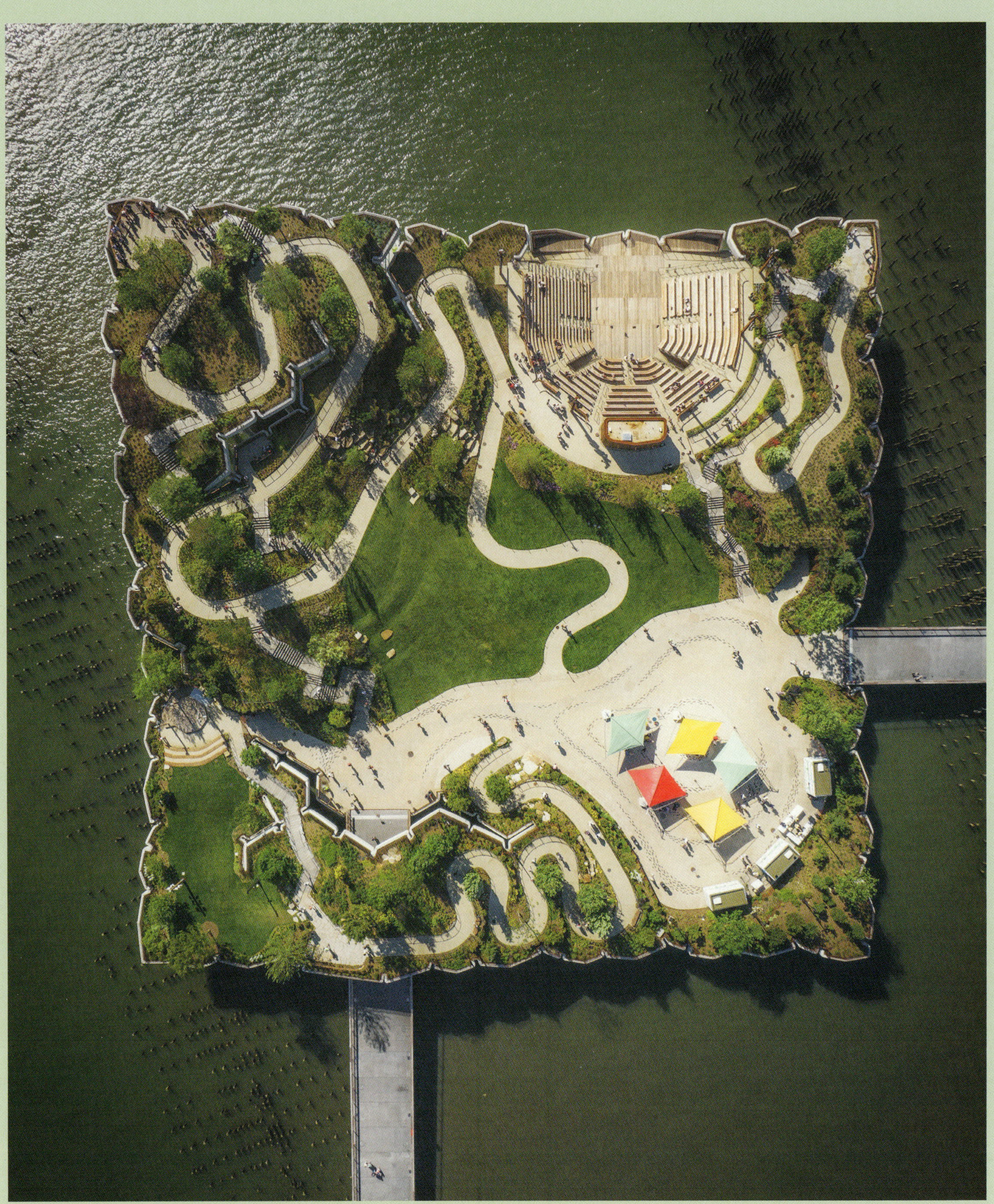

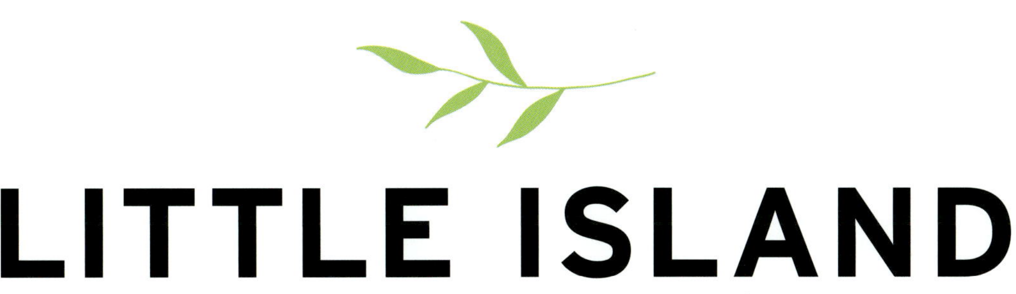

LITTLE ISLAND
New York City

Little Island is a new urban park in Lower Manhattan, crafted on a dilapidated pier on the banks of the Hudson River. Designed by acclaimed architecture and design studio Heatherwick Studio and opened in 2021, at just over two acres Little Island may be small in size but packs an undeniable punch: combining recreation, culture and special nature experiences in a dense urban area, it offers sweeping views of the water, secluded green spots and an amphitheater.

With its tulip-shaped stilts and undulating topography, the park features over 400 different species of plants, trees and perennials. Landscape architect Signe Nielsen of studio MNLA was tasked with arranging the plantings and soil to curb erosion and establish the park's trails as a haven for people, plants and wildlife.

Critics argue, however, that Little Island is too much under private influence, as it is privately funded and operated by a public-private initiative. Additionally, funding would have been better used addressing the lack of green spaces in New York's underserved communities, as well as maintaining and updating already-existing parks.

Am Ufer des Hudson River in New York City liegt Little Island, ein neuer Stadtpark, der auf einem verfallenen Pier in Lower Manhattan errichtet wurde. Der vom renommierten Architektur- und Designbüro Heatherwick Studio entworfene Park, der 2021 eröffnete, verbindet Erholung mit Kultur. Little Island ist mit einem knappen Hektar zwar klein, bietet aber mit seinem weiten Blick auf das Wasser, den lauschigen grünen Inseln und dem Amphitheater ein besonderes Naturerlebnis in der Stadt.

Über 400 verschiedene Arten von Pflanzen, Bäumen und Stauden wachsen auf der hügeligen Topografie, die durch tulpenförmige Stelzen hervorgehoben wird. Die Landschaftsarchitektin Signe Nielsen vom Studio MNLA wurde damit beauftragt, die Bepflanzung und den Boden so anzulegen, dass Erosion verhindert wird und die Wege des Parks sich zu einer natürlichen Oase entwickeln.

Kritiker:innen argumentieren jedoch, dass Little Island zu sehr unter privatem Einfluss steht, da es privat finanziert und von einer öffentlich-privaten Initiative betrieben wird. Außerdem hätten die für den Park aufgewendeten Gelder besser für den Mangel an Grünflächen in den unterversorgten Vierteln New Yorks sowie für die Instandhaltung und Modernisierung bereits bestehender Parks verwendet werden können.

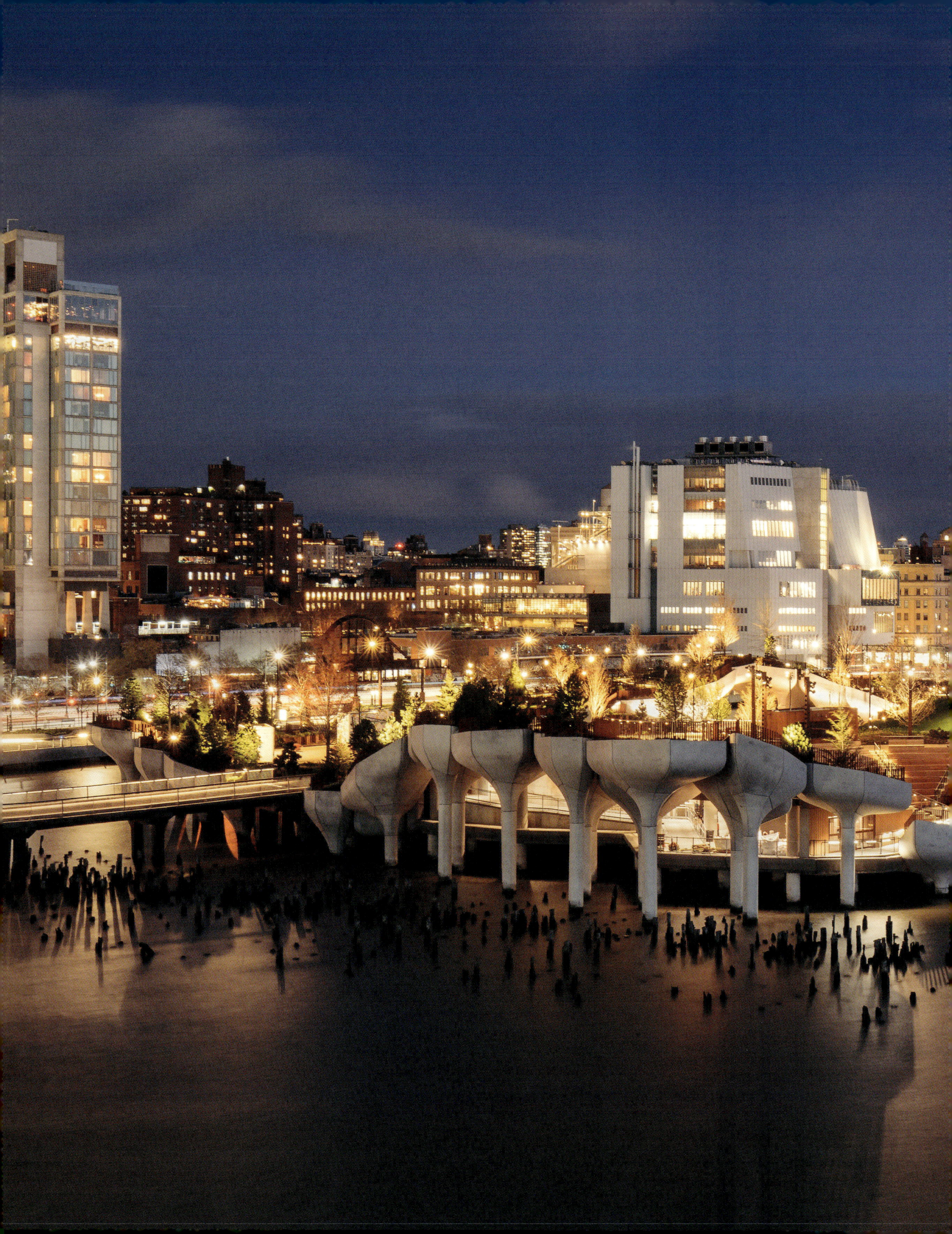

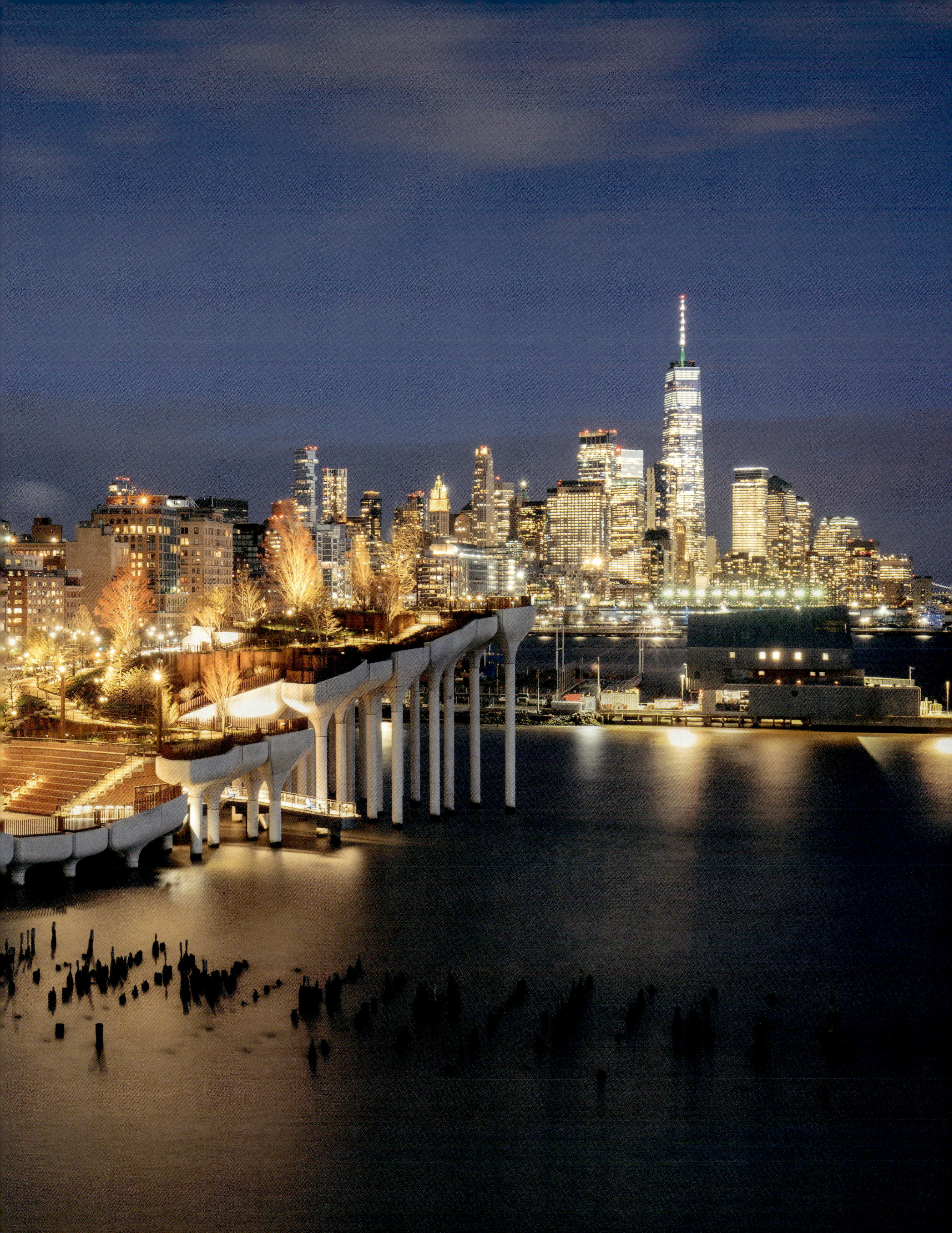

HEATHERWICK STUDIO
Q&A

What were some of the influences on the design?

The starting point was not the structure but the experience for visitors: the excitement of being over the water, the feeling of leaving the city behind and being immersed in greenery—inspired by Central Park, where it is possible to forget that you are in the midst of the most densely populated city in the United States. Piers were traditionally flat to allow boats to dock, but did they have to be? In contrast to the flat streets of Manhattan, the design team wanted to create a new topography for the city which could rise up to shape a variety of spaces. The first iteration was a curled leaf form floating on the water, its veins rising like ribs at the edges to shelter the space from the wind. The idea of raising the park on its foundations came from the existing wooden piles in the water, remnants of the many piers that used to extend from the shoreline of Manhattan. Beneath the visible tips of the wood, the piles have become an important habitat for marine life and are a protected breeding ground for fish.

What role does sustainability play in your work?

People care for the things they value. That is why your emotional response to objects and places is a crucial part of making them sustainable. As a studio, we want the things we create to last and be loved. It horrifies us that vast amounts of energy are expended in designing and erecting new buildings only for them to be demolished at huge cost to the environment because they are not well designed. What we can do as makers and inventors is ensure that every project is designed from the outset to care for the planet and to be cherished by the people who use it. Together with many others, Heatherwick Studio has made a commitment to Architects Declare and the Retro First campaign. We proactively respond to the UN Sustainable Development Goals and align our own design values closely to these powerful, collective global ambitions. We are proud to be collaborating with some amazing people at the forefront of their fields. We learn more every day about how to address the climate emergency and are embedding a

Welche Einflüsse gab es auf den Entwurf?

Ausgangspunkt war nicht die Struktur, sondern das Erlebnis für die Besucher:innen: die Aufregung, über dem Wasser zu sein, das Gefühl, die Stadt hinter sich zu lassen und nur noch von grüner Natur umgeben zu sein – inspiriert vom Central Park, wo man schnell vergisst, dass man sich mitten in der am dichtesten besiedelten Stadt der USA befindet. Traditionell waren Piers flach, damit die Schiffe anlegen konnten, aber müssen sie das? Im Gegensatz zu den flachen Straßen Manhattans wollte das Designteam eine neue Topografie für die Stadt schaffen, die sich erheben und eine Vielzahl von Räumen gestalten konnte. Die erste Version war eine gewundene Blattform, die auf dem Wasser schwamm und deren Adern sich an den Rändern wie Rippen erhoben, um den Raum vor dem Wind zu schützen. Die Idee, den Park auf seinen Fundamenten zu errichten, geht auf die vorhandenen Holzpfähle im Wasser zurück, Überbleibsel der vielen Piers, die früher an der Küste Manhattans standen. Unter den sichtbaren Holzspitzen haben sich die Pfähle zu einem wichtigen Lebensraum für das Meeresleben entwickelt und sind ein geschützter Brutplatz für Fische.

Welche Rolle spielt Nachhaltigkeit bei Ihrer Arbeit?

Menschen kümmern sich um Dinge, die ihnen wichtig sind. Deshalb spielt die emotionale Reaktion auf Objekte und Orte eine entscheidende Rolle, um sie nachhaltig zu gestalten. Als Studio wollen wir, dass die Dinge, die wir entwerfen, lange halten und geliebt werden. Wir sind immer wieder entsetzt darüber, dass enorme Mengen an Energie für den Entwurf und die Errichtung neuer Gebäude aufgewendet werden, nur um sie dann unter enormen Kosten für die Umwelt wieder abzureißen, weil sie nicht gut geplant wurden. Was wir als Designer:innen und Gestalter:innen tun können, ist sicherzustellen, dass jedes Projekt von Anfang an so konzipiert wird, dass es den Planeten schont und von den Menschen, die es nutzen, geschätzt wird. Zusammen mit vielen anderen hat sich das Heatherwick Studio bei Architects Declare und der Retro First-Kampagne engagiert. Wir unterstützen proaktiv die UN-Nachhaltigkeitsziele und richten unsere eigenen

sustainability framework with ten key principles into every project. All our experience suggests that creativity—not just science—is fundamental to tackling the climate emergency and biodiversity crisis. Our particular focus in the studio is on social sustainability, integrating nature and provoking delight while addressing the core issues of materiality, carbon reduction, and energy performance.

How do you envision the future of urban design?

By 2050 seven out of 10 of us will live in a city. The problems we see across the planet now—from pollution to climate change—will only get worse if designers do not intervene to make our cities better: better for us, their inhabitants, and better for the planet. Cities will need to become more human and, with that, will have to wake up to the value of emotion as a fundamental value of design. Designers have to embrace the idea that the aesthetic qualities and the diversity of buildings deeply affect our feelings and have the power to lift our spirits, engage and connect us. And feelings mean that we value what we feel strongly about. Urban design needs to resonate with people emotionally to respond to the most pressing questions facing our cities.

Designwerte eng an diesen starken, kollektiven globalen Ambitionen aus. Wir sind stolz darauf, mit herausragenden Personen zusammenzuarbeiten, die auf ihrem Gebiet führend sind. Jeden Tag lernen wir mehr darüber, wie wir die Klimakrise angehen können, und integrieren in jedes Projekt einen Nachhaltigkeitskatalog mit zehn Schlüsselprinzipien. Unsere Erfahrungen legen nahe, dass Kreativität – und nicht nur Wissenschaft – von grundlegender Bedeutung ist, um die Klimakrise und die Biodiversitätskrise zu bewältigen. Unser besonderes Augenmerk im Studio liegt auf der sozialen Nachhaltigkeit, darauf, die Natur zu integrieren, Begeisterung zu wecken und gleichzeitig die Kernthemen Materialität, CO_2-Reduktion und Energieeffizienz zu behandeln.

Wie stellen Sie sich die Zukunft der Stadtgestaltung vor?

Im Jahr 2050 werden sieben von zehn Menschen in Städten leben. Die Probleme, die wir heute überall auf der Welt sehen – von der Umweltverschmutzung bis zum Klimawandel – werden sich noch verschlimmern, wenn die Stadtplaner:innen nicht eingreifen, um unsere Städte zu verbessern – für uns und den Planeten. Städte müssen menschlicher werden und dafür müssen sie die Bedeutung von Emotionen als Grundwert des Designs erkennen. Designer:innen müssen verstehen, dass die ästhetischen Qualitäten und die Vielfalt von Gebäuden unsere Gefühle tiefgreifend beeinflussen und die Macht haben, unsere Stimmung zu heben, uns zu berühren und mitzunehmen. Emotionen zeigen, dass wir das schätzen, was uns am Herzen liegt. Stadtgestaltung muss die Menschen emotional ansprechen, um Antworten auf die drängendsten Fragen zu finden, mit denen unsere Städte konfrontiert sind.

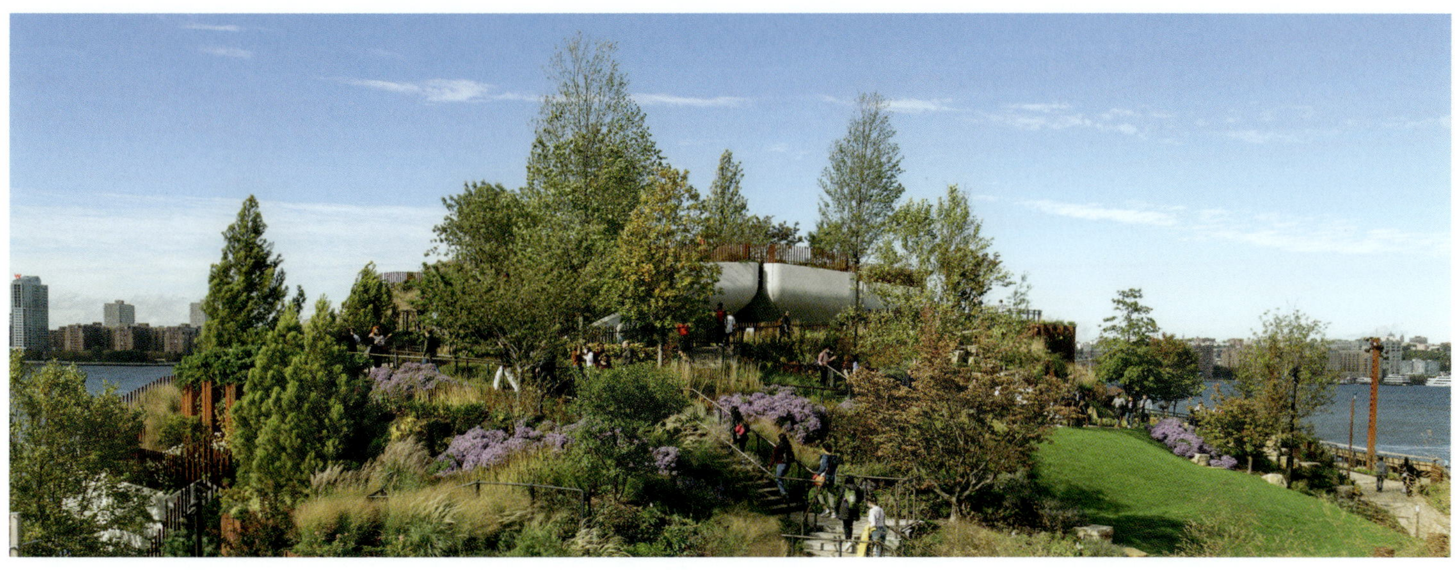

BROOKLYN GRANGE ROOFTOP FARM

New York City

Brooklyn Grange has been growing organic vegetables on rooftops above the bustling streets of New York City since 2010, pioneering the field of rooftop farming. Founded by Anastasia Cole Plakias, Ben Flanner and Gwen Schantz, Brooklyn Grange maximizes the city's arable space to produce local food and rethink how we farm for the future.

The team also designs green roofs for commercial and residential use, hosts cultural events and educational tours, and supports the local community. They sell their produce at weekly farmers' markets and through a special CSA program that gives people with limited means access to fresh and healthy food in the city.

Their latest endeavor is a rooftop farm with a food forest designed and operated for their client, the Javits Center. Apple and pear trees grow alongside redcurrant bushes, showcasing the potential of urban agroforestry and regenerative agriculture on rooftops while continually breaking new ground in sustainable urban living.

Hoch oben über den pulsierenden Straßen von New York City baut Brooklyn Grange seit 2010 Biogemüse auf Dächern an und leistet damit Pionierarbeit auf dem Gebiet des Rooftop Farming. Gegründet von Anastasia Cole Plakias, Ben Flanner und Gwen Schantz, nutzt Brooklyn Grange den knappen Raum in der Stadt, um lokale Lebensmittel zu produzieren und die Landwirtschaft der Zukunft zu prägen.

Das Team entwirft außerdem Gründächer für gewerbliche und private Zwecke, veranstaltet kulturelle Events und Bildungstouren und unterstützt die lokale Gemeinschaft. Sie verkaufen ihre Produkte auf wöchentlichen Bauernmärkten und über ein spezielles CSA-Programm, das Städtern mit begrenzten Mitteln den Zugang zu frischen und gesunden Lebensmitteln ermöglicht.

Ihr neuestes Projekt ist eine Dachfarm mit einem Food Forest, den sie für ihren Kunden, das Javits Center, entworfen haben und betreiben. Hier wachsen Apfel- und Birnbäume neben Johannisbeersträuchern, die das Potenzial der städtischen Agroforstwirtschaft und der regenerativen Landwirtschaft auf Dächern aufzeigen und gleichzeitig neue Wege für ein nachhaltigeres Leben in der Stadt beschreiten.

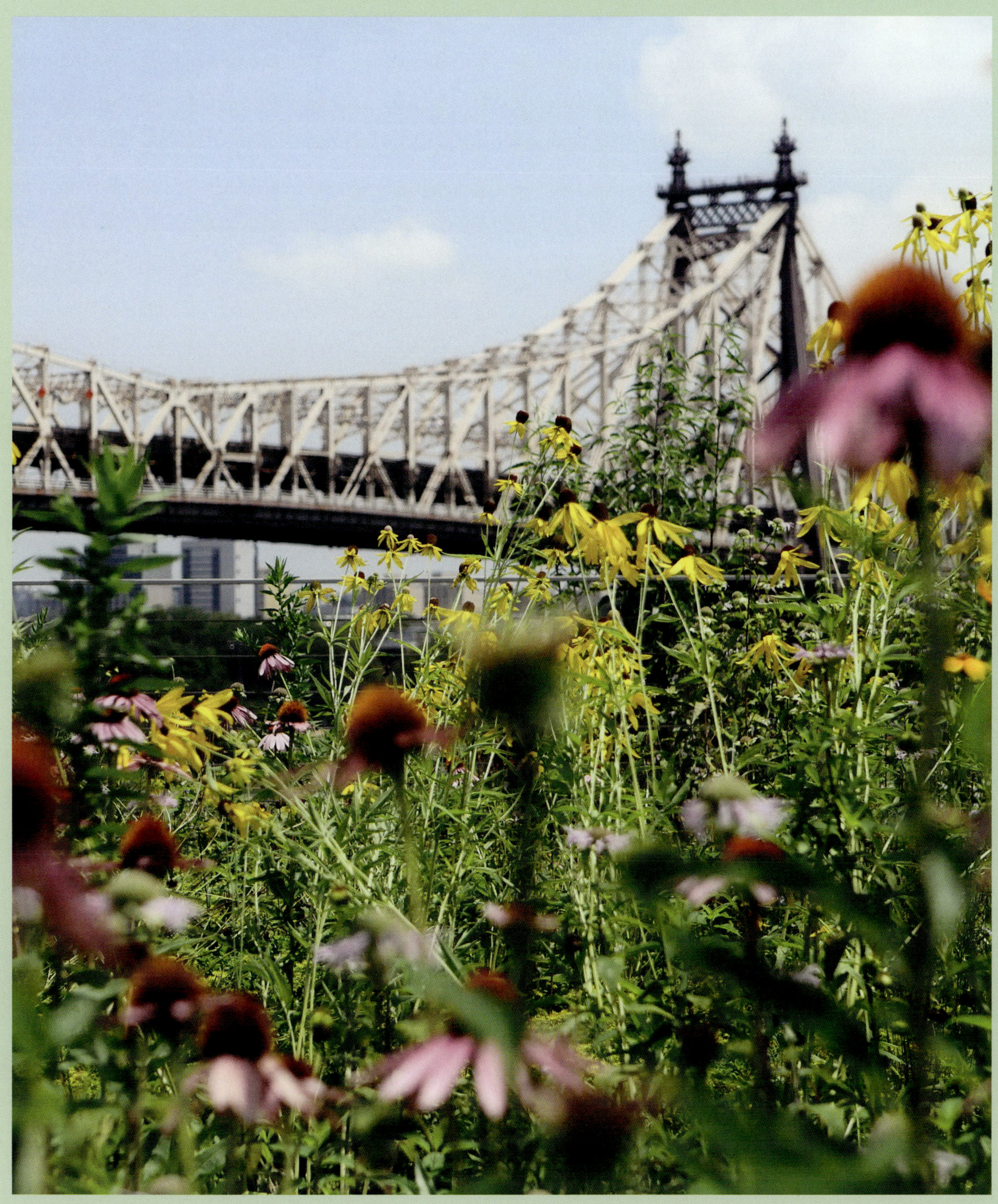

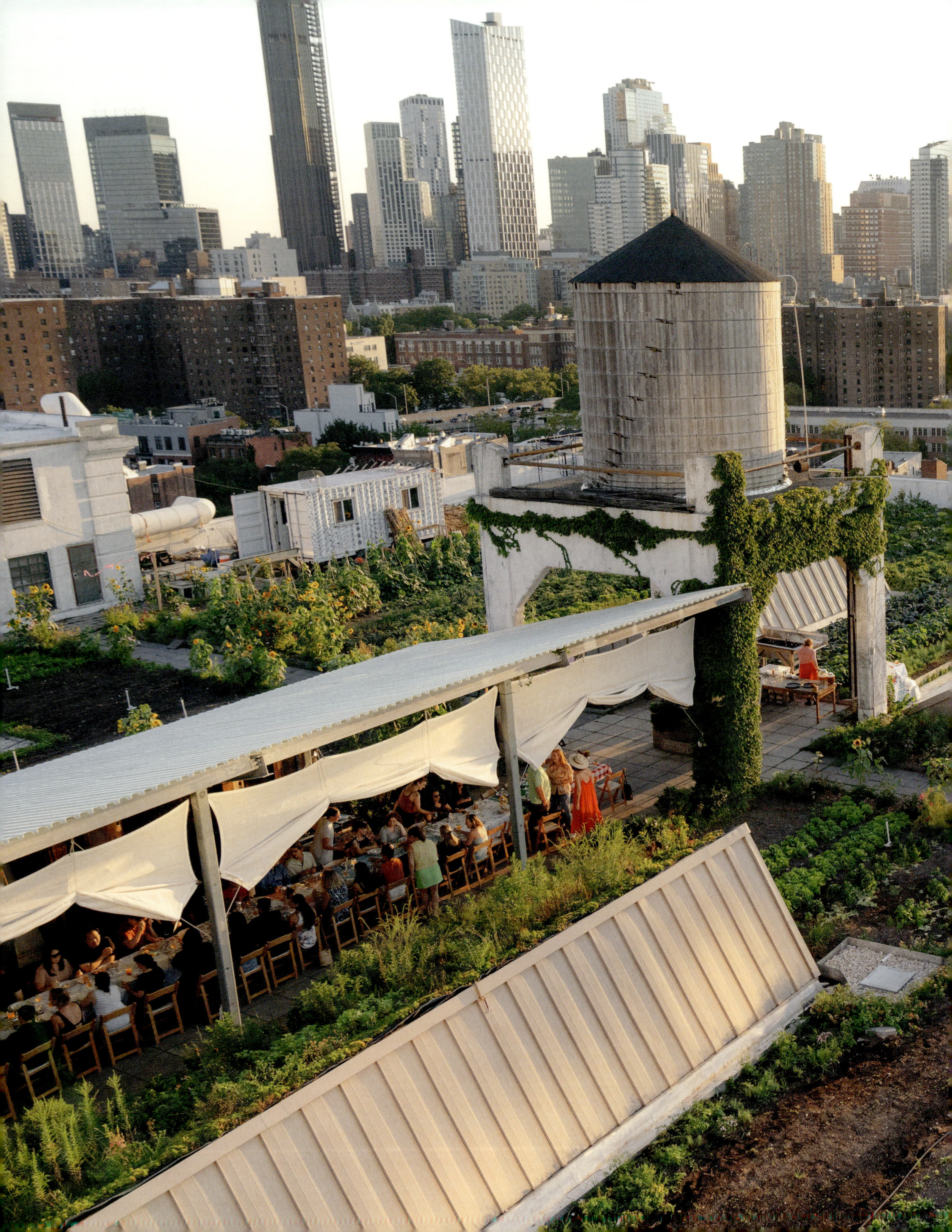

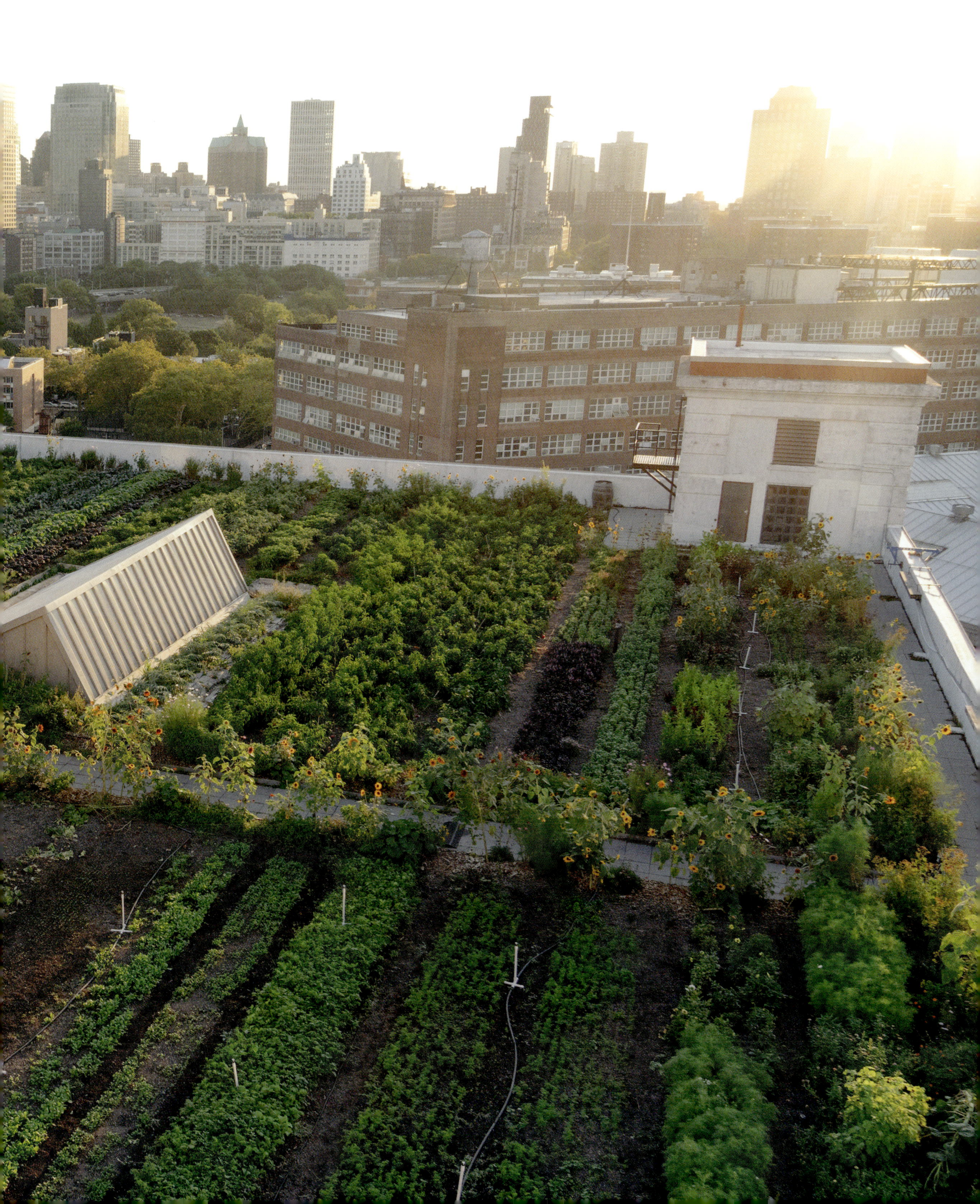

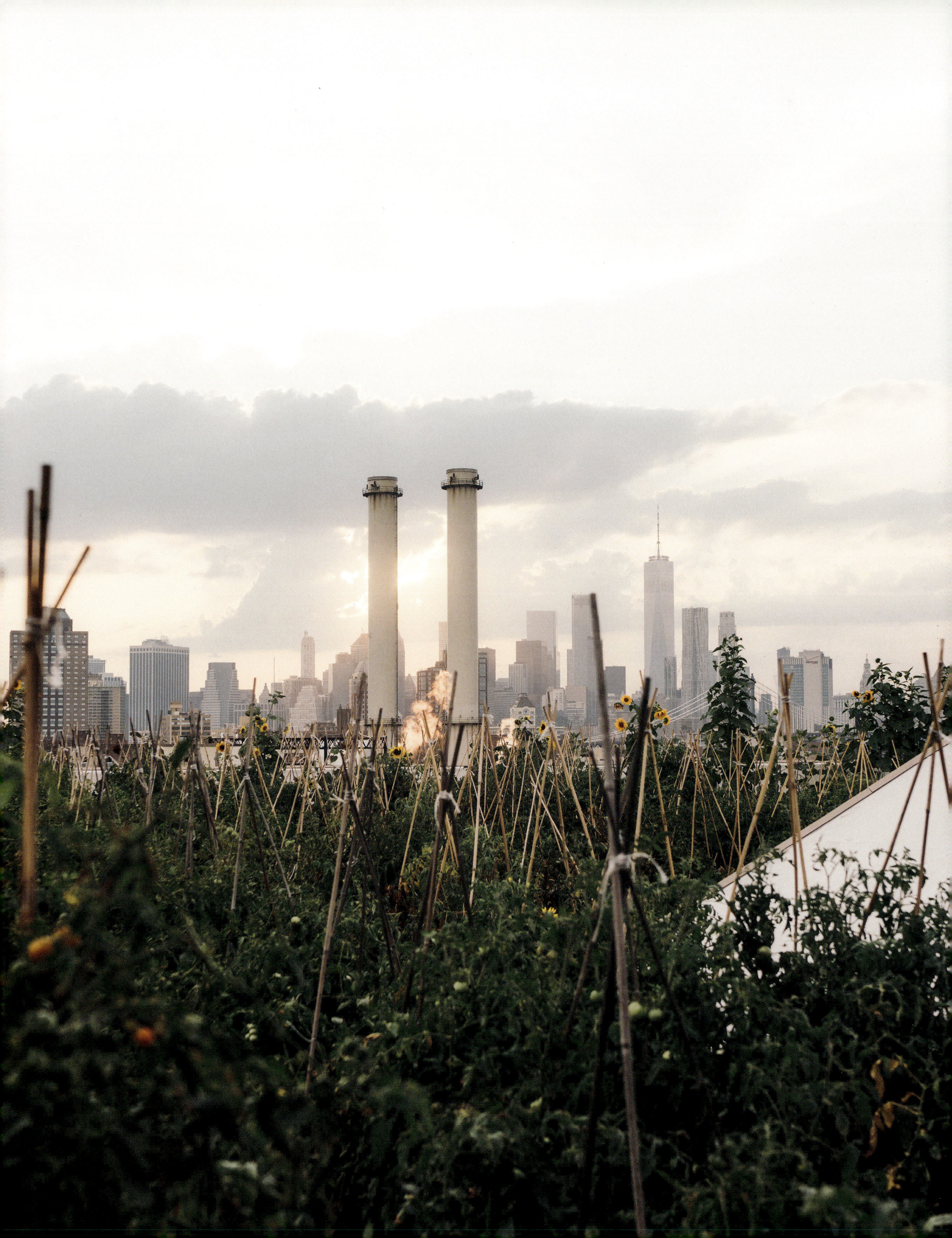

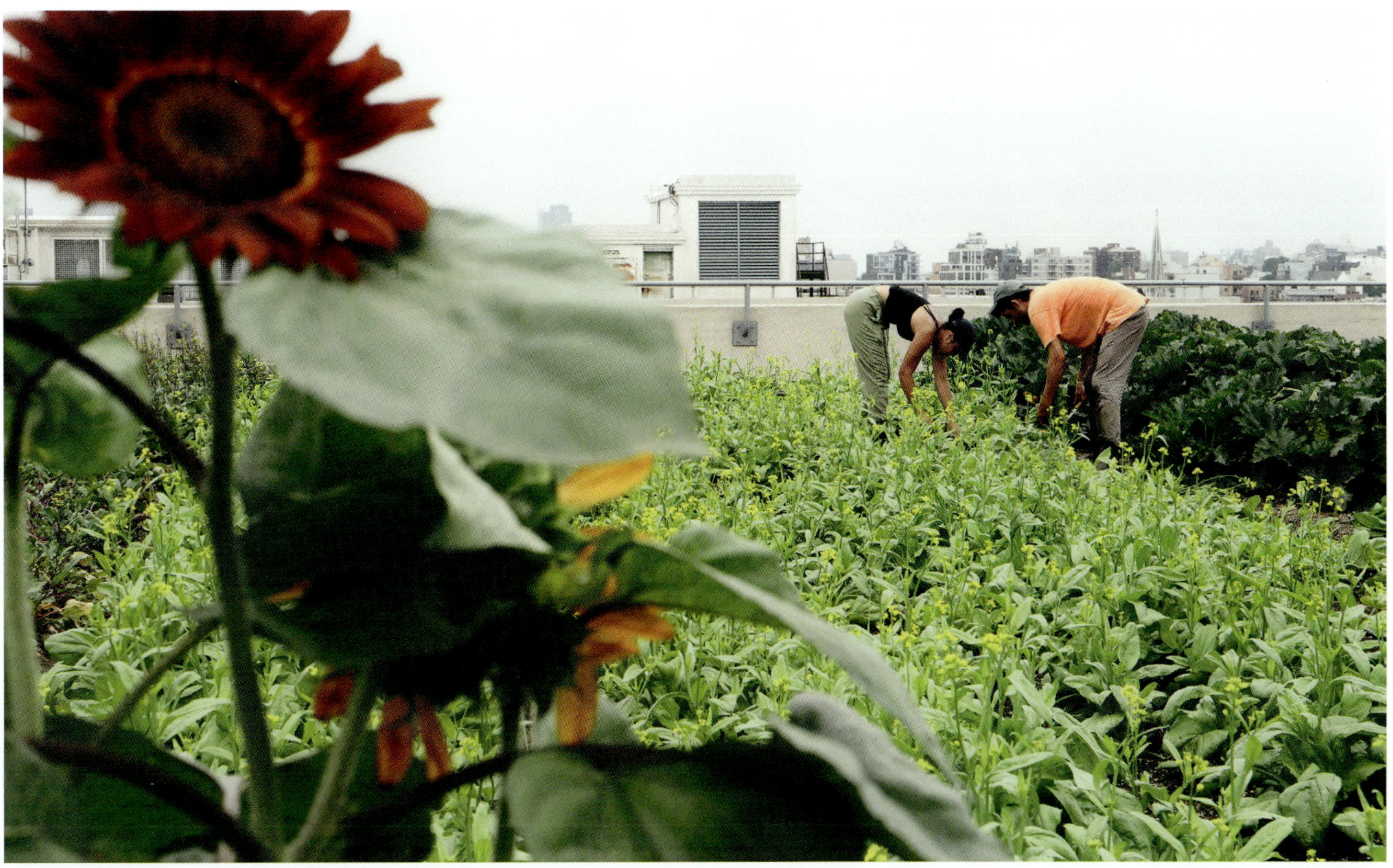

Rooftop Farming

- increases access to fresh produce in urban areas
- engages communities and provides education about food and sustainability
- reduces the urban heat island effect and provides insulation
- reduces stormwater runoff by capturing and storing water
- provides habitat for pollinators and other beneficial species
- reduces the carbon footprint of food production
- provides income and employment opportunities

Rooftop Farming

- verbessert den Zugang zu frischem Obst und Gemüse in Städten
- fördert die Gemeinschaft und vermittelt Wissen über Ernährung und Nachhaltigkeit
- reduziert den städtischen Wärmeinseleffekt und bietet Isolierung
- verringert den Regenwasserabfluss durch Auffangen und Speichern von Wasser
- bietet Lebensraum für Bestäuber und andere nützliche Arten
- reduziert den CO_2-Fußabdruck der Lebensmittelproduktion
- schafft Einkommens- und Beschäftigungsmöglichkeiten

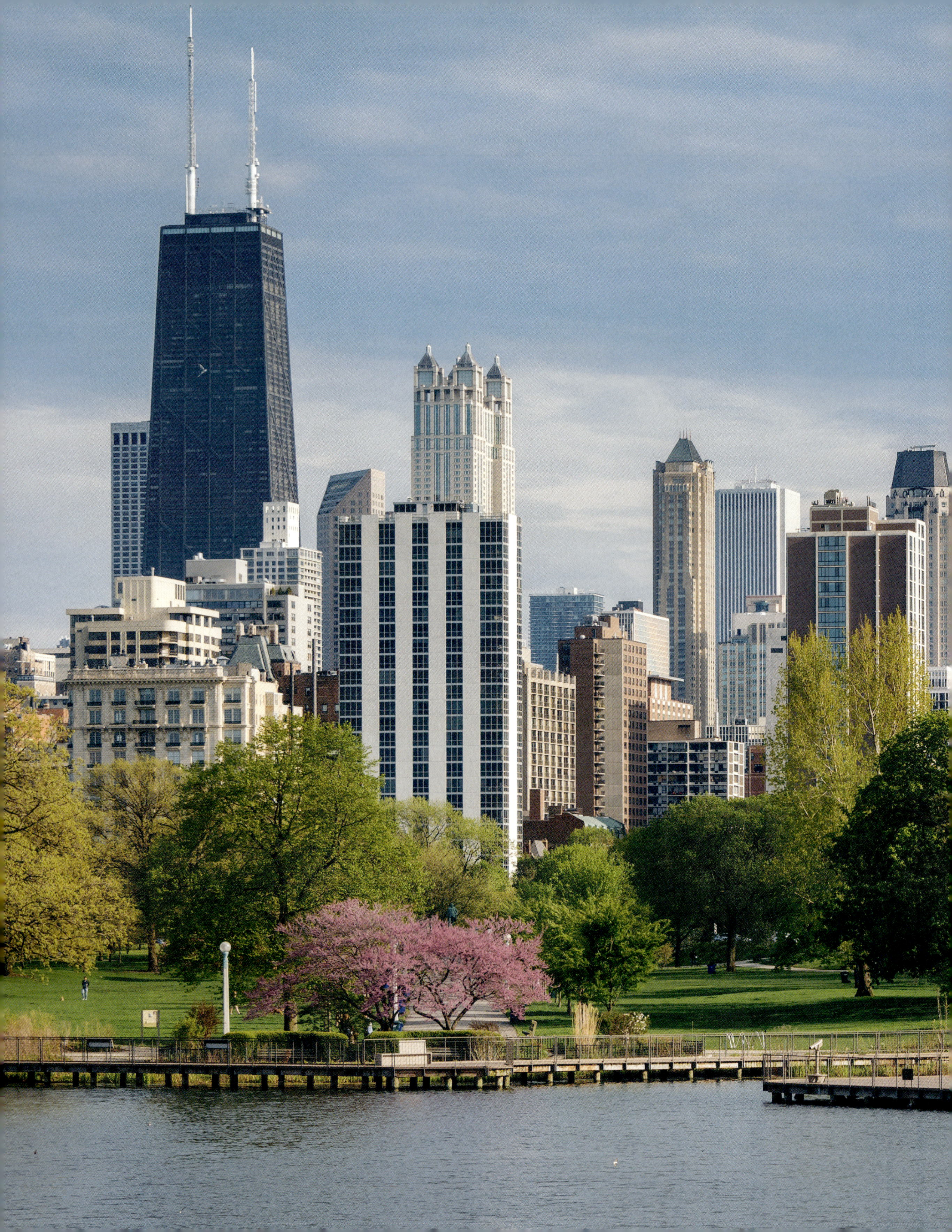

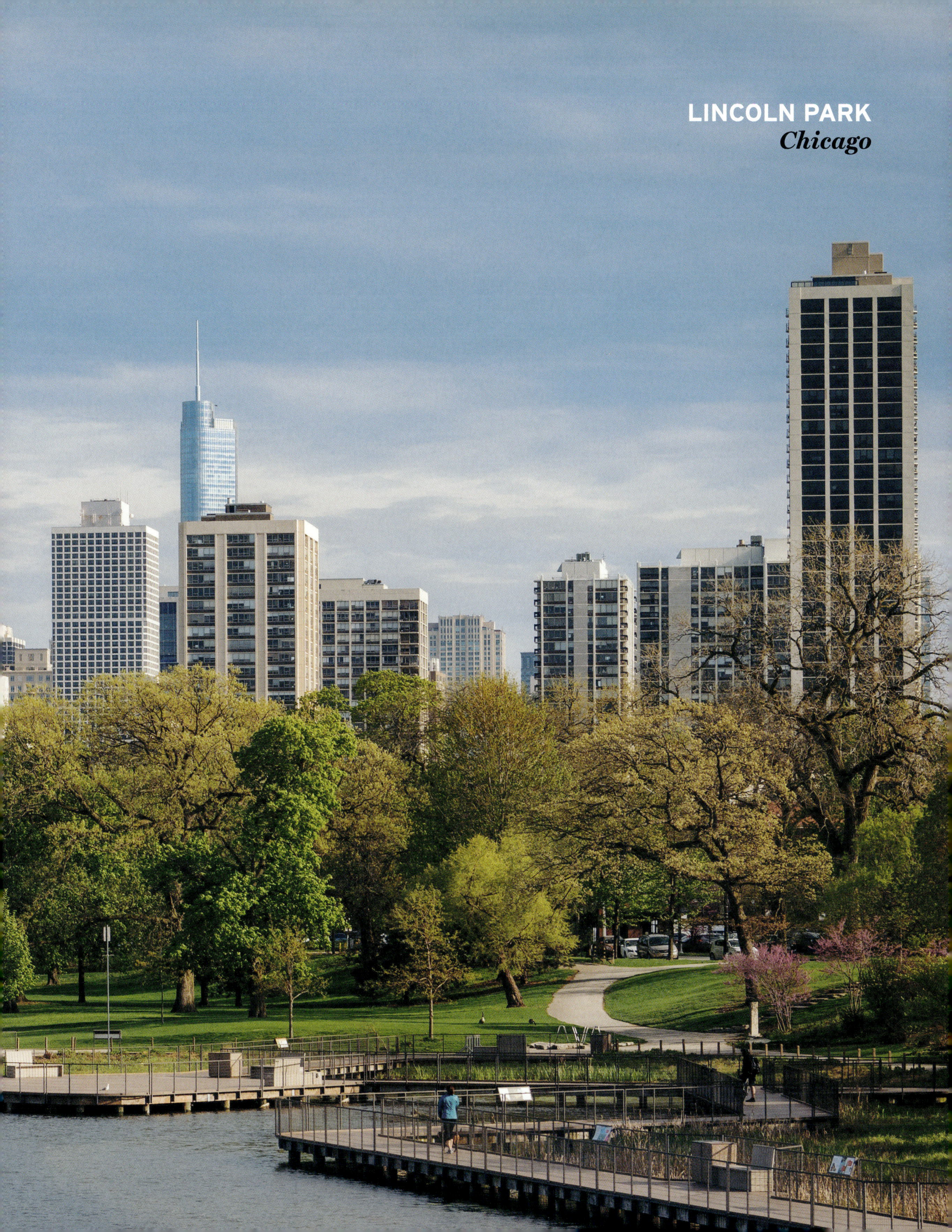

LINCOLN PARK
Chicago

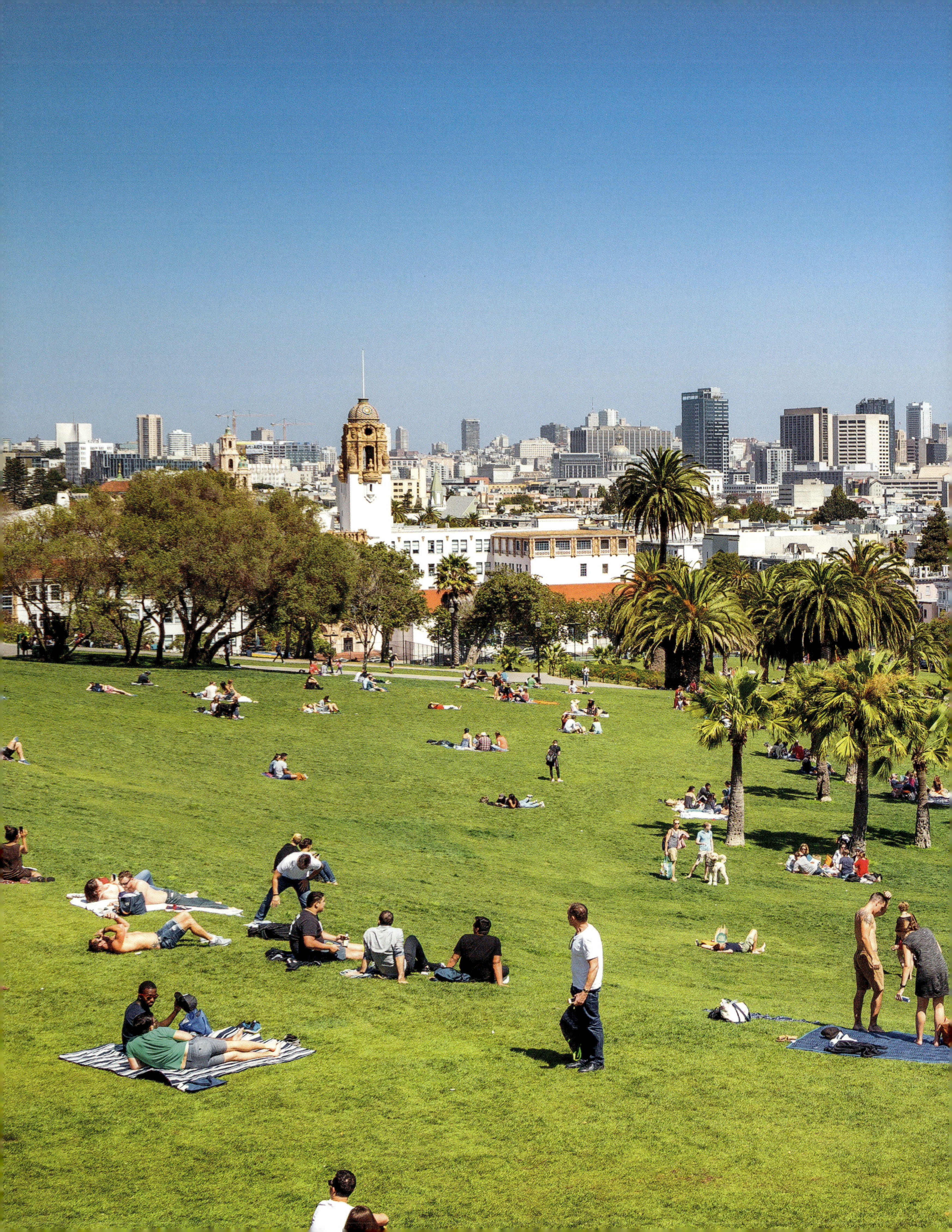

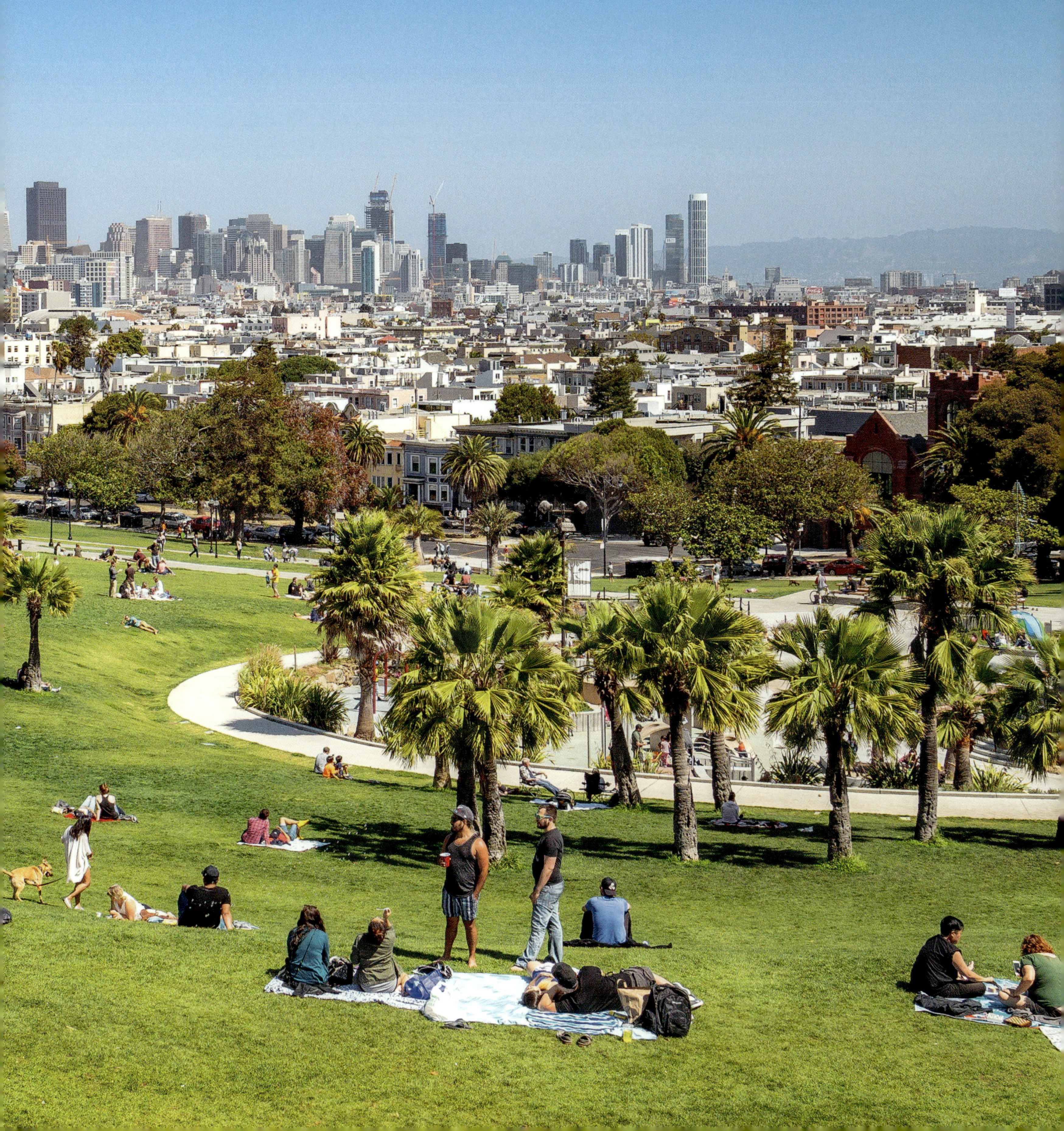
MISSION DOLORES PARK
San Francisco

THE RON FINLEY PROJECT
Los Angeles

Under the guidance of its green-thumbed, visionary name-sake, the Ron Finley Project continues to spark a revolution in how people think about food. By empowering communities to grow their own produce and transforming empty urban spaces into verdant oases, it is not just changing the landscape—it is changing the way people live.

It all began in 2010 when Finley, the "Gangsta Gardener," turned the barren patch of land in front of his South Los Angeles home into a bounty of fresh fruits and vegetables. His actions not only sparked a change in the law but paved the way for other forgotten corners of the city to be converted into flourishing gardens.

But for Finley gardening is about more than just cultivating crops. It is about food justice and community service, and he is dedicated to educating people on the power of self-sufficiency while speaking out against the systemic barriers that create food apartheid in the USA and limit access to healthy options. As a leading figure in today's guerilla gardening movement, Finley has established numerous community gardens in Los Angeles and inspired similar initiatives around the world. When asked about the importance of green spaces in the city, he says: "Why have grass when we can grow food?"

Unter der Leitung von Ron Finley – dem Aktivisten und Visionär mit dem grünen Daumen – löst „The Ron Finley Project" eine wahre Revolution im Umgang der Menschen mit ihrem Essen aus. Indem es Gemeinden dazu befähigt, leere Flächen in der Stadt in grüne Oasen zu verwandeln und ihr eigenes Obst und Gemüse anzubauen, verändert die Initiative nicht nur das Stadtbild, sondern das ganze Leben der Menschen.

Alles begann 2010, als Finley, der sich selbst „Gangsta Gardener" nennt, die karge Fläche vor seinem Haus in South Los Angeles in eine Oase aus frischem Obst und Gemüse umgestaltete. Seine Aktion führte nicht nur zu einer Gesetzesänderung, sondern auch dazu, dass weitere „vergessene" Ecken der Stadt in blühende Gärten verwandelt wurden.

Doch für Finley geht es beim Gärtnern um mehr als nur den Anbau von Pflanzen. Es geht um Ernährungsgerechtigkeit und Gemeinschaftsdienst, und er hat es sich zur Aufgabe gemacht, Menschen über die Kraft der Selbstversorgung aufzuklären. Gleichzeitig spricht er sich gegen die systematischen Barrieren aus, die in den USA zu einer Ernährungs-Apartheid führen und den Zugang zu gesunden Lebensmitteln einschränken. Als führende Figur der heutigen Guerilla-Gardening-Bewegung hat Finley zahlreiche Gemeinschaftsgärten in Los Angeles angelegt und ähnliche Initiativen auf der ganzen Welt inspiriert. Auf die Frage nach der Bedeutung von mehr Grün in der Stadt antwortet er: „Warum Gras, wenn wir auch Lebensmittel anbauen können?"

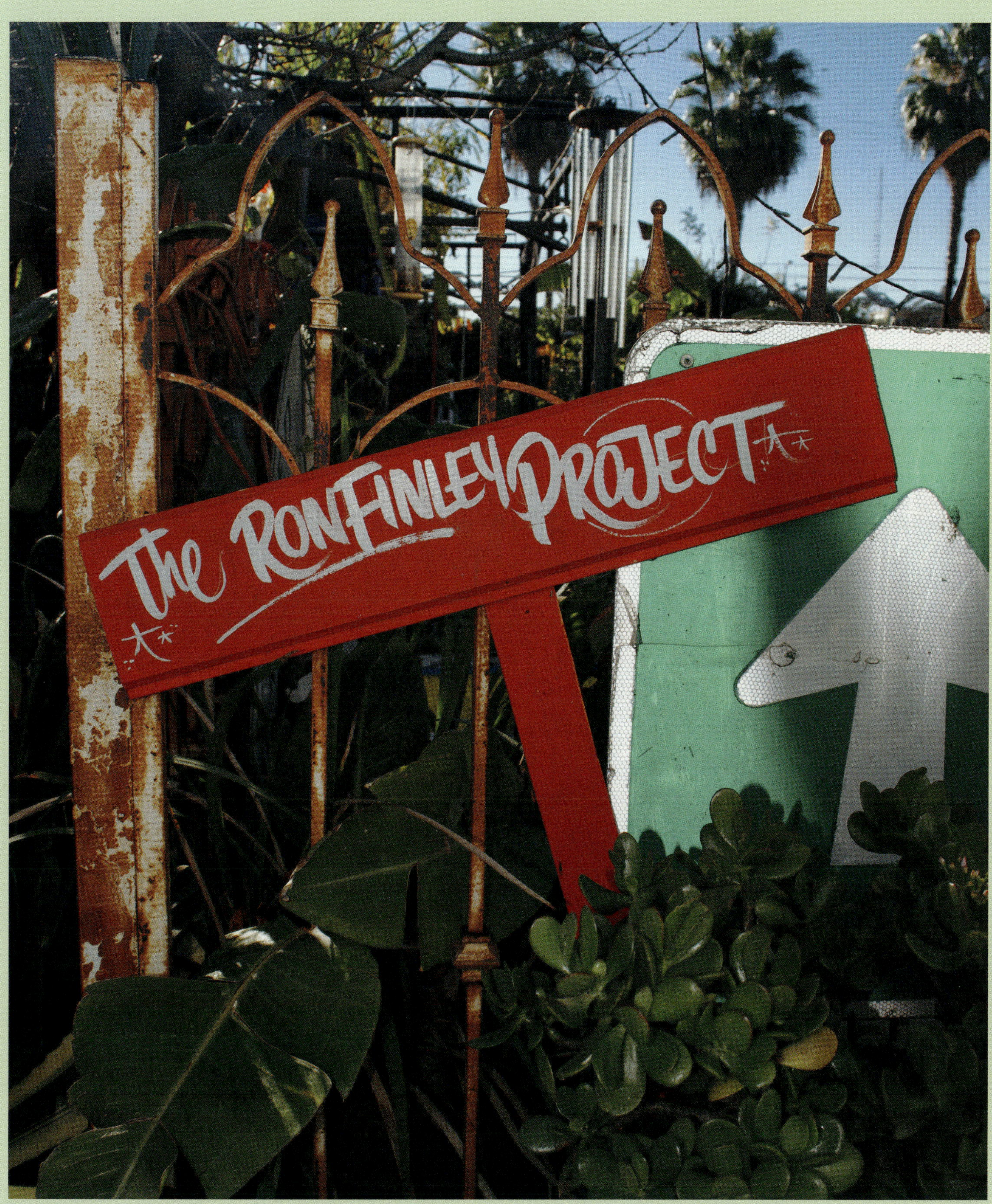

The RonFinley Project

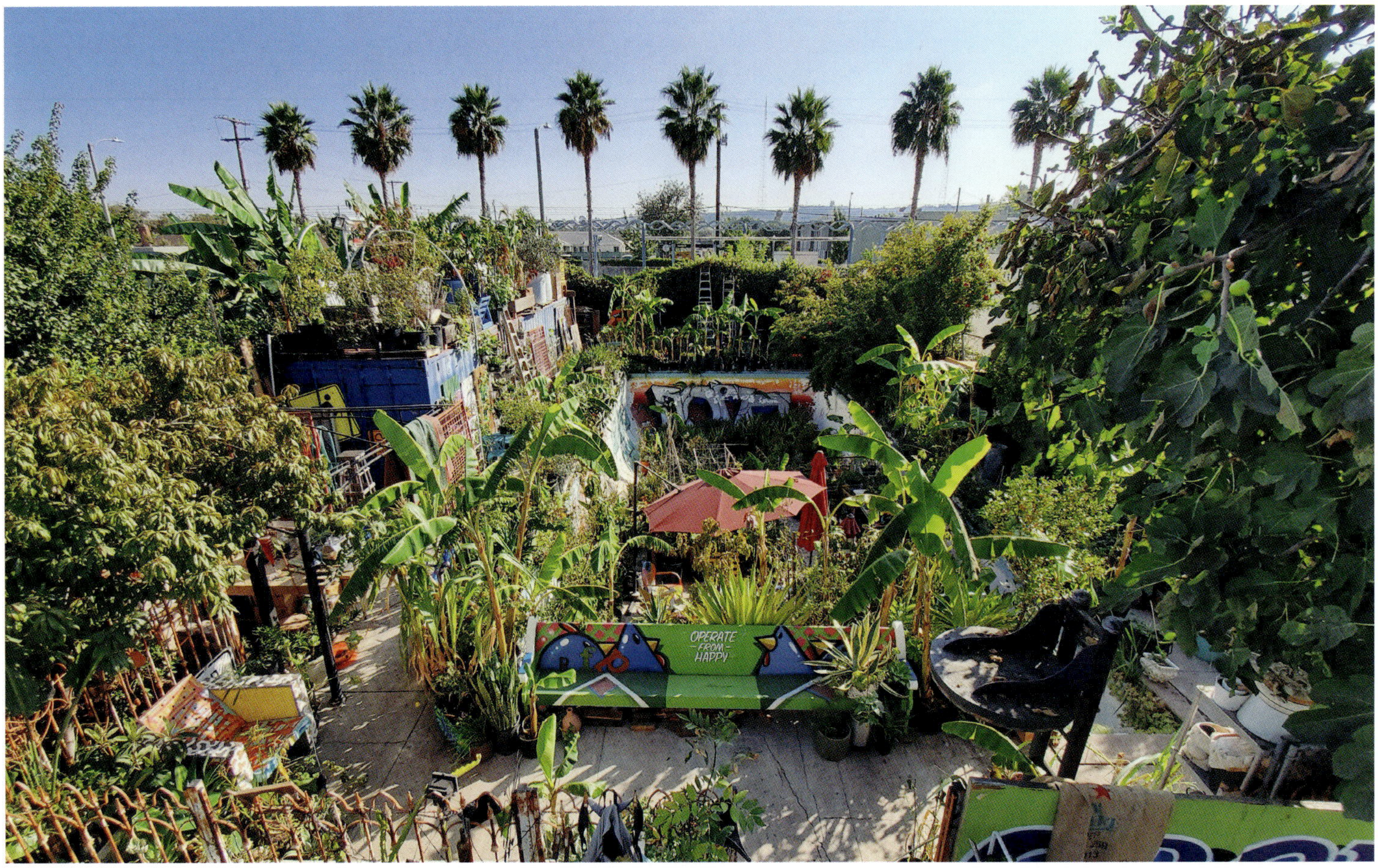

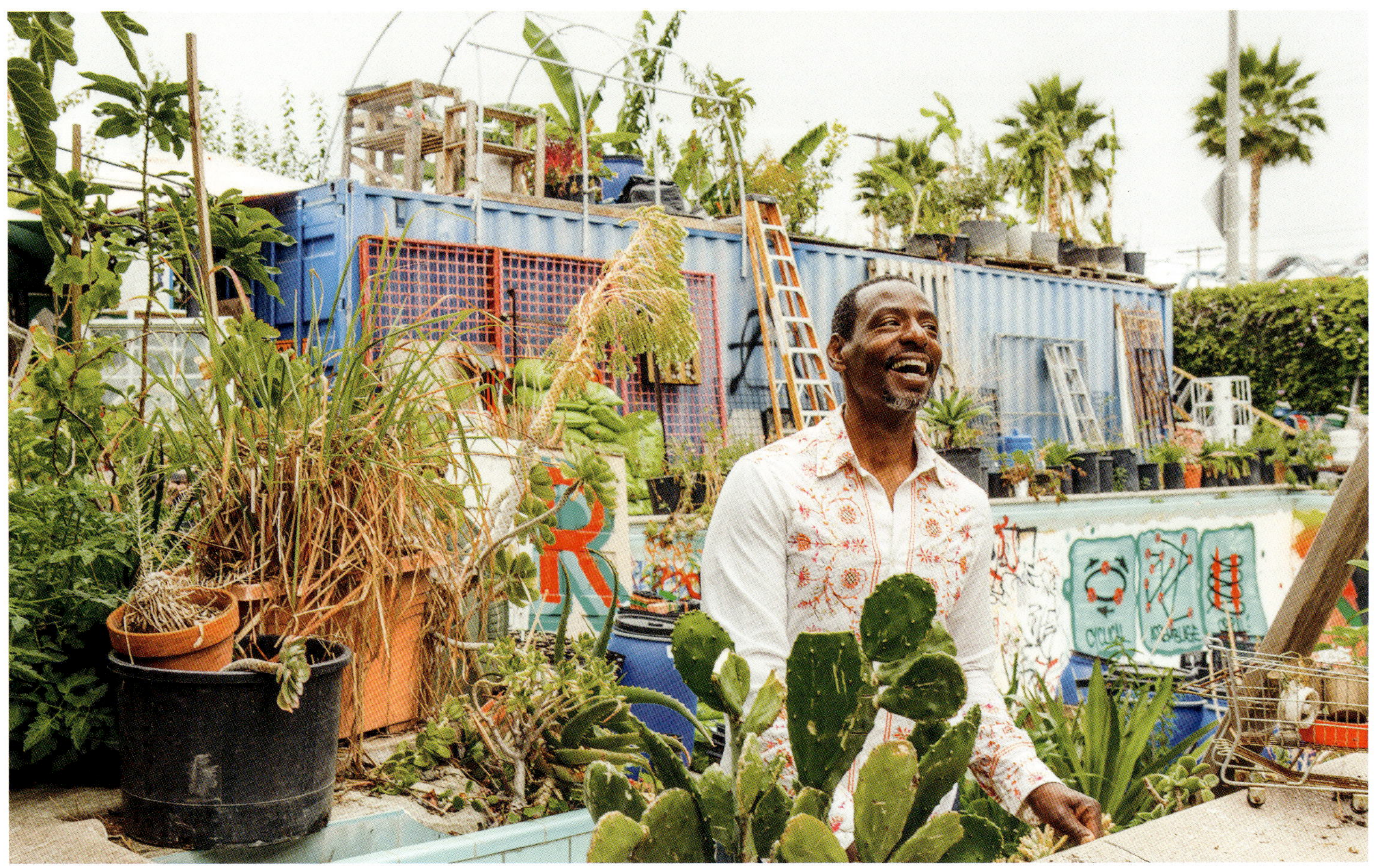

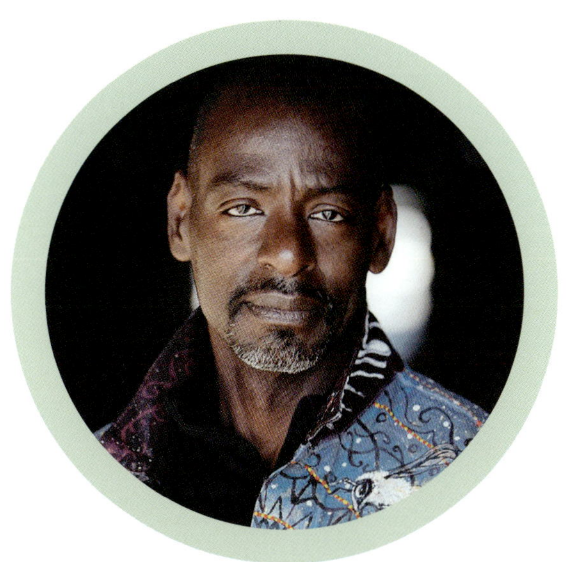

RON FINLEY
INTERVIEW

Why guerilla gardening?

I don't really do guerilla gardening, I do what I call "gangsta gardening." I'm not sneaking around planting gardens in the middle of the night. My community needs gardens because your food should be close to you. It shouldn't be necessary to drive 45 minutes or walk three miles to get food. It should be easily accessible. There should be a garden on every other block, a community garden where people can share their food.

Your focus is on creating more green spaces in the city, particularly vegetable gardens, right?

My focus is on beauty. When you create beauty, that's what you get in return. People respond to beauty. When you see something clean and pristine, people want to keep it that way. But when they see trash everywhere, they think it's okay to litter. So, people follow suit, and that's how things change. The goal is to change people's DNA, so they appreciate the resources available on the streets around them. People don't see food as having value, they see things like money, diamonds and tennis shoes as having value. But you can't eat no fucking diamond.

Warum Guerilla Gardening?

Ich mache nicht wirklich Guerilla Gardening, sondern das, was ich „Gangsta Gardening" nenne. Ich schleiche nicht mitten in der Nacht herum und pflanze einen Garten. Meine Gemeinde braucht Gärten, weil Lebensmittel in der Nähe sein sollten. Man sollte nicht 45 Minuten fahren oder drei Meilen laufen müssen, um etwas zum Essen zu bekommen. Es müsste leicht zugänglich sein. In jedem zweiten Straßenblock sollte es einen Gemeinschaftsgarten geben, in dem die Menschen ihr Essen teilen können.

Ihr Ziel ist es, mehr Grün in die Städte zu bringen, vor allem Gemüsegärten?

Mein Fokus liegt auf Schönheit. Wenn du Schönheit erschaffst, bekommst du das auch zurück. Menschen reagieren auf Schönheit. Wenn sie etwas Sauberes und Gepflegtes sehen, wollen sie es so erhalten. Wenn sie aber überall Müll sehen, finden sie es in Ordnung, Müll zu hinterlassen. Die Menschen folgen dem Beispiel und so verändern sich die Dinge. Letztlich geht es darum, die DNA der Menschen so zu verändern, dass sie die Ressourcen schätzen, die ihnen auf der Straße und um sie herum zur Verfügung stehen. Die Menschen sehen nicht den Wert von Lebensmitteln, sondern von Dingen wie Geld, Diamanten und Tennisschuhen. Aber man kann keine verdammten Diamanten essen.

How has your work impacted the local community?

It impacts people in many ways: mentally, physically, and spiritually. We are nature. We need to be more connected to it. There should be no separation between us and nature because we all come from the same source and will eventually return to it. Growing your own food teaches patience and the value of a single seed and what it can provide. It's where we start to see the potential of ideas. A single seed has the potential to become a whole tree! But nobody tells us that. A seed has the potential to grow for millennia, producing countless seeds and trees. And a single fruit tree can bear fruit for hundreds of years. We're not taught to value things that truly have value. We're more focused on man-made things that have no real value.

Is there a project you're particularly proud of?

The project I'm most proud of is what I do every day: showing people how to interact with nature. One of the things I'm proud of is getting the parkway ordinance changed in LA so that people can now grow food on the street. It changes everything. It changes the temperature on the street, the attitudes of people, the beauty of the neighborhood, and how people engage with their surroundings. It shouldn't be any different. Why have grass when we can grow food? When we can grow beauty and shade. That's what we need in the city to reduce pollution. One such fruit tree can help with that. Many people from around the world have contacted us to say that what we've established has changed their lives and they're now doing the same in their own city. And that's what you want: you want change and inspiration to happen. We should inspire each other all over the world.

"I think gardeners should wear capes—they're superheroes!"

What is the role of the gardener in tackling the climate crisis?

I think gardeners should wear capes—they're superheroes! Gardeners know that there's no bullshit food shortage. It's a distribution problem that has been created. When you grow your own food, you realize how abundant everything truly is. To me, that's the biggest change right there. Has anybody ever told you that a single seed contains infinity? No, nobody teaches you that. Why not? Of course, it's all by design.

Wie hat Ihre Arbeit die lokale Gemeinschaft beeinflusst?

Sie beeinflusst die Menschen in vielerlei Hinsicht: geistig, physisch und spirituell. Wir sind Teil der Natur. Wir müssen stärker mit ihr verbunden sein. Es sollte keine Trennung zwischen uns und der Natur geben, da wir alle aus dem gleichen Ursprung kommen und letztendlich wieder dorthin zurückkehren. Seine eigene Nahrung anzubauen, lehrt Geduld und den Wert eines einzelnen Samens und dessen, was er bewirken kann. Hier beginnen wir, das Potenzial von Ideen zu sehen. In einem Samenkorn steckt ein ganzer Baum! Aber das erklärt uns niemand. Ein Samen hat das Potenzial, Jahrtausende zu wachsen und unzählige Samen und Bäume hervorzubringen. Und ein einziger Obstbaum kann Hunderte von Jahren Früchte tragen. Aber das wird uns nicht beigebracht. Uns wird nicht beigebracht, Dinge zu schätzen, die wirklich wertvoll sind. Wir konzentrieren uns mehr auf die von Menschen gemachten Dinge, die keinen wirklichen Wert haben.

Gibt es ein Projekt, auf das Sie besonders stolz sind?

Das Projekt, auf das ich am stolzesten bin, ist das, was ich jeden Tag tue: Menschen zu zeigen, wie sie mit der Natur umgehen können. Eine Sache, auf die ich stolz bin, ist wohl die Änderung der Straßenverkehrsordnung in LA, sodass Menschen nun an der Straße Nahrung anbauen können. Das verändert alles. Es verändert die Temperatur auf der Straße, die Einstellung der Menschen, die Schönheit des Viertels und die Art, wie Menschen sich mit ihrer Umgebung auseinandersetzen. Es sollte nicht anders sein. Warum Gras, wenn wir auch Lebensmittel anbauen können? Wenn wir Schönheit und Schatten haben können. Das ist es, was wir in der Stadt brauchen, um die Luftverschmutzung zu reduzieren. Ein solcher Obstbaum kann dazu beitragen. Viele Menschen auf der ganzen Welt haben sich bei uns gemeldet und gesagt, dass das, was wir aufgebaut haben, ihr Leben verändert hat und dass sie jetzt das Gleiche in ihrer Stadt umsetzen. Und das ist es, was wir wollen: Wir wollen, dass Veränderungen und Inspiration stattfinden. Wir sollten uns in der Welt gegenseitig inspirieren.

„Ich finde, Gärtner:innen sollten Capes tragen – sie sind Superheld:innen!"

What are some of the biggest challenges you face?

One of the biggest challenges for me is people. But people are also the biggest resource. There are people who don't want this to happen because it changes the status quo. Imagine if more people were healthy. Imagine if more people were growing food and growing gardens. How the air would change, how nature would come back. How everything would change if more people started doing that. That's what I want to see. It changes everything.

Welche Rolle spielen Gärtner:innen bei der Bewältigung der Klimakrise?

Ich finde, Gärtner:innen sollten Capes tragen – sie sind Superheld:innen! Sie wissen, dass es keinen schwachsinnigen Mangel an Lebensmitteln gibt, sondern dass es ein Verteilungsproblem ist, das geschaffen wurde. Wenn du dein eigenes Essen anbaust, erkennst du, wie reichlich vorhanden alles wirklich ist. Für mich ist das die größte Veränderung überhaupt. Hat Ihnen schon einmal jemand gesagt, dass in einem einzigen Samen die Unendlichkeit steckt? Nein, das sagt einem niemand. Und warum nicht? Das ist natürlich so gewollt.

Was sind einige Ihrer größten Herausforderungen?

Eine der größten Herausforderungen für mich sind die Menschen. Aber Menschen sind auch die größte Ressource. Es gibt Menschen, die das alles nicht wollen, weil es den Status quo verändert. Stellen Sie sich vor, mehr Menschen wären gesund, mehr Menschen würden ihr eigenes Essen anbauen und Gärten anlegen. Wie die Luft sich verändern würde, wie die Natur zurückkehren würde. Wie sich alles verändern würde, wenn mehr Menschen damit anfangen würden. Das ist es, was ich sehen möchte. Es verändert alles.

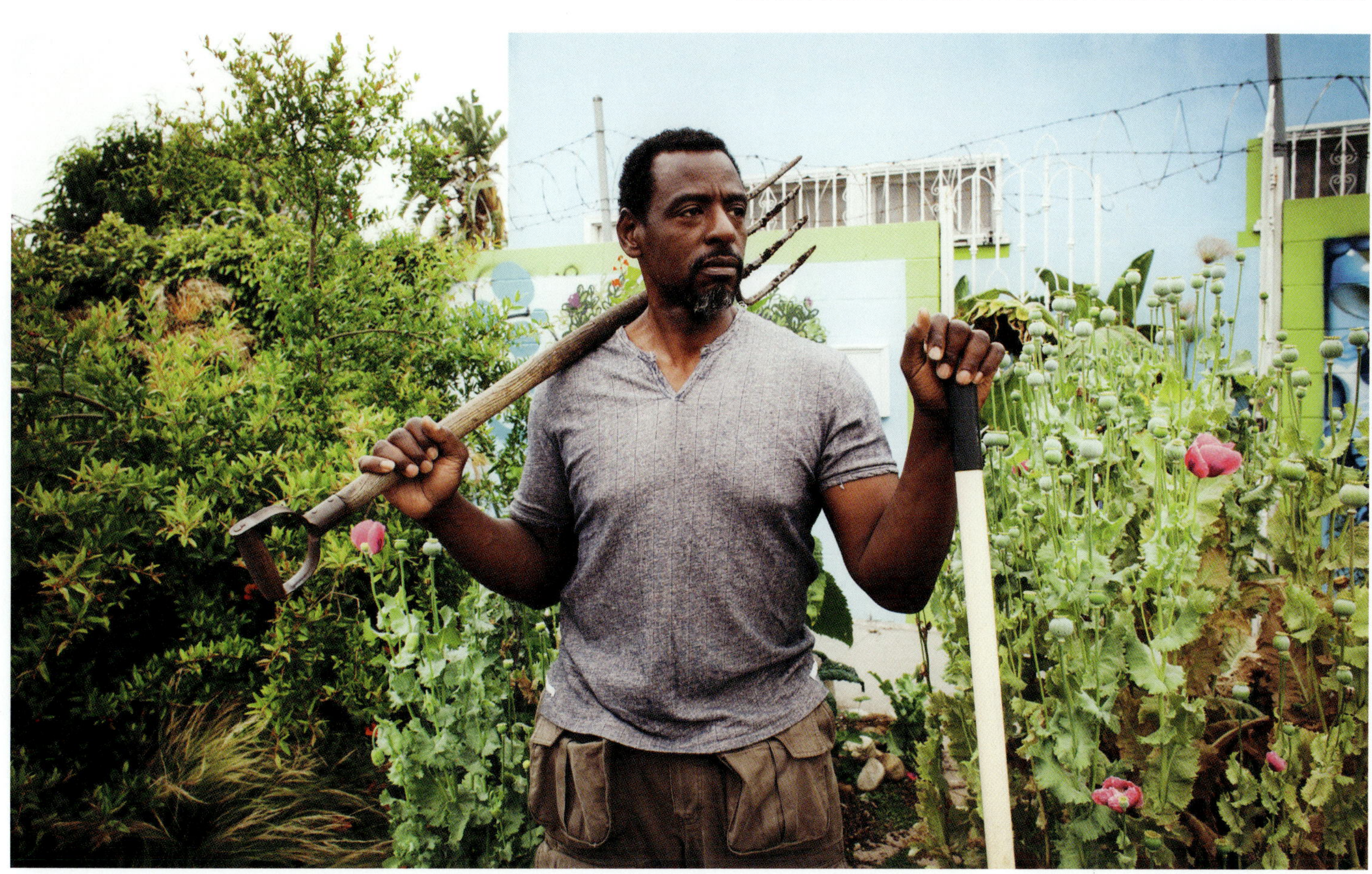

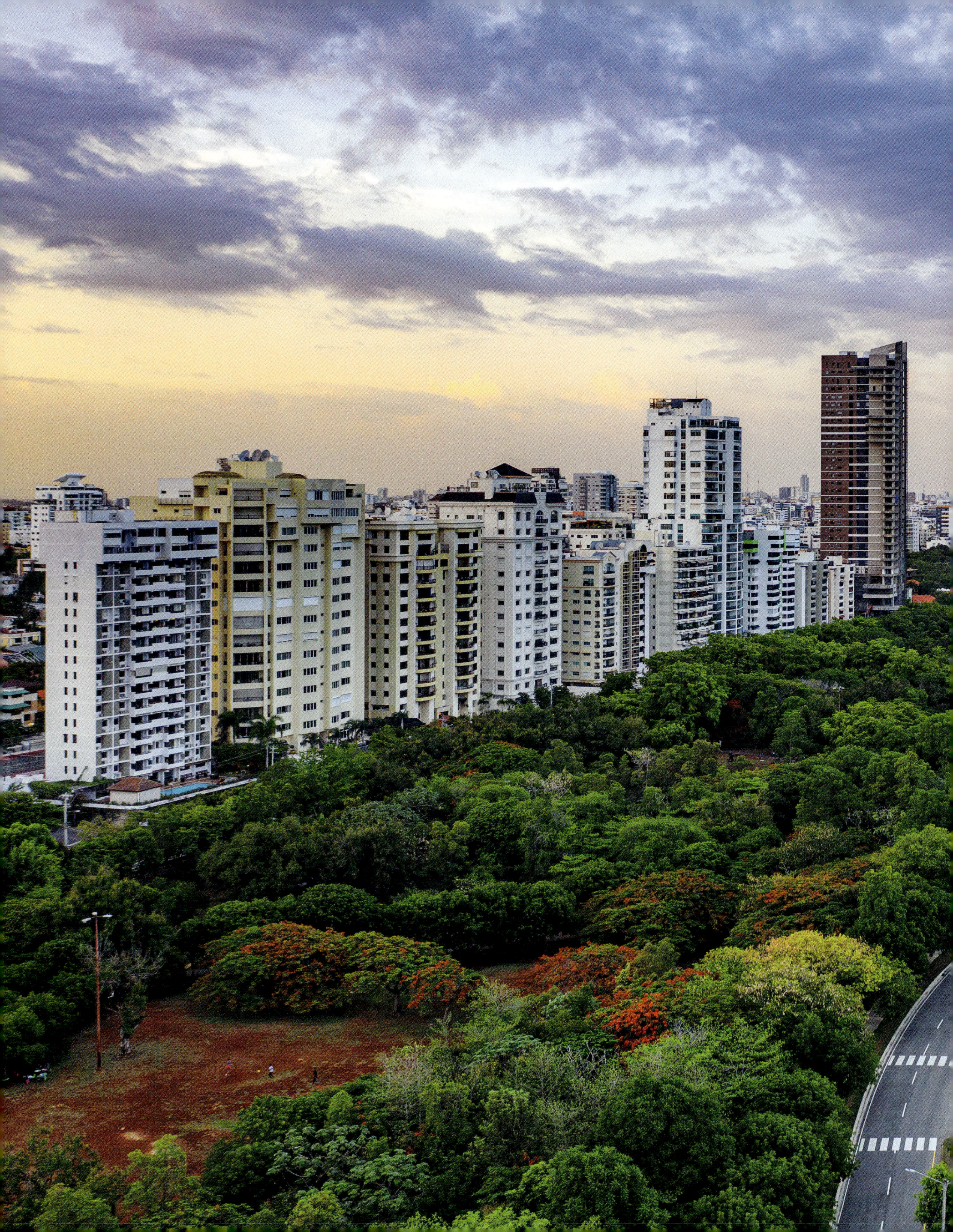

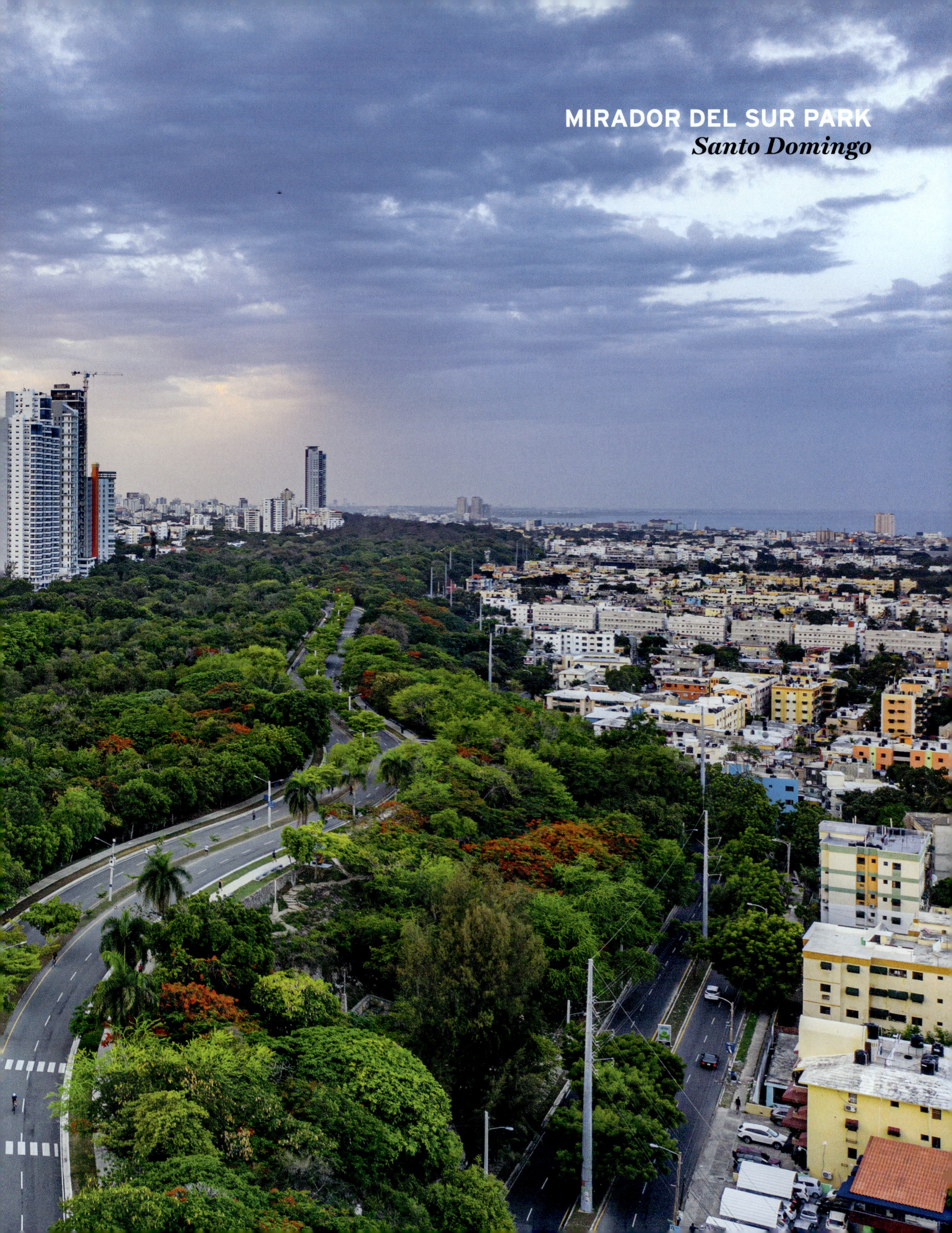

MIRADOR DEL SUR PARK
Santo Domingo

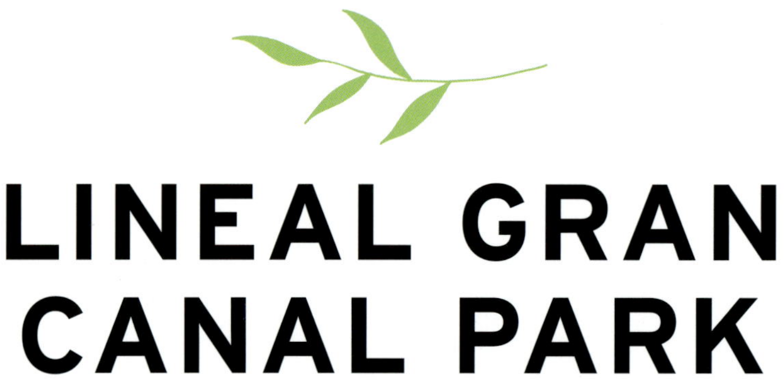

LINEAL GRAN CANAL PARK

Mexico City

Perched beside the historic Grand Canal in Mexico City, Lineal Gran Canal Park has brought new life to a previously neglected 17-acre area, transforming it into a thriving public space in the middle of the teeming metropolis. Local architecture firm 128 Arquitectura designed the park to restore the area and create a sorely needed safe green space for the approximately 100,000 families living in nearby neighborhoods. Since opening in 2020, Lineal Gran Canal Park has enjoyed widespread recognition for its innovative design and contributions to the urban fabric, environmental health and social equity.

With its native vegetation and riparian forest, the park is expected to achieve an impressive temperature reduction of up to five percent, effectively combating the urban heat island effect. But the park's impact extends even beyond its environmental benefits, and has also been praised for an imaginative design that includes themed pavilions catering to people of all ages. These islands of activity are designed to attract visitors and encourage community engagement.

A significant step forward in the effort to reclaim neglected space and provide sorely needed public amenities for the people of Mexico City, Lineal Gran Canal Park is a true testament to the transformative power of urban revitalization.

Entlang des historischen Kanals von Mexiko-Stadt wurde ein zuvor vernachlässigtes sieben Hektar großes Gebiet in einen blühenden öffentlichen Park inmitten der pulsierenden Metropole verwandelt. Das lokale Architekturbüro 128 Arquitectura entwarf den Lineal Gran Canal Park mit dem Ziel, das Gebiet zu restaurieren und eine dringend benötigte und sichere Grünfläche für die rund 100 000 Familien zu schaffen, die in den umliegenden Vierteln leben. Seit seiner Eröffnung im Jahr 2020 hat der Lineal Gran Canal Park breite Anerkennung für sein innovatives Design und seinen Beitrag zum städtischen Gefüge, zur Umweltgesundheit und zur sozialen Gerechtigkeit erhalten.

Mit seiner einheimischen Vegetation und einem Uferwald soll der Park eine beeindruckende Temperaturreduzierung von bis zu fünf Prozent erreichen und wirkt damit dem städtischen Wärmeinseleffekt entgegen. Doch seine Wirkung geht noch über seinen ökologischen Nutzen hinaus: Er wurde für seine fantasievolle Gestaltung gelobt, zu der kleine Themenpavillons gehören, die Menschen aller Altersgruppen ansprechen. Diese Erlebnisinseln sollen Besucher:innen anlocken und das Engagement der Gemeinde fördern.

Der Park ist ein wichtiger Schritt auf dem Weg, vernachlässigte Flächen wieder nutzbar zu machen und den Menschen in Mexiko-Stadt dringend benötigte öffentliche Einrichtungen zur Verfügung zu stellen – ein echter Beweis für die transformative Kraft der städtischen Revitalisierung.

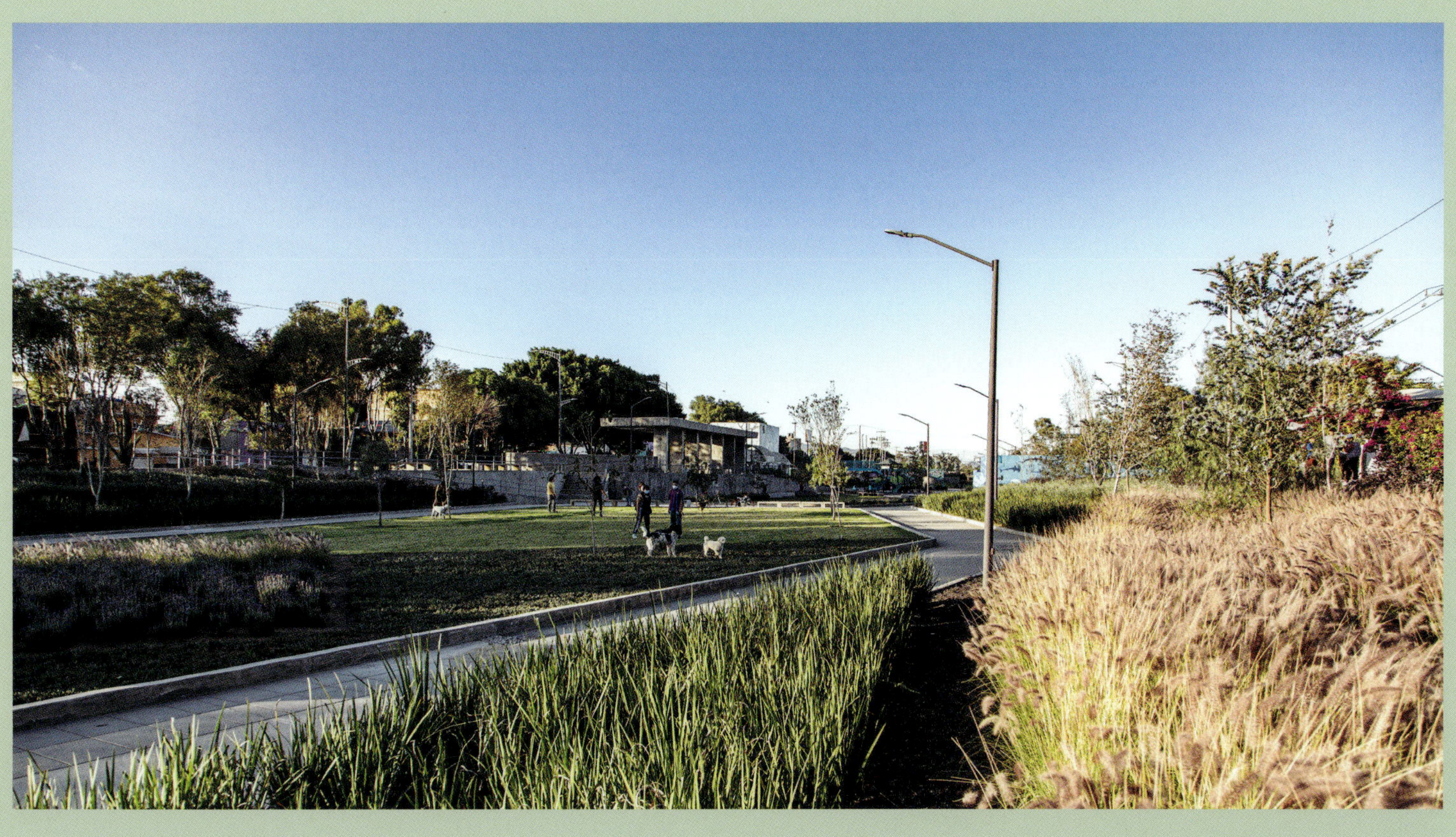

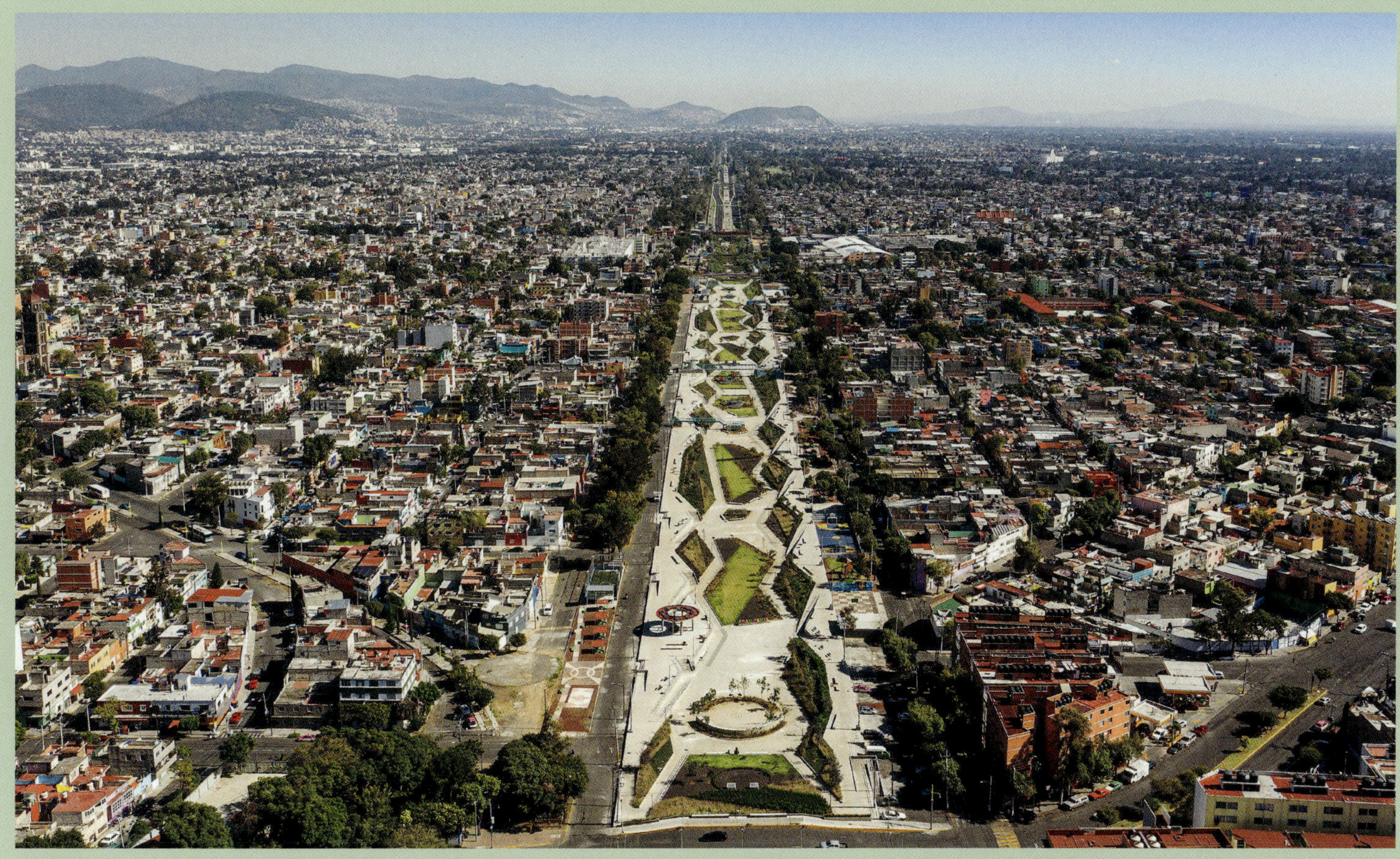

Chapultepec Forest is one of the largest city parks in Latin America and one of the most important cultural and recreational spaces in Mexico City.

Chapultepec ist einer der größten Stadtparks in Lateinamerika und einer der wichtigsten Kultur- und Erholungsräume in Mexiko-Stadt.

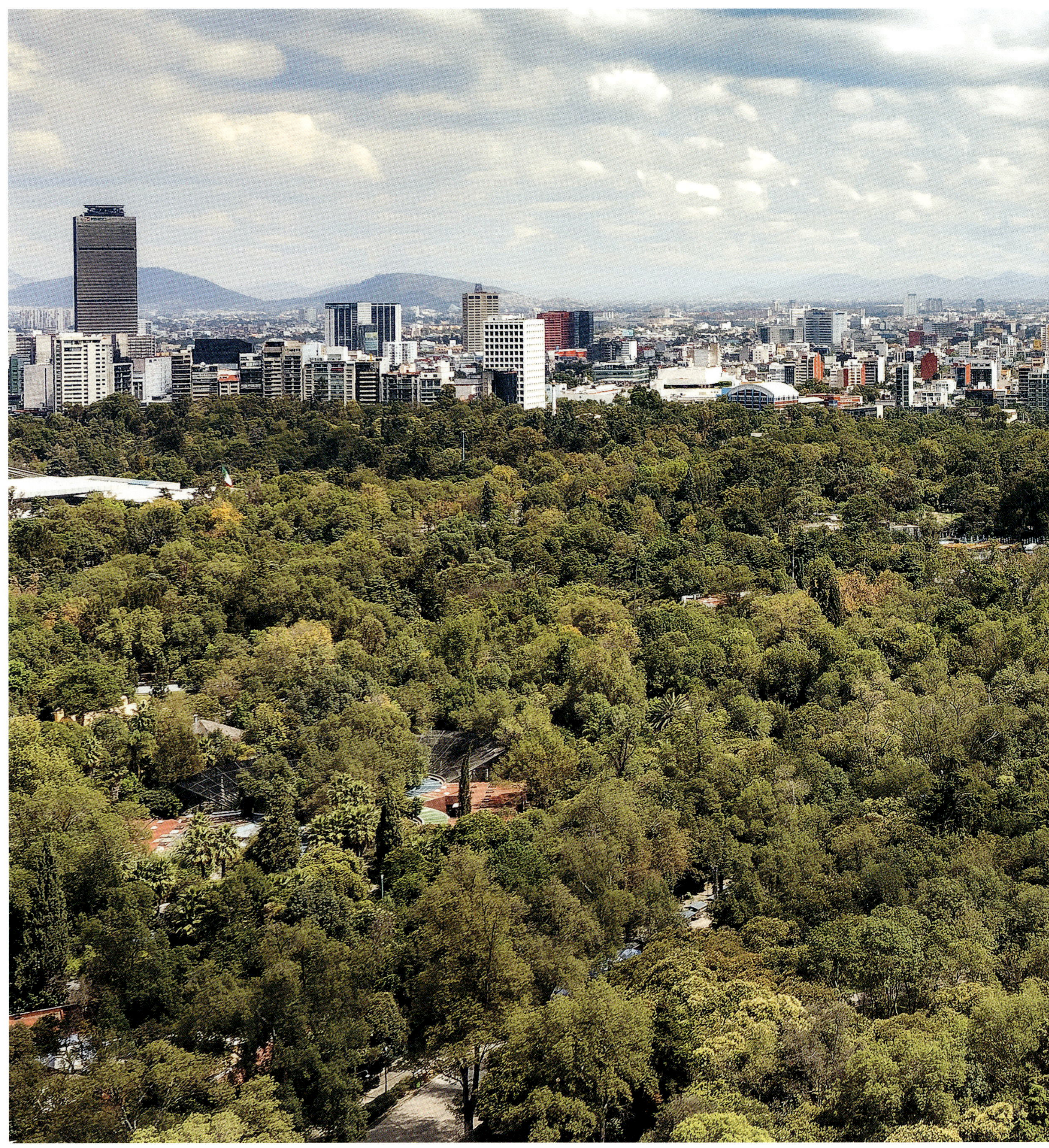

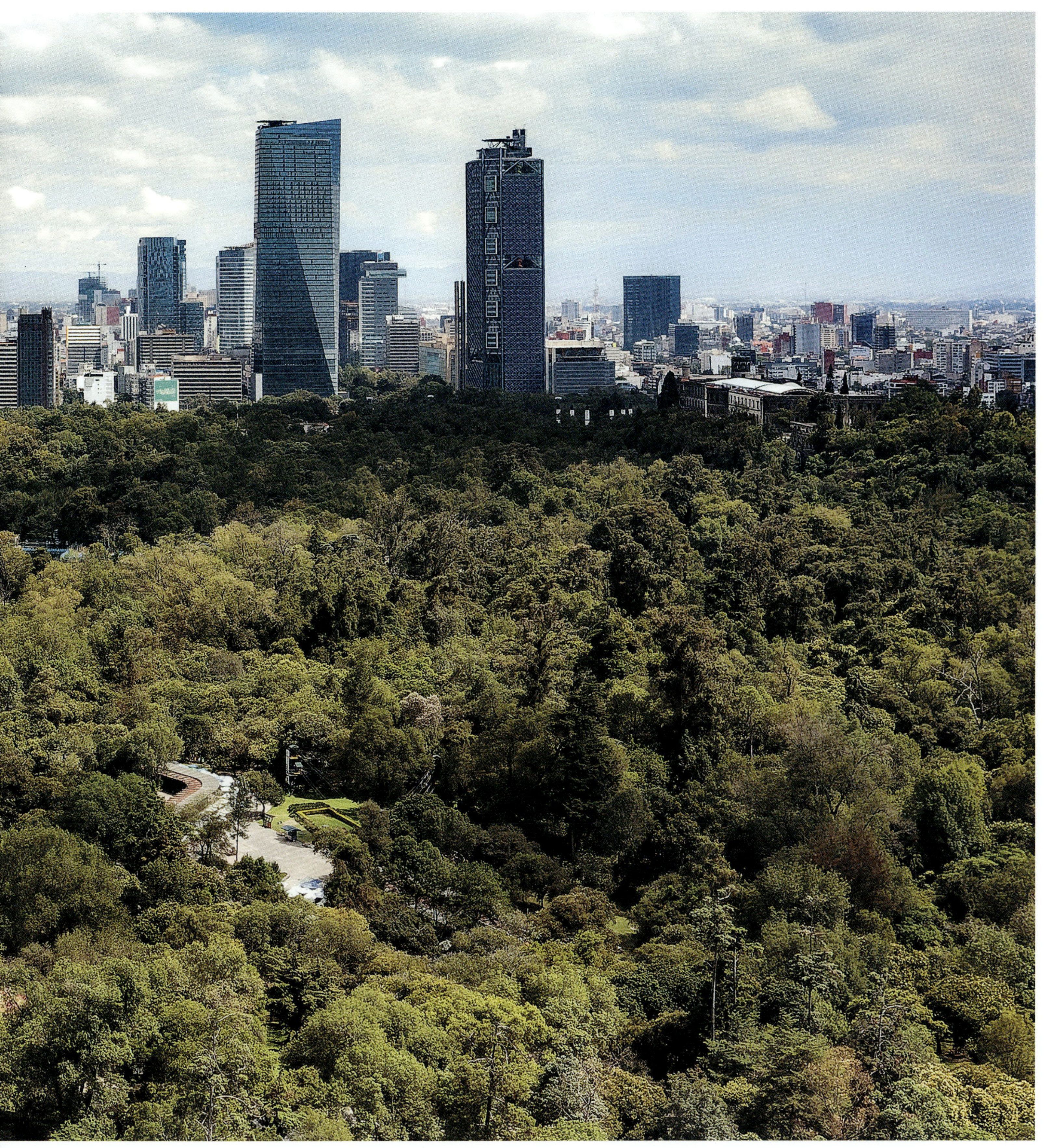

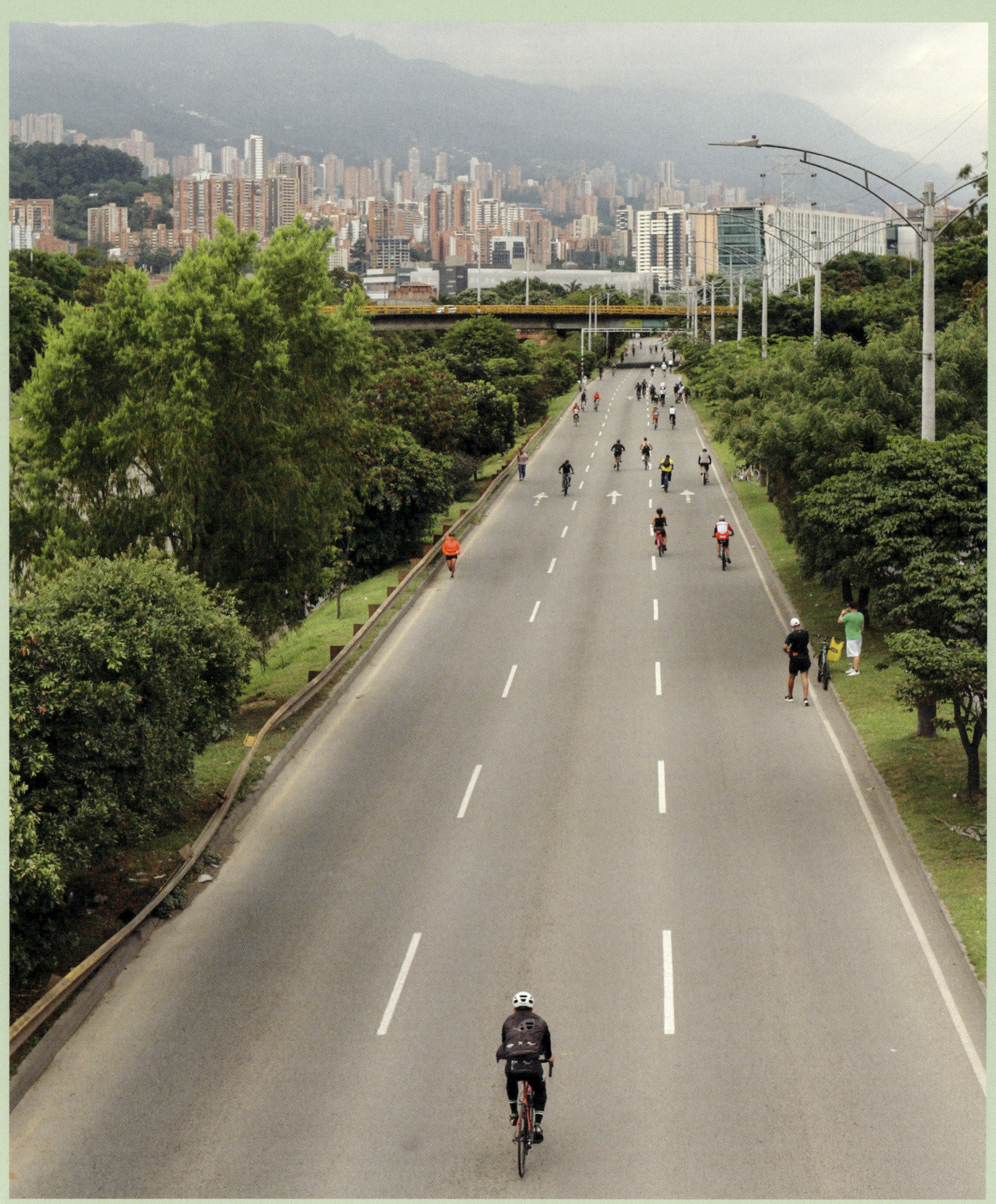

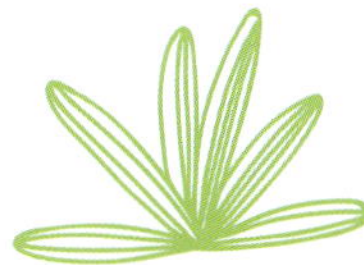

GREEN CORRIDORS
Medellín

With its inspiring Green Corridors initiative, the Columbian city of Medellín is on a mission to bring nature back into the urban landscape. In 2016, the program greened more than 18 interconnected streets and 12 waterways, planting over 8,300 trees and 350,000 shrubs. These plantlings not only help combat air pollution and reduce the urban heat island effect, but also provide much-needed cooling to mitigate the effects of global heating throughout the city.

On Avenida Oriental, one of Medellín's busiest thoroughfares, temperatures have dropped by as much as three degrees thanks to the added greenery, bringing relief to residents. But the benefits are not only environmental: the initiative has also promoted social sustainability by offering job training to 75 new gardeners, many of whom come from disadvantaged or rural areas.

The Green Corridors project has received worldwide recognition, winning the acclaimed Ashden Award for aspiring climate solutions in the "Cooling by Nature" category. As Medellín continues to grow and evolve, its commitment to becoming a greener city is now deeply rooted in its urban design, showing cities around the world how to launch their own urban greening programs.

Mit ihrer inspirierenden Initiative der „Grünen Korridore" hat sich die Stadt Medellín in Kolumbien zum Ziel gesetzt, die Natur zurück in die Stadt zu bringen. Durch das Programm wurden 2016 mehr als 18 miteinander verbundene Straßen und 12 Kanäle begrünt und mehr als 8 300 Bäume und 350 000 Sträucher gepflanzt. Diese Bepflanzungen tragen nun dazu bei, die Luftverschmutzung zu bekämpfen und den städtischen Wärmeinseleffekt zu verringern, indem sie in der ganzen Stadt für die dringend benötigte Abkühlung sorgen – als Reaktion auf die globale Erderhitzung.

Auf der Avenida Oriental, einer der verkehrsreichsten Straßen der Millionenmetropole, sind die Temperaturen dank der neuen Bepflanzungen um bis zu drei Grad gesunken, was den Bewohner:innen der Stadt Entlastung bringt. Die Initiative kommt aber nicht nur der Umwelt zugute, sondern fördert auch die soziale Nachhaltigkeit, denn 75 Menschen, von denen viele aus benachteiligten oder ländlichen Gebieten stammen, wird eine Berufsausbildung zum Gärtner sowie zur Gärtnerin ermöglicht.

Das Projekt fand weltweite Anerkennung und wurde mit dem renommierten Ashden Award für innovative Klimalösungen in der Kategorie „Cooling by Nature" ausgezeichnet. Während Medellín weiter wächst und sich entwickelt, ist das Engagement für eine grünere Stadt inzwischen tief in der Stadtplanung verwurzelt und ebnet vielen Städten auf der ganzen Welt den Weg für eigene Straßenbegrünungsprogramme.

Colombia's second largest city, Medellín has undergone a transformation in recent years due to a new focus on urban greening and revitalization. The city has implemented several initiatives to promote sustainable urban development, including the construction of public parks, gardens and green roofs.

Medellín, die zweitgrößte Stadt Kolumbiens, hat in den vergangenen Jahren einen Wandel durchlaufen, hin zu einer immer grüneren, lebendigeren Umgebung. Die Stadt hat mehrere Initiativen zur Förderung nachhaltiger Stadtentwicklung umgesetzt, darunter der Bau öffentlicher Parks, Gärten und begrünter Dächer.

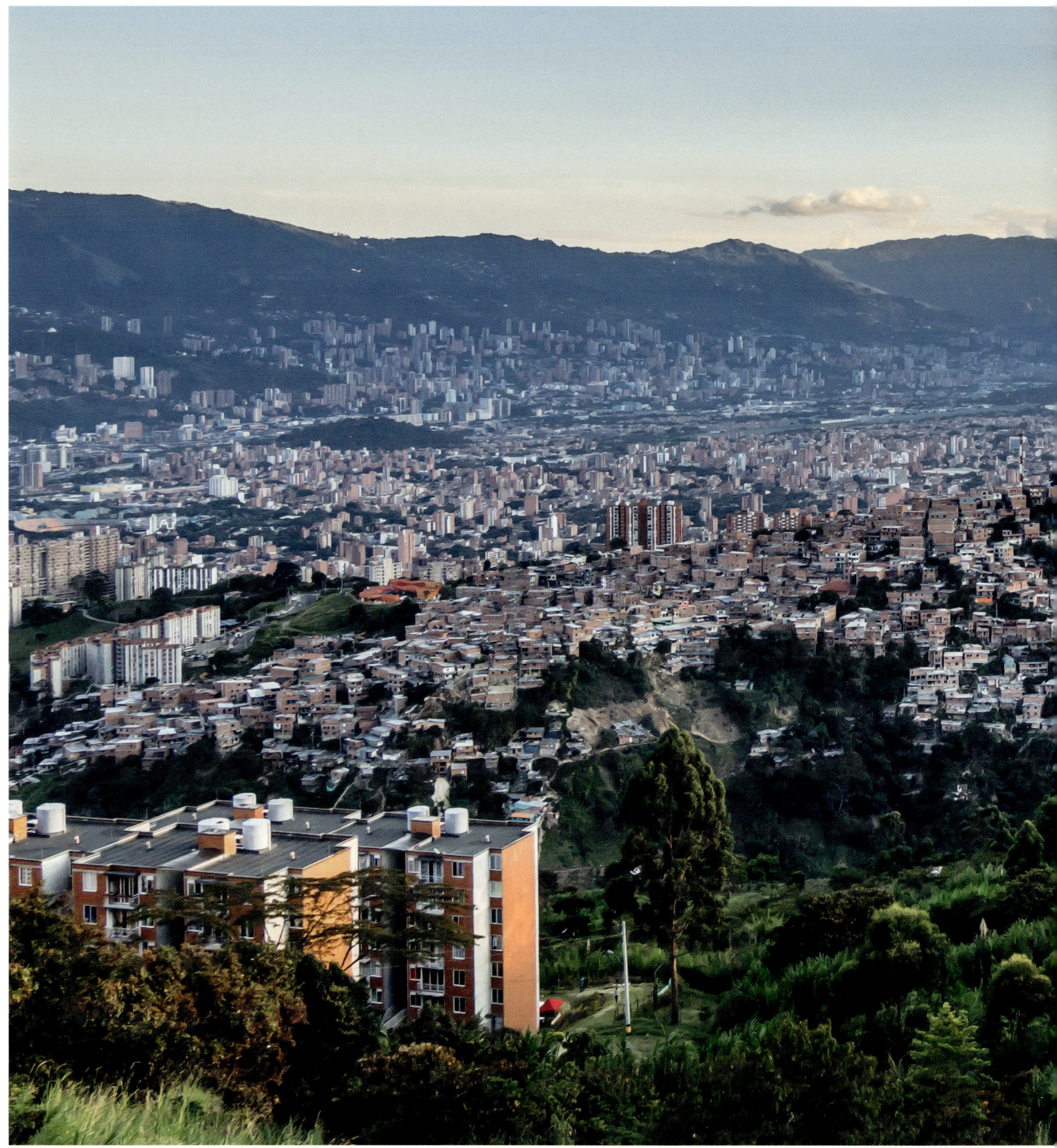

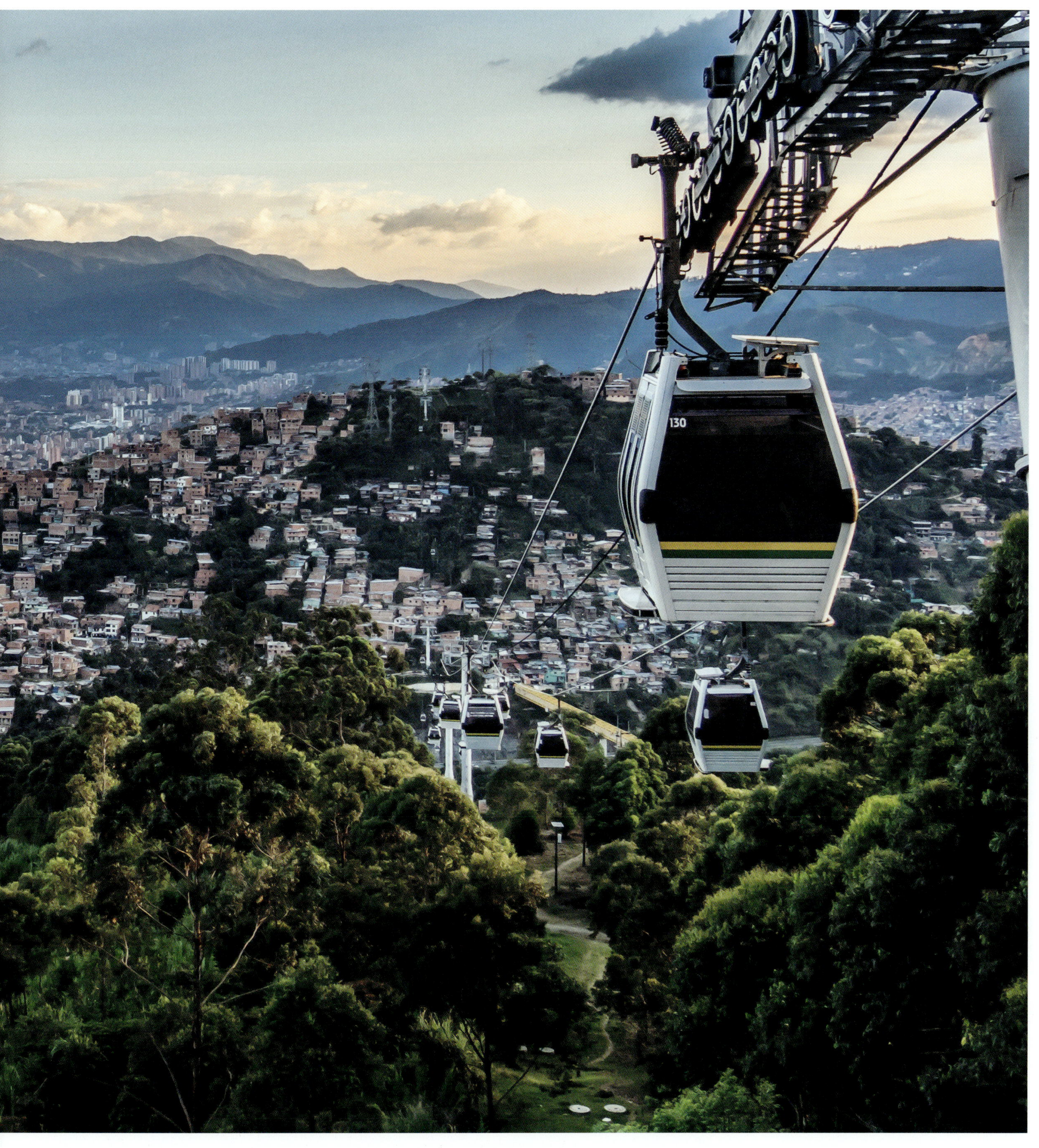

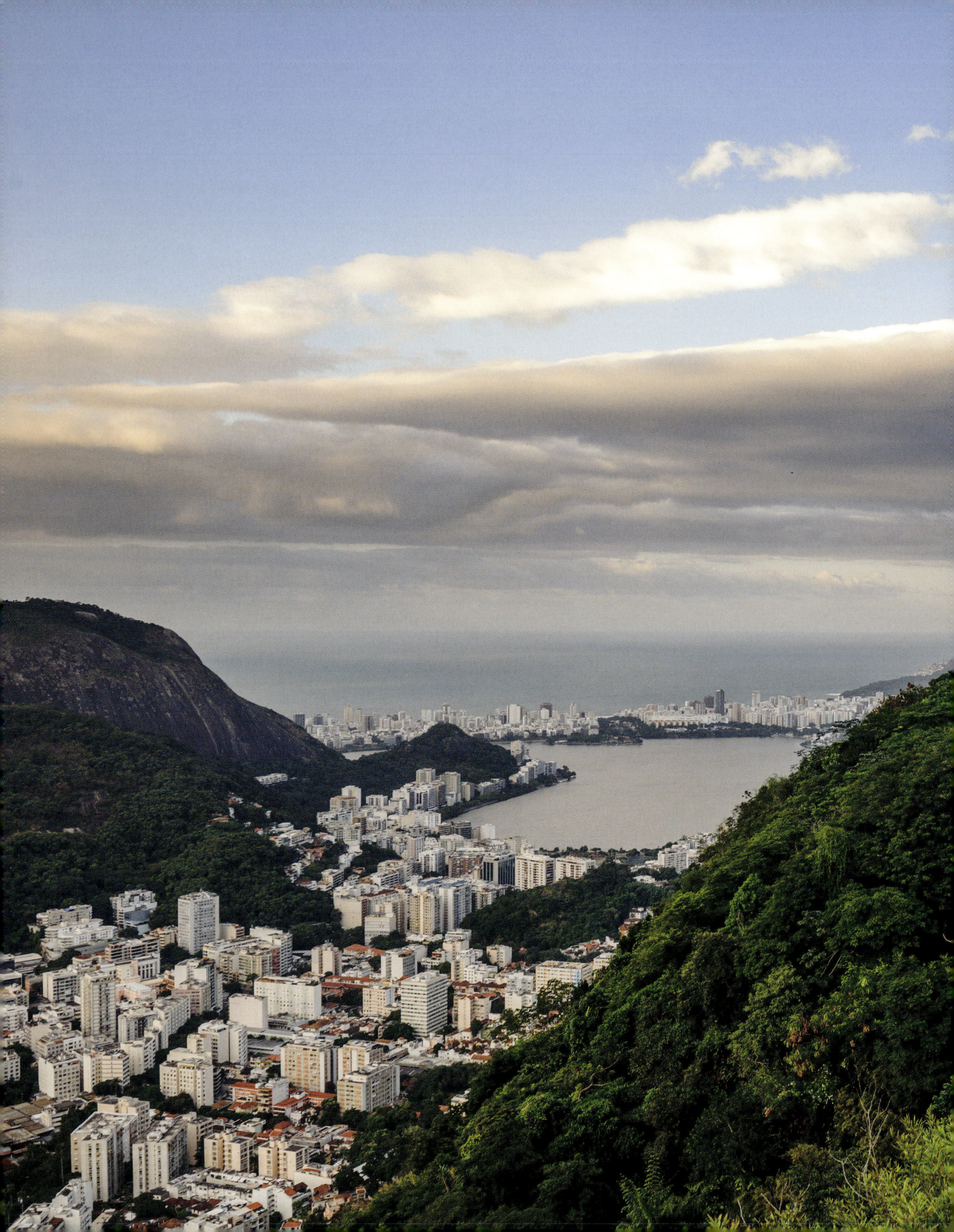

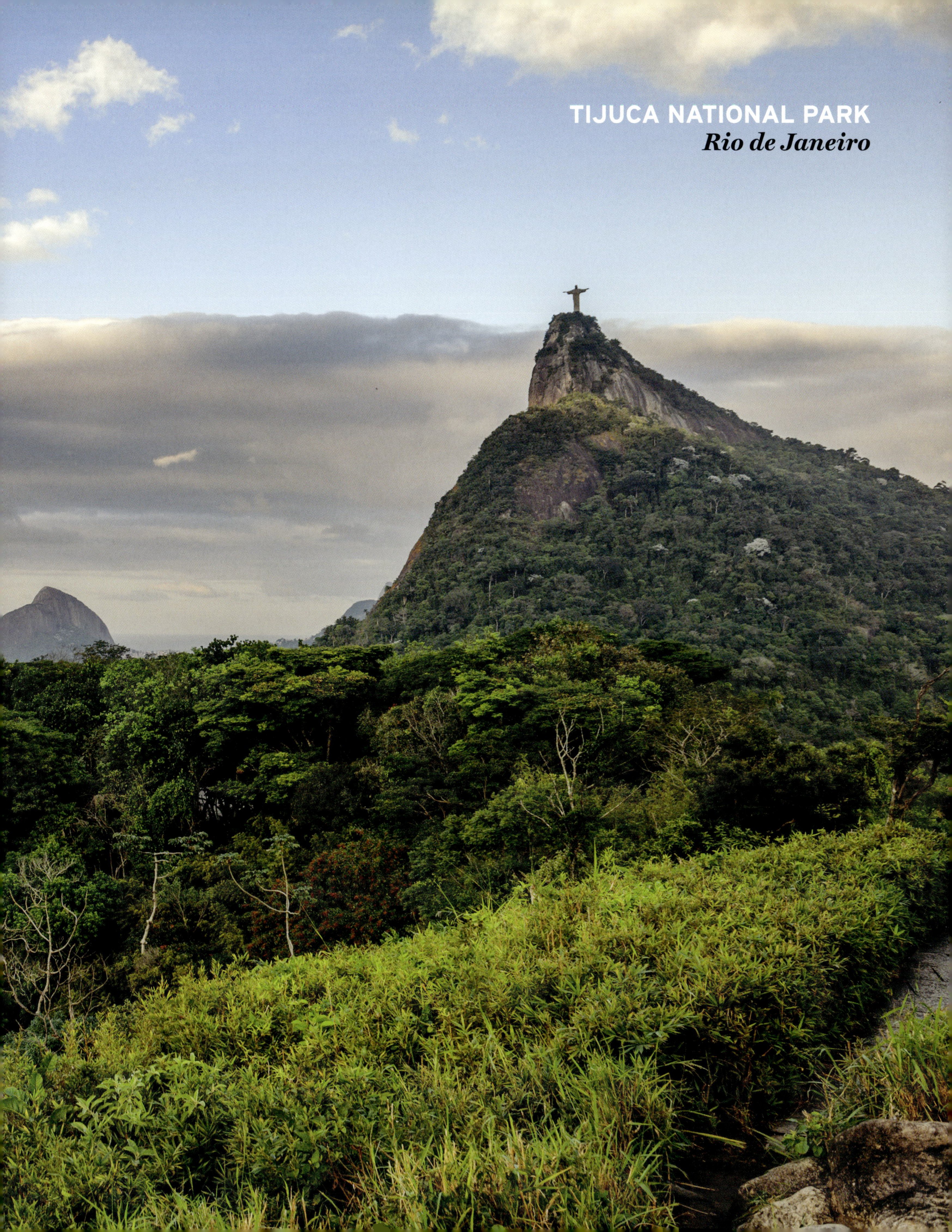

TIJUCA NATIONAL PARK
Rio de Janeiro

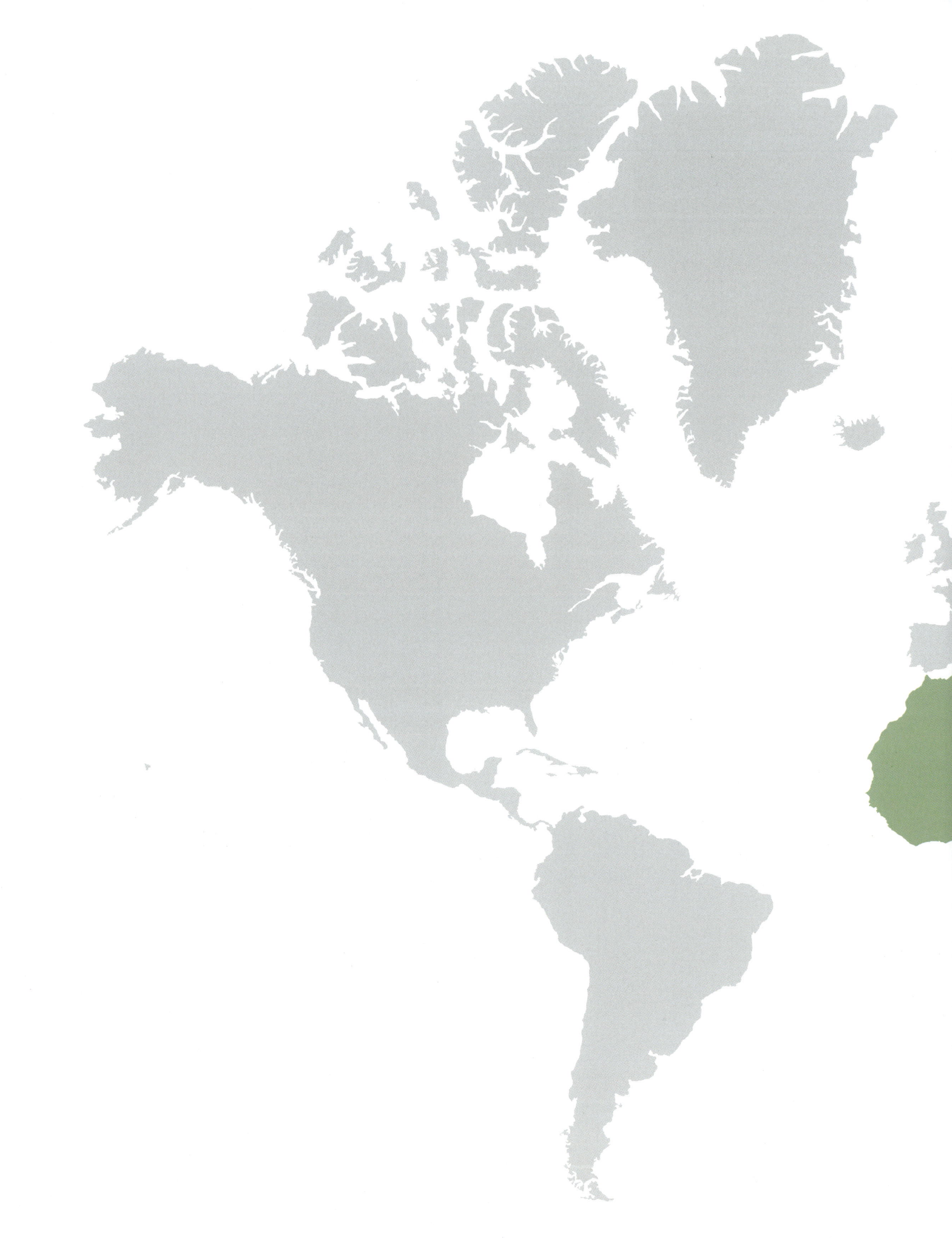

AFRICA

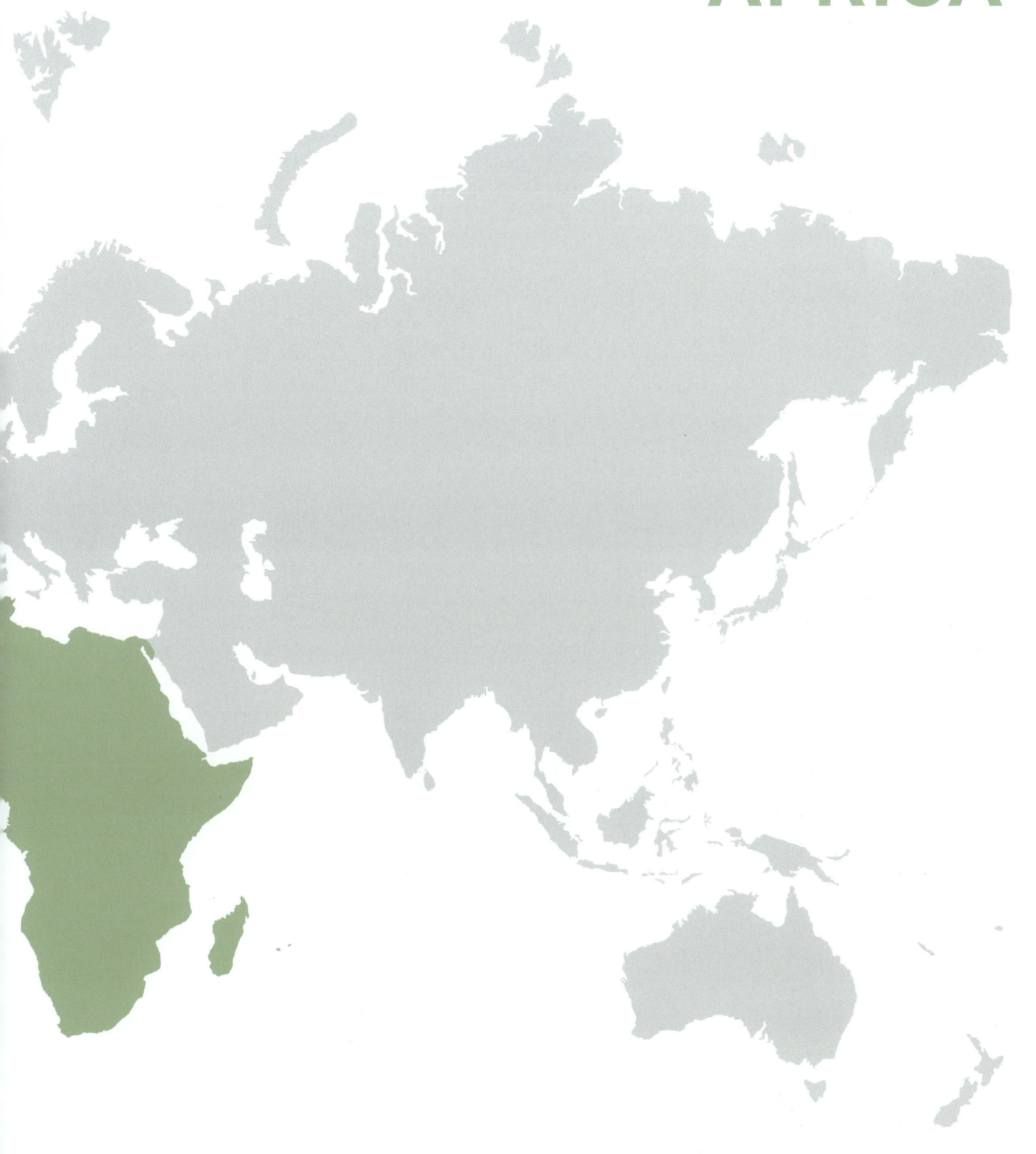

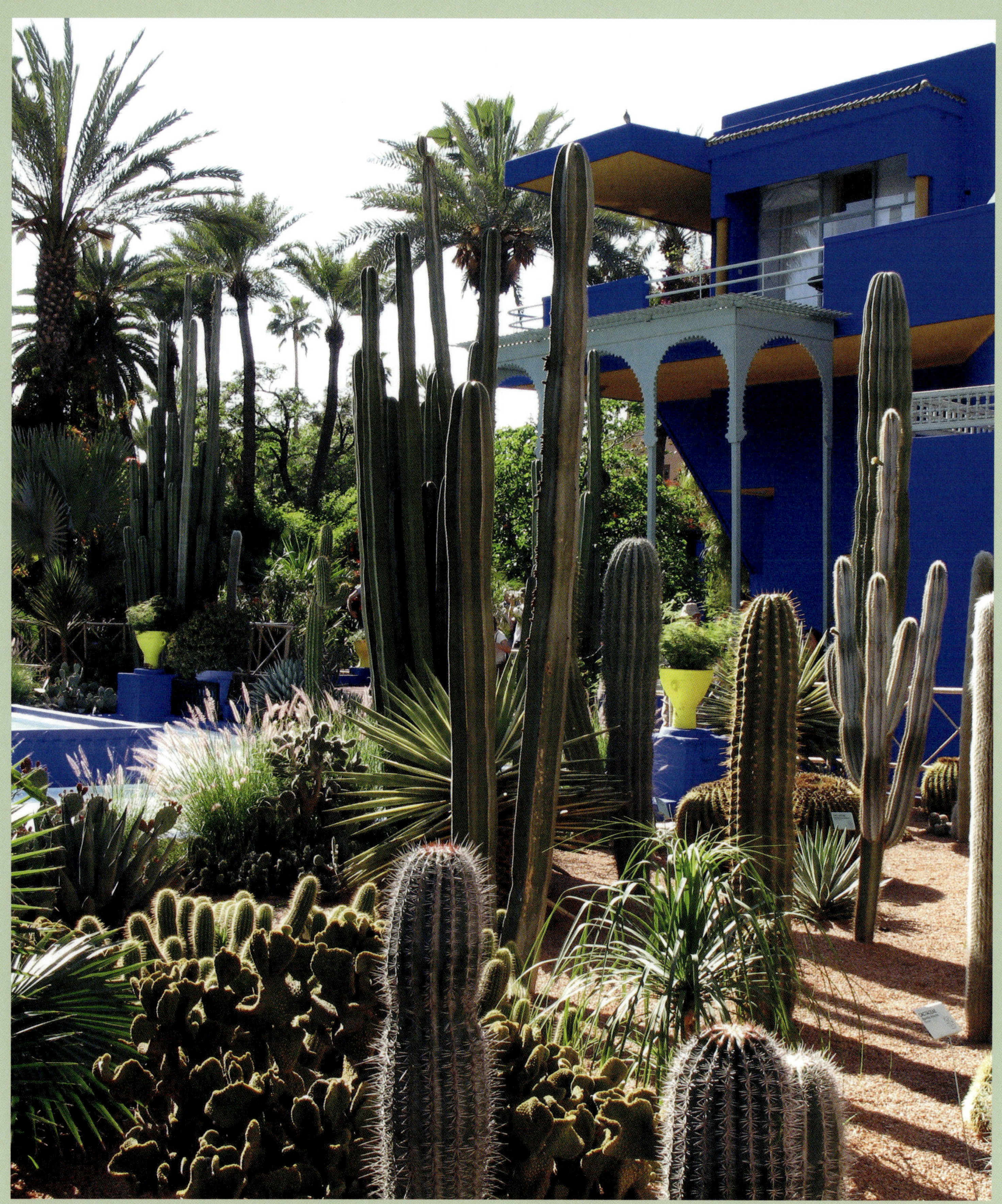

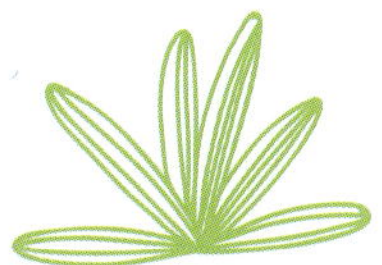

JARDIN MAJORELLE

Marrakech

Just outside Marrakech's lively medina lies Jardin Majorelle, a lush oasis of color and beauty. The garden was created in 1922 by French artist Jacques Majorelle, who converted the previously unused one-acre site into a "sanctuary and botanical laboratory" filled with plants from around the world. The Jardin Majorelle is known for its iconic blue walls and Art Deco villa that today houses the Musée Berbère. After Majorelle died in 1962 the garden fell into disrepair, until 1980 when fashion designer Yves Saint Laurent and his partner Pierre Bergé rescued it from hotel developers.

Gardener Abderrazzak Benchaâbane, one of Morocco's most famous perfumers and a specialist in botany, restored the garden to its original splendor. The main features are small fountains and alleyways painted in the specially patented Majorelle blue. Today, it is a blooming paradise, home to 300 plant species from bougainvillea to giant cacti to bamboo groves and a sanctuary for more than 15 species of birds.

Considered one of the most beautiful gardens in the world, Jardin Majorelle is a treasured corner of Marrakech whose importance to the city cannot be overstated.

Etwas außerhalb der belebten Medina von Marrakesch liegt der Jardin Majorelle, eine üppige Oase voller Farben und Schönheit. Der Garten wurde 1922 von dem französischen Künstler Jacques Majorelle angelegt, der ein bis dahin ungenutztes Gelände von 4000 Quadratmetern in einen „Rückzugsort und ein botanisches Laboratorium" mit Pflanzen aus aller Welt umgestaltete. Der Jardin Majorelle ist berühmt für seine ikonischen blauen Mauern und die Art-Déco-Villa, in der heute das Musée Berbère untergebracht ist. Nach dem Tod Majorelles im Jahr 1962 verfiel der Garten bis 1980, als der Modedesigner Yves Saint Laurent und sein Partner Pierre Bergé ihn vor einem Hotelprojekt retteten.

Der Gärtner Abderrazzak Benchaâbane, einer der berühmtesten marokkanischen Parfümeure, der sich auf Botanik spezialisiert hatte, restaurierte den Garten zu seiner ursprünglichen Pracht. Charakteristisch sind die kleinen Brunnen und Gassen, die in dem speziell patentierten Majorelle-Blau gestrichen sind. Heute ist der Garten ein blühendes Paradies mit 300 Pflanzenarten, von Bougainvillea über Riesenkakteen bis hin zu Bambushainen, die mehr als 15 verschiedene Vogelarten anziehen.

Der Jardin Majorelle gilt als einer der schönsten Gärten der Welt und ist ein wertvoller Teil von Marrakesch, dessen Bedeutung für die Stadt von unschätzbarem Wert ist.

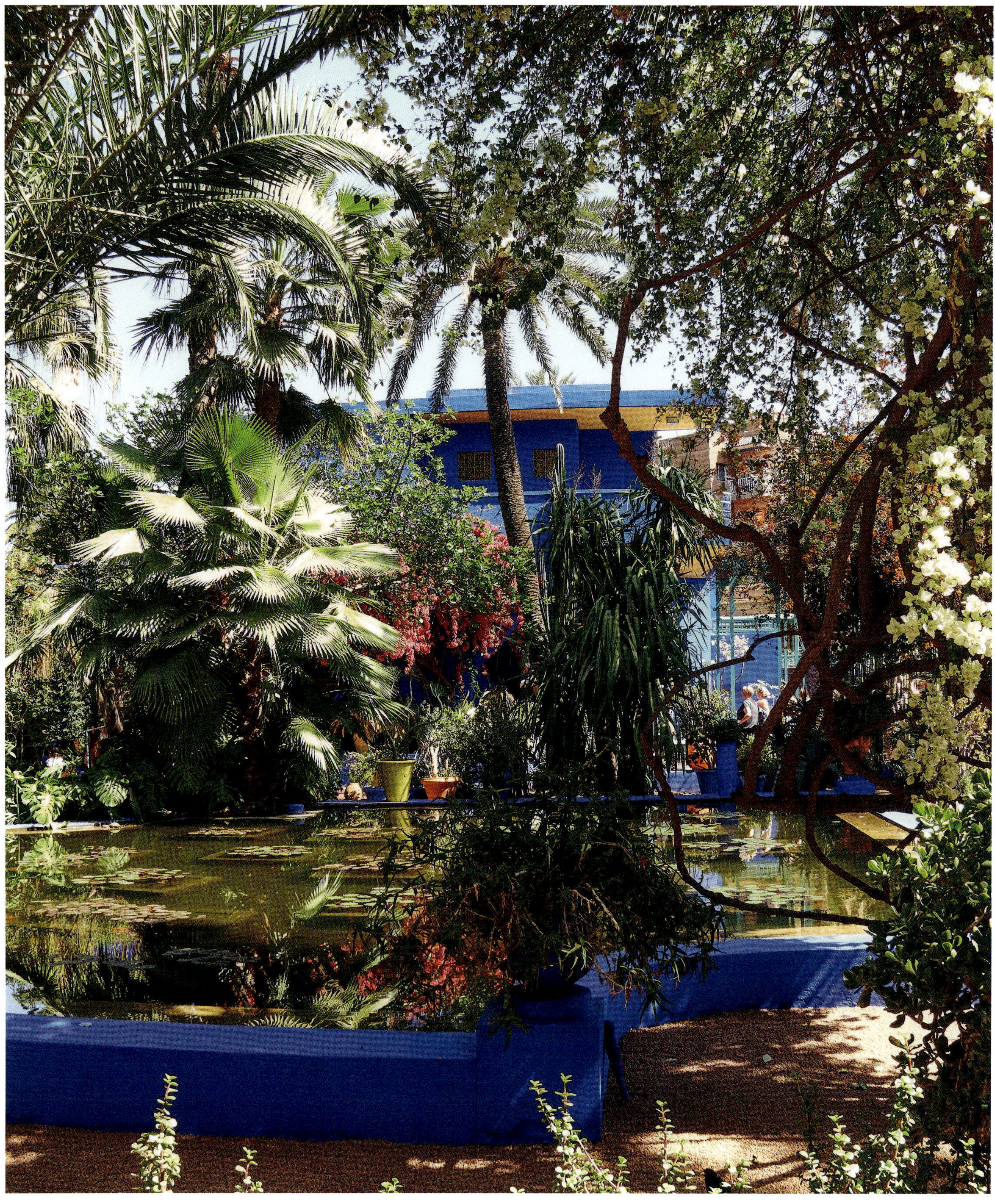

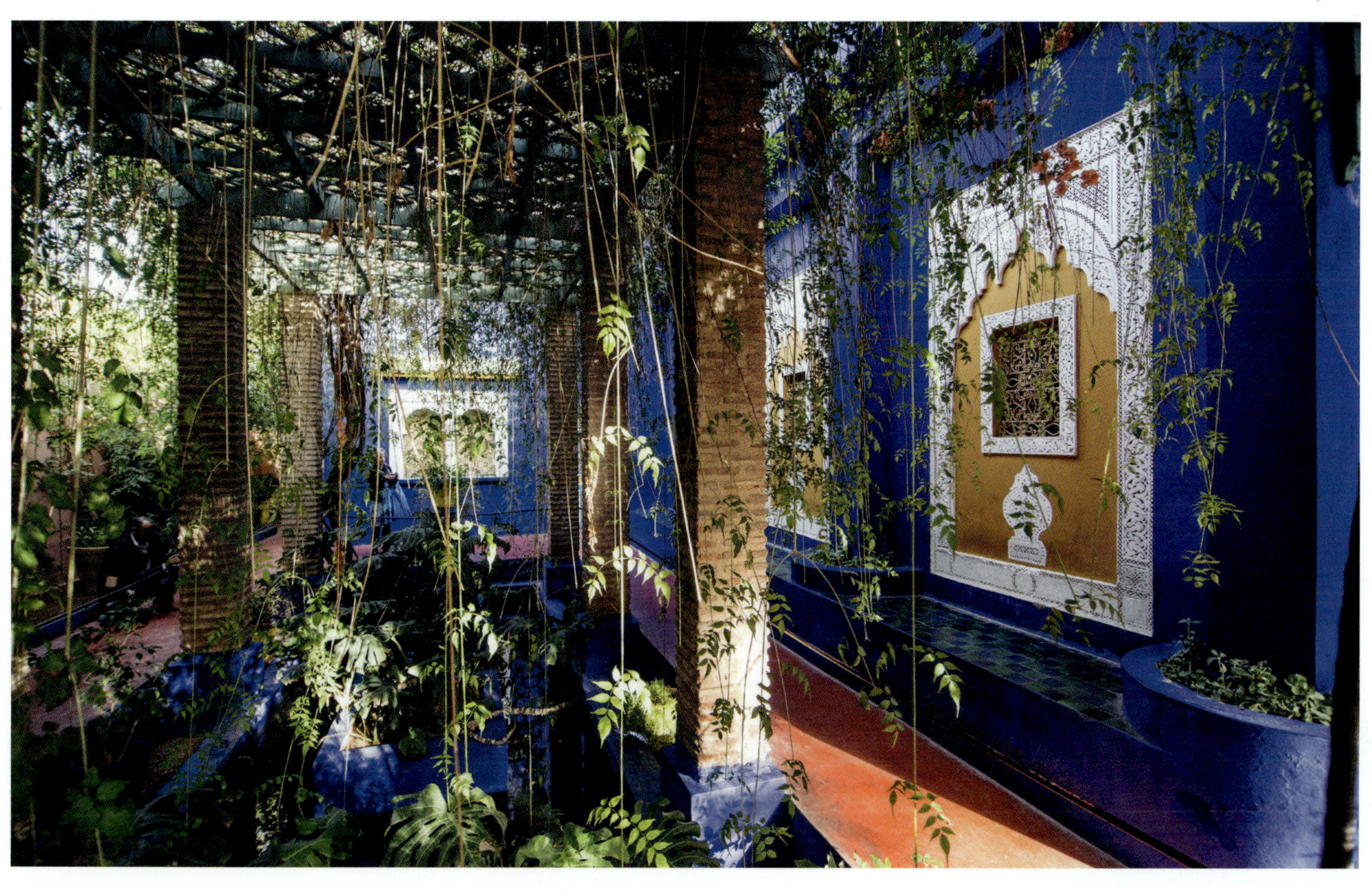

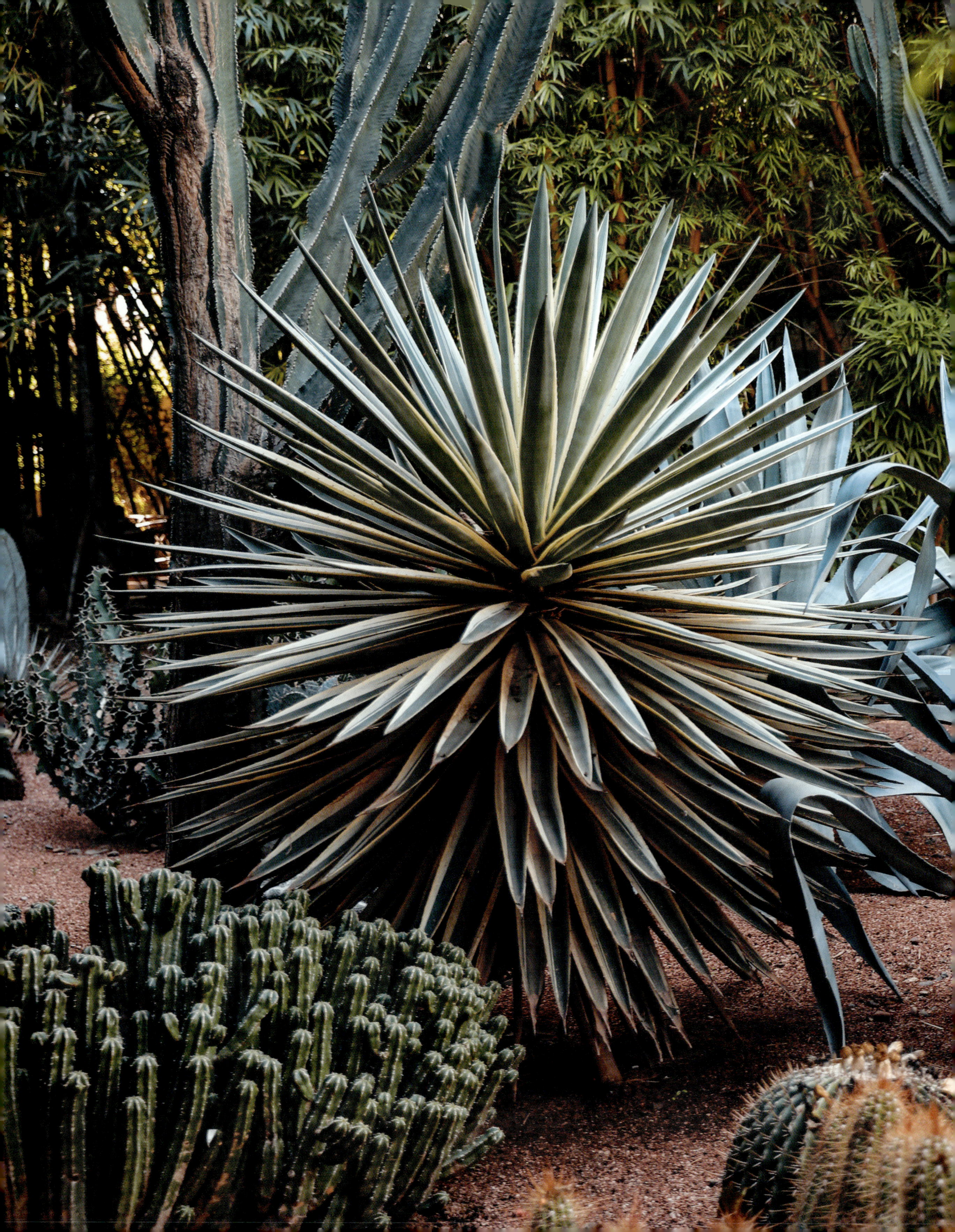

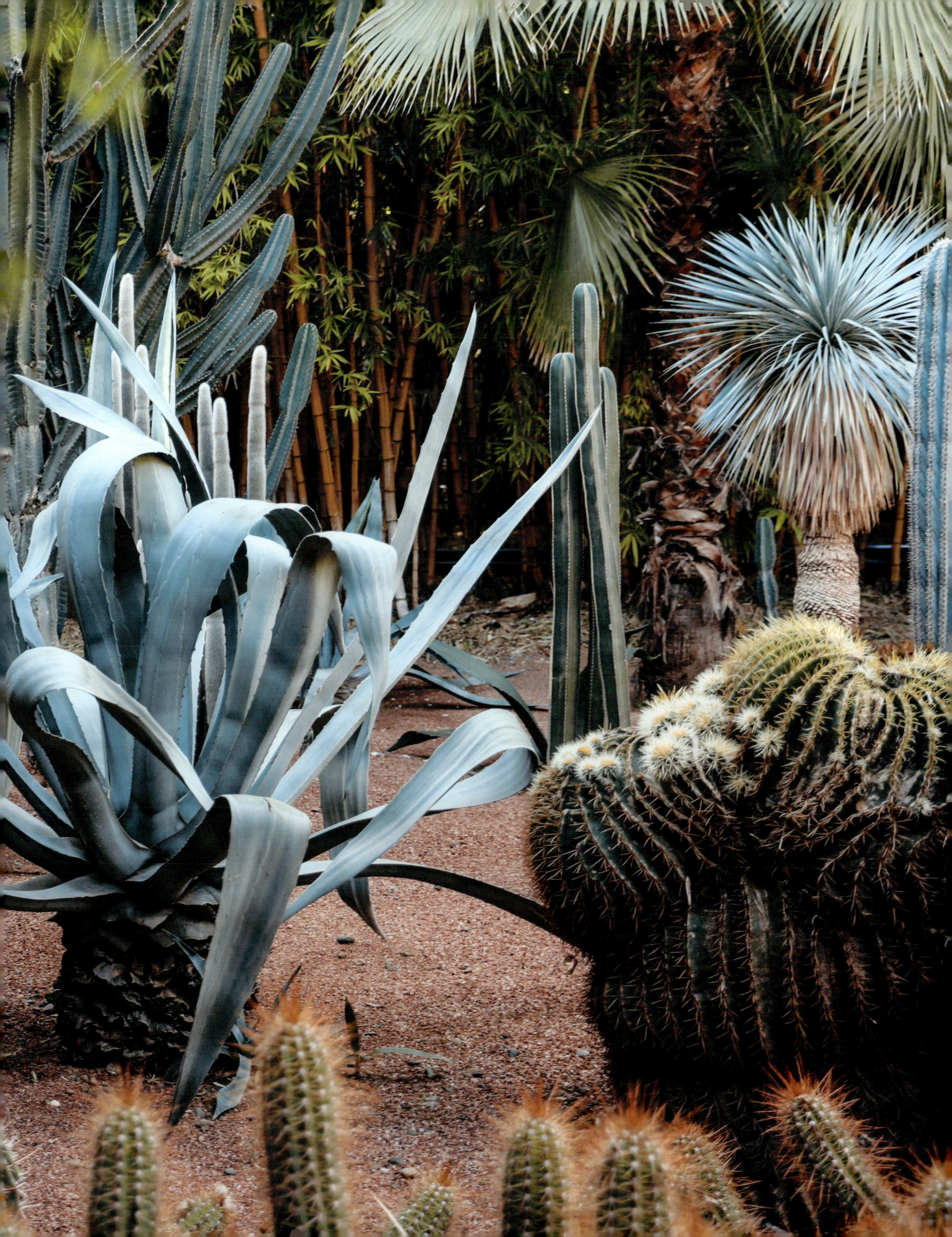

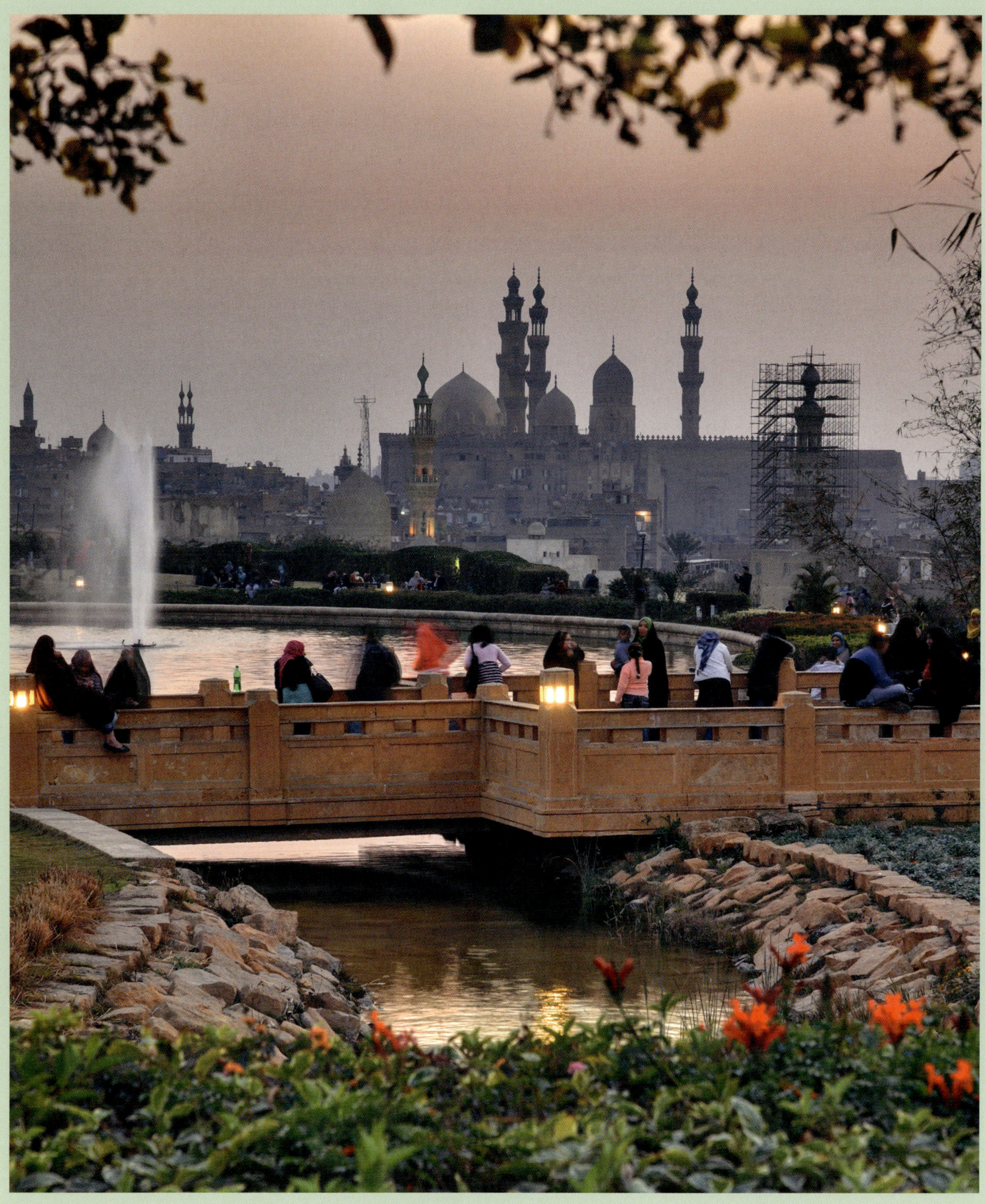

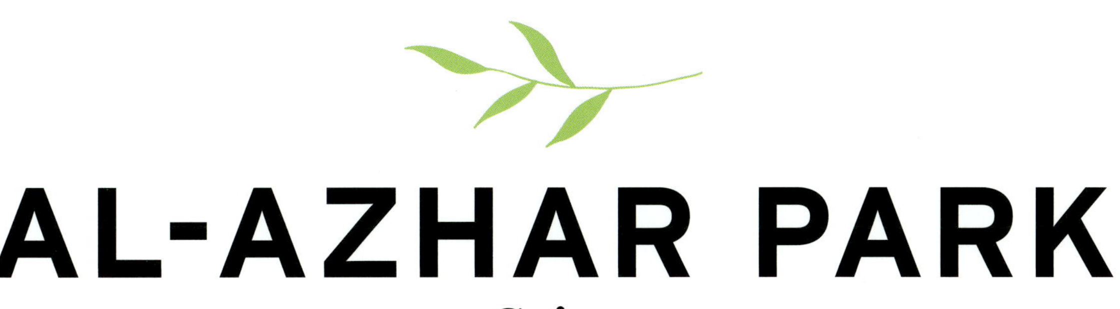

AL-AZHAR PARK

Cairo

In the midst of the Old City of Cairo, Al-Azhar Park is a vibrant green oasis conjured on the one-time site of a municipal landfill. Created by celebrated landscape architecture firm Sites International in 2005, the 74-acre park combines the renaturation of the environment with the restoration of culture and history. It is a place where everyone can enjoy a pocket of peace and quiet in the crowded Egyptian capital.

Inspired by traditional Islamic gardens, the park features fountains, avenues and a water channel leading to a small lake, and from its elevated position visitors can enjoy breathtaking views of the cityscape. After upwards of 500 years as a dumping ground, this oasis of greenery now supports over 650 plant species, bringing nature back to the bustling city.

Sites International is an award-winning planning, architecture, landscape and engineering consultancy firm celebrated for its sustainable and integrated designs in the Middle East and North Africa. Al-Azhar Park was originally a local initiative funded by The Aga Khan Trust for Culture, and has since become a beloved Cairo landmark widely regarded as one of the region's most impressive restoration projects, serving as a reminder of the importance of environmental protection and conservation in the Middle East.

Der Al-Azhar-Park im Herzen der Altstadt von Kairo ist eine lebendige grüne Oase, an der nichts mehr an ihr früheres Dasein als städtische Mülldeponie erinnert. Der 30 Hektar große Park wurde 2005 vom angesehenen Landschaftsarchitekturbüro Sites International angelegt und verbindet Renaturierung mit dem Wiederaufleben lassen von Kultur und Geschichte. Hier kann jeder inmitten der hektischen Hauptstadt Ägyptens ein wenig Ruhe und Frieden finden.

Inspiriert von traditionellen islamischen Gärten verfügt der Park über Springbrunnen, Alleen und einen Kanal, der zu einem kleinen See führt. Von seiner erhöhten Position aus haben die Besucher:innen einen atemberaubenden Blick auf die Stadt. Nachdem der Park mehr als 500 Jahre lang eine Müllhalde war, gedeihen nun über 650 Pflanzenarten in ihm und bringen die Natur zurück ins Großstadtleben.

Sites International ist ein preisgekröntes Architektur- und Ingenieurbüro, das für seine nachhaltigen Entwürfe im Nahen Osten und Nordafrika bekannt ist. Der Al-Azhar-Park war ursprünglich eine lokale Initiative, die vom Aga Khan Trust for Culture finanziert wurde. Inzwischen ist er zu einem beliebten Wahrzeichen Kairos geworden. Der Park gilt als eines der beeindruckendsten Restaurierungsprojekte in der Region und unterstreicht die Bedeutung des Umwelt- und Naturschutzes im Nahen Osten.

The park is named after the nearby Al-Azhar Mosque, one of the most prestigious institutions in the world as well as Egypt's oldest university; it is open for visitors to explore.

Der Park ist nach der nahe gelegenen Al-Azhar-Moschee, einer der renommiertesten Institutionen der Welt, und der ältesten Universität Ägyptens benannt; sie ist für Besucher:innen geöffnet.

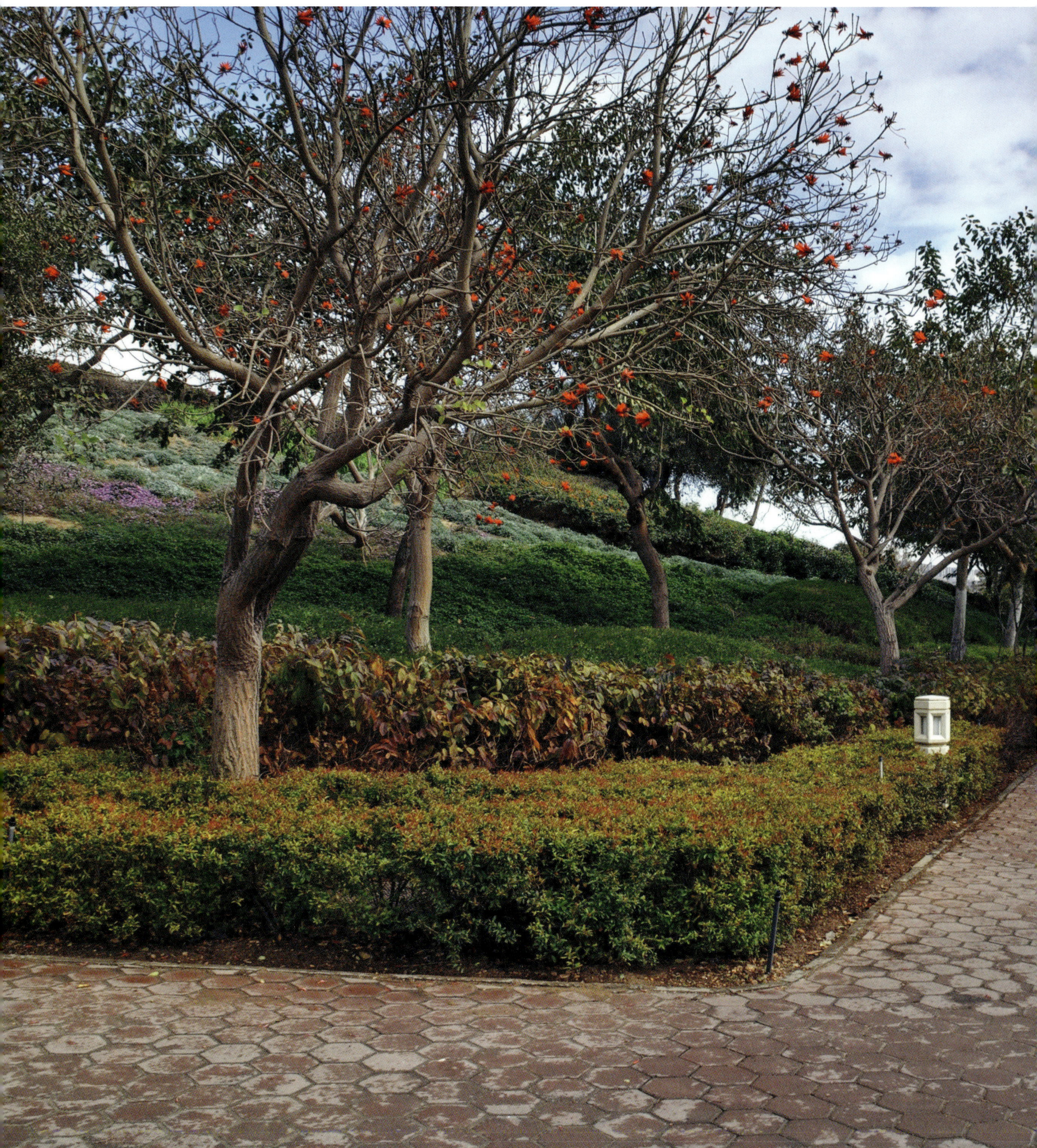

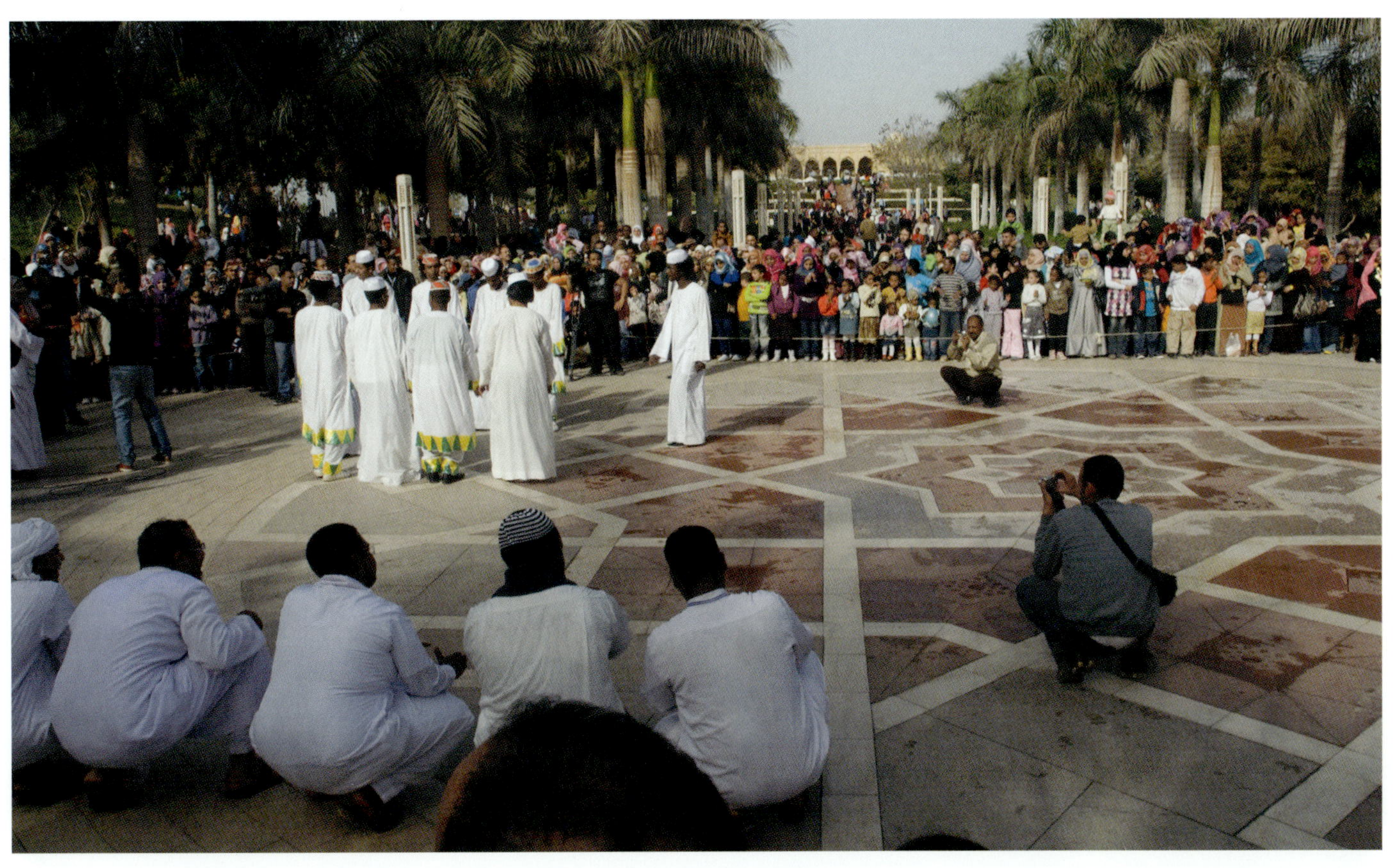

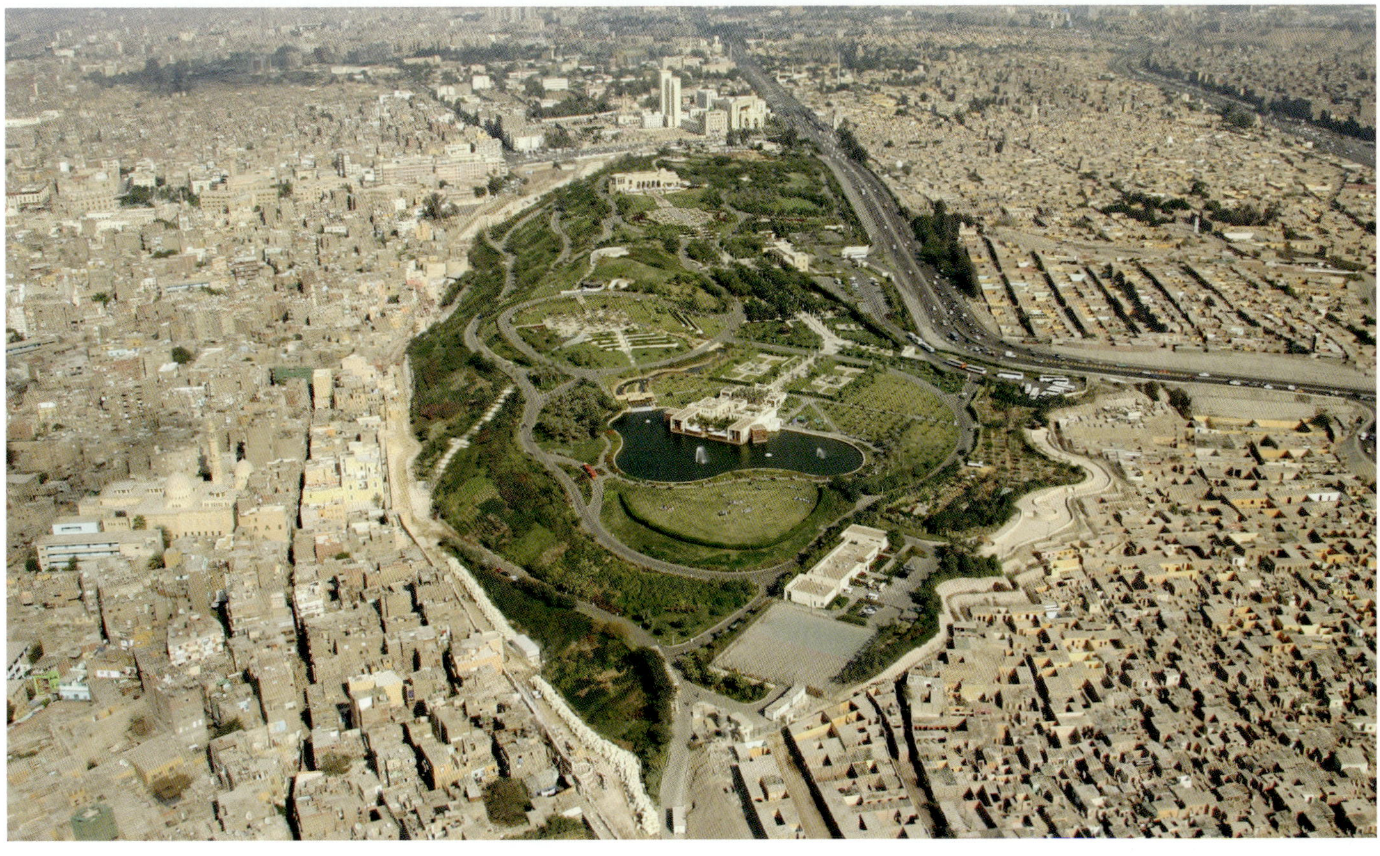

GREAT GREEN WALL
Ouagadougou

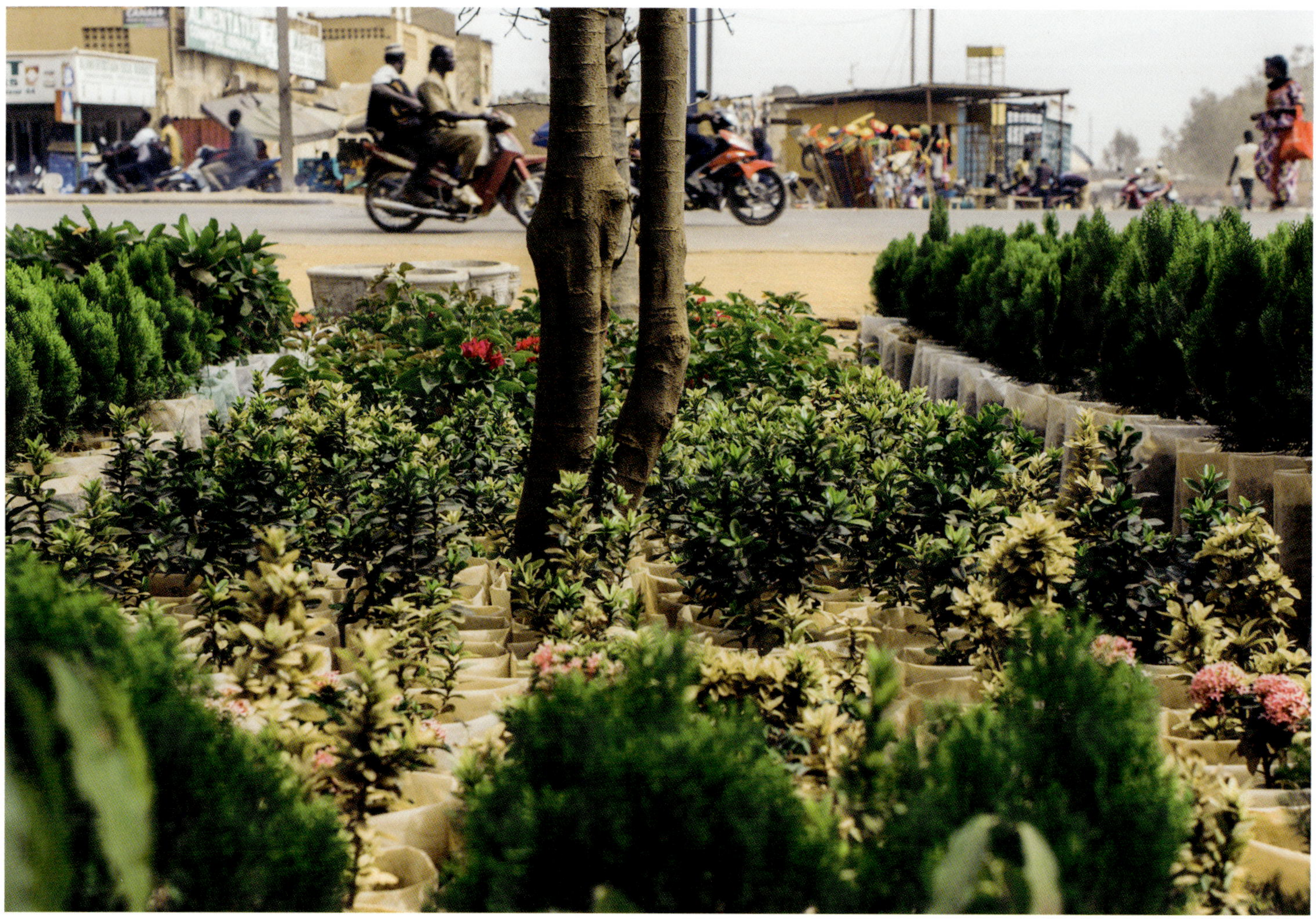

The "Great Green Wall", an initiative of the African Union, aims to plant trees on a vast 4,720-mile strip right across the Sahel region by 2030, creating a corridor of green and productive ecosystems that will stretch across the continent to combat the impacts of the climate crisis and desertification. Encompassing rural afforestation as well as urban agriculture in capital cities such as Ouagadougou in Burkina Faso and Bamako in Mali, the "Great Green Wall" represents hope, resilience, and a commitment to a sustainable future for Africa.

Die „Große Grüne Mauer" ist eine Initiative der Afrikanischen Union, bei der es darum geht, bis 2030 auf einer Strecke von 7 600 Kilometern Bäume zu pflanzen. Das Projekt schafft einen Korridor aus grünen und produktiven Ökosystemen, der sich über den gesamten Kontinent erstreckt, um die Auswirkungen der Klimakrise und der Wüstenbildung zu bekämpfen. Es umfasst sowohl Aufforstung im ländlichen Raum als auch urbane Landwirtschaft in Hauptstädten wie Ouagadougou in Burkina Faso und Bamako in Mali. Die „Große Grüne Mauer" steht für Hoffnung, Widerstandsfähigkeit und das Engagement für eine nachhaltige Zukunft Afrikas.

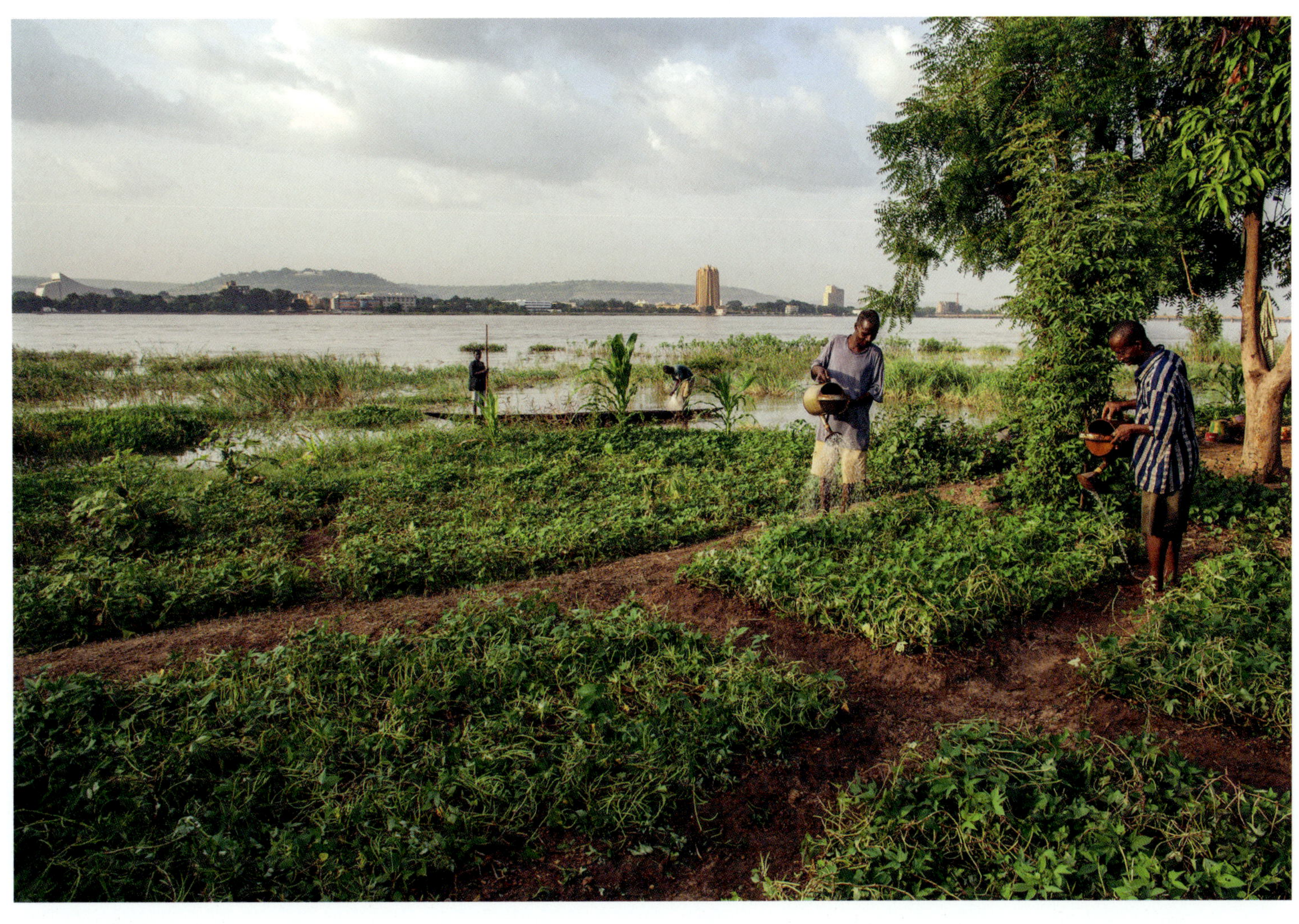

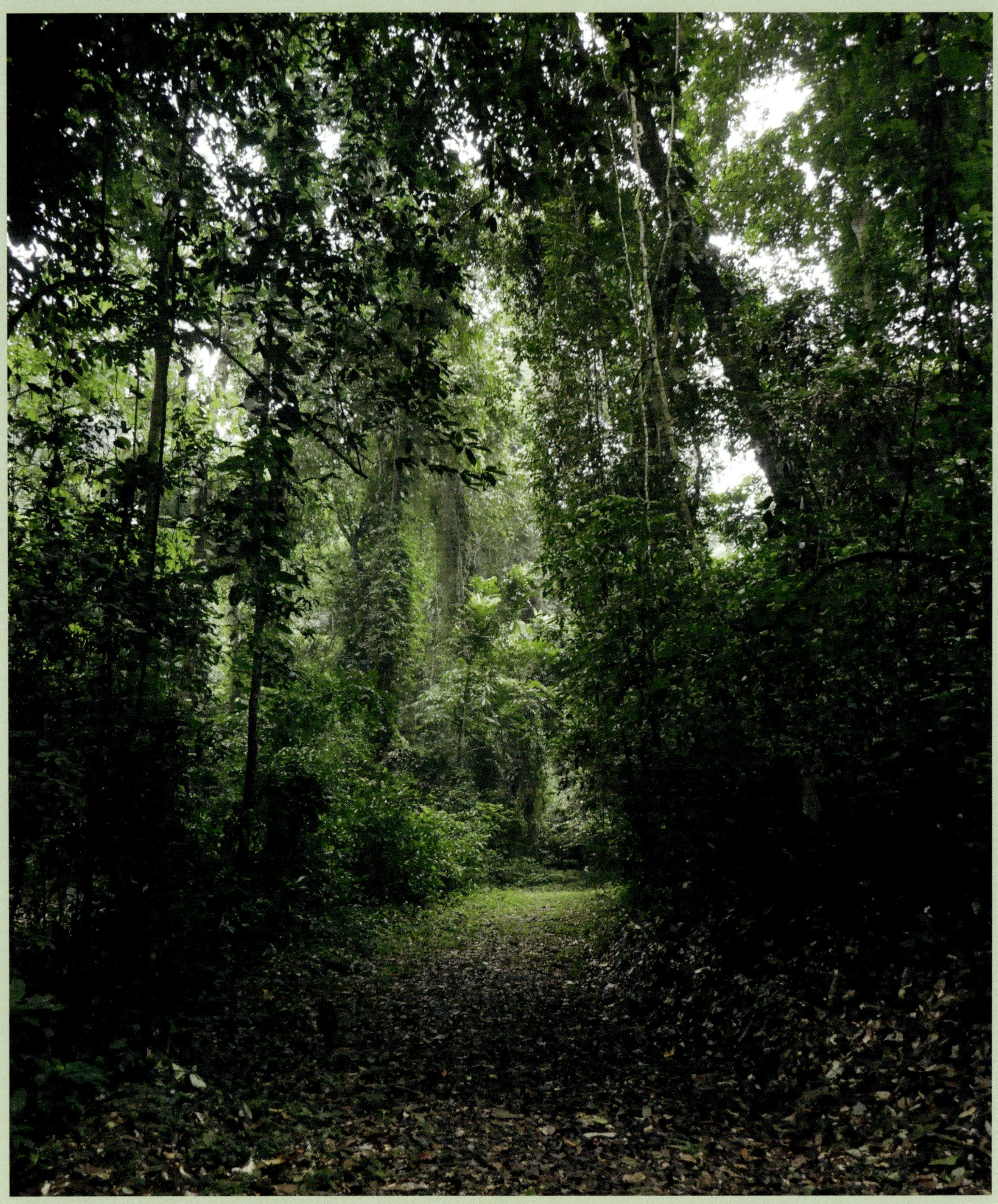

BANCO NATIONAL PARK
Abidjan

On the outskirts of the buzzing city of Abidjan, Banco National Park offers a glimpse into the world of the past. Ten times the size of New York City's Central Park, this 8,400-acre national park was established in 1953 and is home to towering trees that have stood the test of time for more than 500 years. It is the oldest national park in Côte d'Ivoire and one of the last remaining urban rainforests in the world.

The park is a haven for plants and animals, and includes a sanctuary for chimpanzees. For locals and visitors alike, it offers the possibility of escape from the hustle and bustle of the city, allowing for tranquility and peace among the ancient trees. As the city grows, however, the park faces threats from illegal logging and pollution, and so in response park officials have recently built a wall to protect the precious natural area.

Not only is Banco National Park a beautiful place to visit, but it also provides vital ecosystem services. Its groundwater table supplies 40 percent of the city's drinking water, and the park sequesters 90,000 tonnes of carbon per year. Efforts to protect this precious primary forest are essential for the long-term survival of a number of endangered species and the health of the surrounding urban environment.

Am Rande von Abidjan, der aufstrebenden Stadt der Elfenbeinküste, bietet der Nationalpark Banco Zuflucht in eine Welt aus einer anderen Zeit. Zehnmal so groß wie New York Citys Central Park, ist dieser 34 Quadratkilometer große Nationalpark der älteste des Landes und einer der letzten urbanen Regenwälder der Welt. Die Bäume hier bestehen seit mehr als 500 Jahren.

Der Park ist ein Rückzugsort für Pflanzen und Tiere, darunter ein Schutzgebiet für Schimpansen. Für Einheimische und Besucher:innen bietet er eine willkommene Abwechslung vom Großstadttrubel und die Möglichkeit, sich unter den alten Bäumen auszuruhen. Doch der Park ist bedroht. Die wachsende Stadt führt zu illegaler Abholzung und Verschmutzung durch Müll. Als Reaktion darauf haben die Verantwortlichen des Parks kürzlich eine Mauer errichtet, um den bedrohten Urwald und seine Tierwelt zu schützen.

Der Nationalpark Banco ist nicht nur ein wunderschöner Ort, er bietet auch wichtige Ökosystemdienstleistungen. So liefert sein Grundwasser 40 Prozent des Trinkwassers für Abidjan und der Park bindet jährlich 90 000 Tonnen CO_2. Die Bemühungen zum Schutz dieses wertvollen Urwaldes sind von entscheidender Bedeutung für das langfristige Überleben bedrohter Arten und die Unversehrtheit der urbanen Umgebung.

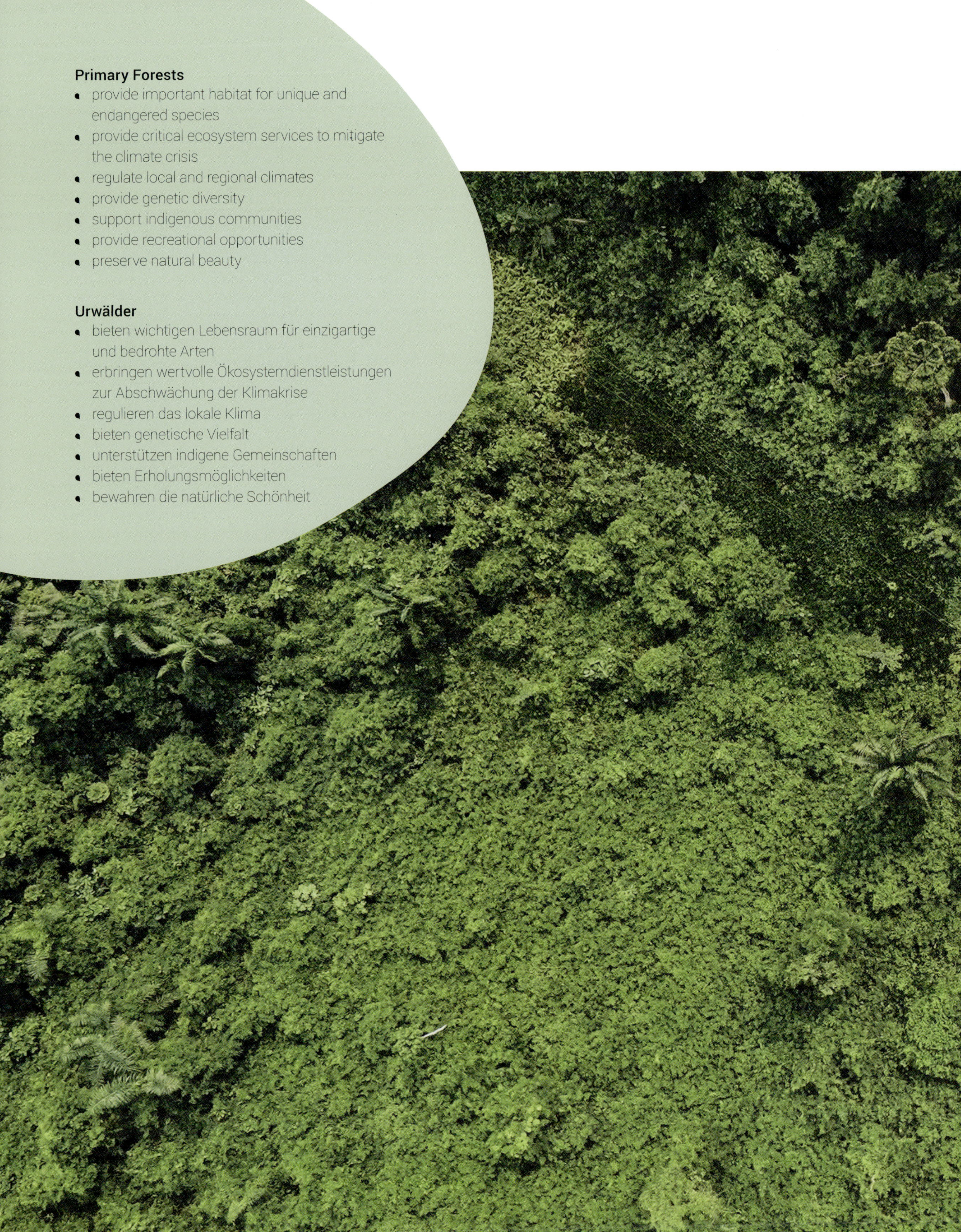

Primary Forests
- provide important habitat for unique and endangered species
- provide critical ecosystem services to mitigate the climate crisis
- regulate local and regional climates
- provide genetic diversity
- support indigenous communities
- provide recreational opportunities
- preserve natural beauty

Urwälder
- bieten wichtigen Lebensraum für einzigartige und bedrohte Arten
- erbringen wertvolle Ökosystemdienstleistungen zur Abschwächung der Klimakrise
- regulieren das lokale Klima
- bieten genetische Vielfalt
- unterstützen indigene Gemeinschaften
- bieten Erholungsmöglichkeiten
- bewahren die natürliche Schönheit

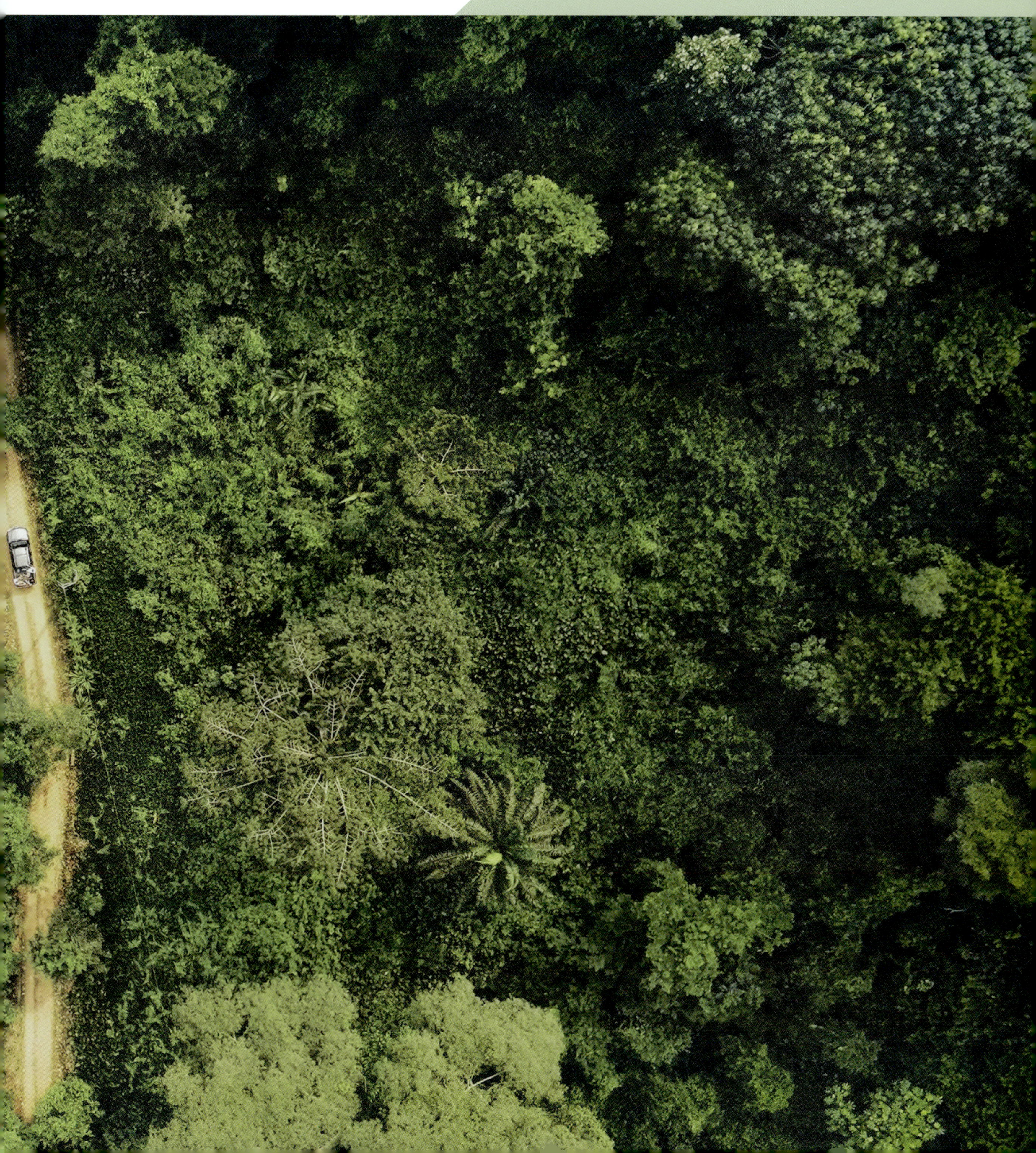
BANCO NATIONAL PARK
Abidjan

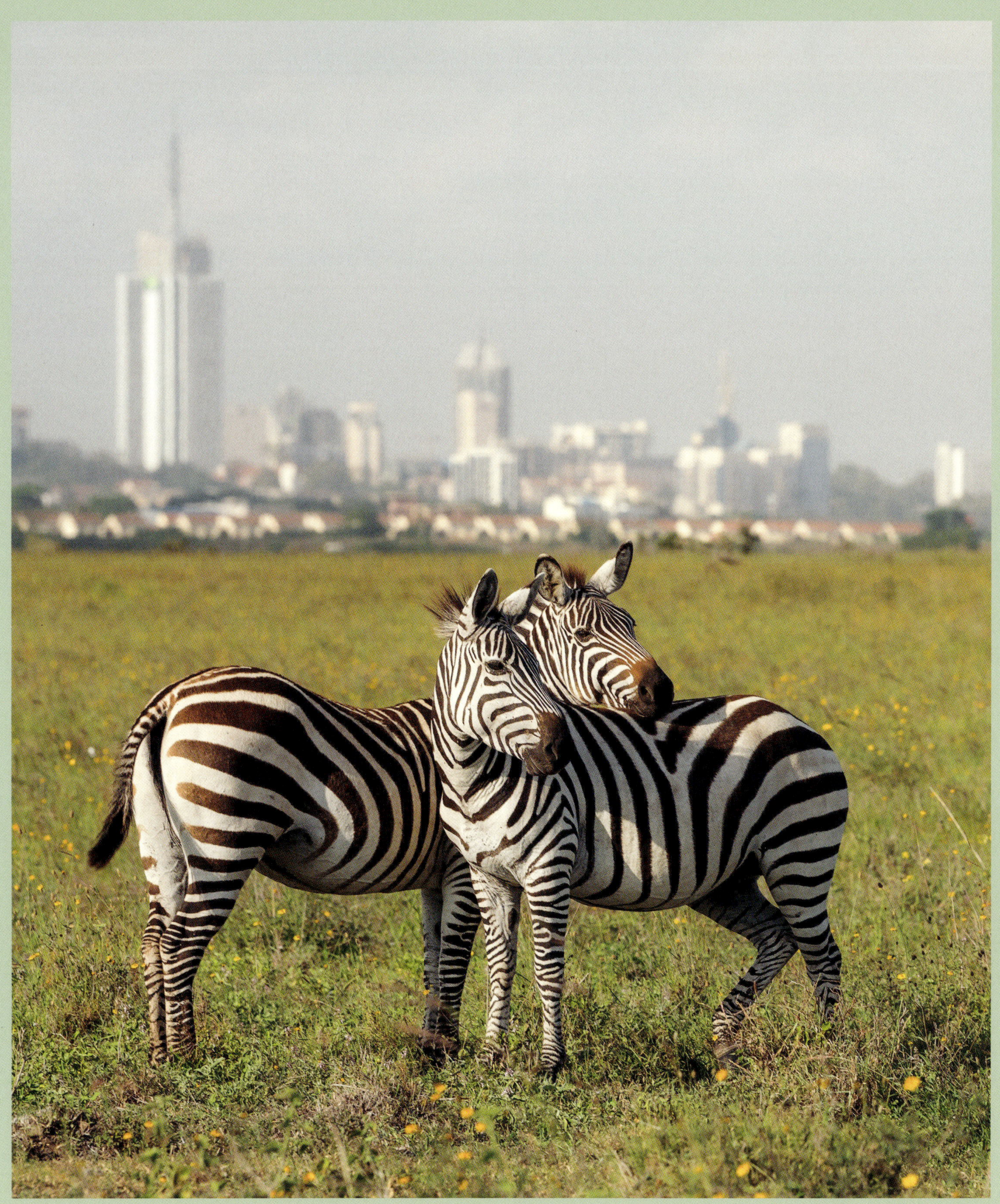

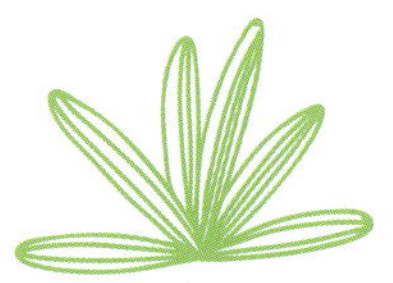

NATIONAL PARK
Nairobi

The only urban wildlife park in the world, Nairobi National Park offers the rare opportunity to encounter Africa's wildest animals and experience the thrill of a safari against the stunning backdrop of the city skyline. From majestic lions and graceful giraffes to over 400 avian species, this urban haven is home to a dazzling array of wildlife.

Declared a national park in 1946 by colonial procurement, Nairobi National Park is the oldest national park in Kenya, created to protect and preserve the country's precious biodiversity. It is also a successful sanctuary for the endangered black rhino, and its open grass plains and forests contribute to the air quality and temperature of Kenya's capital city.

However, Nairobi National Park is not impervious to the threats protected areas often face, including urban expansion, infrastructure development, pollution and poaching. In the last 40 years the park has lost 70 percent of its wildlife, despite conservationists and the Maasai community working tirelessly to safeguard it; and external pressures such as the planned construction of a fence on the southern border (an essential route for migrating animals) and a Chinese railroad line that already runs through the park make efforts to protect this unique and fragile ecosystem all the more crucial.

Als einziger urbaner Wildpark der Welt bietet der Nairobi-Nationalpark die seltene Gelegenheit, Afrikas wildeste Tiere zu beobachten und das Abenteuer einer Safari vor der atemberaubenden Kulisse der Stadt zu erleben. Von majestätischen Löwen und eleganten Giraffen bis hin zu über 400 Vogelarten – diese Großstadtoase beheimatet eine faszinierende Vielfalt an Wildtieren.

Der Nairobi-Nationalpark wurde 1946 durch koloniale Verfügung zum Nationalpark erklärt, um Kenias kostbare Flora und Fauna zu schützen und ist damit der älteste Nationalpark des Landes. Außerdem ist er ein verlässliches Schutzgebiet für das vom Aussterben bedrohte Spitzmaulnashorn und seine offenen Grasebenen und Wälder tragen zur Luftqualität und Temperaturregulierung der kenianischen Hauptstadt bei.

Doch auch der Nairobi-Nationalpark ist nicht immun gegen die Bedrohungen, denen viele Schutzgebiete ausgesetzt sind, wie die Ausdehnung der Städte, der Ausbau der Infrastruktur, Umweltverschmutzung und Wilderei. In den letzten 40 Jahren hat der Park bereits 70 Prozent seiner biologischen Vielfalt verloren. Umweltschützende und die Massai-Gemeinschaft vor Ort setzen sich unermüdlich für den Erhalt des Parks ein. Doch äußere Einflüsse wie der geplante Bau eines Zauns an der Südgrenze, einer wichtigen Route für wandernde Tiere, und eine bereits durch den Park verlaufende chinesische Eisenbahnstrecke lassen ihre Anstrengungen umso dringlicher erscheinen, dieses einzigartige und empfindliche Ökosystem zu schützen.

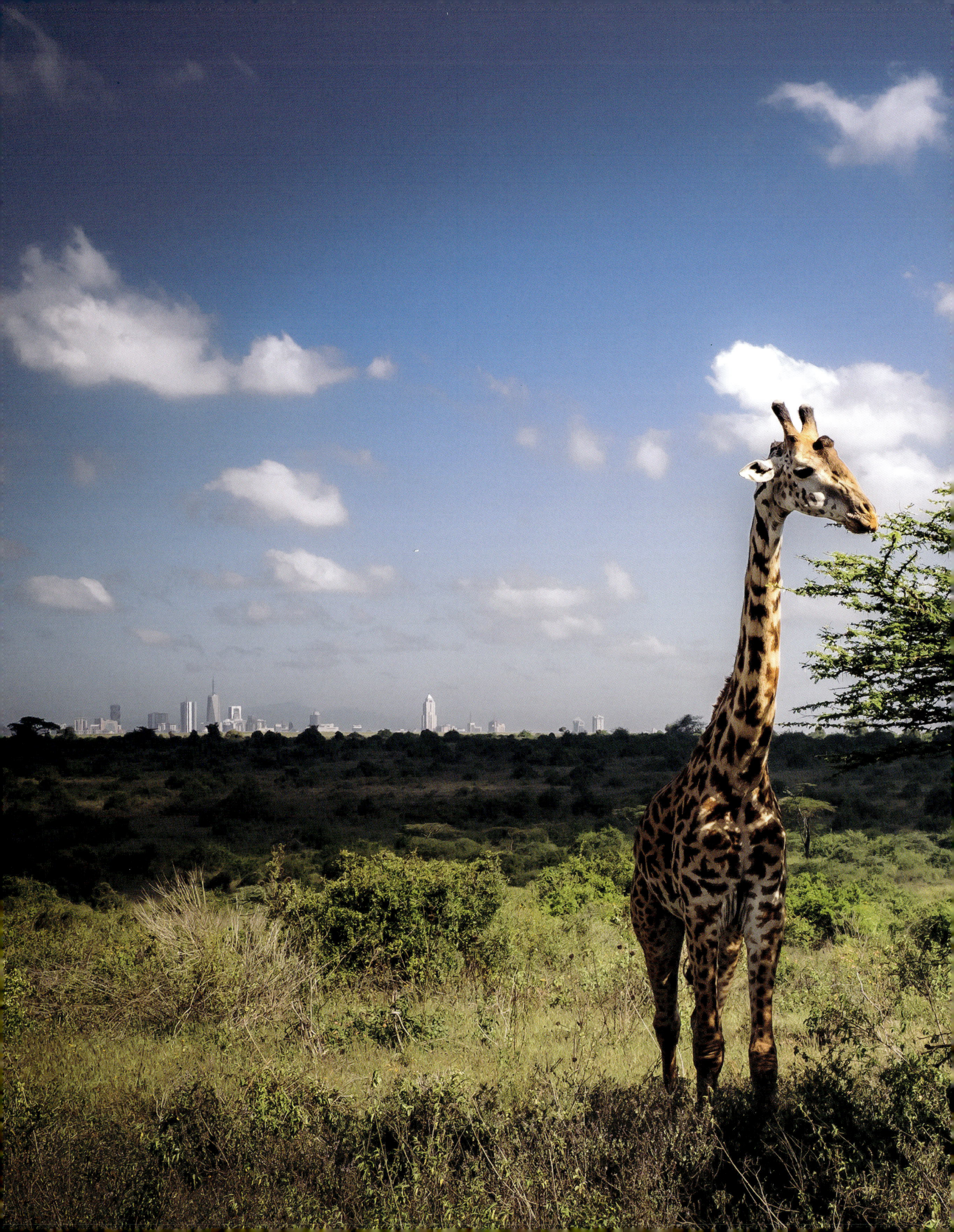

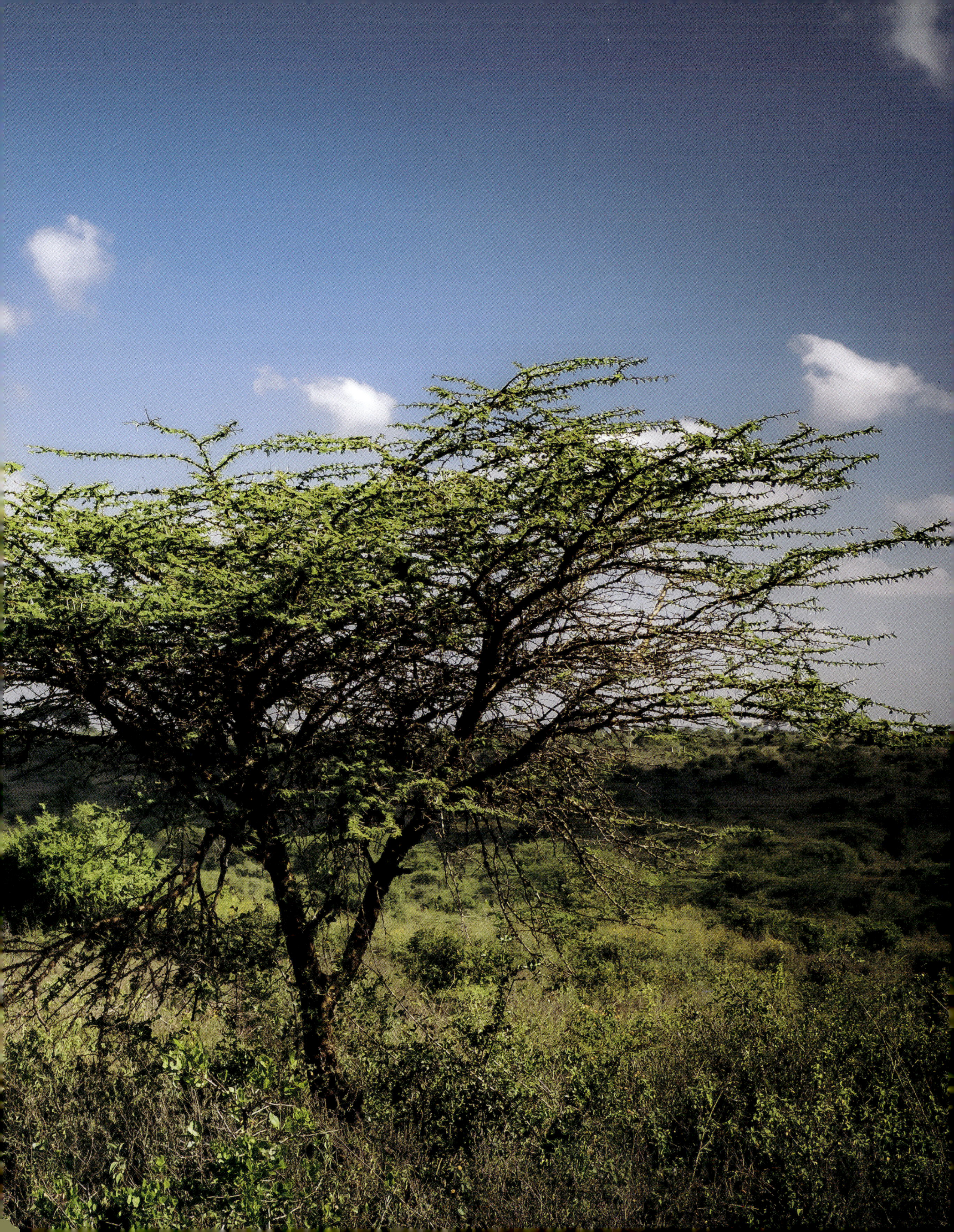

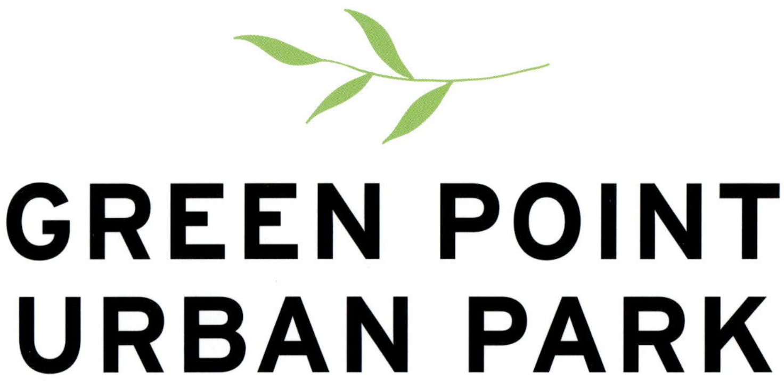

GREEN POINT URBAN PARK

Cape Town

Once a desolate and dangerous no man's land, Green Point Urban Park is now a serene sanctuary for city-dwellers seeking a break from the bustle in Cape Town's City Bowl. Local landscape architecture firm OvP Associates designed the 260-acre park to be a vibrant and inclusive space for all.

The park's creation was driven by the 2010 World Cup and the construction of the Cape Town Stadium, and received overwhelming support from the local residents. They wanted a public space in the center of the city that prioritized sustainability, safety, and equality, and Green Point Urban Park is just that: a hub of activity with amenities for people of all ages, including playgrounds, jogging paths, outdoor gyms, sprawling lawns and tranquil ponds.

One of the park's most notable features is the Biodiversity Garden, a botanical paradise created by garden architect Marijke Honig. The garden is home to a diverse array of flora native to the Cape, including 25,000 trees and shrubs and 300 different plant species. A beautiful example of indigenous landscape design, the garden also features fynbos, a natural shrubland native to South Africa. Green Point Urban Park is a true beacon of hope and a model for what is possible when people come together to create positive change.

Der Green Point Urban Park war einst ein trostloses und gefährliches Niemandsland und ist heute ein idyllischer Zufluchtsort für Stadtbewohner:innen, die eine Auszeit vom bunten Treiben in Kapstadts City Bowl suchen. Das ortsansässige Landschaftsarchitekturbüro OvP Associates hat den 105 Hektar großen Park als lebendigen und inklusiven Ort für alle konzipiert.

Die Entstehung des Parks wurde durch die Fußball-Weltmeisterschaft 2010 und den Bau des Kapstadt-Stadions vorangetrieben, erhielt aber ebenfalls die überwältigende Unterstützung von den Anwohner:innen. Sie wünschten sich einen öffentlichen Raum im Zentrum der Stadt, in dem Nachhaltigkeit, Sicherheit und Gleichberechtigung im Vordergrund stehen. Von Spielplätzen über Joggingpfade bis hin zu Outdoor-Fitnessstudios, weitläufigen Rasenflächen und kleinen Teichen, der Park bietet etwas für Menschen aller Altersgruppen.

Ein Highlight des Parks ist der Biodiversitätsgarten, ein botanisches Paradies, das von der Gartenarchitektin Marijke Honig angelegt wurde. Der Garten besteht aus einer Vielzahl von am Kap heimischen Pflanzen, darunter 25 000 Bäume und Sträucher sowie 300 verschiedene Pflanzenarten. Auch Fynbos, eine in Südafrika heimische Strauchart, ist hier zu finden, ein schönes Beispiel für indigenes Gartendesign. Der Green Point Urban Park ist ein wahrer Hoffnungsschimmer und ein Beispiel dafür, was möglich ist, wenn Menschen zusammenkommen, um einen positiven Wandel zu bewirken.

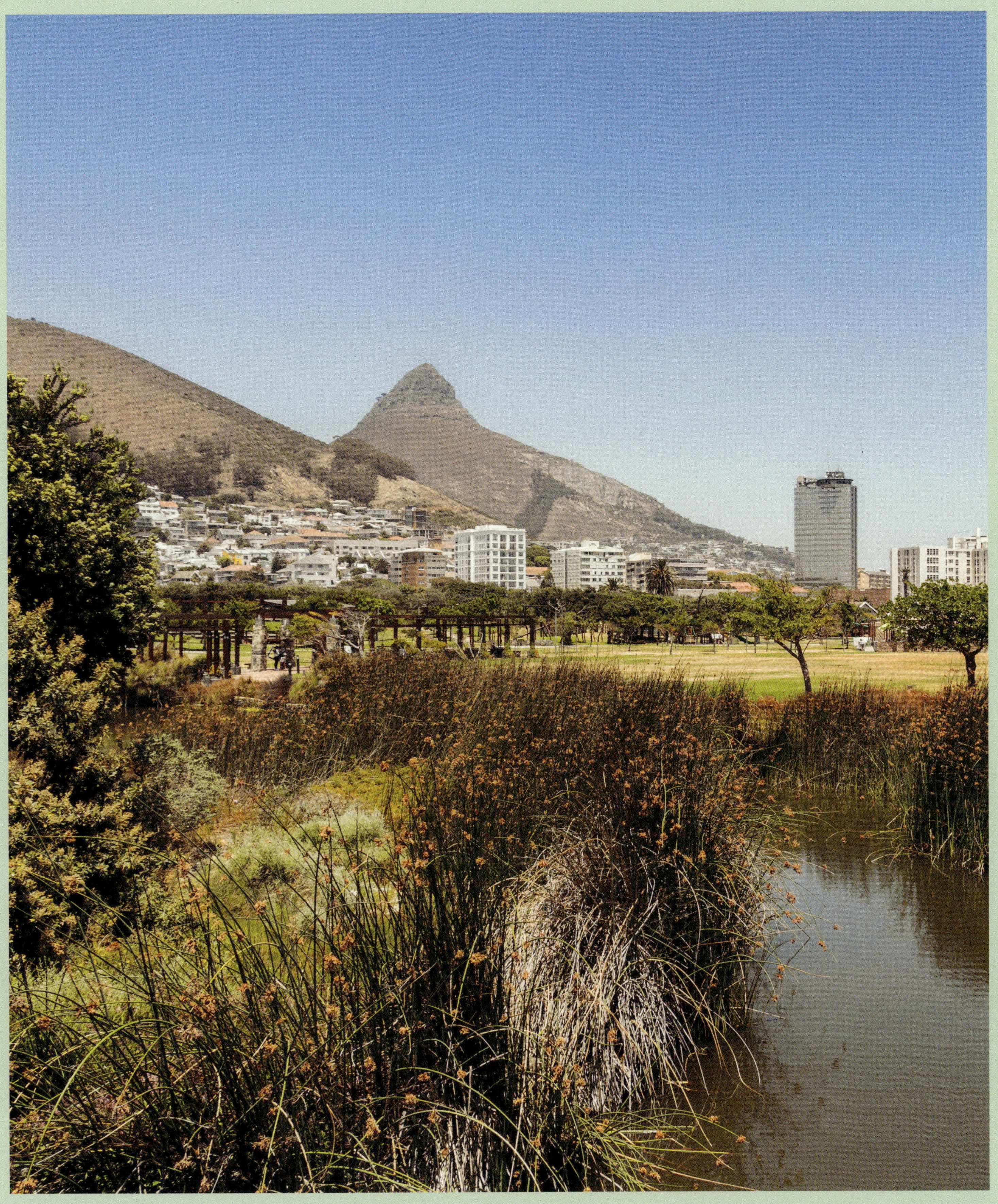

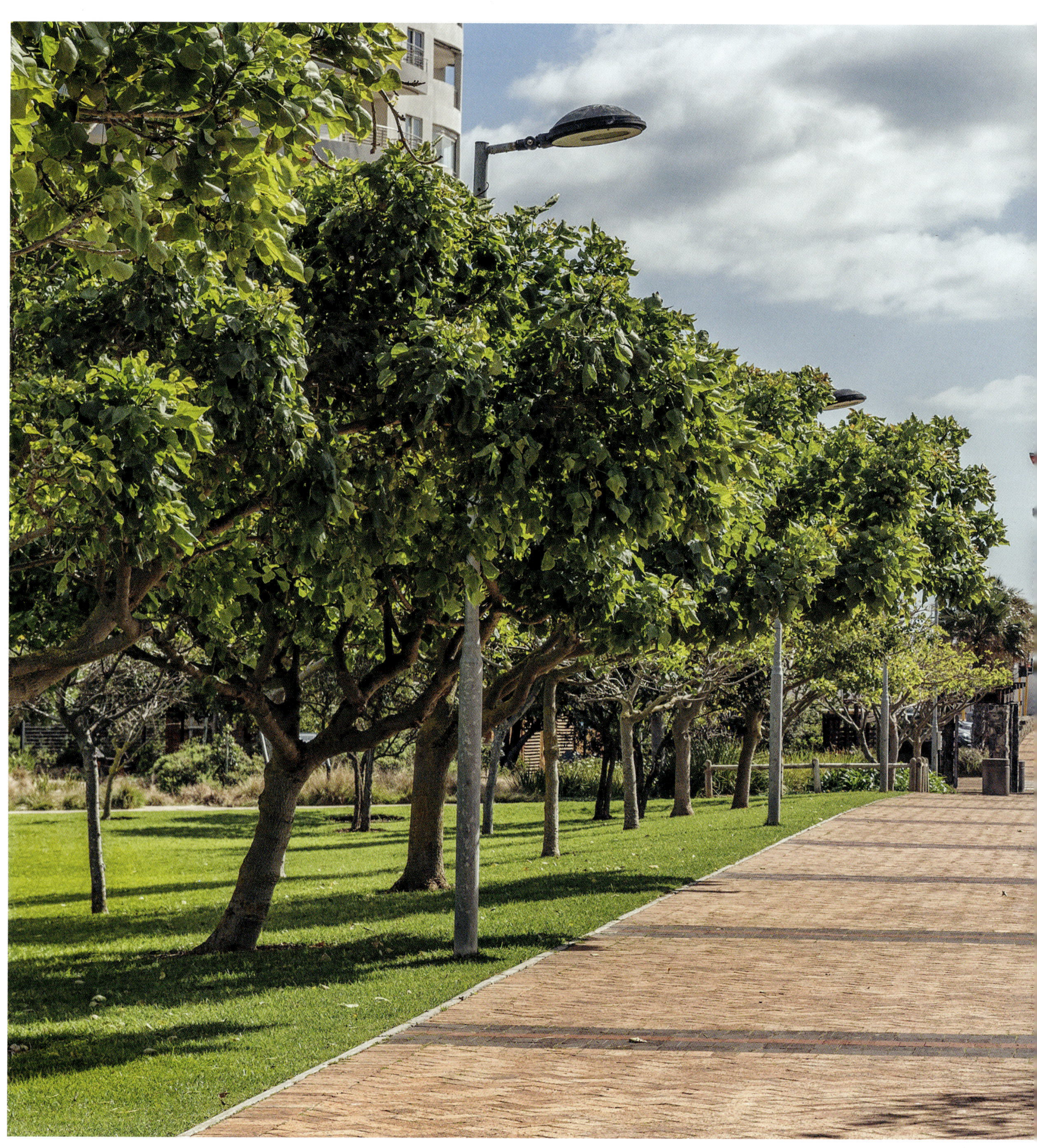

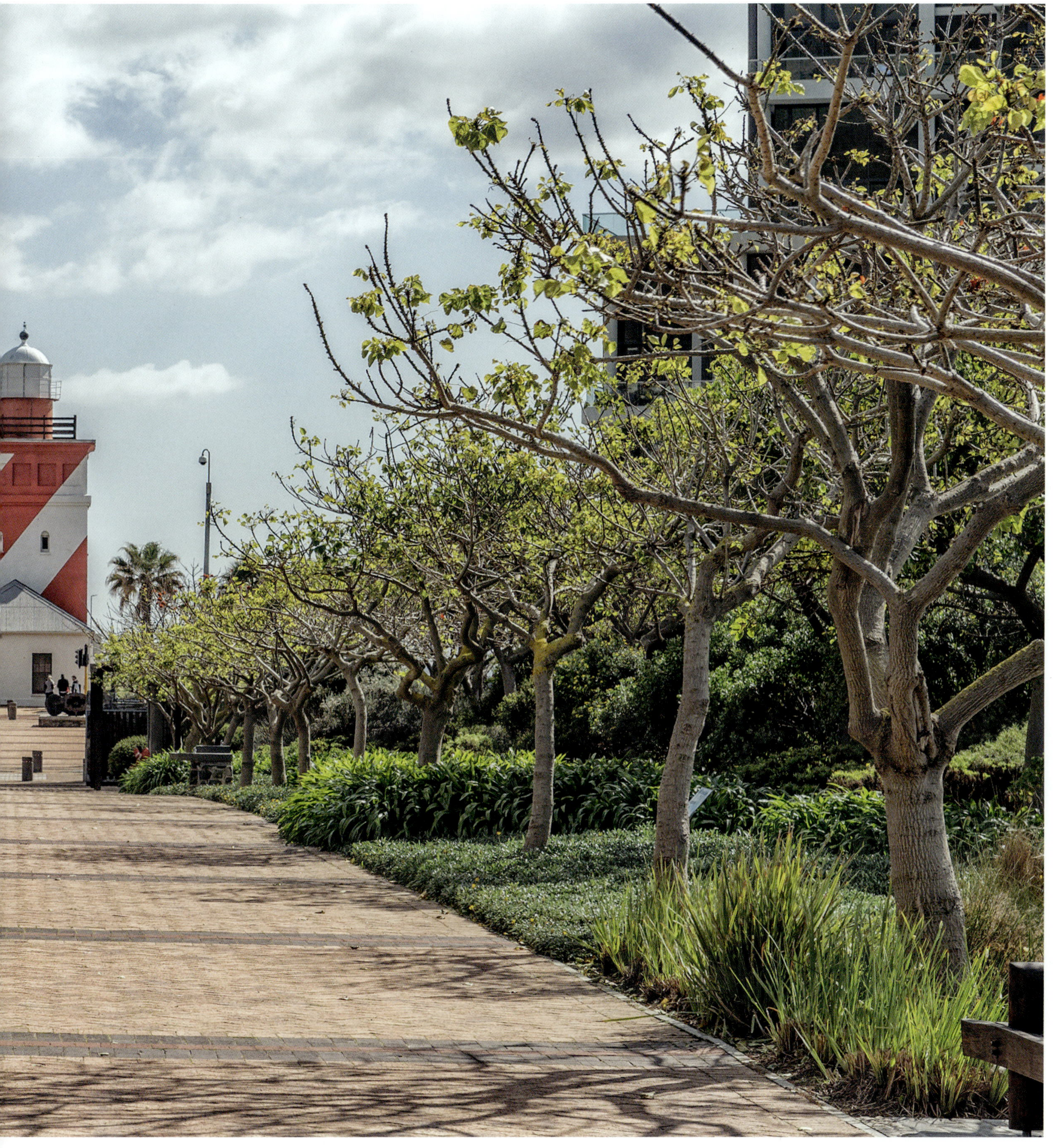

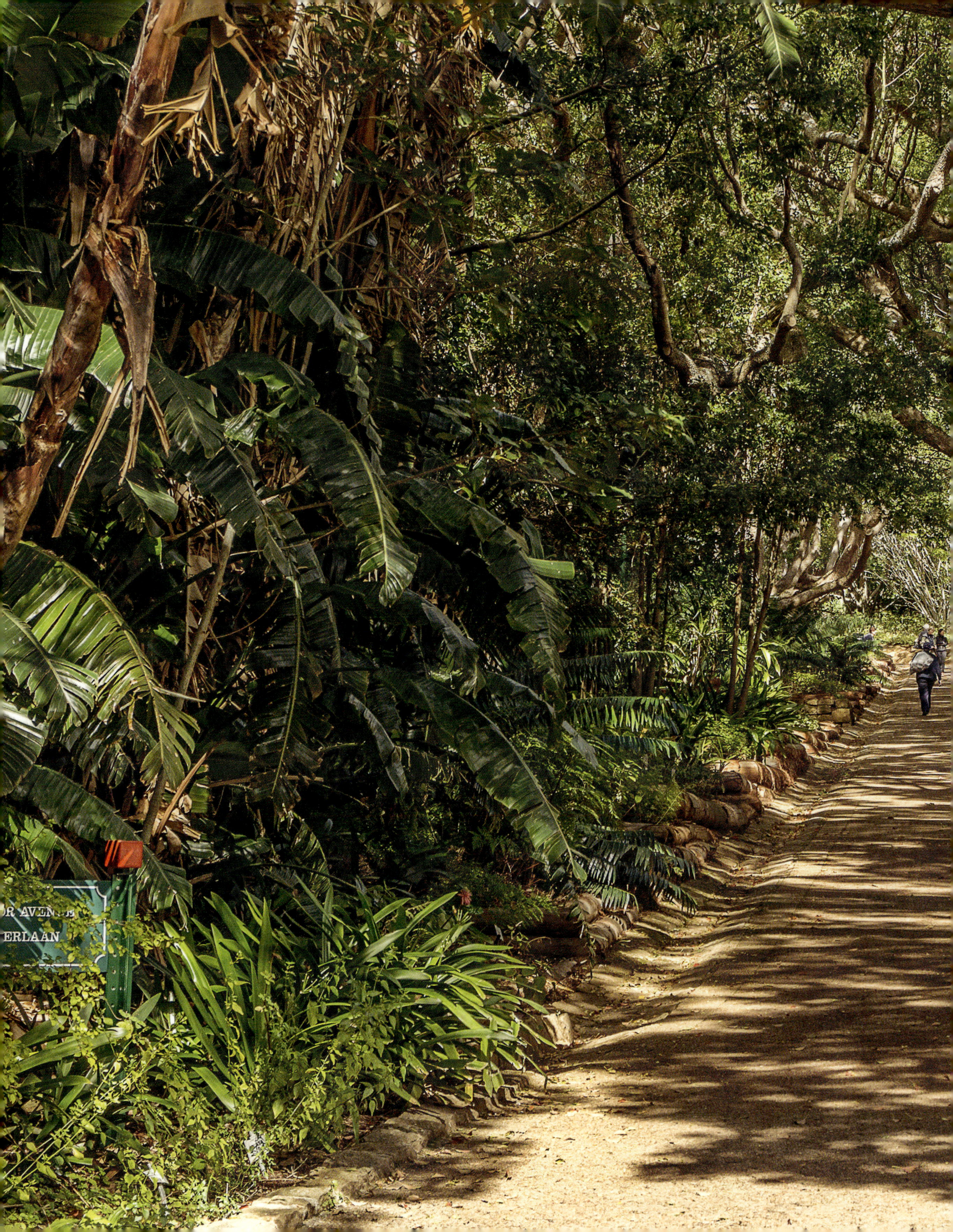
R AVENUE
ERLAAN

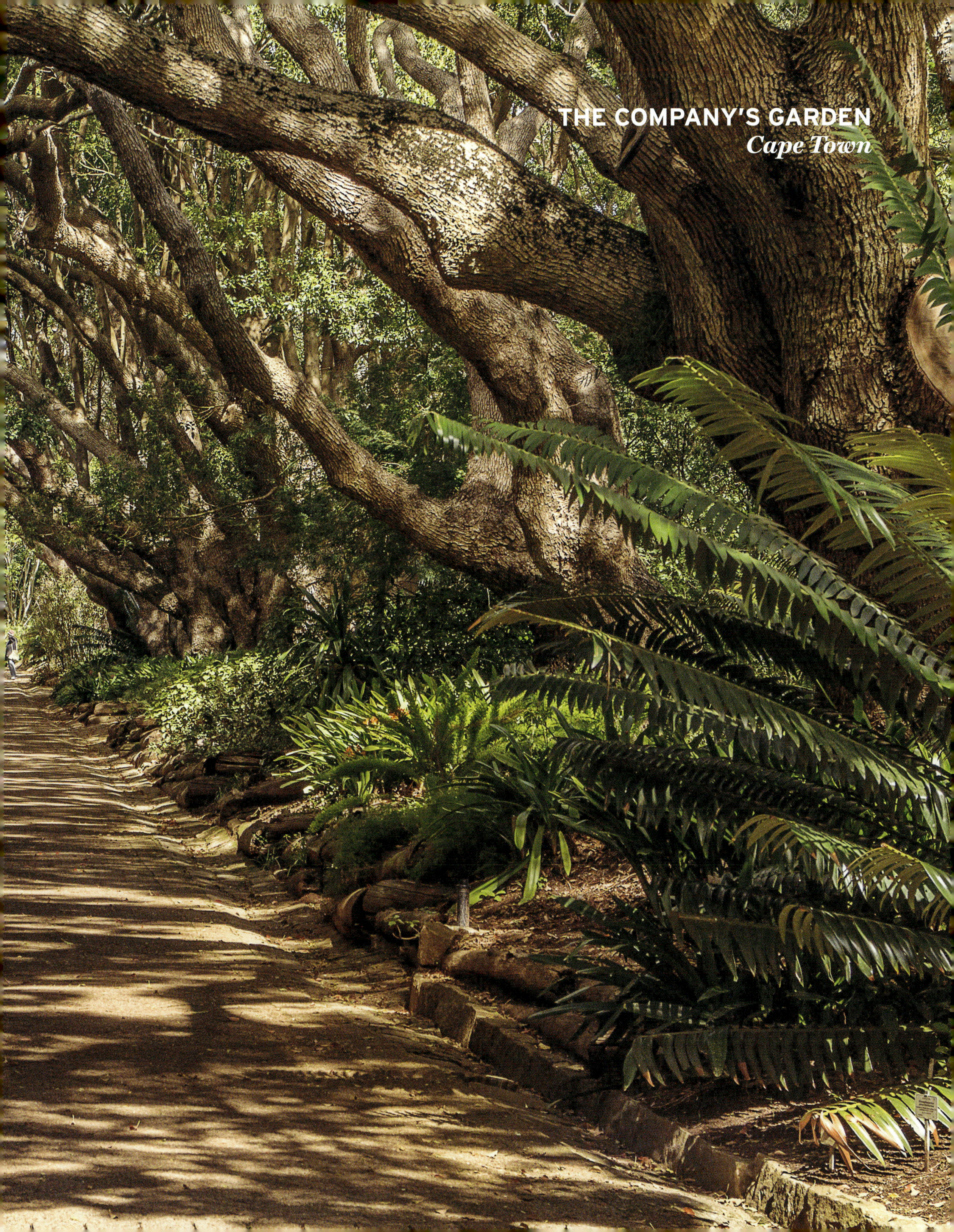
THE COMPANY'S GARDEN
Cape Town

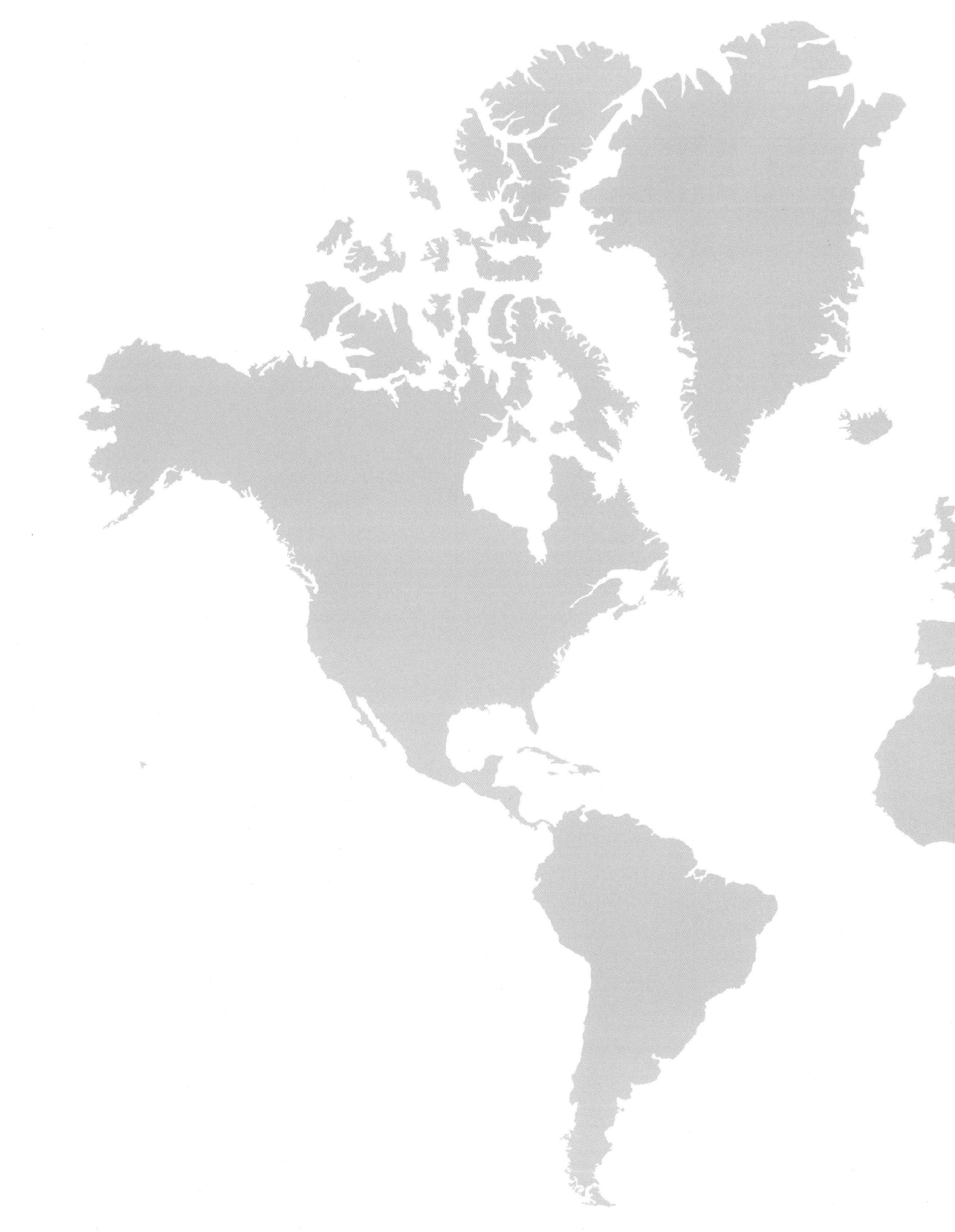

MIDDLE EAST & ASIA

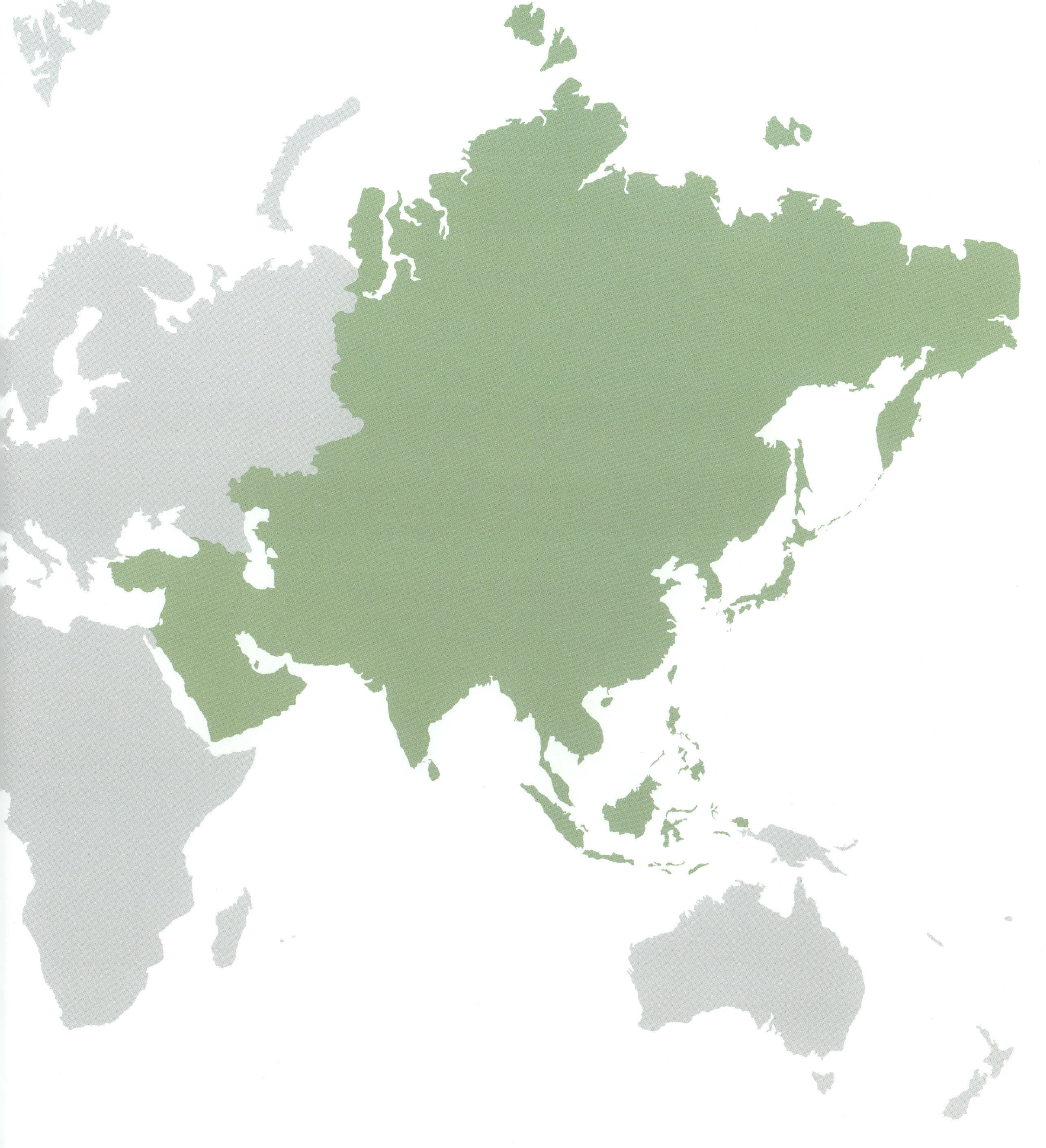

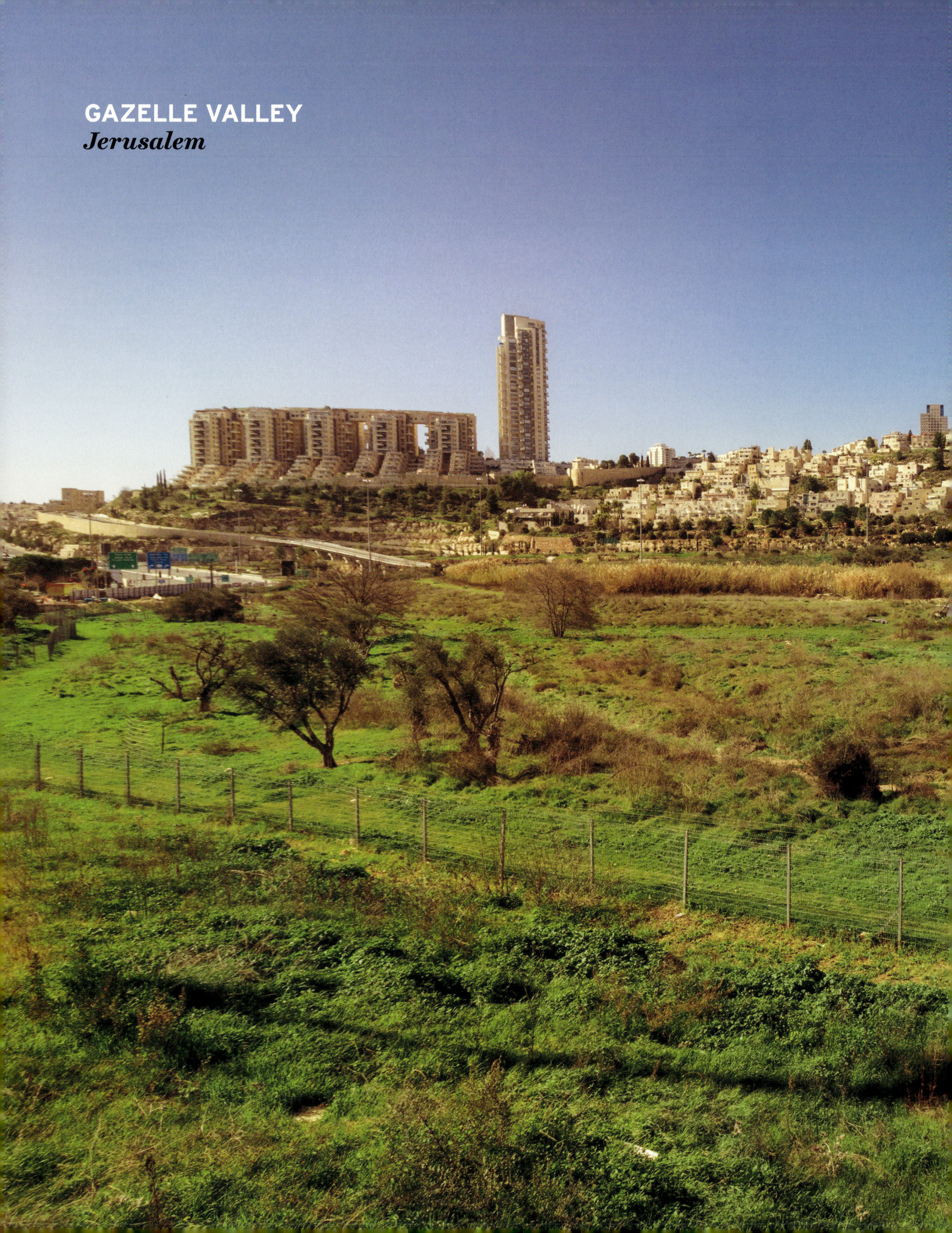

GAZELLE VALLEY
Jerusalem

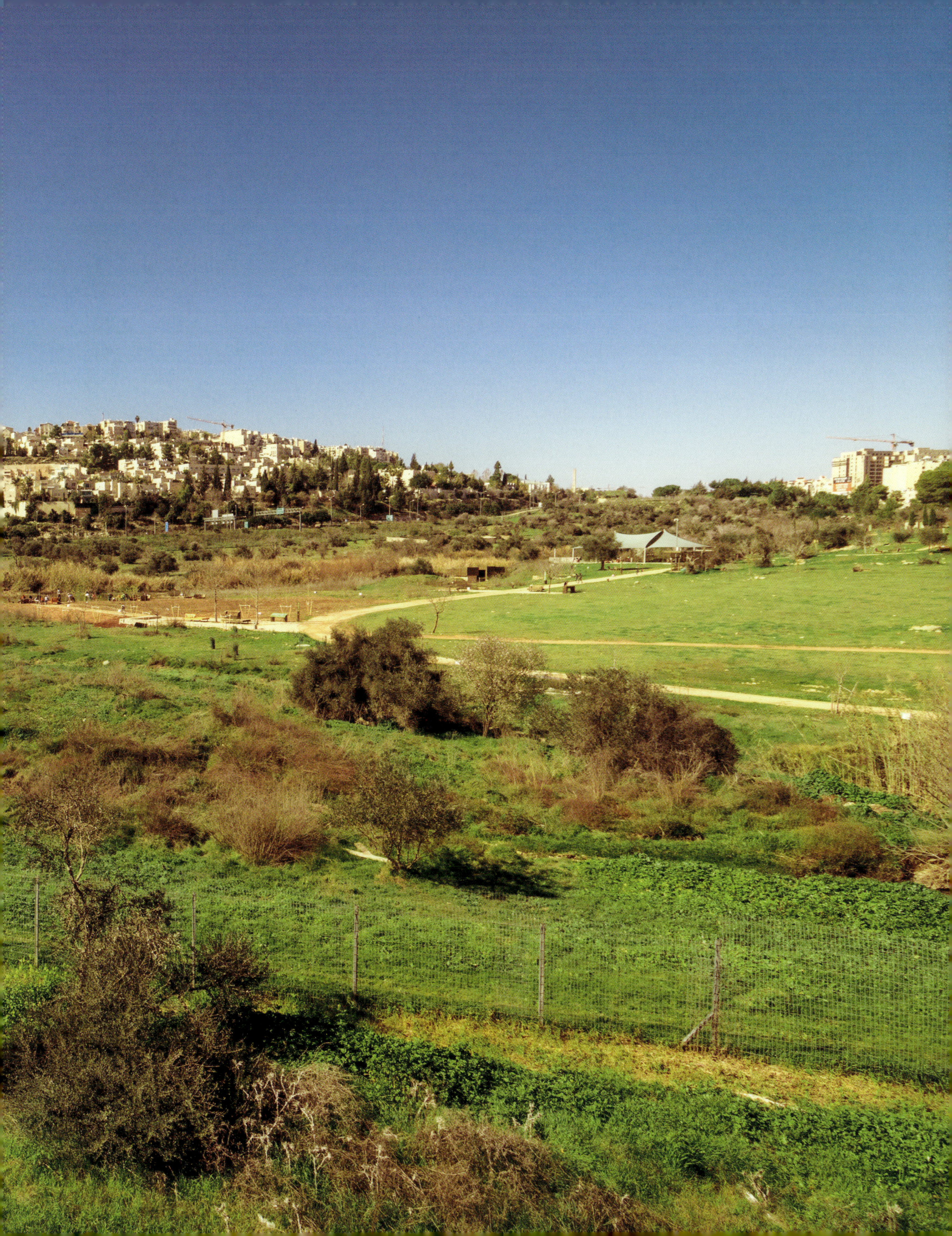

RENÉ MOAWAD GARDEN
Beirut

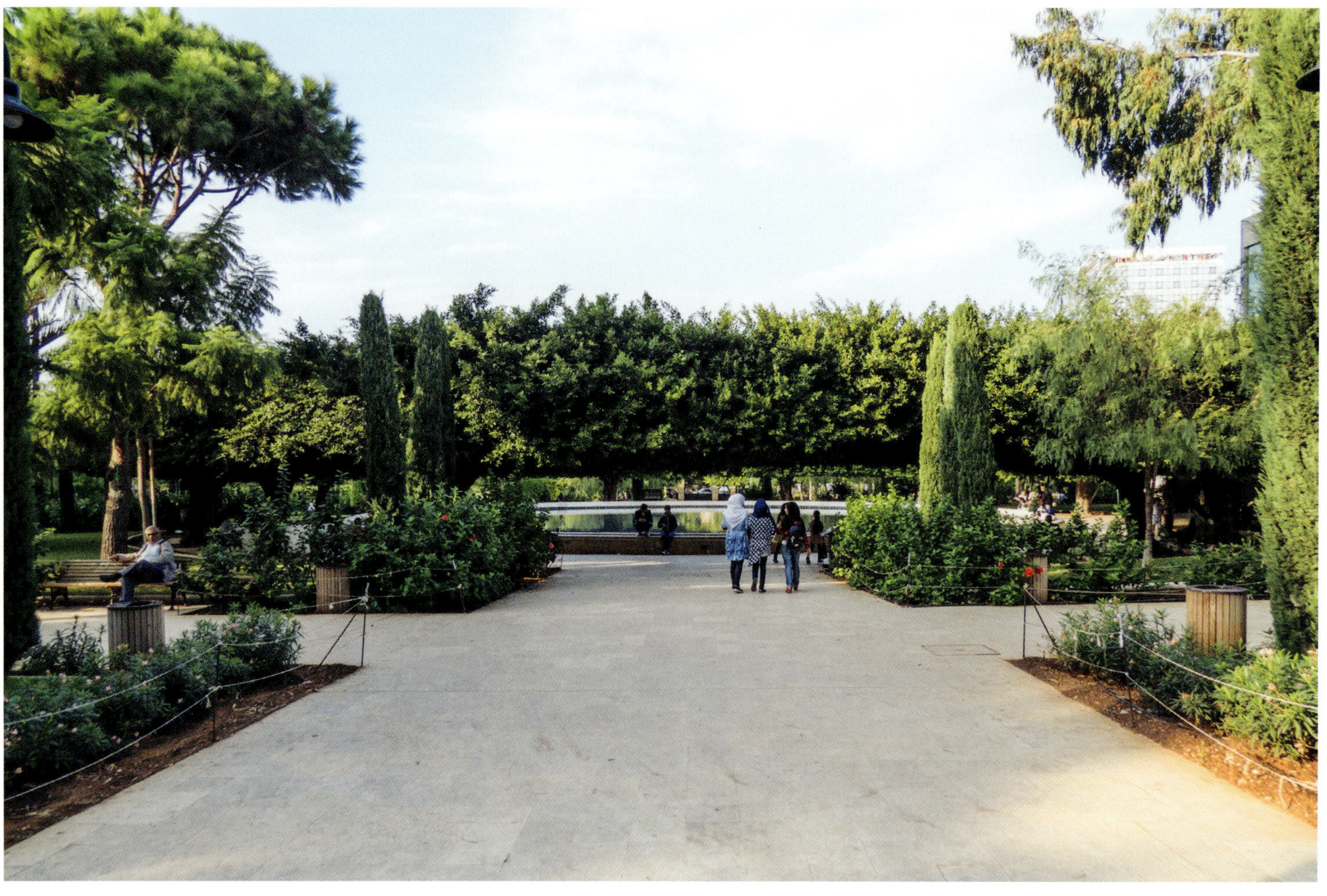

Opened in 1907 and formerly known as Sanayeh Garden,
René Moawad Garden is both one of the oldest and at the same
time one of the last public green spaces in Beirut.

Der René-Moawad-Garten, ehemals Sanayeh-Garten, wurde
1907 eröffnet und ist eine der ältesten und gleichzeitig eine der
letzten öffentlichen Grünanlagen Beiruts.

Spanning 160 acres in the middle of the city center, Safa Park
is one of the largest green spaces in Dubai, with wide open
spaces and tall trees surrounded by the city's towering skyline.

Der 64 Hektar große Safa Park mitten im Stadtzentrum ist eine
der größten Grünflächen Dubais, mit weiten Freiflächen und
hohen Bäumen vor der aufragenden Skyline der Stadt.

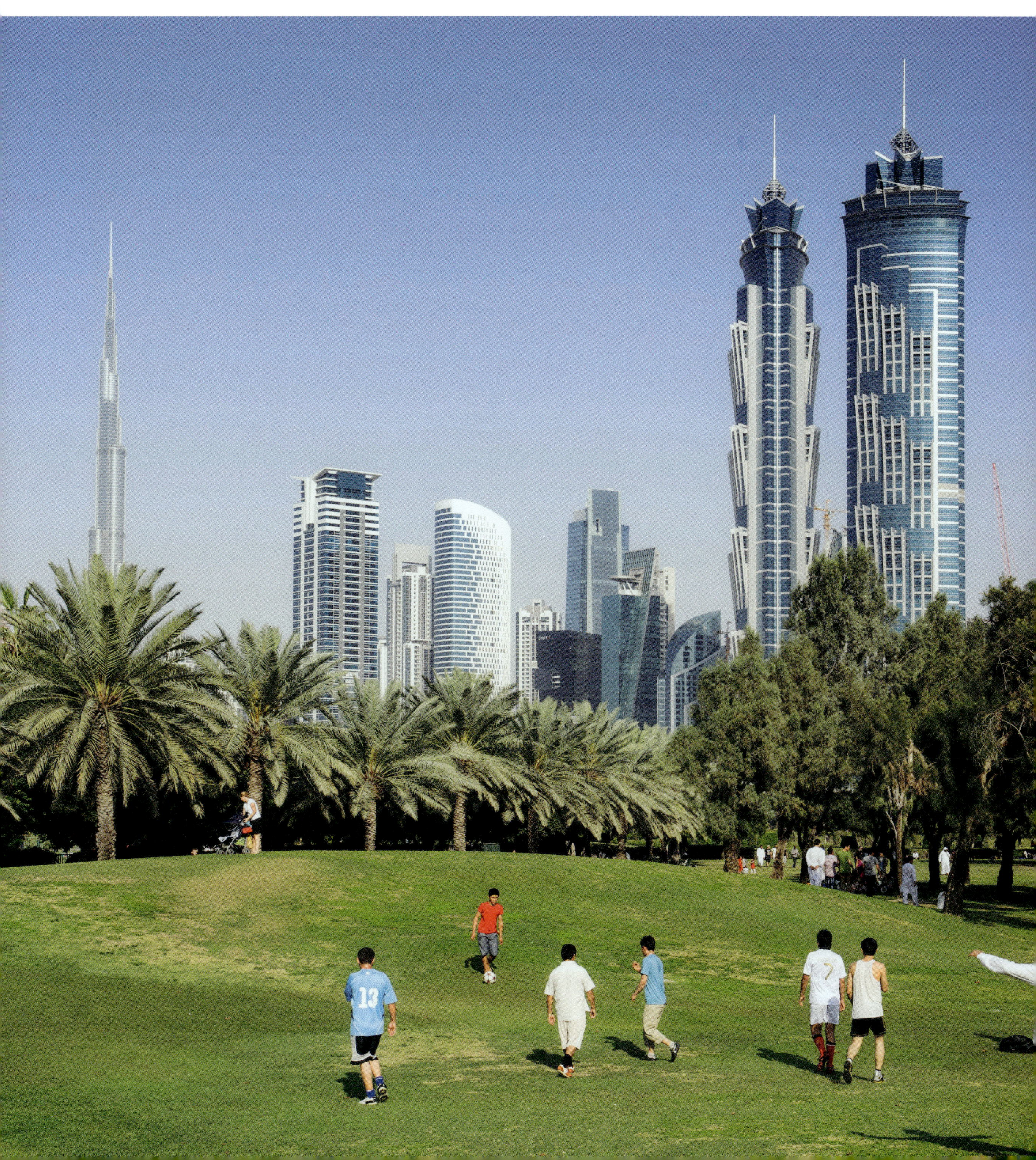

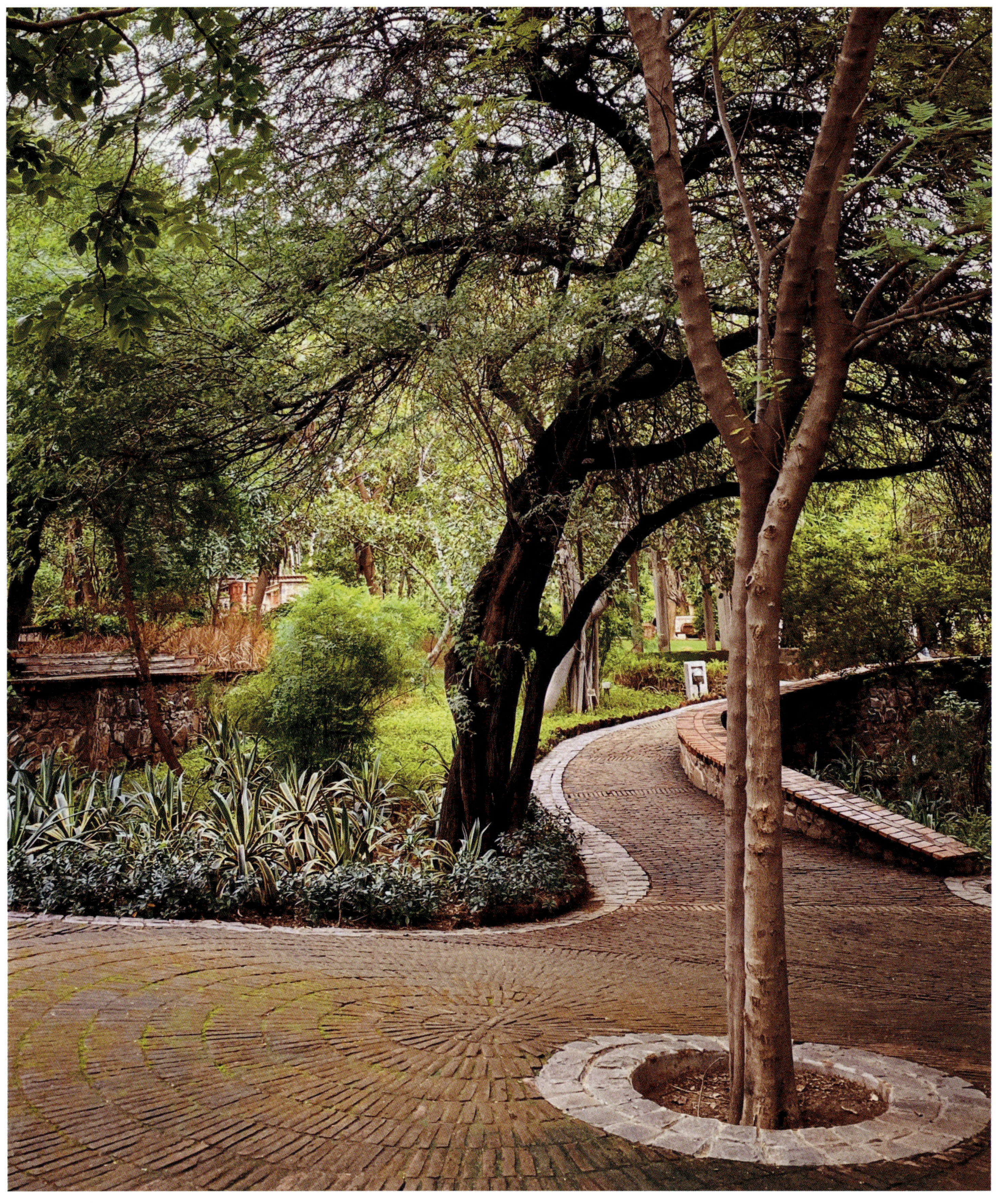

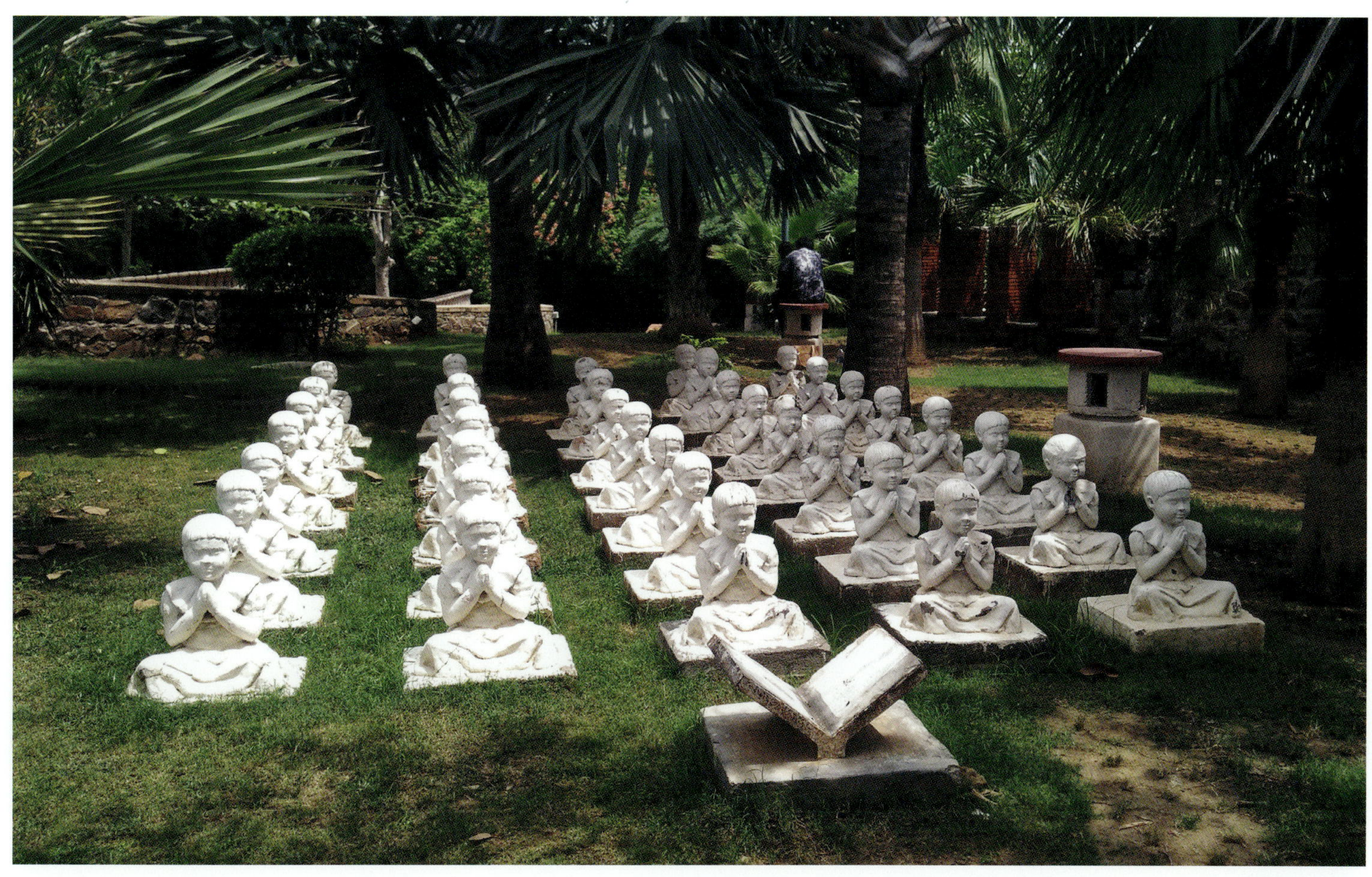

Covering an area of 20 acres, the Garden of Five Senses in Delhi offers a kaleidoscopic sensory experience incorporating plants, water, light, sound and much more. Visitors can walk through the park and experience different sensations, such as the sound of cascading water, the fragrance of flowers, and the taste of fresh fruits.

Auf einer Fläche von acht Hektar bietet der Garden of Five Senses in Delhi ein umfassendes sensorisches Erlebnis durch Elemente wie Pflanzen, Wasser, Licht und Klang. Besucher:innen können das Rauschen von Wasserfällen, den Duft von Blumen und den Geschmack frischer Früchte erleben.

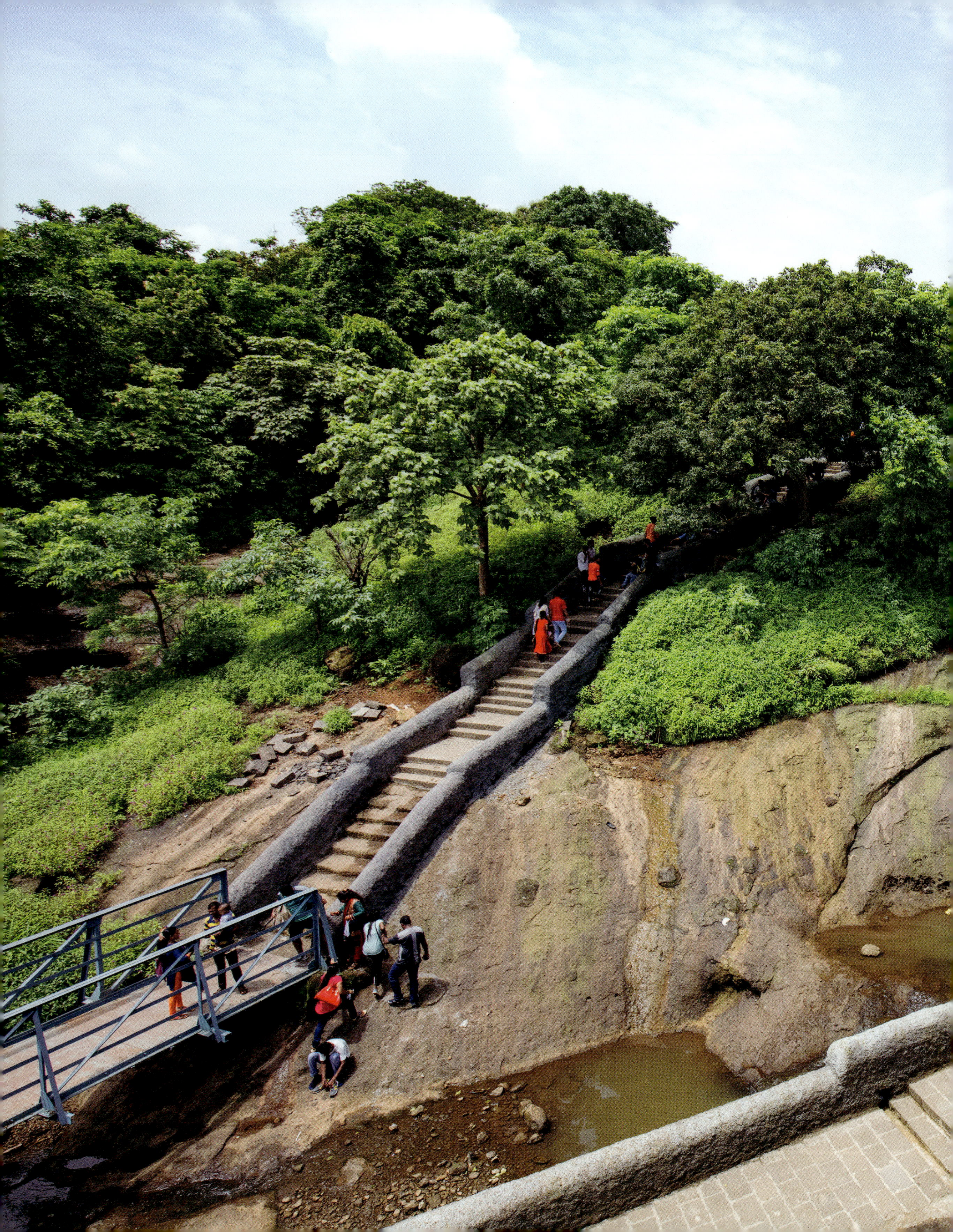

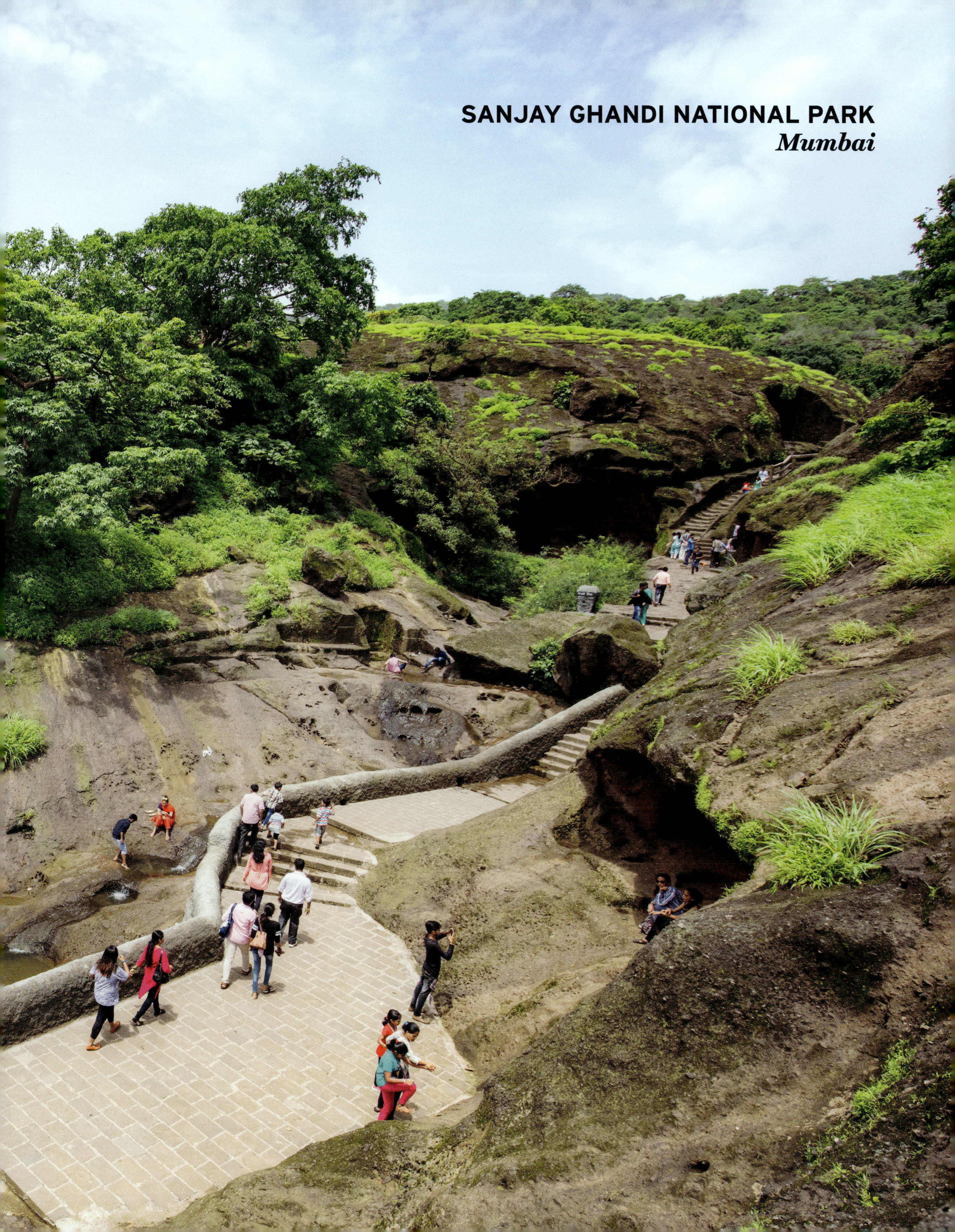
SANJAY GHANDI NATIONAL PARK
Mumbai

A once-forgotten cemetery that has been brought back to life, this park stands as an important symbol of urban renewal in the heart of Bangladesh's capital. Transformed in 2020 into the bustling community space now familiar to visitors, it offers sports courts, a special space for women's meetings, and convenient access to the nearby mosque.

Dieser Park – ein vergessener Friedhof, der nun zu neuem Leben erweckt wurde – ist ein wichtiges Symbol der Stadterneuerung im Herzen der Hauptstadt Bangladeschs. 2020 wurde er in einen belebten öffentlichen Raum umgewandelt, mit Sportplätzen, einem Treffpunkt für Frauen und einem bequemen Zugang zur Moschee.

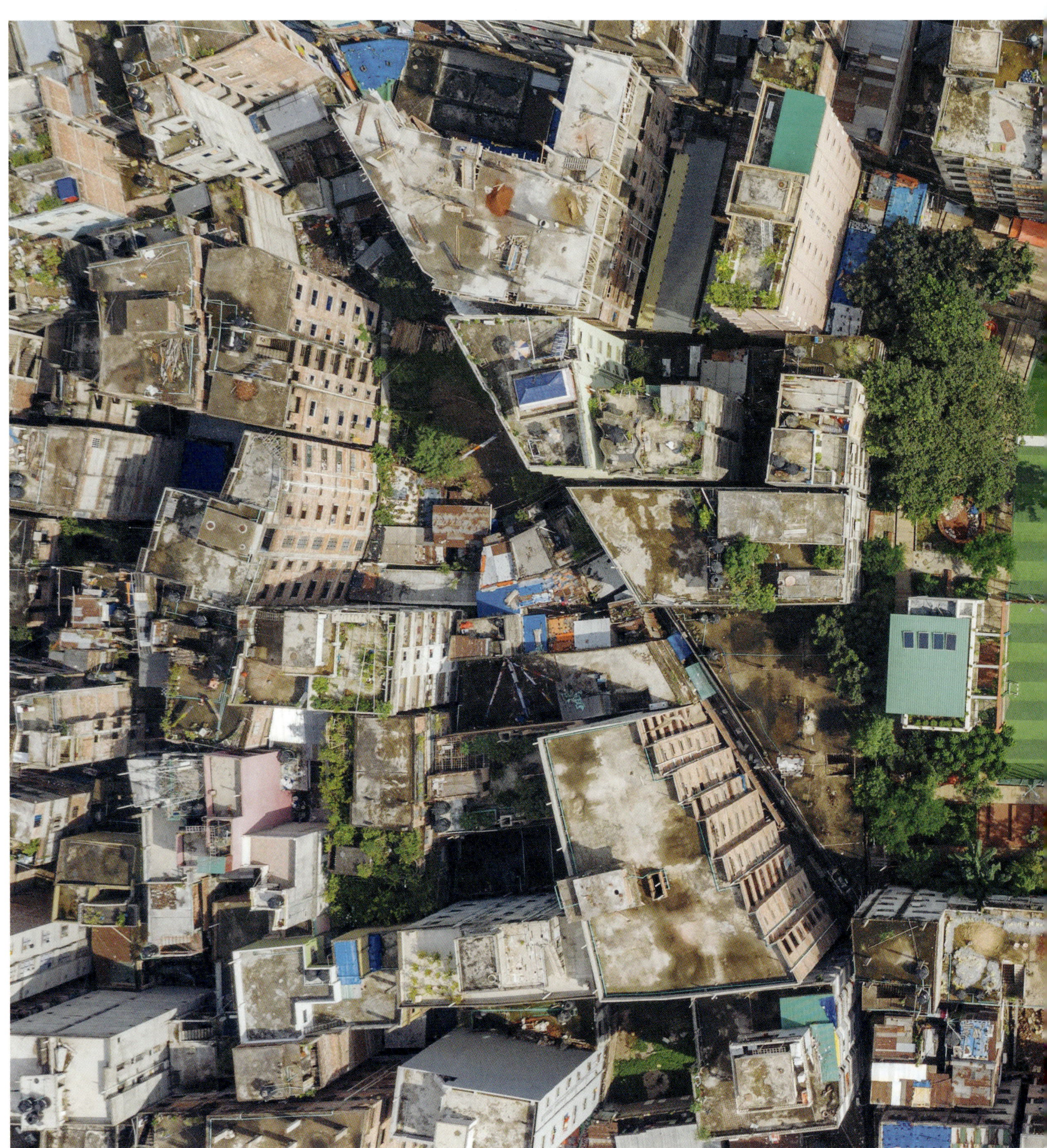

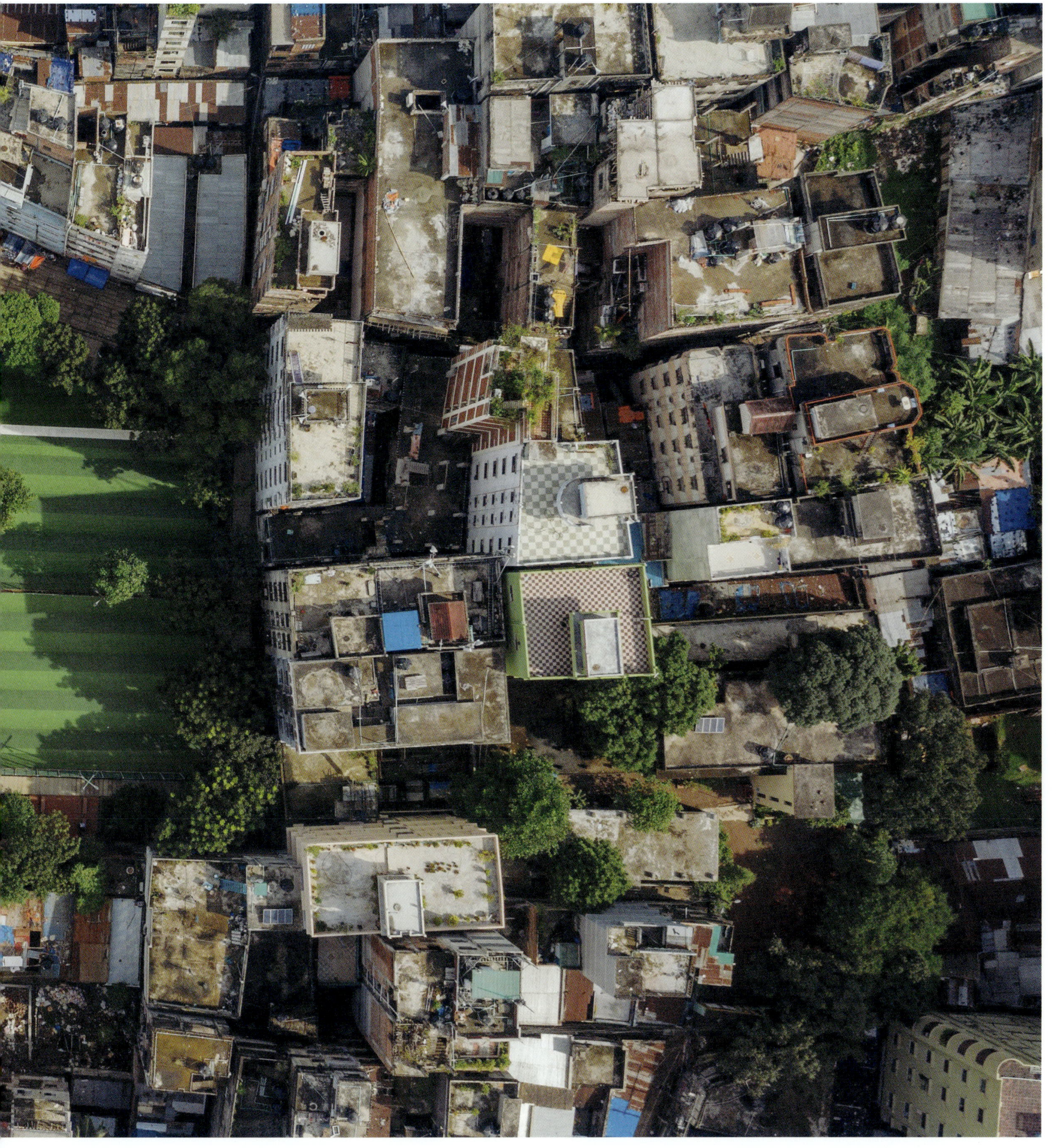

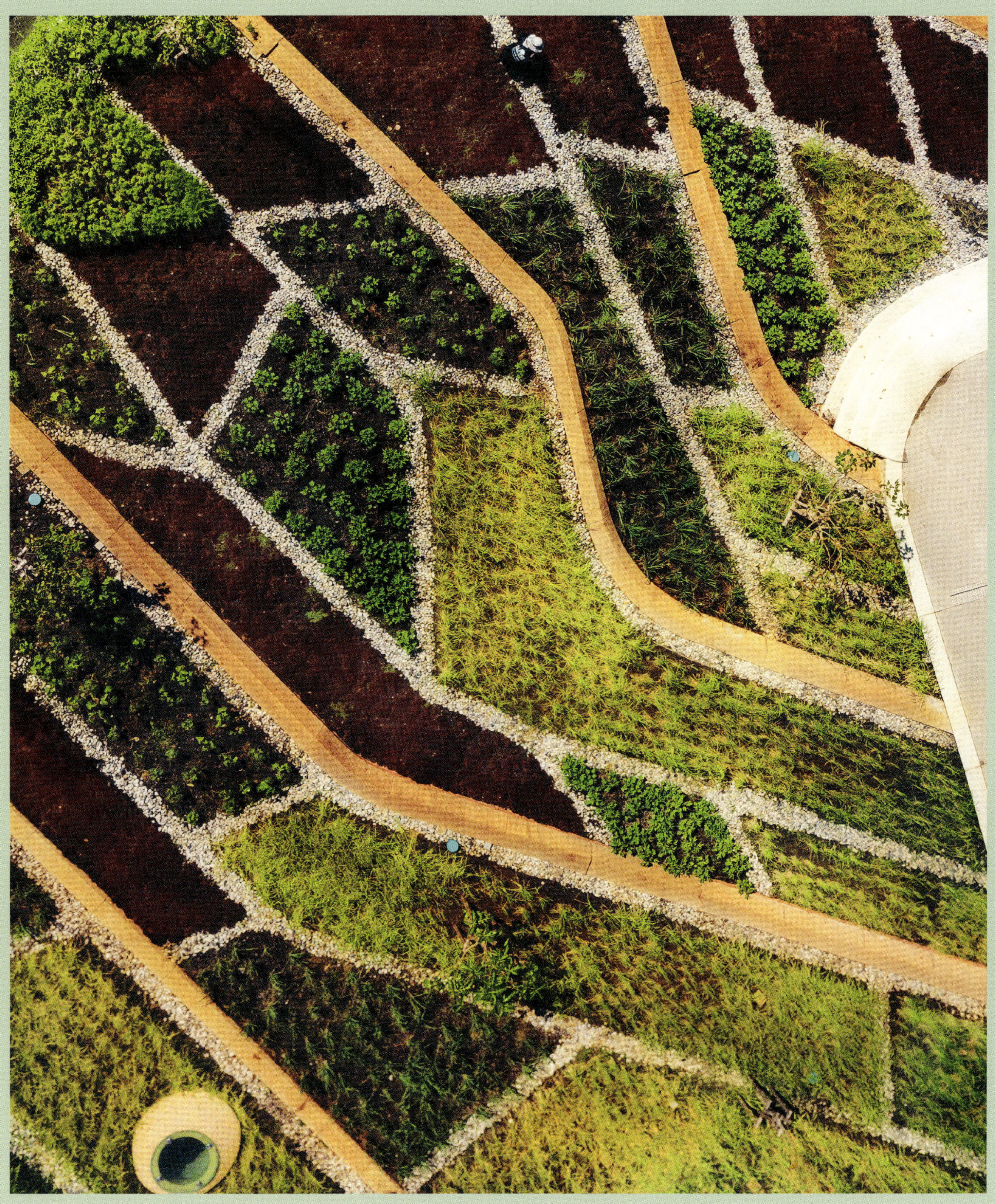

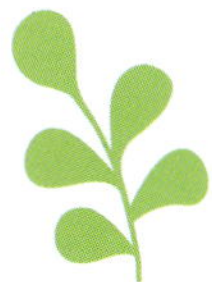

THAMMASAT UNIVERSITY URBAN ROOFTOP FARM
Bangkok

Overlooking a university campus amidst the suburban sprawl of Bangkok, Thammasat University Urban Rooftop Farm is a beacon of hope in the fight against the climate crisis. Opened in 2019, this 5.4-acre green space is Asia's largest urban rooftop farm, and showcases how traditional agriculture can be seamlessly merged with modern technology to create a sustainable and self-sufficient future.

Designed by the forward-thinking sustainable landscape architecture studio LANDPROCESS, which was founded by Kotchakorn Voraakhom, the farm's innovative design makes it a leader among climate-resilient projects worldwide. Mimicking the cascading rice terraces typical of Southeast Asia, the roof is able to absorb, filter and collect rainwater as well as slow runoff at a rate 20 times greater than conventional concrete roofs. And with over 40 varieties of edible plants, including vegetables, herbs, and fruit trees, the verdant paradise beneath produces over 80,000 organic meals each year for the university's students while also addressing the urgent issue of food insecurity.

Thammasat University Urban Rooftop Farm offers a vision of the transformative power of green spaces, modeling a future where cities thrive in harmony with the natural world.

Auf dem weitläufigen Campus am Stadtrand von Bangkok liegt die Thammasat University Urban Rooftop Farm, ein Hoffnungsschimmer im Kampf gegen die Klimakrise. Diese 2,2 Hektar große Grünfläche, die 2019 als größte urbane Dachfarm Asiens eröffnet wurde, zeigt, wie traditionelle Landwirtschaft nahtlos mit moderner Technologie verschmelzen kann, um eine nachhaltige und autarke Zukunft zu schaffen.

Die Farm wurde vom zukunftsweisenden Studio für nachhaltige Landschaftsarchitektur LANDPROCESS entworfen, gegründet wurde dieses von Kotchakorn Voraakhom. Mit ihrem innovativen Design ist sie ein Vorbild für klimaresistente Projekte weltweit: Das Dach, das den für Südostasien typischen Reisterrassen nachempfunden ist, ist in der Lage, Regenwasser zu absorbieren, zu filtern und zu sammeln sowie den Abfluss um das 20-fache im Vergleich mit herkömmlichen Betondächern zu verlangsamen. Mit über 40 verschiedenen essbaren Pflanzen, darunter Gemüse, Kräuter und Obstbäume, produziert dieses grüne Paradies jedes Jahr über 80 000 Bio-Mahlzeiten für die Studierenden der Universität und geht gleichzeitig das wichtige Problem der Ernährungsunsicherheit an.

Die städtische Dachfarm der Thammasat-Universität ist ein Beweis für die transformative Kraft von Grünflächen und bietet eine Vision für eine Zukunft, in der Städte in Harmonie mit der Natur wachsen.

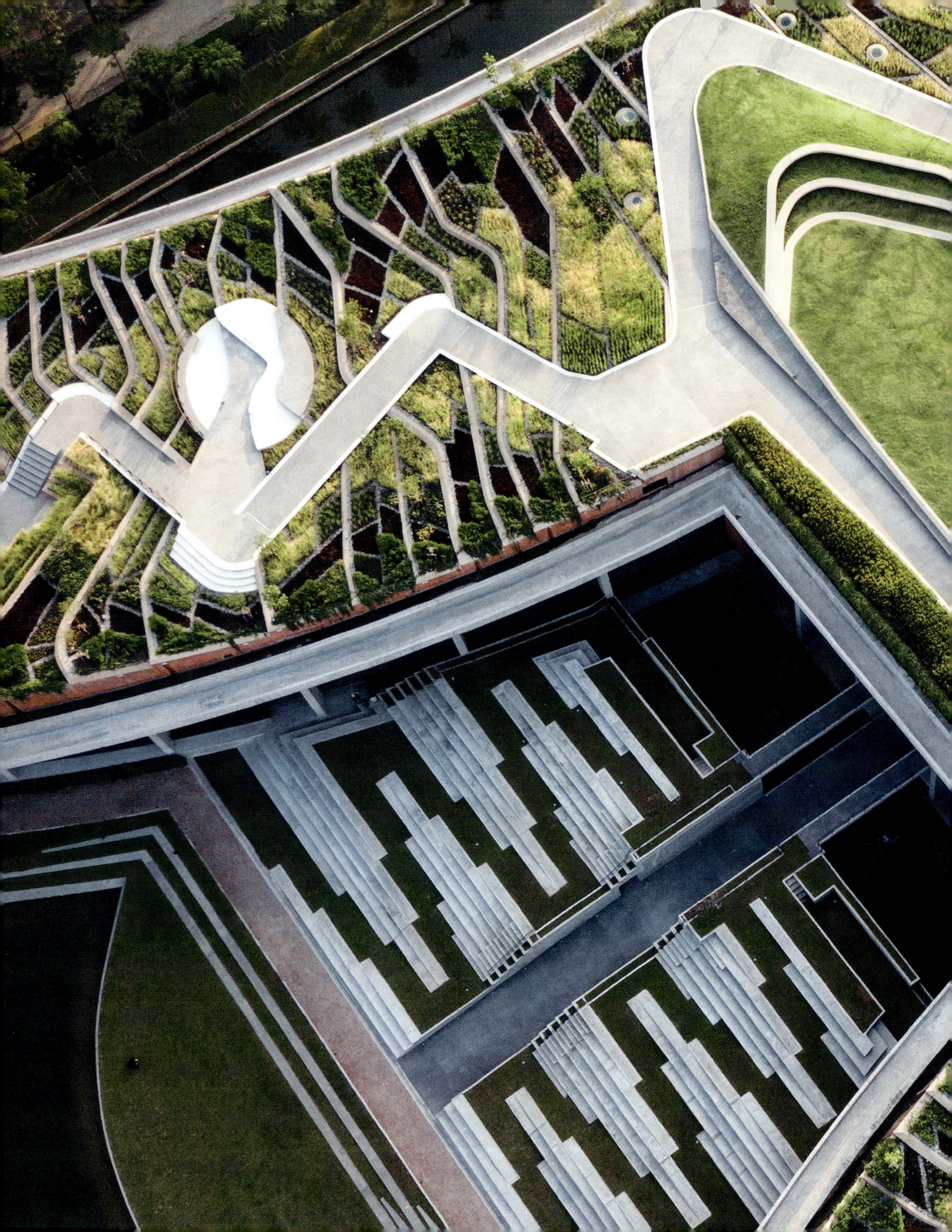

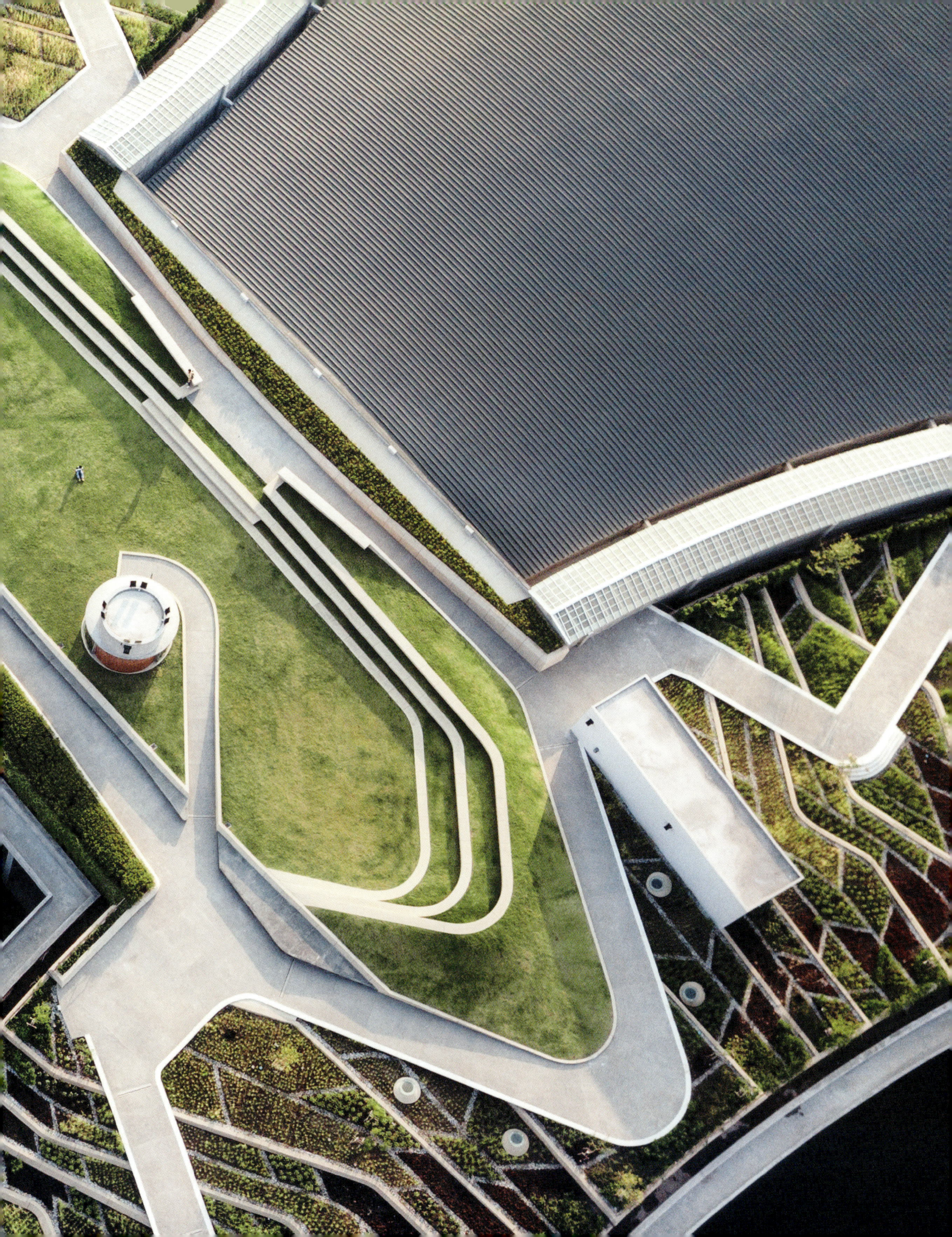

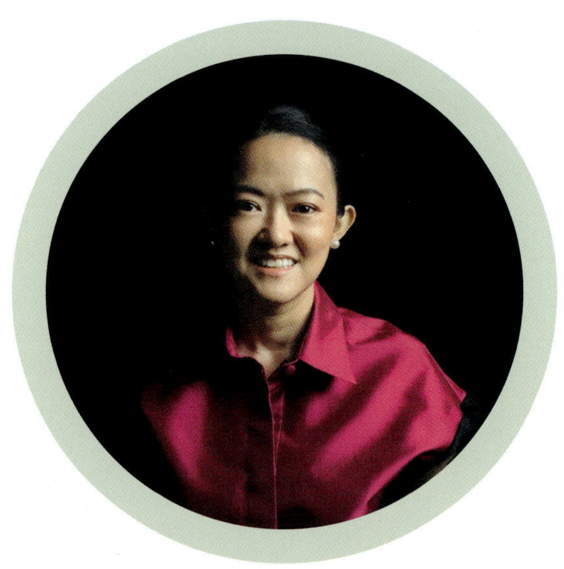

KOTCHAKORN VORAAKHOM
INTERVIEW

Where does the focus on sustainability come from in your work?

Growing up in a dense, traffic-filled city like Bangkok, I've always yearned to be close to nature. On the one hand, we need urban development to build the houses we live in, but on the other hand, we are destroying our collective home, nature, by doing so. As Olmsted strove for when he created Central Park, my mission is to find the balance between the two, and that's why I've chosen to become a landscape architect. But for me, this profession is not just a passion, it's also about compassion, an act of caring for others beyond oneself as part of a larger ecosystem.

How do you envision people experiencing your creations?

Our fundamental human needs have remained the same for thousands of years: water, food, shelter, and a connection with others and our surroundings. And regardless of how far technological advances have brought us, we still and will always rely on nature for these necessities. But as we all know today, the way we are accessing these resources is no longer sustainable—what and how we eat in many ways is destroying the hand that feeds us.

Woher kommt der Fokus auf Nachhaltigkeit in Ihrer Arbeit?

Ich bin in Bangkok aufgewachsen, einer dicht besiedelten, verkehrsreichen Stadt, und habe mich immer nach mehr Natur gesehnt. Auf der einen Seite brauchen wir Stadtentwicklung, um die Häuser zu bauen, in denen wir leben. Andererseits zerstören wir damit unser gemeinsames Zuhause, die Natur. So wie es schon Olmsted bei der Gestaltung des Central Parks in New York wichtig war, ist es auch meine Aufgabe, ein Gleichgewicht zwischen diesen beiden Polen zu finden, und deshalb habe ich mich für den Beruf der Landschaftsarchitektin entschieden. Aber für mich ist dieser Beruf nicht nur eine Leidenschaft – es geht mir auch um Empathie, um einen Akt der Fürsorge für andere statt nur für uns selbst. Wir sind alle Teil eines größeren Ökosystems.

Wie stellen Sie sich vor, dass die Menschen Ihre Kreationen erleben?

Unsere Grundbedürfnisse als Menschen haben sich seit Tausenden von Jahren nicht geändert: Wir brauchen Nahrung, ein Dach über dem Kopf und die Beziehungen zu unseren Mitmenschen und unserer Umgebung. Unabhängig davon, wie weit uns der technologische Fortschritt gebracht

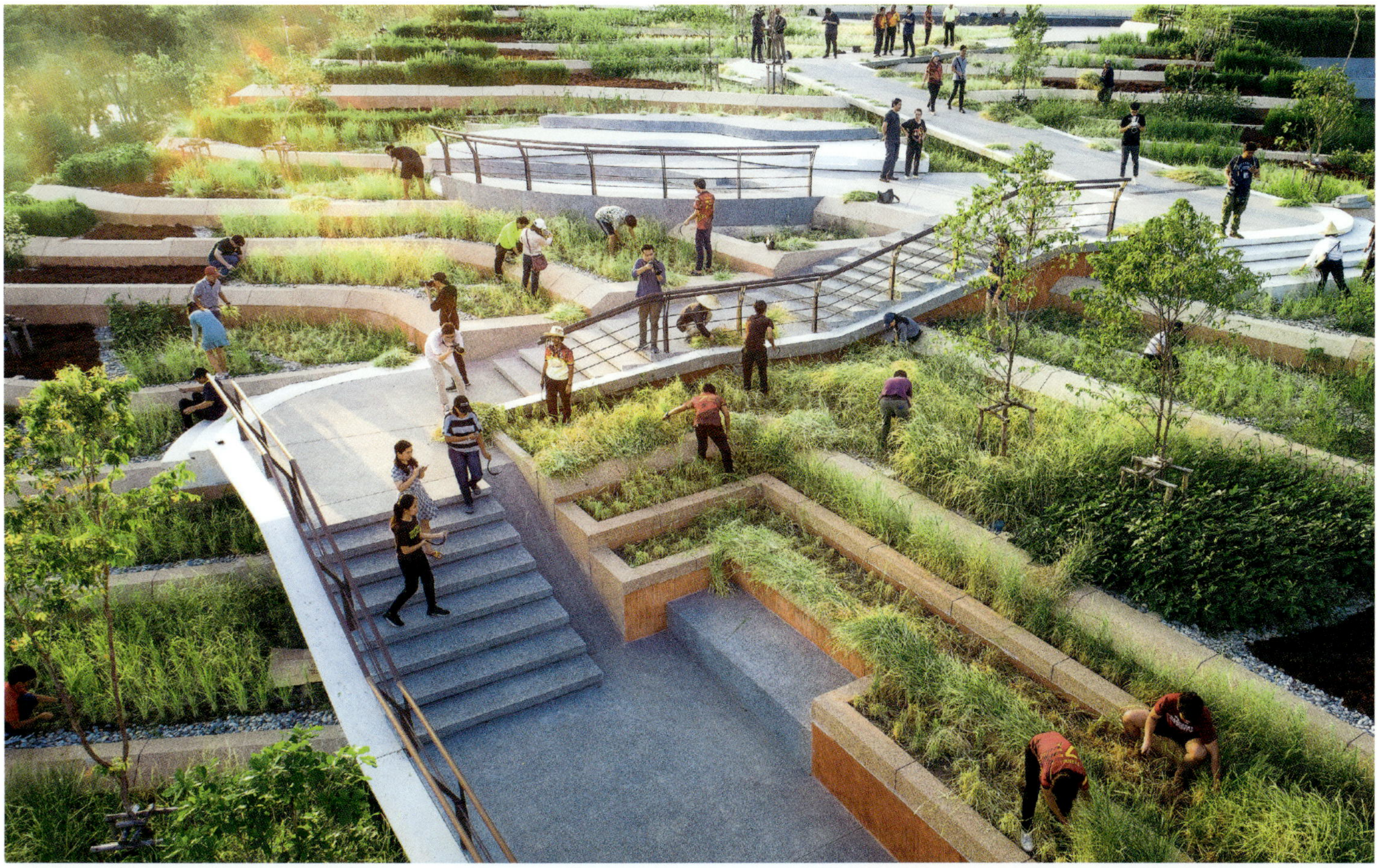

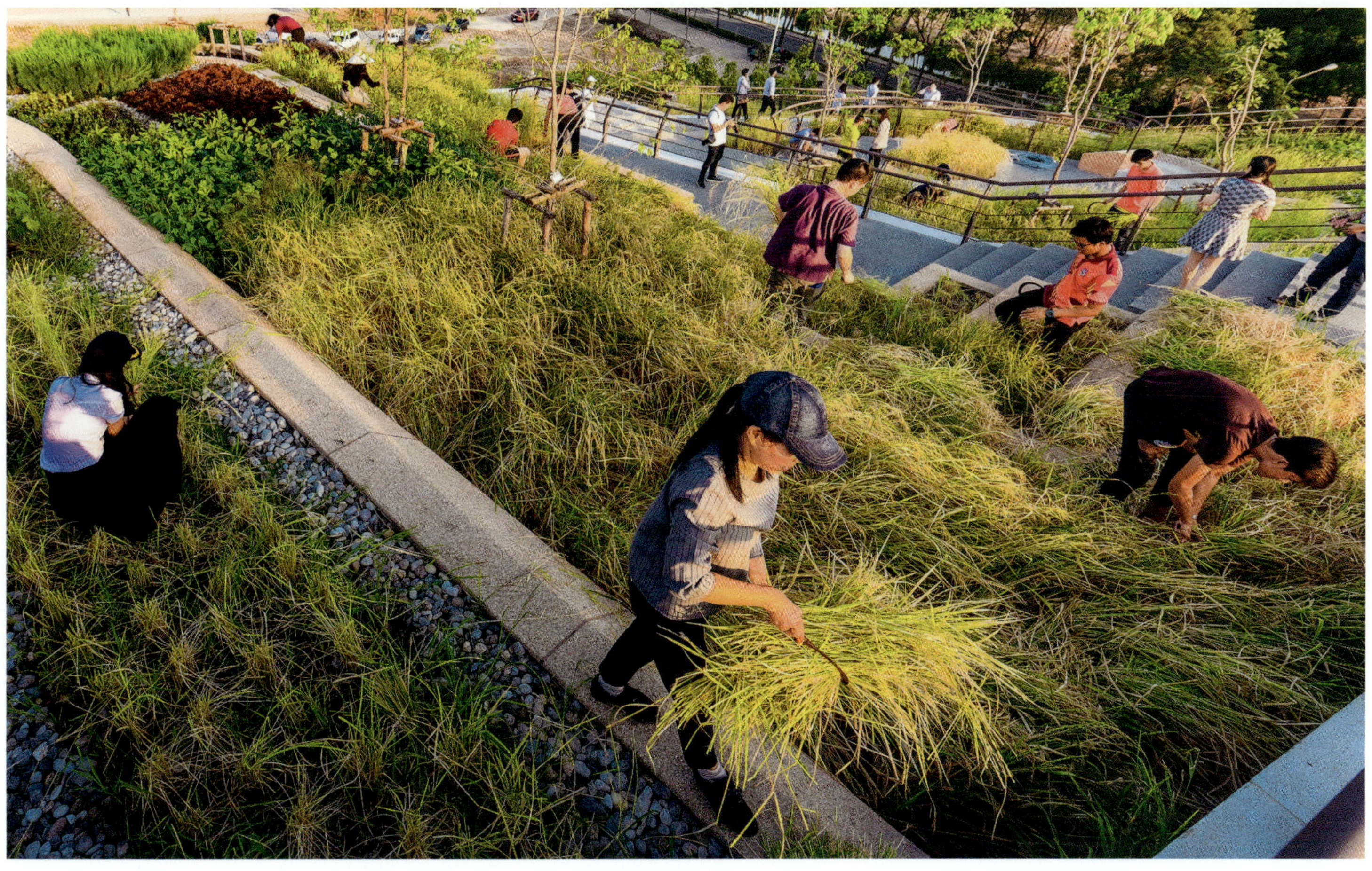

As landscape architects, I believe it's our job to solve this conundrum. We need to eat, but the challenge is no longer *just* about that—not just about how we grow food, but how we grow it so that our future generations can continue to do the same. When starting a new project, we need to ask ourselves what the real problem is and ensure that our solution doesn't create more problems. How can we build a park that provides green space while addressing urban heat islands and flooding? How can our projects benefit not only the people who pay us but also all other stakeholders involved? There's much we can learn from nature's mechanisms about multi-purpose design, as well as the generosity she gives to all who are part of her ecosystem. Our most important client is nature itself.

What is the role of the landscape architect in tackling the climate crisis?

As landscape architects, we remind our communities about the importance of nature even within our most urban human-centered settings. Most people may understand this, but our job is to translate this concept into tangible action. Our creations serve to remind our peers about our connection to nature, not just in our written history and cultural traditions but also in the way we live our present everyday lives. There is a lot of talk in politics about tackling climate change, but as practitioners, we must pave the path to acting more quickly, effectively, and collectively. We dream a lot about the kind of better world we could have, and we use our work to show that we can, in fact, create it together.

"Our most important client is nature itself"

What are some simple steps to greenifying cities?

Instead of thinking about how you'd like to have a big park, which doesn't happen very often, work with the space you have available. This might mean using a small area like a condominium balcony or a wall to grow your own vegetables. Life's most important things are simple: eating well, maintaining good relationships, and taking care of each other and the environment. Sometimes we forget this, but it's necessary to remember these things.

hat, sind und werden wir immer auf die Natur angewiesen sein. Aber wie wir alle heute wissen, ist die Art und Weise, wie wir auf diese Ressourcen zugreifen, nicht nachhaltig – was und wie wir essen, zerstört in vielerlei Hinsicht die Hand, die uns füttert.

Unsere Aufgabe als Landschaftsarchitekt:innen ist es, diese wirklich schwierige Aufgabe zu lösen. Wir müssen essen, aber es geht nicht mehr nur darum, wie wir Nahrung anbauen, sondern wie wir sie anbauen, damit künftige Generationen noch dasselbe tun können. Jedes Mal, wenn wir ein neues Projekt beginnen, müssen wir uns fragen, was das eigentliche Problem ist und sicherstellen, dass unsere Lösung nicht noch mehr Probleme schafft. Wie können wir einen Park bauen, der Grünflächen bietet und gleichzeitig das Problem städtischer Wärmeinseln und Überschwemmungen angeht? Wie können unsere Projekte nicht nur den Menschen zugutekommen, die uns bezahlen, sondern auch allen anderen Beteiligten? Wir können viel von der Natur lernen, von ihrem multifunktionalen Design und von ihrer Großzügigkeit gegenüber allen, die Teil ihres Ökosystems sind. Unser wichtigster Kunde ist die Natur selbst.

„Unser wichtigster Kunde ist die Natur selbst"

Welche Rolle spielen Landschaftsarchitekt:innen bei der Bewältigung der Klimakrise?

Als Landschaftsarchitekt:innen erinnern wir unsere Gemeinden daran, wie wichtig die Natur selbst in unserer städtischen, auf den Menschen ausgerichteten Umgebung ist. Die meisten würden dem wohl zustimmen, aber unsere Aufgabe ist es, dieses Konzept in konkrete Maßnahmen umzusetzen. Unsere Arbeit dient dazu, unsere Mitmenschen an unsere Verbundenheit mit der Natur zu erinnern, nicht nur aufgrund historischer oder kultureller Traditionen, sondern auch in der Art und Weise, wie wir unser tägliches Leben führen. In der Politik wird viel über die Bewältigung des Klimawandels geredet, aber als Gestalter:innen müssen wir schneller, effektiver und kollektiver handeln. Wir träumen viel von einer besseren Welt, und wir nutzen unsere Arbeit, um zu zeigen, dass wir sie tatsächlich gemeinsam schaffen können.

"It's time to simplify our mindsets and take action"

You've just returned from COP27. How do you look to the future?

We've been relying on top-down measures to address climate change, but it's been over 20 years and not much has happened. Now we're already talking about "loss and damage." Who will take care of these disasters, and which problems are the biggest? Is it flooding in Thailand, melting ice at the North Pole, or burning fossil fuels in cars in the US? It's a tough problem, but we can't just wait for policymakers to solve it. I understand that COP is an opportunity for countries in the Global South, including mine. We should take advantage of it, but also help ourselves. At the end of the day, we want a fair share of resources and access to capital. I know money can do a lot, but what can we do *right now*? When we still don't know where the money is and we've only heard about it? Maybe we'll only realize the extent of the problem when it's too late, like when Bangkok is submerged … We can do so many things now, so don't just rely on policymakers. We must rely on our wisdom and work with our neighbors to adapt to climate change. Adaptation is especially important because 80 percent of the world's population will live in cities. If we don't talk about adaptation, we ignore how to prevent loss and damage. We can adapt and mitigate at the same time, by growing plants and creating green solutions in our cities. It's time to simplify our mindsets and take action.

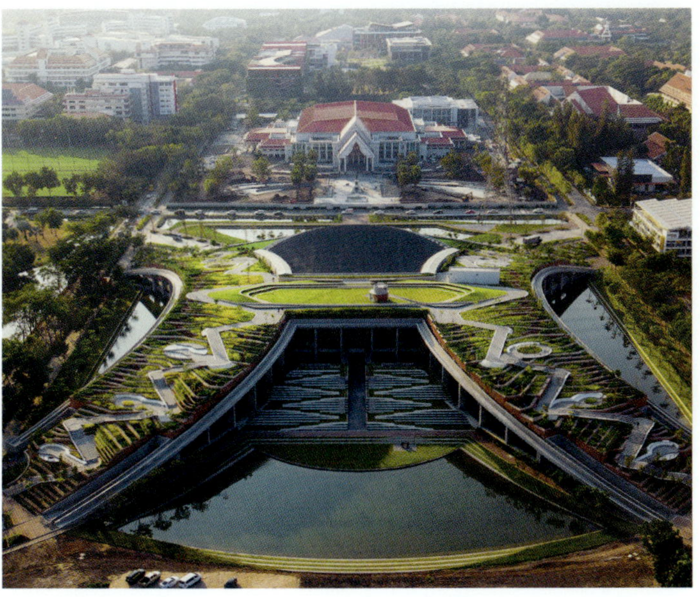

Mit welchen einfachen Maßnahmen kann man Städte grüner gestalten?

Anstatt darüber nachzudenken, wie man einen großen Park anlegen kann, was nicht wirklich oft vorkommt, sollte man mit dem vorhandenen Platz arbeiten. Das könnte bedeuten, eine kleine Fläche wie einen Balkon oder eine Mauer für den eigenen Gemüseanbau zu nutzen. Das Wichtigste im Leben sind die einfachen Dinge: sich gut zu ernähren, gute Beziehungen zu pflegen, gut miteinander umzugehen und sich um die Umwelt zu kümmern. Manchmal vergessen wir das, aber es ist wichtig, sich daran zu erinnern.

„Es ist an der Zeit, unser Denken zu vereinfachen und zu handeln"

Sie kommen gerade von der COP 27. Wie schauen Sie in die Zukunft?

Wir haben uns auf Top-Down-Maßnahmen zur Bekämpfung des Klimawandels konzentriert, aber es sind schon mehr als 20 Jahre vergangen und es ist nicht viel passiert. Jetzt sprechen wir bereits über „Verluste und Schäden". Wer wird sich um diese Katastrophen kümmern und was sind die größten Probleme? Sind es die Überschwemmungen in Thailand, das Schmelzen des Eises am Nordpol oder die Verbrennung von fossilen Treibstoffen in den USA? Es ist ein schwieriges Problem, aber wir können nicht einfach darauf warten, dass die Politik es löst. Ich verstehe, dass die COP eine Chance für die Länder des Globalen Südens ist, auch für mein Land. Wir sollten sie nutzen, aber wir sollten uns auch selbst helfen. Letztlich wollen wir einen fairen Anteil an den Ressourcen und Zugang zu Kapital. Ich weiß, dass man mit Geld viel erreichen kann, doch was können wir *jetzt tun*? Solange wir nicht wissen, wo das Geld ist und wir bisher nur davon gehört haben? Vielleicht erkennen wir das Ausmaß des Problems erst, wenn es zu spät ist und Bangkok bereits überflutet ist … Es gibt so viele Dinge, die wir jetzt tun können, wir sollten uns nicht auf die Politiker verlassen. Wir müssen auf uns vertrauen und mit unseren Nachbarn zusammenarbeiten, um uns an den Klimawandel anzupassen. Die Anpassung ist besonders wichtig, weil 80 Prozent der Weltbevölkerung in Städten leben werden. Wenn wir nicht über Anpassung sprechen, ignorieren wir, wie Verluste und Schäden vermieden werden können. Wir können uns gleichzeitig anpassen und den Klimawandel abmildern, indem wir Pflanzen anbauen und grüne Lösungen in unseren Städten schaffen. Es ist an der Zeit, unser Denken zu vereinfachen und zu handeln.

An inclined sustainable oasis designed by LANDPROCESS in 2017 to address challenges of the climate crisis: with rain gardens, a raised green roof and a constructed wetland, this park features nature-inspired components which integrate environmental functions into interactive recreational spaces like an herb garden, water playground and meditation path.

LANDPROCESS entwarf 2017 diese nachhaltige Großstadtoase, um den Klimaherausforderungen etwas entgegen zu setzen. Der abschüssige Park verfügt über ein erhöhtes Gründach, Regengärten und ein künstliches Feuchtgebiet. Außerdem gibt es interaktive Bereiche wie einen Kräutergarten, einen Wasserspielplatz und einen Meditationspfad.

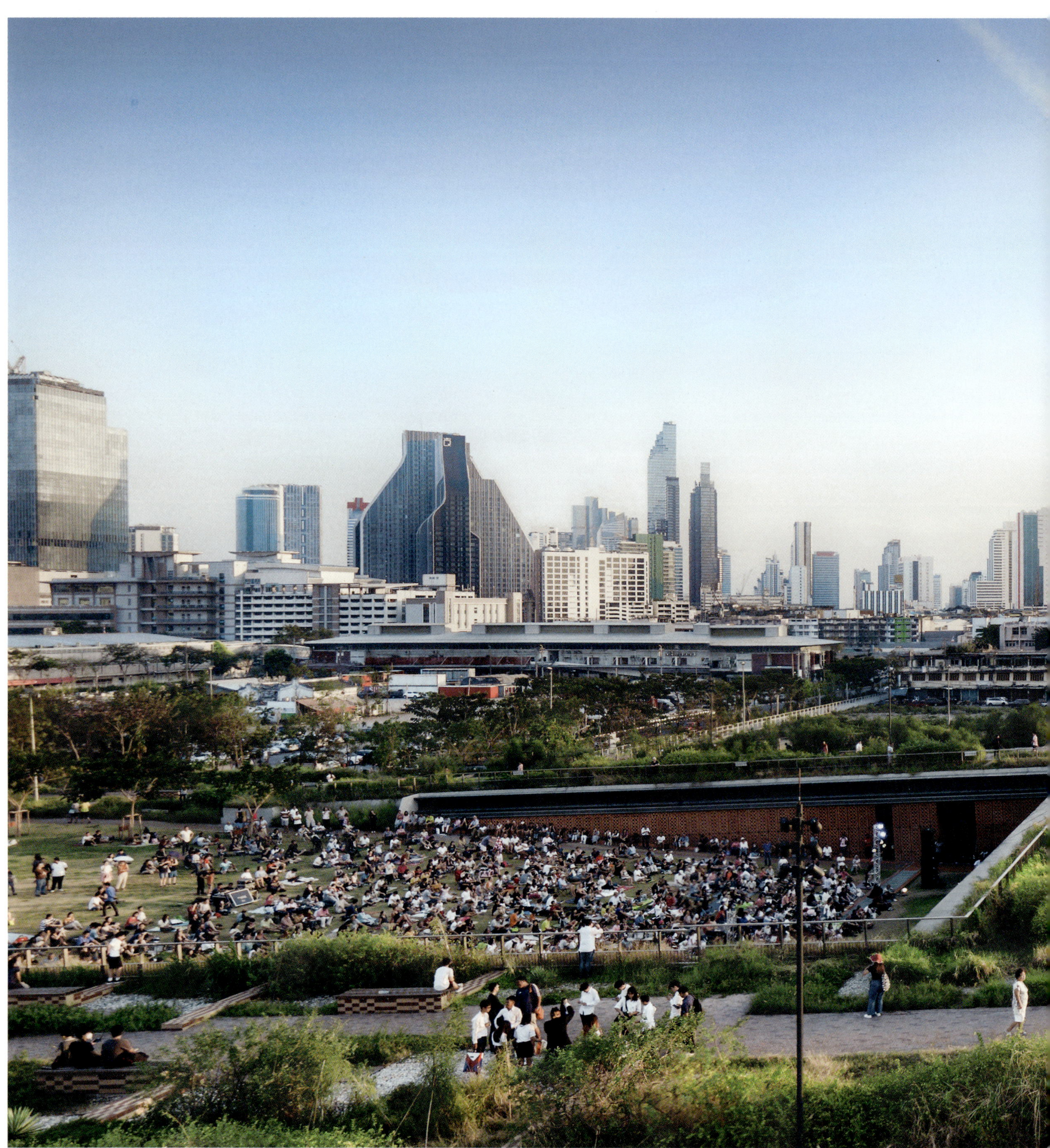

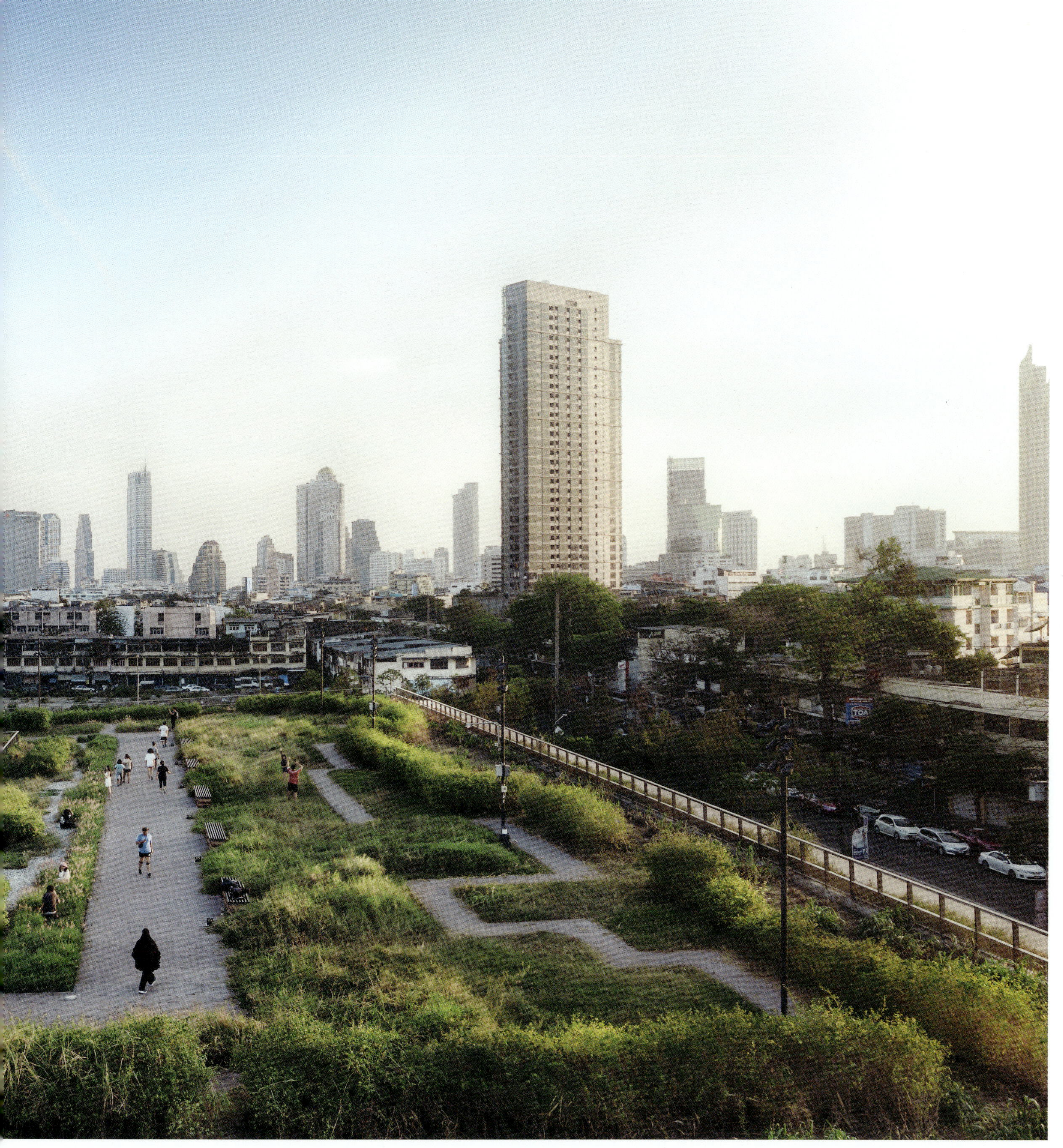

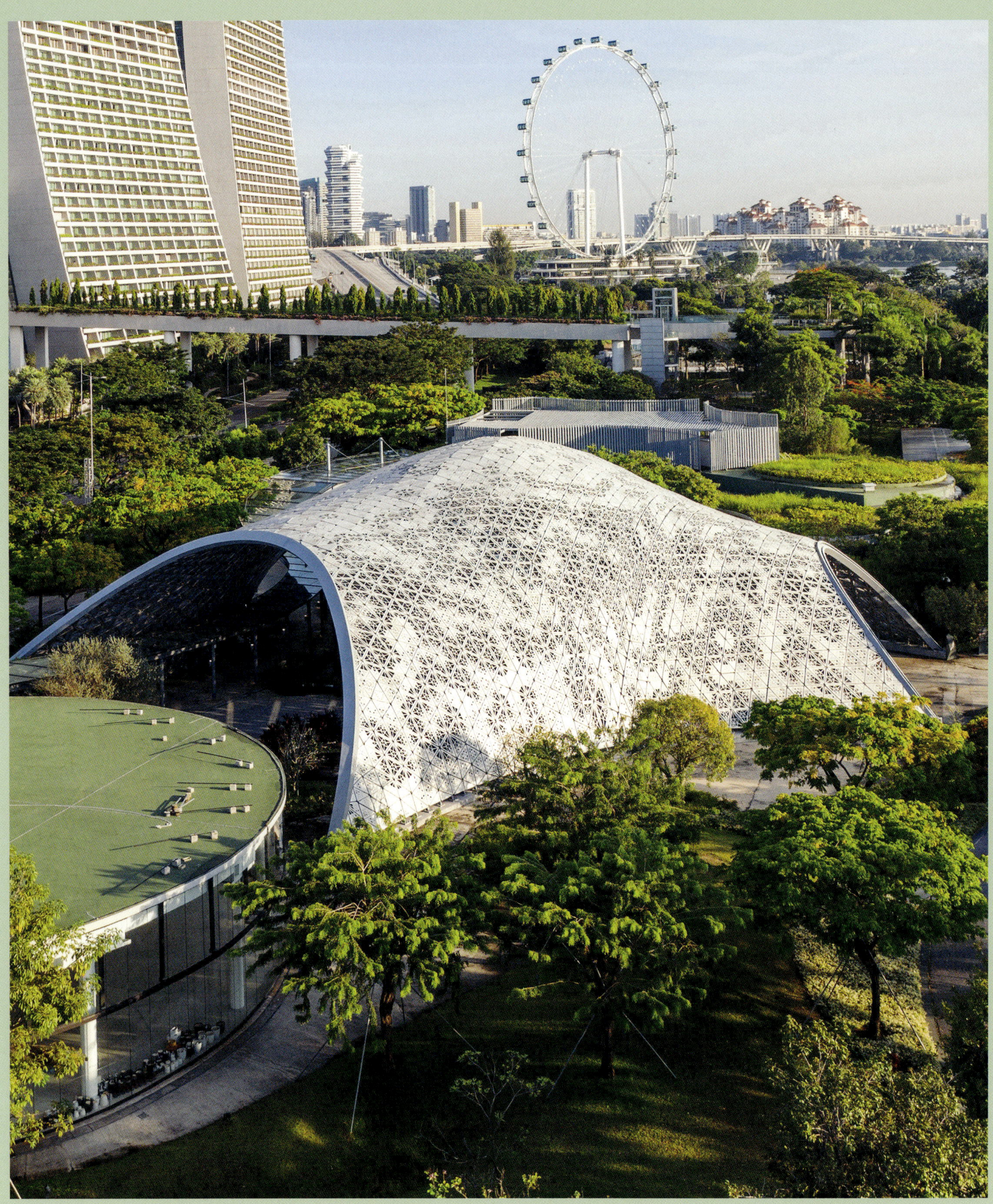

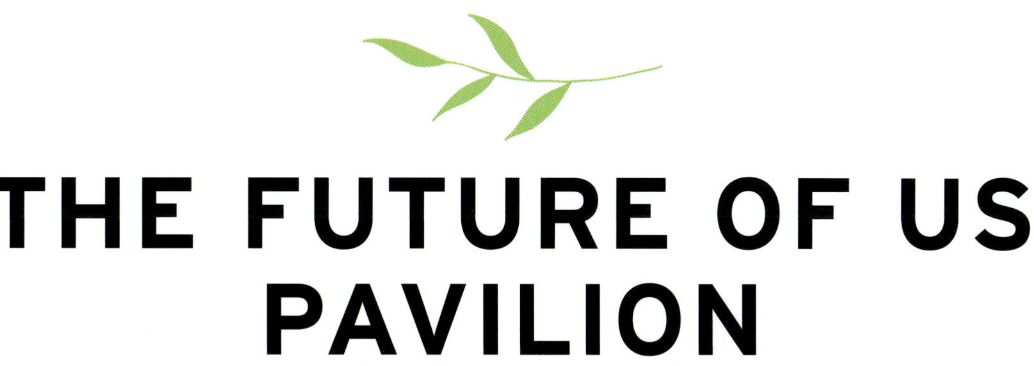

THE FUTURE OF US PAVILION

Singapore

The Future of Us Pavilion is a state-of-the-art structure set within Singapore's iconic Gardens by the Bay and designed in 2015 by the forward-thinking Advanced Architecture Laboratory, an award-winning studio at the Singapore University of Technology and Design (SUTD).

Designed to create a comfortable oasis in the midst of Singapore's hot and humid climate, this innovative structure boasts a perforated aluminum skin that allows for natural ventilation and cooling—with extremely climate-friendly results. Utilizing an algorithm to perforate each of its approximately 11,000 panels in response to sunlight, the pavilion is able to maintain a cool temperature without the need for polluting air conditioning systems; its unique form allowed for optimal material usage and reduced waste during construction and minimizes carbon emissions during everyday use.

The pavilion plays host to various public festivals and events, drawing in visitors from all over the city, and the Advanced Architecture Laboratory continues to push the boundaries of what is possible in the architecture of the cities of tomorrow.

Der Future of Us Pavilion ist eine moderne Konstruktion in Singapurs ikonischen Gardens by the Bay, der 2015 vom zukunftsweisenden Advanced Architecture Laboratory entworfen wurde, einem preisgekrönten Studio der Singapore University of Technology and Design (SUTD).

Mit dem Ziel, eine angenehme Atmosphäre inmitten des heißen und feuchten Klimas von Singapur zu schaffen, verfügt dieser innovative Pavillon über eine perforierte Aluminiumhaut, die eine natürliche Belüftung und Kühlung ermöglicht – für ein besonders klimafreundliches Design. Mithilfe eines Algorithmus, der die über 11 000 unterschiedlichen Paneele nach ihrem spezifischen Ort und je nach Sonneneinstrahlung perforiert, ist der Pavillon in der Lage, ohne umweltschädliche Klimaanlagen eine angenehme Temperatur aufrechtzuerhalten. Seine einzigartige Form ermöglichte eine optimale Materialnutzung, wodurch die Abfallmenge beim Bau reduziert und die CO_2-Emissionen minimiert wurden.

Der Pavillon ist Schauplatz verschiedener öffentlicher Feste und Veranstaltungen, die Besucher:innen aus der ganzen Stadt anziehen. Das Advanced Architecture Laboratory verschiebt die Grenzen dessen, was in der Architektur der Städte von morgen möglich ist, immer weiter.

ADVANCED ARCHITECTURE LABORATORY

Q&A

What inspired you for this particular design?

Located in the Gardens by the Bay in Singapore, The Future of Us Pavilion follows the tradition of architectural structures that evoke a dialogue with nature by blending an intricate form made of a perforated skin fluidly with the adjacent environments. The inspiration for the design was the environmentally comfortable and visually beautiful experience of walking under the foliage of lush trees in the tropics.

How does concern for the environment influence your work?

There is a clear mathematical logic to the design of the Pavilion that was determined by extensive environmental simulations and structural optimizations. The analyses and their application to a detailed computational model led to an optimum solution for its environmental performance (perceived temperatures in the Pavilion can be up to 20 degrees Celsius lower than in its surroundings; this is achieved through highly calibrated passive design measures only) as well as structural form and pattern. Material usage was optimized, and the embodied carbon footprint was minimized, pointing the way forward for the building industry to adopt similar "green" design tools and methods in the future.

What do you hope for the future in terms of urban design?

The hot and humid climate of the tropics often dissuades people from visiting public spaces, including parks. To enhance visitor comfort, we need to provide urban forms that are designed with climatic factors in mind. In the case of The Future of Us Pavilion, the analyses and their application to a detailed computational model led to an optimum solution for the form and pattern of the Pavilion. The result is a contemporary aesthetic and functional form of urban design that is determined by thorough environmental analyses.

Was hat Sie zu diesem besonderen Entwurf inspiriert?

Der The Future of Us Pavillion in den Gardens by the Bay in Singapur steht in der Tradition architektonischer Strukturen, die einen Dialog mit der Natur herstellen, indem sie eine komplexe Form aus perforierter Haut fließend mit den angrenzenden Umgebungen verschmelzen lassen. Die Inspiration für den Entwurf war die umweltfreundliche und visuell schöne Erfahrung, unter dem Blätterdach der üppigen Bäume in den Tropen zu spazieren.

Wie beeinflusst die Sorge um die Umwelt Ihre Arbeit?

Der Entwurf des Pavillons folgte einer klaren, mathematischen Logik, die durch umfangreiche Umweltsimulationen und strukturelle Optimierungen bestimmt wurde. Die Analysen und ihre Anwendung auf ein detailliertes Computermodell führten zu einer optimalen Lösung für seine umweltfreundliche Leistung (die gefühlten Temperaturen im Pavillon können bis zu 20 Grad Celsius unter der Umgebungstemperatur liegen; das wird ausschließlich durch hochkalibrierte passive Designmaßnahmen erreicht) sowie für die strukturelle Form und das Muster. Der Materialeinsatz wurde optimiert und der CO_2-Fußabdruck minimiert, ein Beispiel für die Bauindustrie, in Zukunft ähnliche „grüne" Designtools und -methoden einzusetzen.

Was erhoffen Sie sich für die Zukunft der Stadtgestaltung?

Das feucht-heiße Klima der Tropen hält die Menschen oft davon ab, öffentliche Räume wie Parks aufzusuchen. Um den Komfort für die Besucher:innen zu erhöhen, müssen wir urbane Formen schaffen, die unter Berücksichtigung der klimatischen Faktoren entworfen werden. Im Fall des Pavillons The Future of Us führten die Analysen und ihre Anwendung zu einem detaillierten Berechnungsmodell und zur optimalen Lösung in Bezug auf die Form und das Muster des Pavillons. Das Ergebnis ist eine zeitgemäße ästhetische und funktionale Stadtgestaltung, die durch sorgfältige Umweltanalysen bestimmt wird.

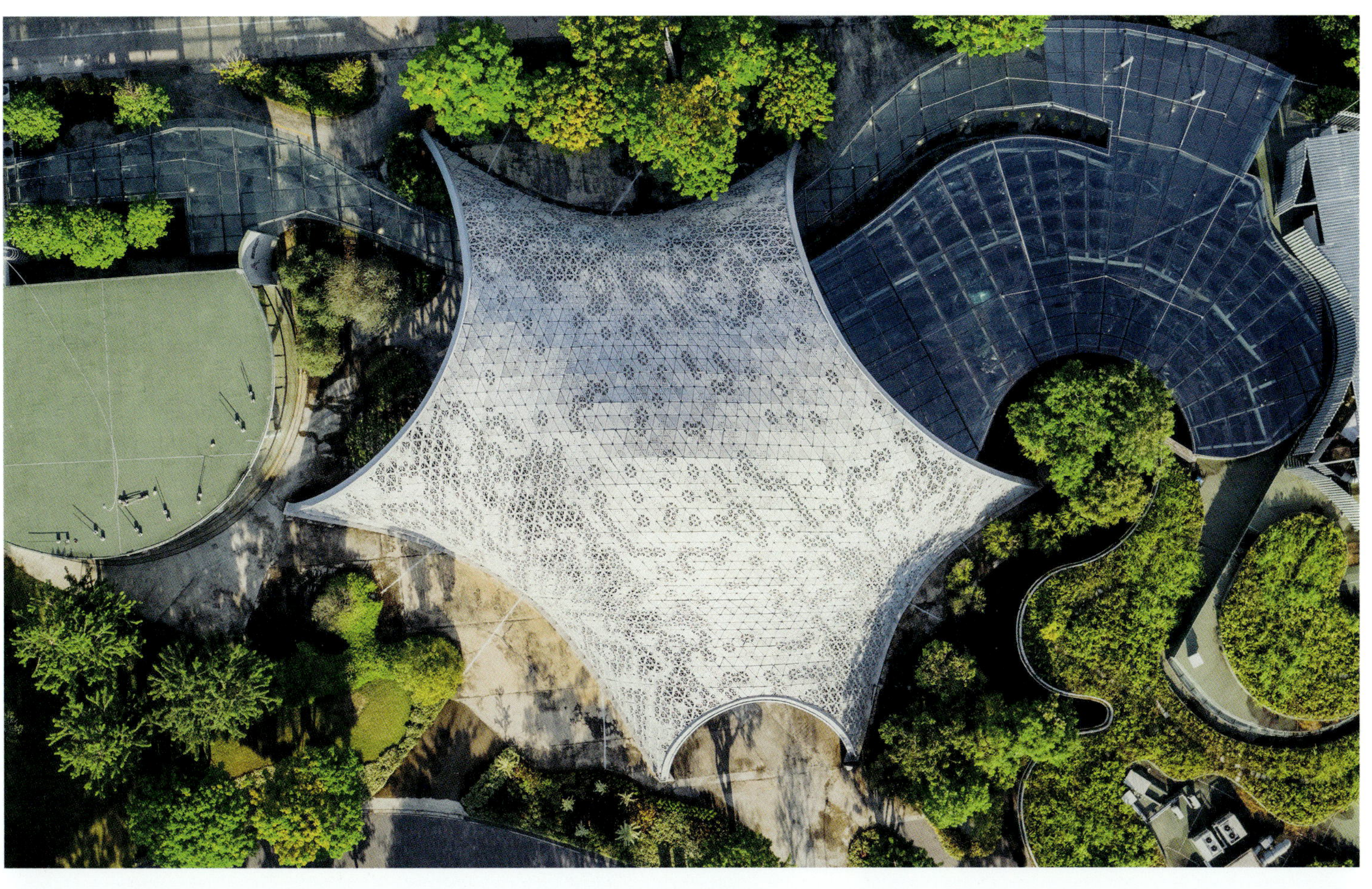

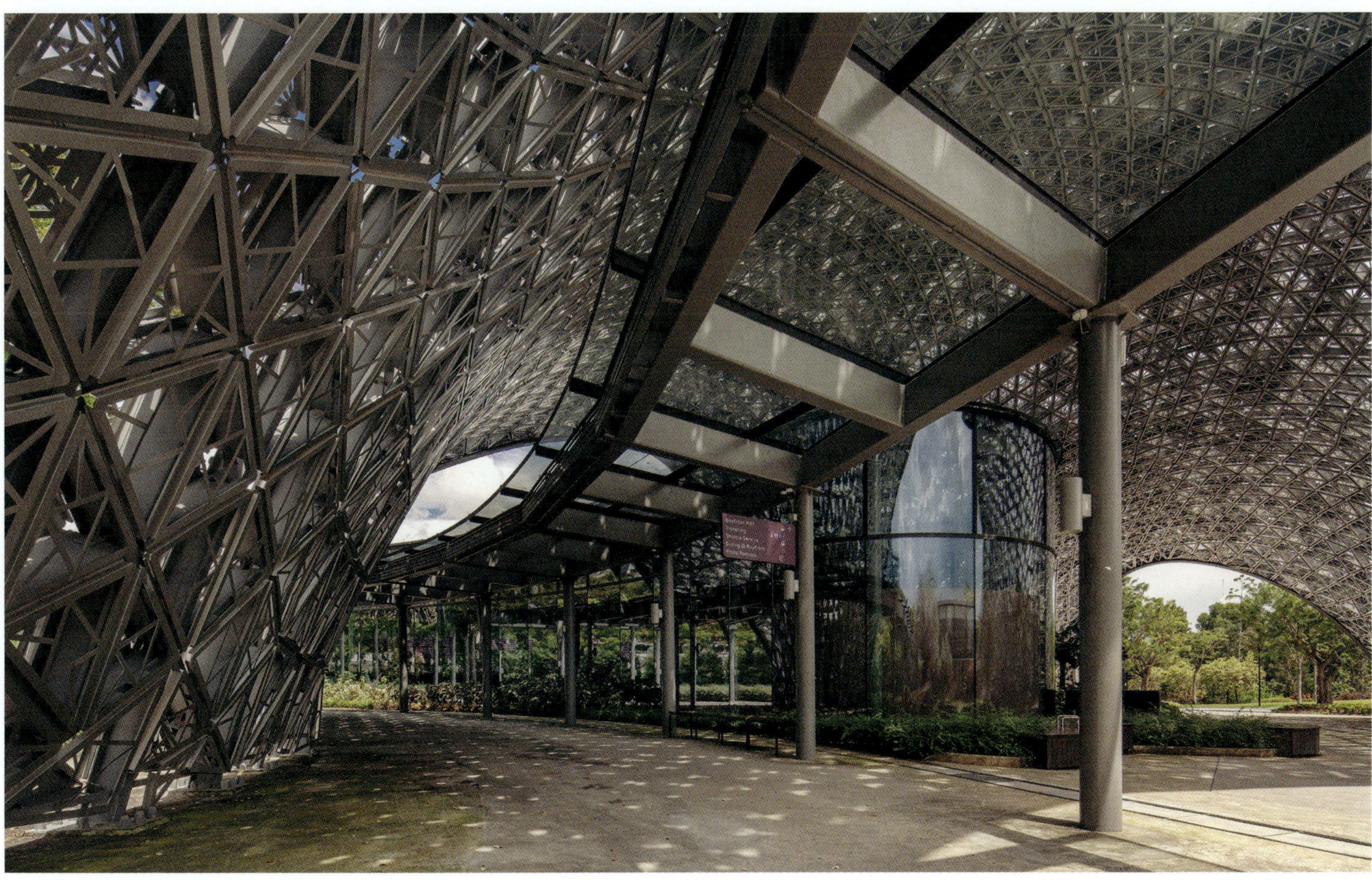

With its 1960s vision of itself as "a City in a Garden," Singapore is a shining example of urban greening. Covering 250 acres of reclaimed land and featuring a Supertree Grove with solar-powered trees and an intricate lake system, the iconic Gardens by the Bay is a testament to the city's commitment to sustainability.

Mit dem ehrgeizigen Ziel aus den 1960er-Jahren, eine „Stadt im Garten" zu werden, ist Singapur heute ein leuchtendes Beispiel für Stadtbegrünung. Die ikonischen Gardens by the Bay mit ihrem Supertree Grove, den solarbetriebenen Bäumen und einem ausgeklügelten Seensystem haben über 100 Hektar brachliegendes Land zu neuem Leben erweckt.

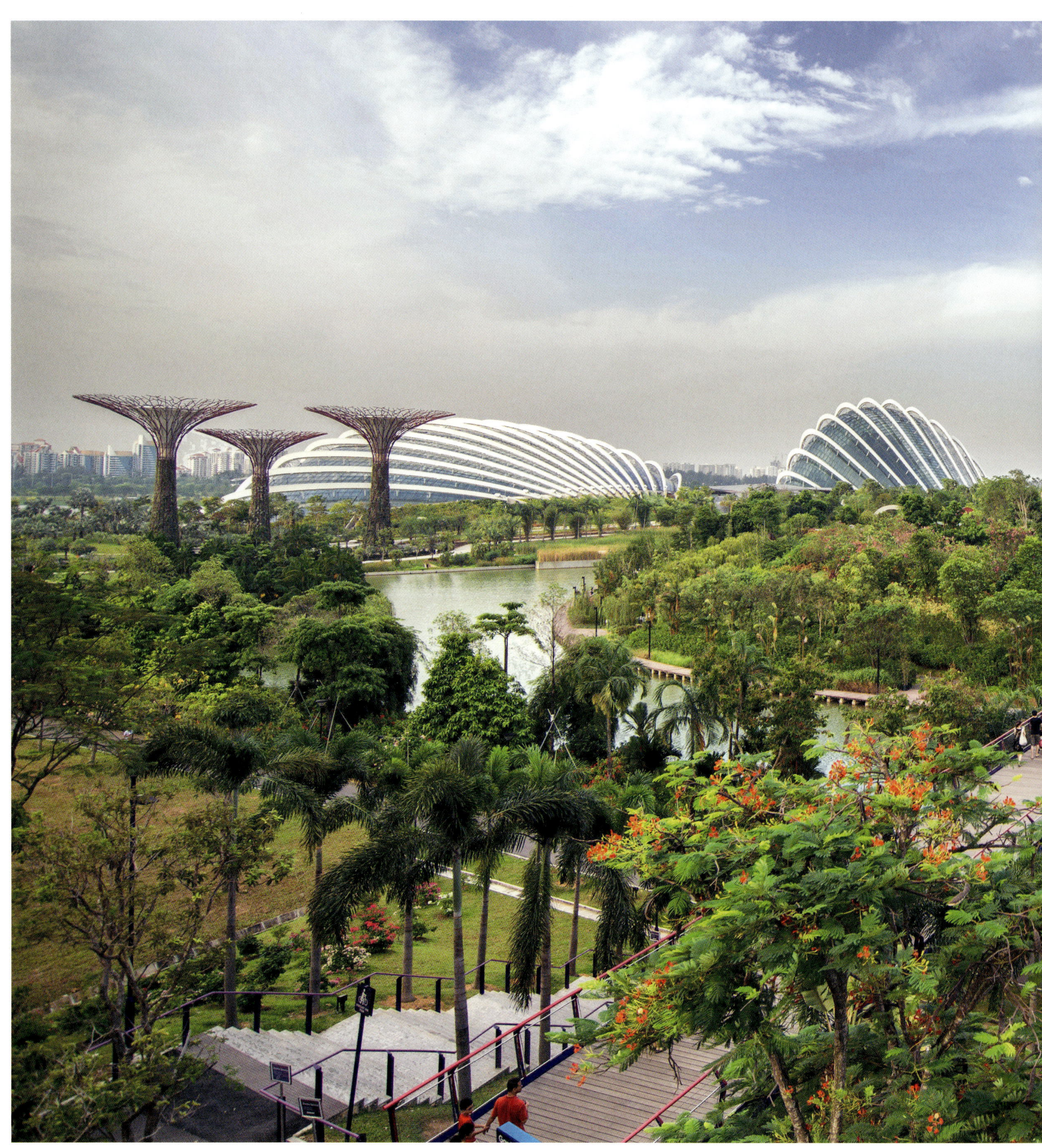

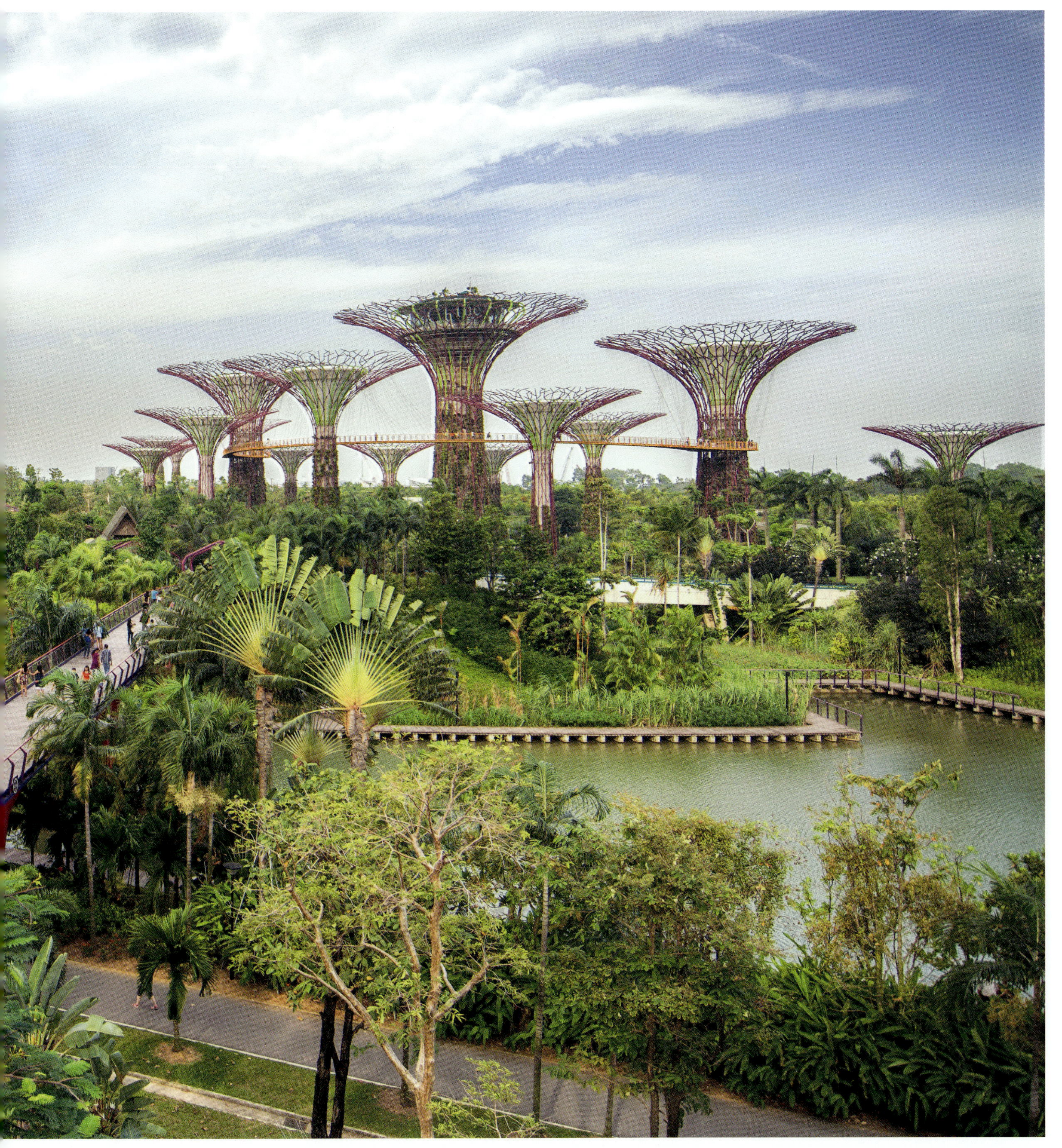

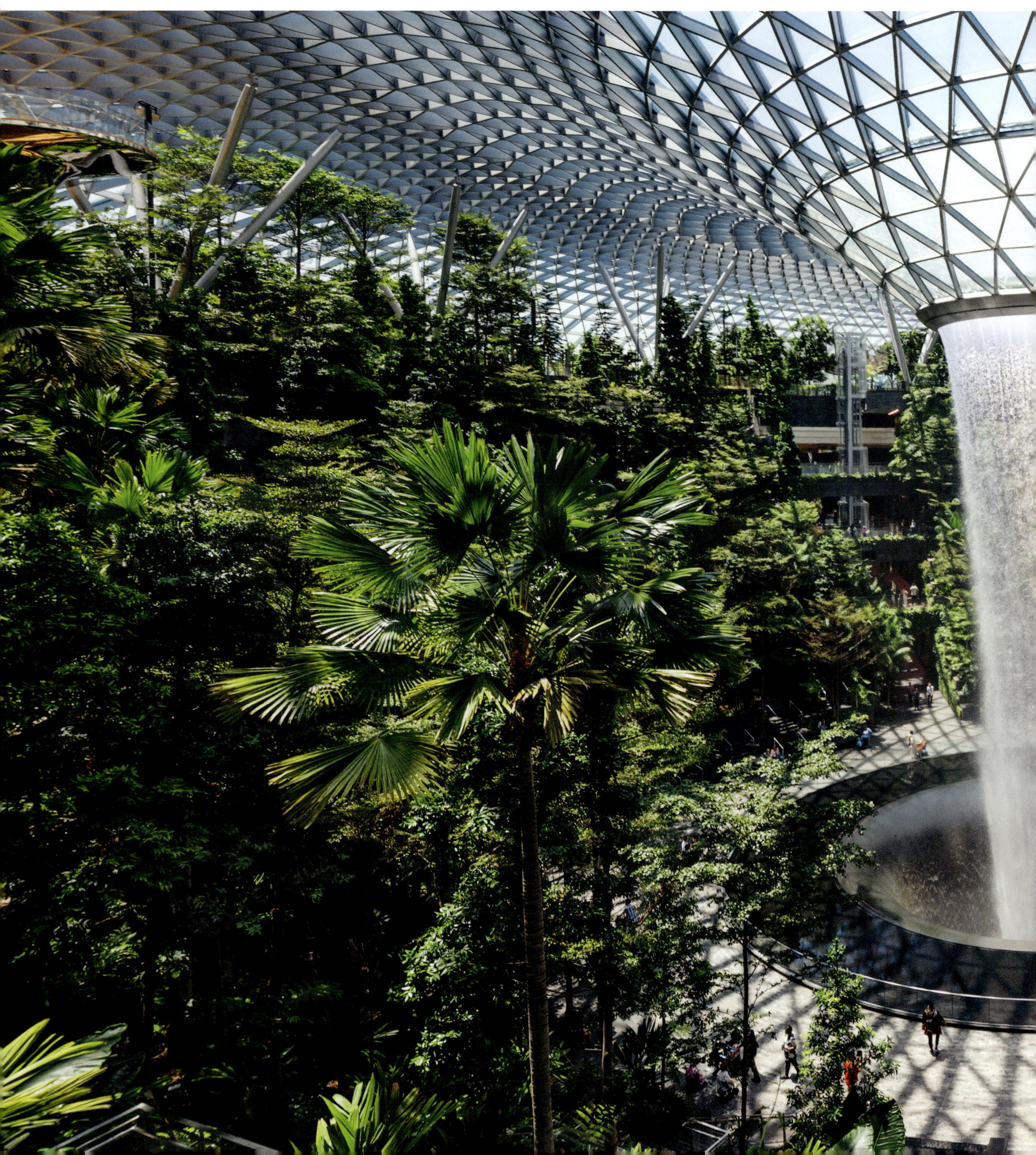

Jewel Changi Airport boasts a large indoor rainforest, the world's tallest indoor waterfall, a green roof and vertical gardens. However, critics argue that by promoting air-travel this ostensibly environmentally-friendly structure damages the very thing it claims to protect.

Der Jewel Changi Airport-Komplex verfügt über einen großen Indoor-Regenwald, den höchsten Indoor-Wasserfall der Welt, ein begrüntes Dach und vertikale Gärten, um ihn zu einem umweltfreundlichen Gebäude zu machen. Kritiker:innen argumentieren jedoch, dass die weitere Förderung des Fliegens genau das zerstört, was es zu schützen gilt: Die natürliche Umwelt.

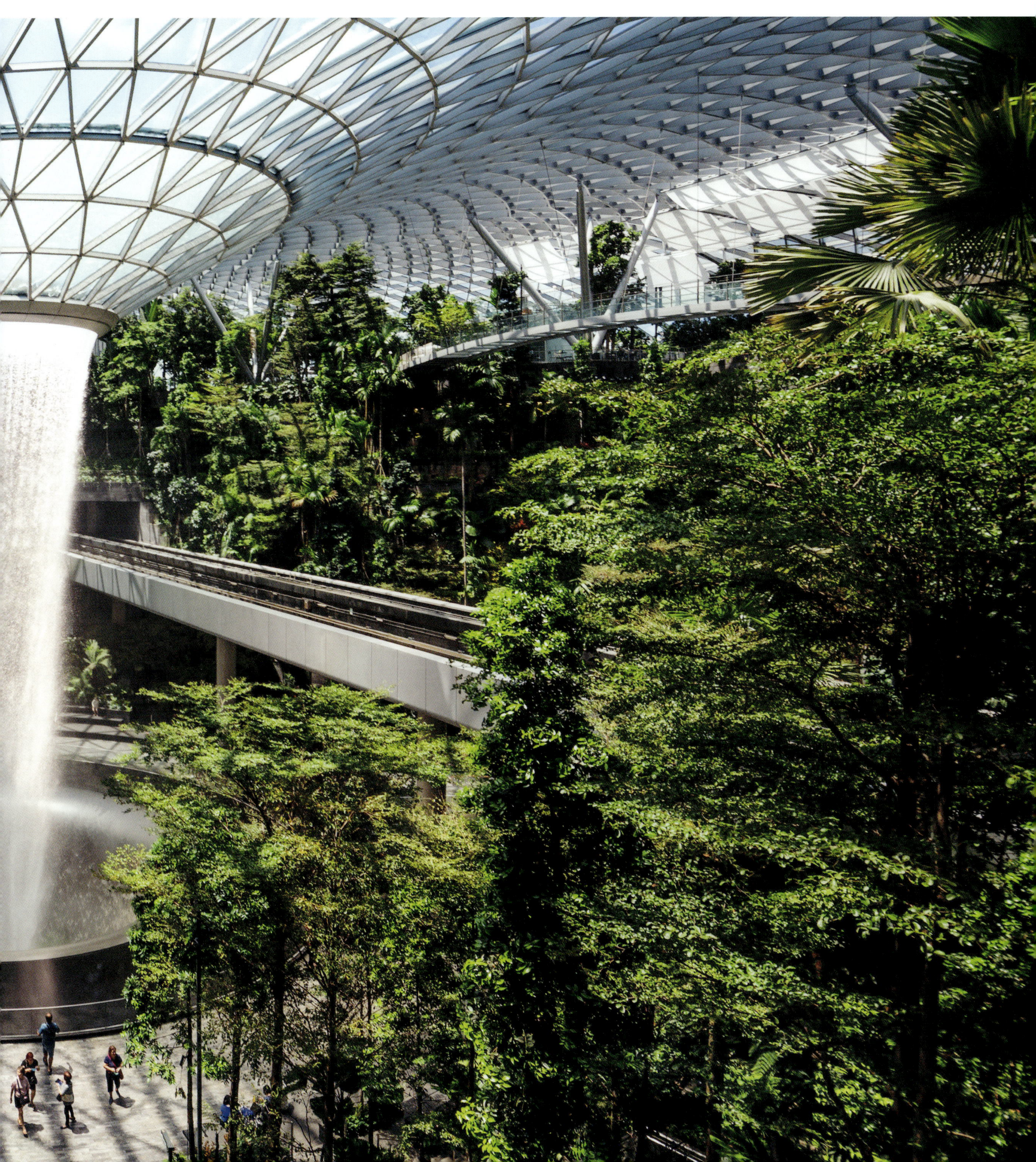

Hong Kong Wetland Park is a beautiful nature reserve in the city's northwest. The park is home to a diverse range of plant and animal life and encompasses freshwater wetlands, mangroves and coastal forests, offering a range of educational exhibits about the park's ecology and conservation efforts.

Der Hong Kong Wetland Park ist ein weitläufiges Naturreservat im Nordwesten der Stadt. Der Park ist das Zuhause einer vielfältigen Pflanzen- und Tierwelt, darunter Süßwasser-Feuchtgebiete, Mangroven und Küstenwälder, und bietet eine Reihe von lehrreichen Ausstellungen über die Ökologie des Parks und die Bemühungen um den Naturschutz.

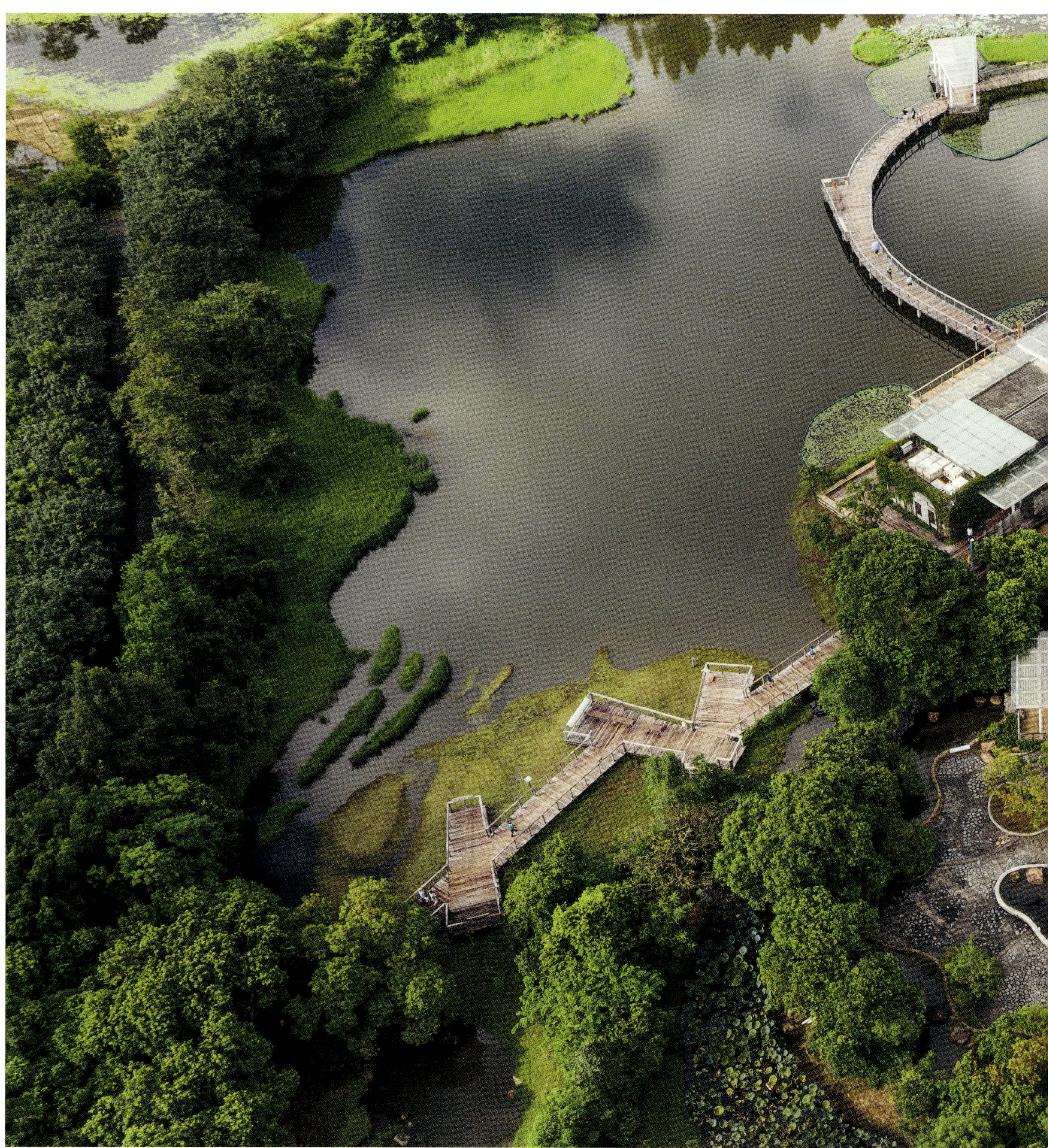

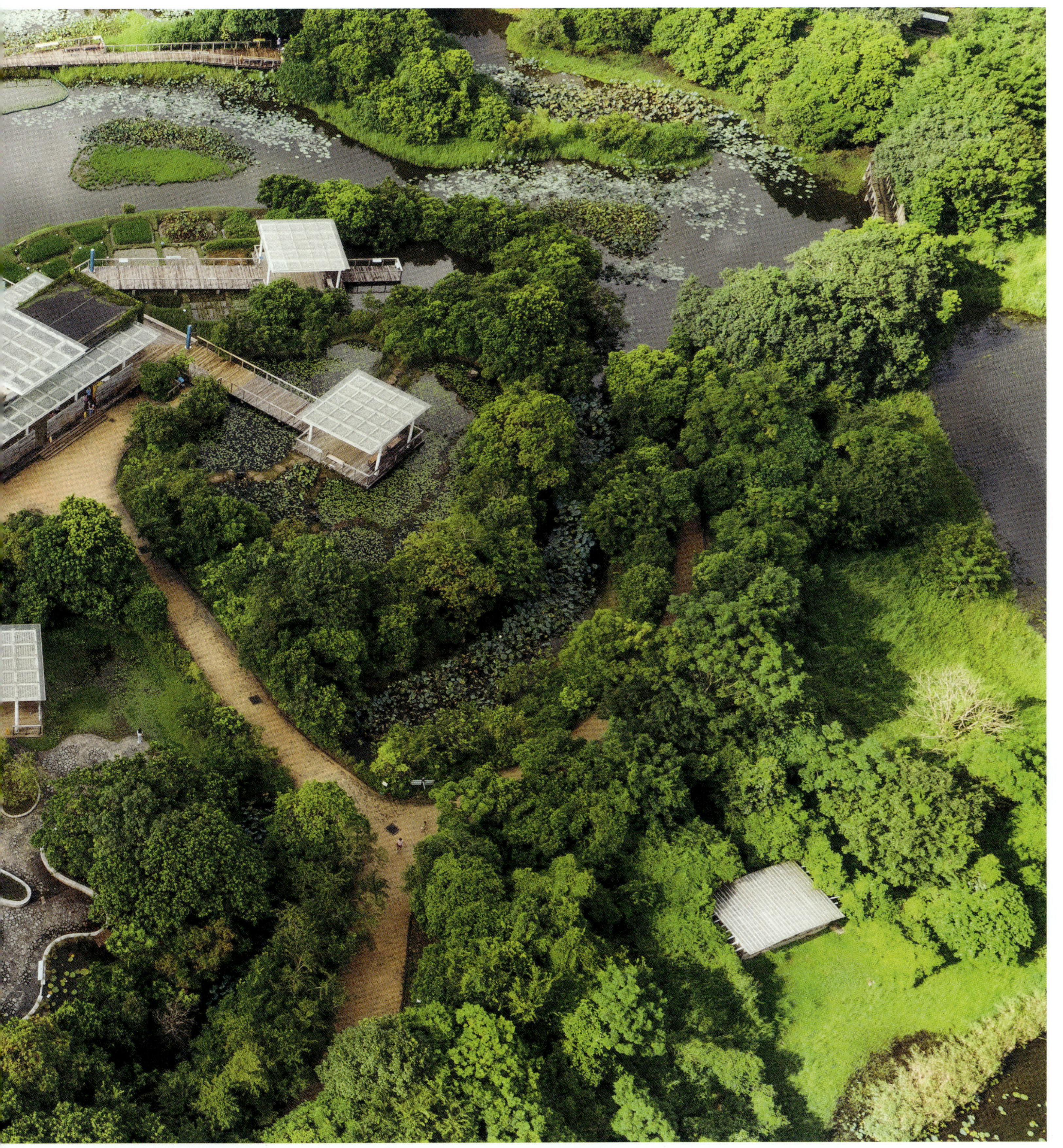

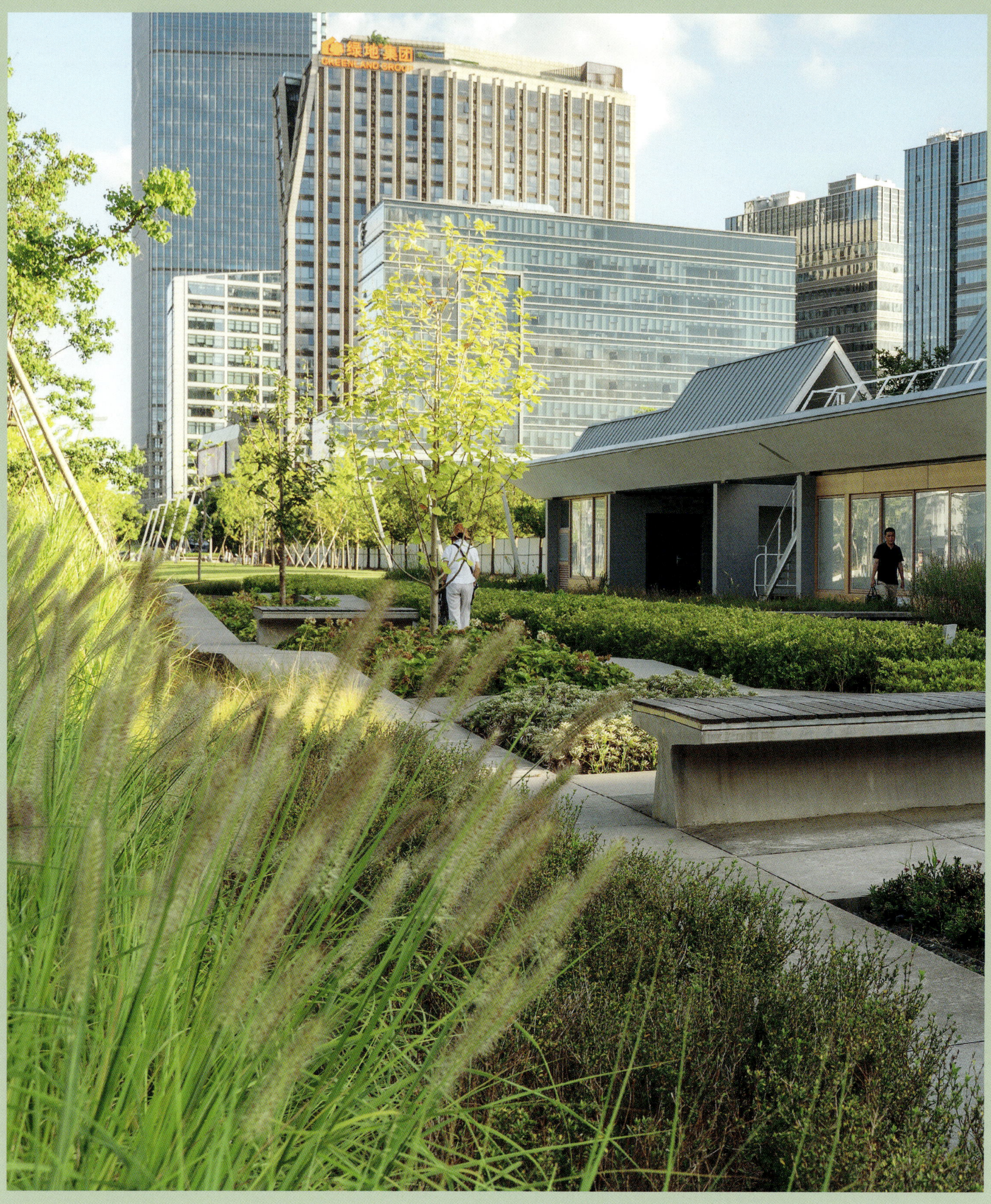

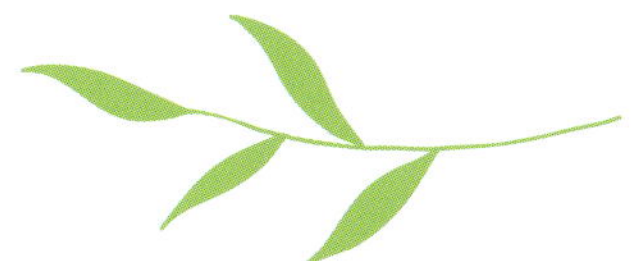

XUHUI RUNWAY PARK
Shanghai

Shanghai: a fast-paced megacity known for its skyscrapers and neon lights. Yet it is also home to Xuhui Runway Park, a tree-lined green space built on the site of a former airport runway. Created in 2020 by pioneering landscape architecture studio Sasaki, this 2,000 -yard long urban park is a new favorite spot for those seeking a break from the frenetic pace of city life.

Children play, students ride bicycles, and people of all ages gather in the grassy areas to relax after a long day. And Xuhui Runway Park is much more than just a beautiful place to take a walk though: it is also a triumph of sustainable design. Rain gardens and constructed wetlands capture and treat rainwater, while the park's many shaded areas provide relief from the blistering summer heat; 82 plant species, including over 2000 trees, all native to the region, were carefully selected to promote biodiversity and create a welcoming habitat for wildlife.

Sasaki is widely known for its work in designing resilient public spaces, and Dou Zhang, co-director of Sasaki's Shanghai office, was an early advocate for Xuhui Runway Park. The project has been recognized by the prestigious Sustainable SITES Initiative and was the first SITES Gold project in mainland China—a shining example of how unused urban land can be given new life when sustainability is a priority in landscape design.

In der schnelllebigen Megacity, die für ihre Wolkenkratzer und Neonlichter bekannt ist, gibt es den Xuhui Runway Park in Shanghai, eine von Bäumen gesäumte Grünfläche, die auf dem Gelände einer ehemaligen Flughafenlandebahn errichtet wurde. Mit einer Länge von fast zwei Kilometern ist dieser Stadtpark ein neuer Lieblingsort für alle, die eine Pause vom hektischen Stadtleben suchen.

Kinder spielen auf der ehemaligen Start- und Landebahn, Studierende fahren Fahrrad, und Menschen jeden Alters treffen sich auf den Rasenflächen, um sich nach einem langen Tag zu entspannen. Doch der Xuhui Runway Park ist viel mehr als nur ein schöner Ort zum Spazierengehen. Der Entwurf des renommierten Landschaftsarchitekturstudios Sasaki ist ein Triumph der nachhaltigen Gestaltung: Regengärten und künstlich angelegte Feuchtgebiete fangen das Regenwasser auf und filtern es, und die vielen schattigen Bereiche des Parks schützen vor der sengenden Sommerhitze. 82 Pflanzenarten, darunter 2000 Bäume, die alle in der Region heimisch sind, wurden sorgfältig ausgewählt, um die biologische Vielfalt zu fördern und einen einladenden Lebensraum für Wildtiere zu schaffen.

Sasaki ist weltweit bekannt für seine Arbeit bei der Gestaltung widerstandsfähiger öffentlicher Räume. Dou Zhang, Co-Direktorin des Sasaki-Büros in Shanghai, war eine frühe Befürworterin des Parks. Der Xuhui Runway Park wurde von der angesehenen Sustainable SITES Initiative ausgezeichnet und war der erste Goldpreisträger in China — ein leuchtendes Beispiel dafür, wie ungenutzte Flächen in der Stadt zu neuem Leben erweckt werden können, wenn Nachhaltigkeit bei der Landschaftsgestaltung im Vordergrund steht.

SASAKI

Q&A

How do you approach such a project?

The design of this urban regeneration project in Shanghai was inspired by the site's history as an airport runway. Its spatial configuration responds to the motion of a runway, while the shapes and material application of all design elements recall the character of the aviation industry. Reflecting the site's past brings cultural continuity, and features such as Shanghai's first roadside rain garden system, reused runway concrete, and native plant species throughout the site contribute to a resilient place. With this project, we wanted to set a new model for environmentally, socially, and economically sustainable urban regeneration in Shanghai.

How does the park contribute to the well-being of local residents and wildlife?

Xuhui Runway Park presents a sustainable environment and promotes a healthy lifestyle. It is well connected to public transportation and the bicycle path system, provides outdoor comfort with extensive shade of trees, offers diverse and universally accessible programs, and serves as a gathering place for nearby communities. At the same time, the park makes extensive use of locally-sourced and environmentally-friendly materials to reduce carbon emissions, and provides a diverse habitat for local wildlife. The park has received great attention from the city and has contributed to the economic development of the surrounding area.

Wie gehen Sie ein solches Projekt an?

Der Entwurf für dieses Stadterneuerungsprojekt in Shanghai wurde von der Geschichte des Ortes als Flughafenlandebahn inspiriert. Die räumliche Konfiguration entspricht der einer Start- und Landebahn, während die Formen und der Materialeinsatz aller Gestaltungselemente an den Charakter der Luftfahrtindustrie erinnern. Die Rückbesinnung auf die Vergangenheit des Geländes sorgt für kulturelle Kontinuität, und Merkmale wie das erste Regengartensystem am Straßenrand in Shanghai, der wiederverwendete Beton der Landebahn und einheimische Pflanzenarten auf dem gesamten Gelände tragen zu einem klimaresistenten Ort bei.

Wie trägt der Park zum Wohl der Menschen und der Tierwelt vor Ort bei?

Der Xuhui Runway Park bietet eine nachhaltige Umgebung und fördert einen gesunden Lebensstil. Er ist gut an das öffentliche Verkehrssystem und das Radwegenetz angebunden, bietet dank der vielen schattenspendenden Bäume einen angenehmen Aufenthalt im Freien, vielfältige und für alle zugängliche Programme und dient als Treffpunkt für die umliegenden Gemeinden. Gleichzeitig verwendet der Park viele lokale und umweltfreundliche Materialien, um den CO_2-Ausstoß zu reduzieren, und dient als vielfältiger Lebensraum für die lokale Tierwelt. Der Park genießt große Auf-

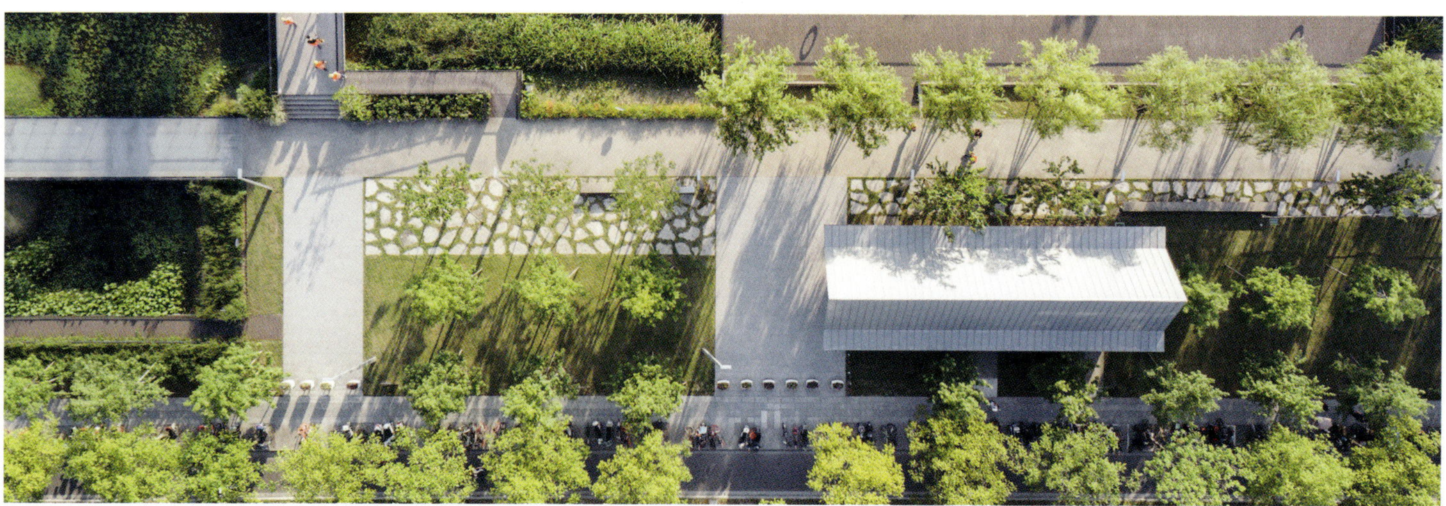

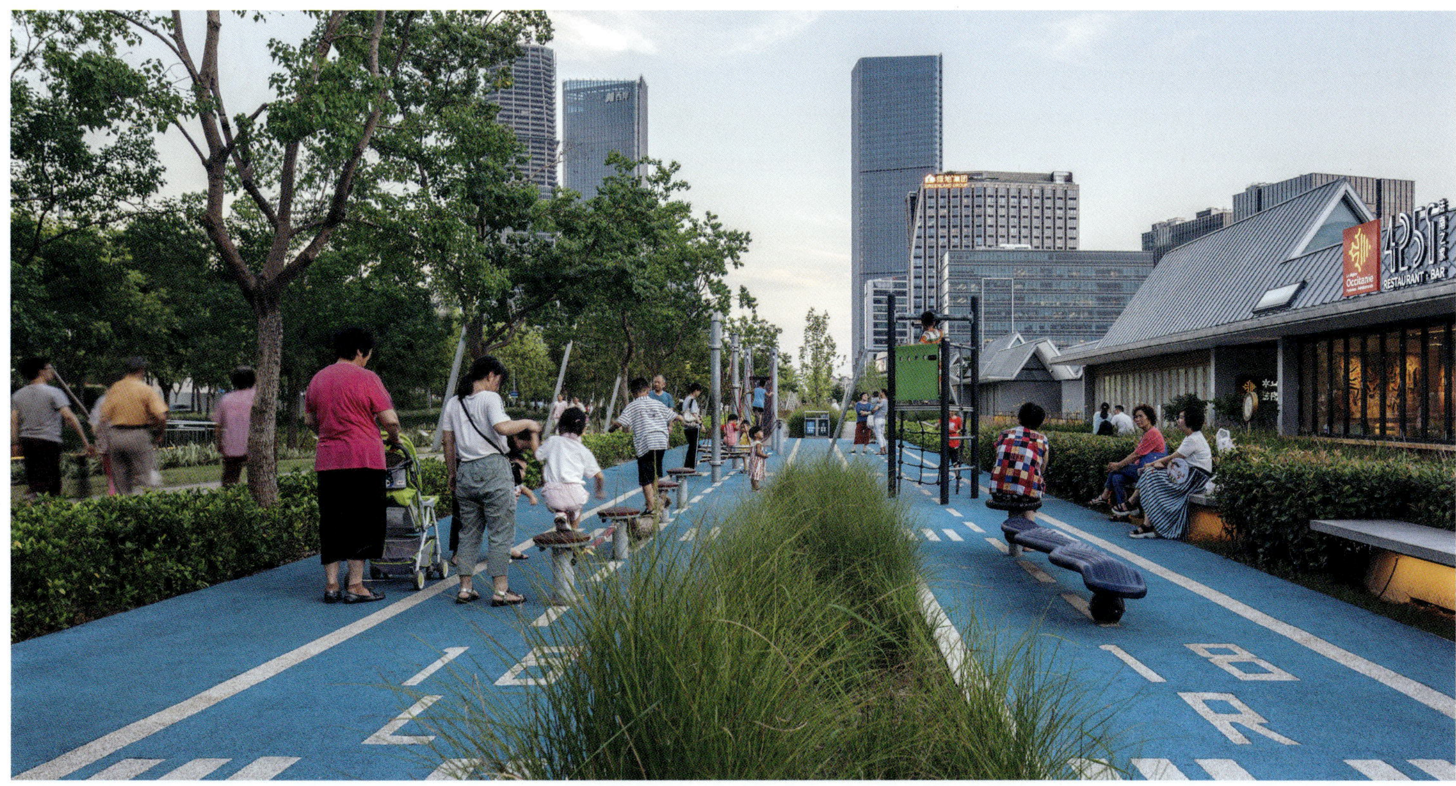

What role does sustainability play in the landscape design of today and tomorrow?

With the world facing growing threats from global heating, sustainability must be a priority in the landscape design of today and of tomorrow. To make the contribution we want to towards climate change mitigation, our work must increase resilience, reduce carbon emissions in an equitable manner, and provide a range of environmental, social, and health benefits. Collaboration with natural systems and local communities is key to achieving this goal: by working together, especially with underserved communities, landscape architects can not only help reduce emissions and adapt to a changing climate, but also create a more sustainable and equitable future.

merksamkeit seitens der Stadt und hat zur wirtschaftlichen Entwicklung der Umgebung beigetragen.

Welche Rolle spielt Nachhaltigkeit bei der Landschaftsarchitektur von heute und morgen?

In einer Welt, die zunehmend von Umweltproblemen bedroht ist, spielt Nachhaltigkeit in der Landschaftsgestaltung von heute und in Zukunft eine entscheidende Rolle. Als Vorreiter bei der Eindämmung des Klimawandels muss unsere tägliche Planungs- und Entwurfsarbeit die Widerstandsfähigkeit erhöhen, Kohlenstoffemissionen auf gerechte Weise reduzieren und eine Reihe von ökologischen, sozialen und gesundheitlichen Vorteilen bieten. Die Zusammenarbeit mit natürlichen Systemen und lokalen Gemeinschaften ist der Schlüssel, um dieses Ziel zu erreichen. Durch die Zusammenarbeit, insbesondere mit benachteiligten Gemeinschaften, können Landschaftsarchitekten nicht nur zur Reduzierung von Emissionen und zur Anpassung an ein sich veränderndes Klima beitragen, sondern auch eine nachhaltigere und gerechtere Zukunft schaffen.

ROOFTOP REPUBLIC
Hong Kong

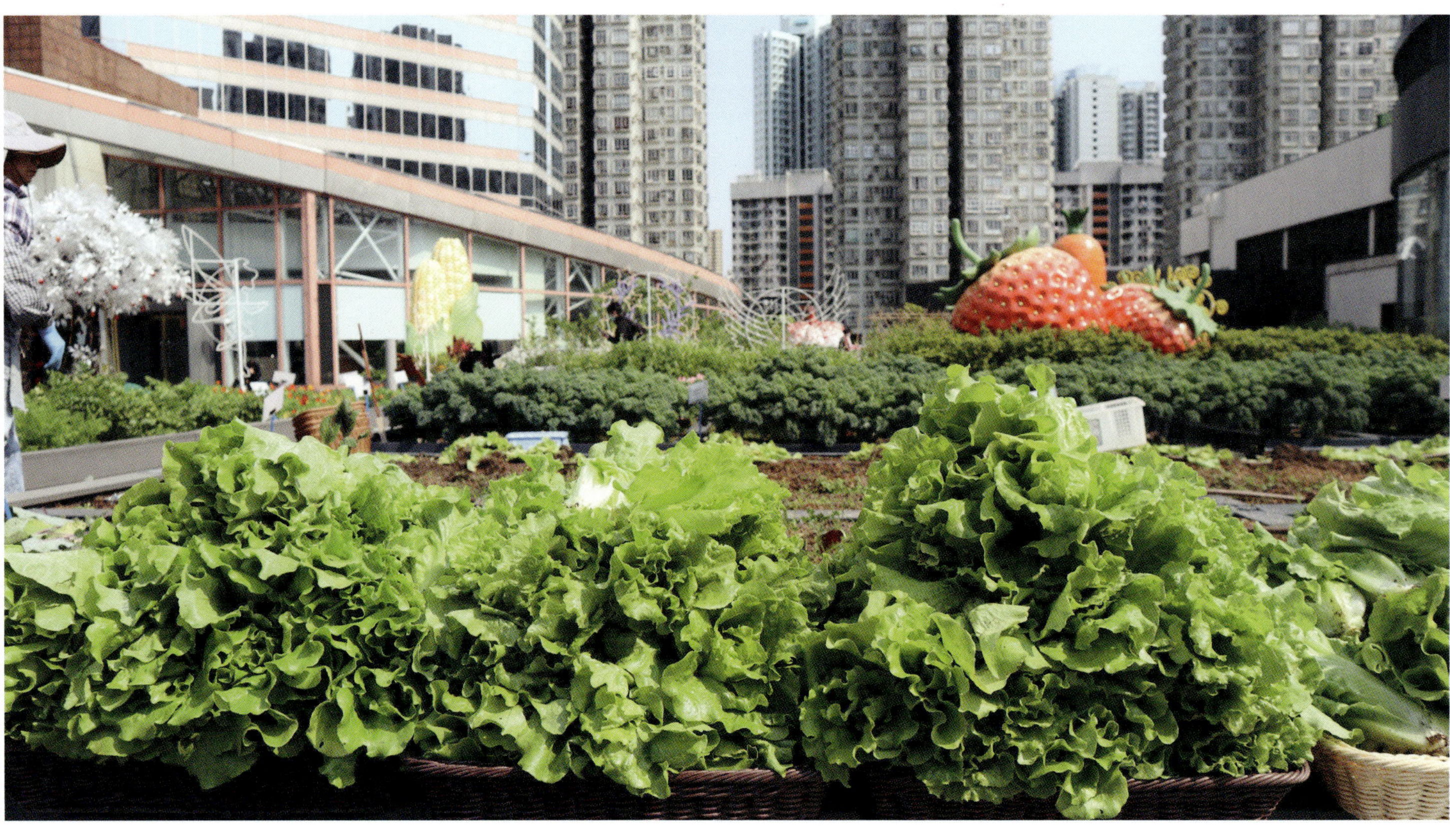

Rooftop Republic is an urban farming social enterprise that
rises above the bustling city—literally in height, but also
ideologically in its commitment to soil-based organic agricultural practices, community job creation, and harvest donations to
food banks. The Metroplaza Rooftop Organic Farm in space-
starved Hong Kong is the first publicly accessible urban farm
atop a shopping mall in Asia.

Rooftop Republic ist ein soziales Unternehmen für urbane
Landwirtschaft, das sich über die geschäftige Metropole
erhebt – buchstäblich in luftige Höhen, aber auch ideell durch
sein Engagement für bodenbasierte biologische Anbaumetho-
den, die Schaffung von Arbeitsplätzen in der Community und
Erntespenden an Tafeln. Die Metroplaza Rooftop Organic Farm
im Herzen von Hongkong ist die erste öffentlich zugängliche
urbane Farm auf einem Einkaufszentrum in Asien.

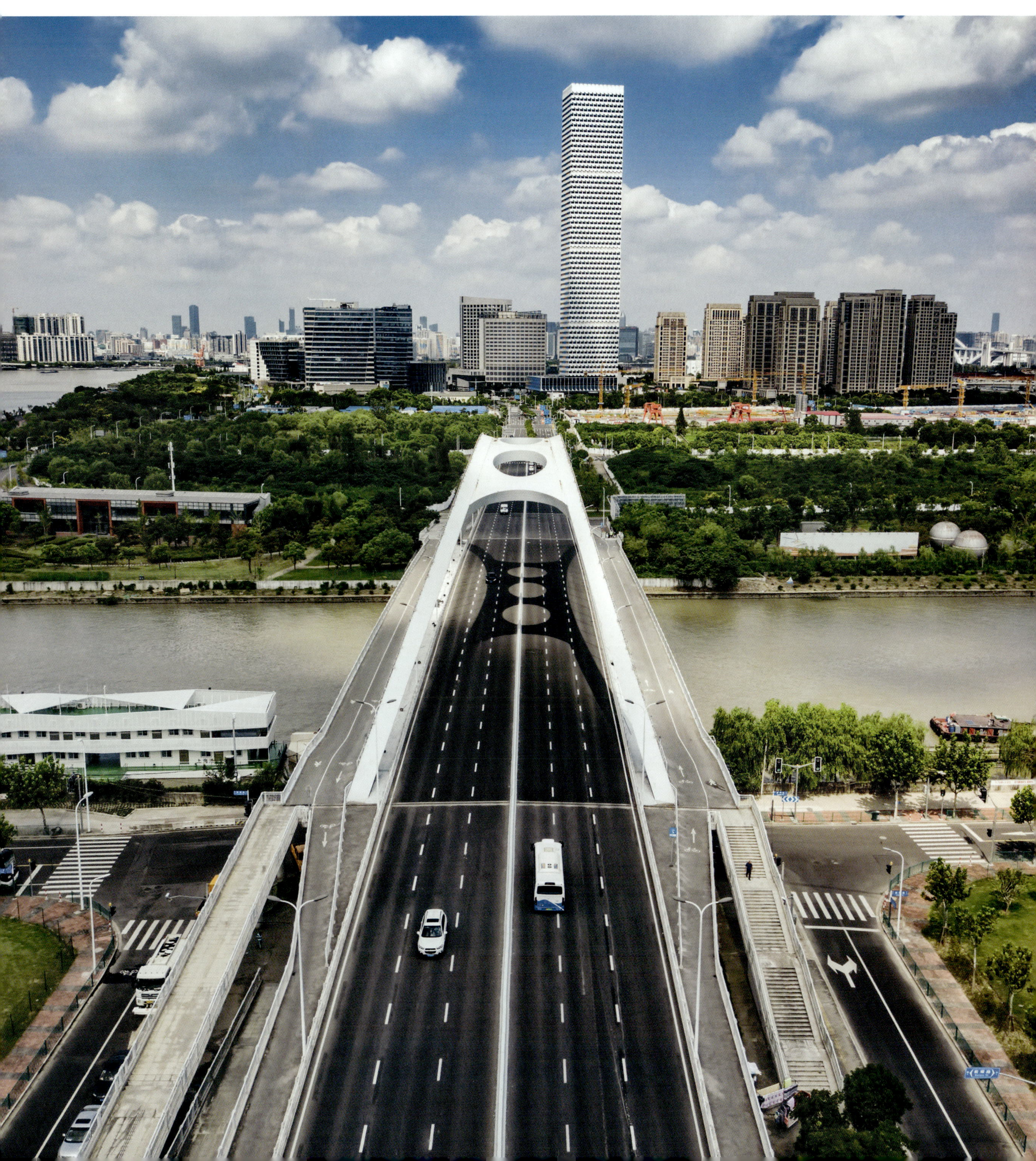

OTEMACHI FOREST
Tokyo

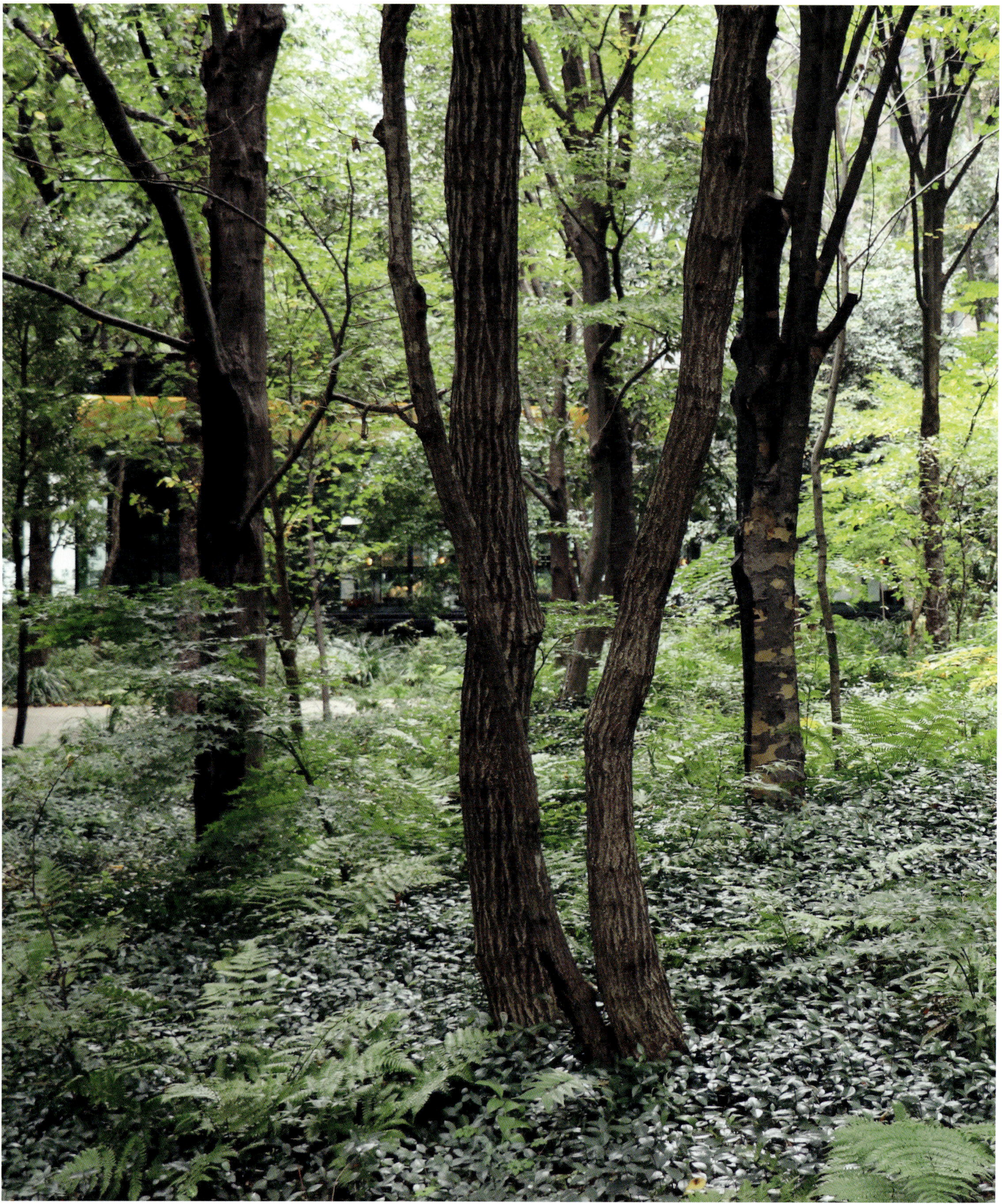

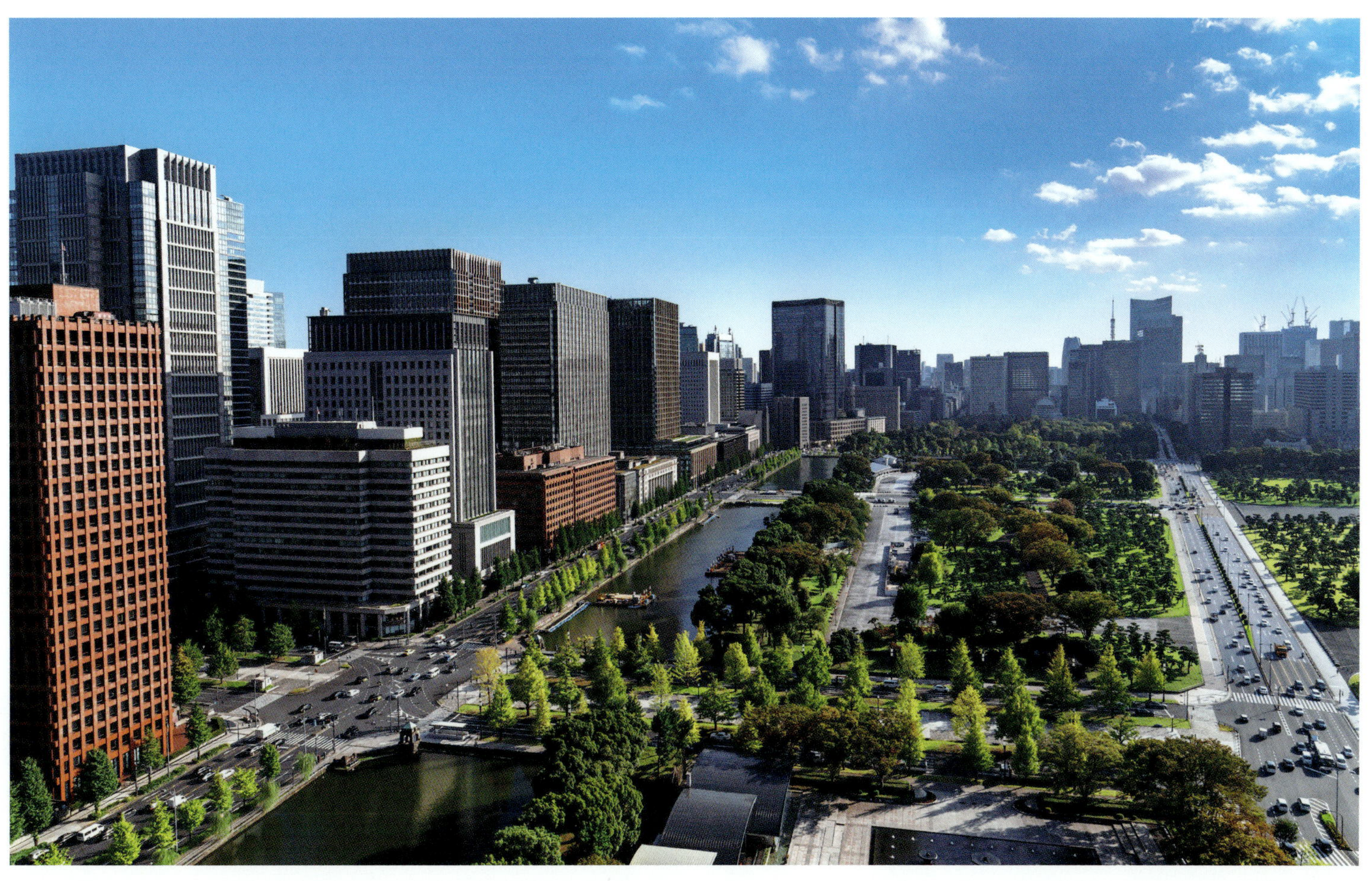

Otemachi Forest is a 38,750 square feet secret garden surrounded by the skyscrapers of Tokyo and featuring a rich variety of trees and plants. It also includes a small pond, walking paths, seating areas and a viewing deck, providing visitors with plentiful opportunities to relax and take in the natural surroundings.

Der Otemachi-Wald ist ein geheimer Garten zwischen den Wolkenkratzern von Toyko. Auf 3600 Quadratmetern finden Besucher:innen hier eine reiche Vielfalt von Bäumen und Pflanzen. Ein kleiner Teich, Spazierwege, Sitzgelegenheiten und eine Aussichtsplattform laden zum Verweilen und Genießen unweit des Großstadttrubels ein.

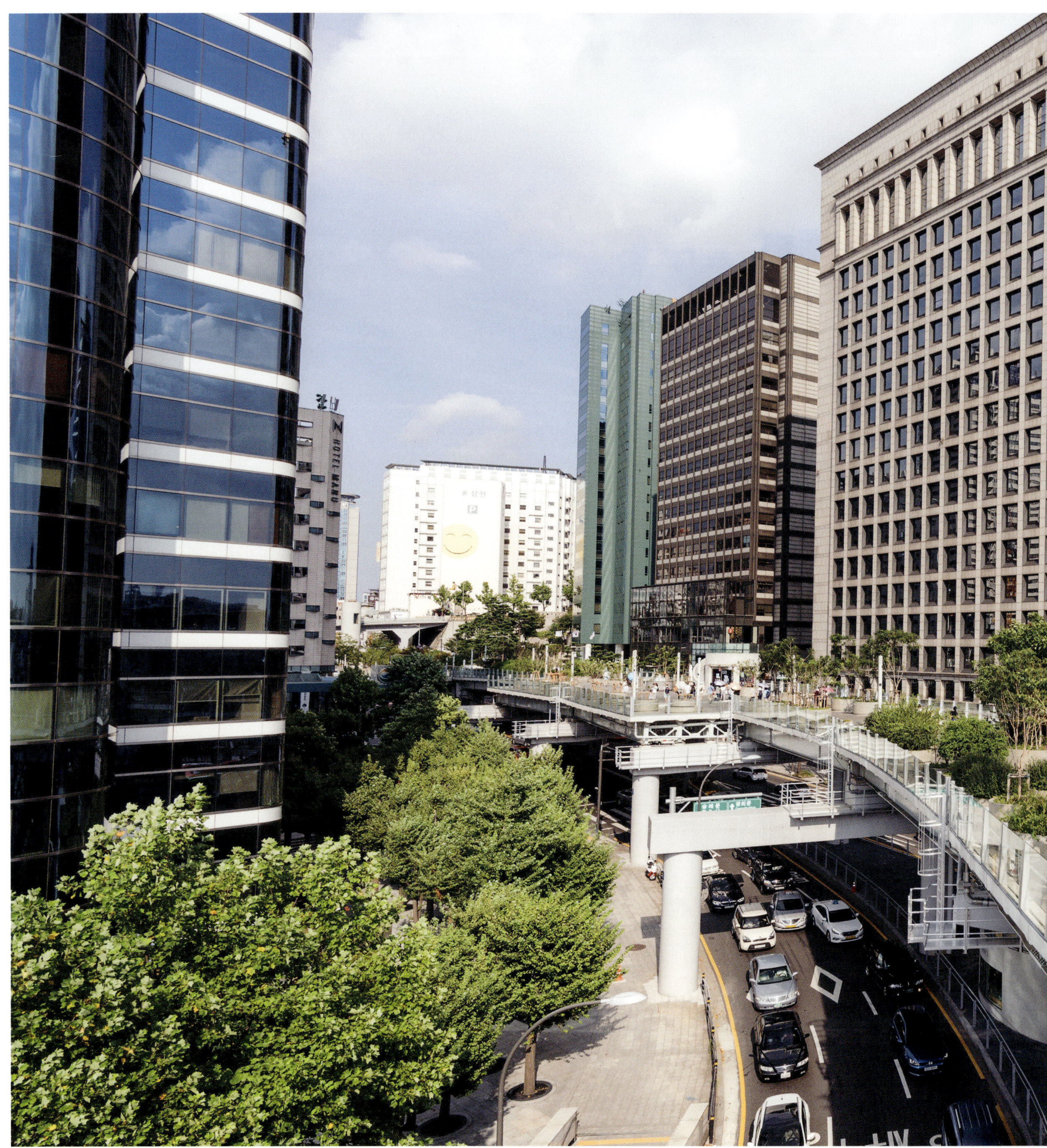

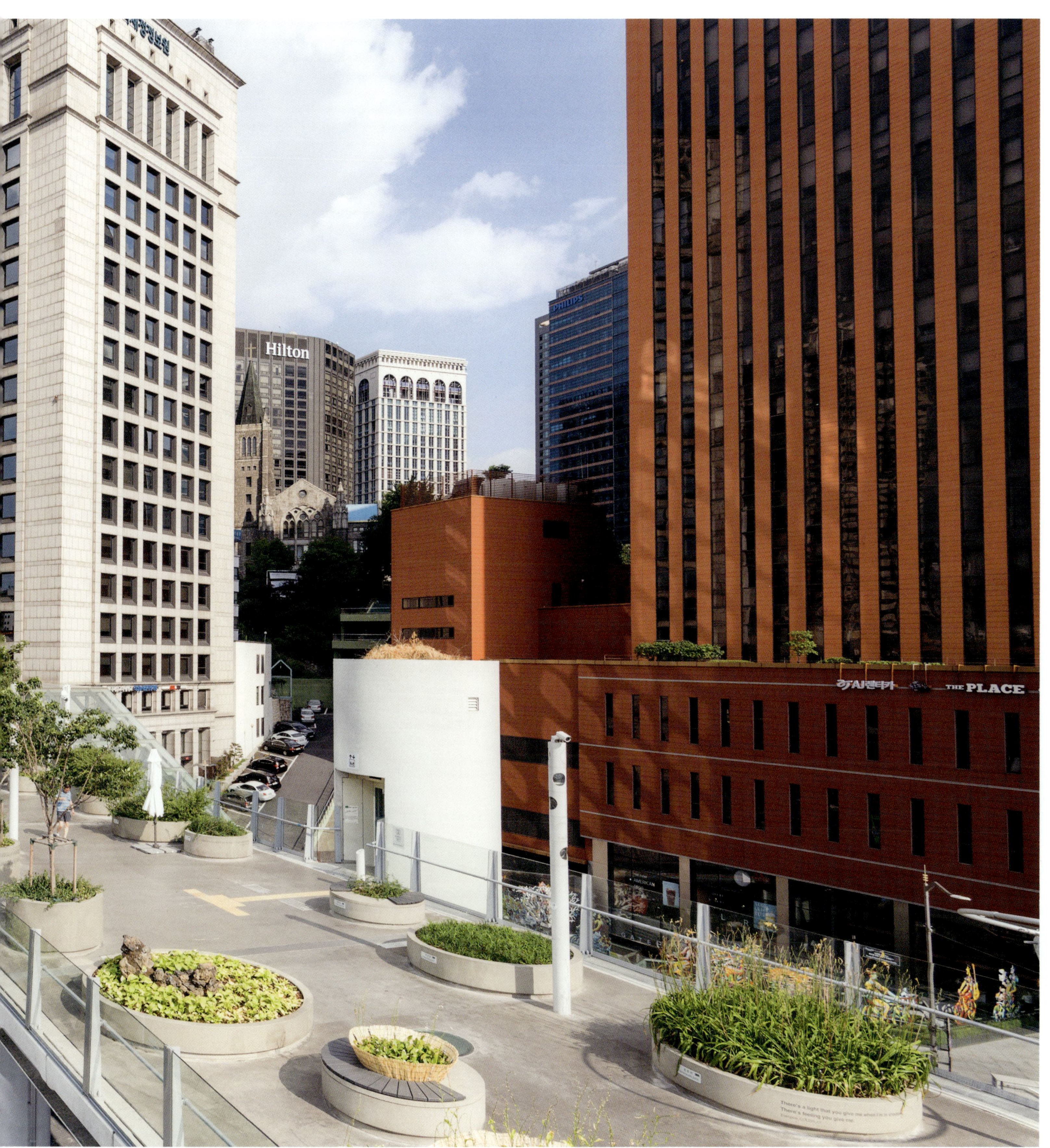

Seoullo 7017 is an elevated pedestrian walkway in the center of Seoul, transformed in 2017 by architects MVRDV from a busy overpass for cars into a green space for people. The walkway stretches for about 3,280 feet and features a sky garden with a variety of plants, including over 24,000 trees and flowers.

Seoullo 7017 ist eine Fußgängerüberführung in Seoul, die 2017 von den Architekten MVRDV in eine Grünfläche umgewandelt wurde. Der Gehweg erstreckt sich über etwa einen Kilometer und bietet einen Skygarden mit einer Vielzahl von Pflanzen, darunter mehr als 24 000 Bäume und Blumen.

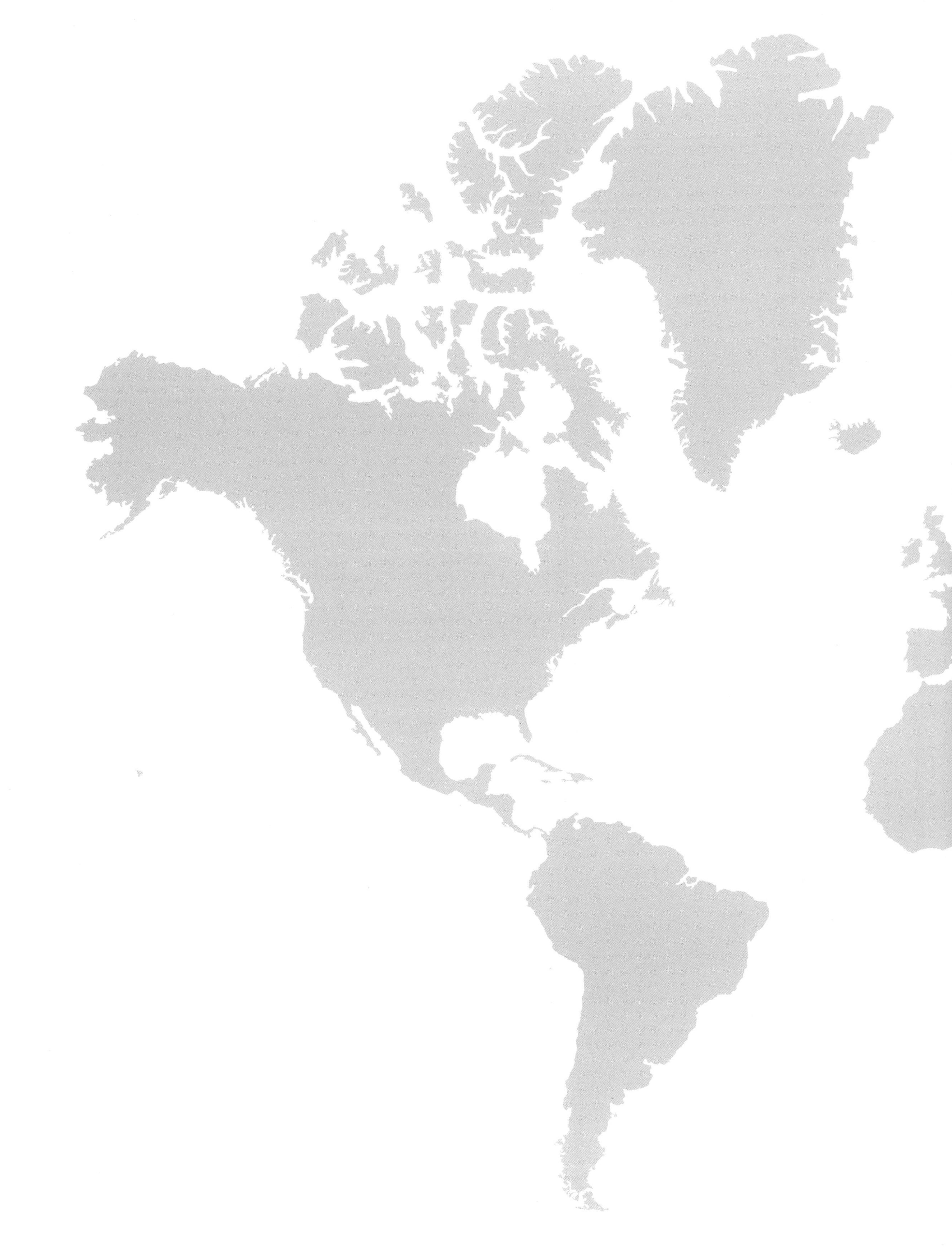

OCEANIA

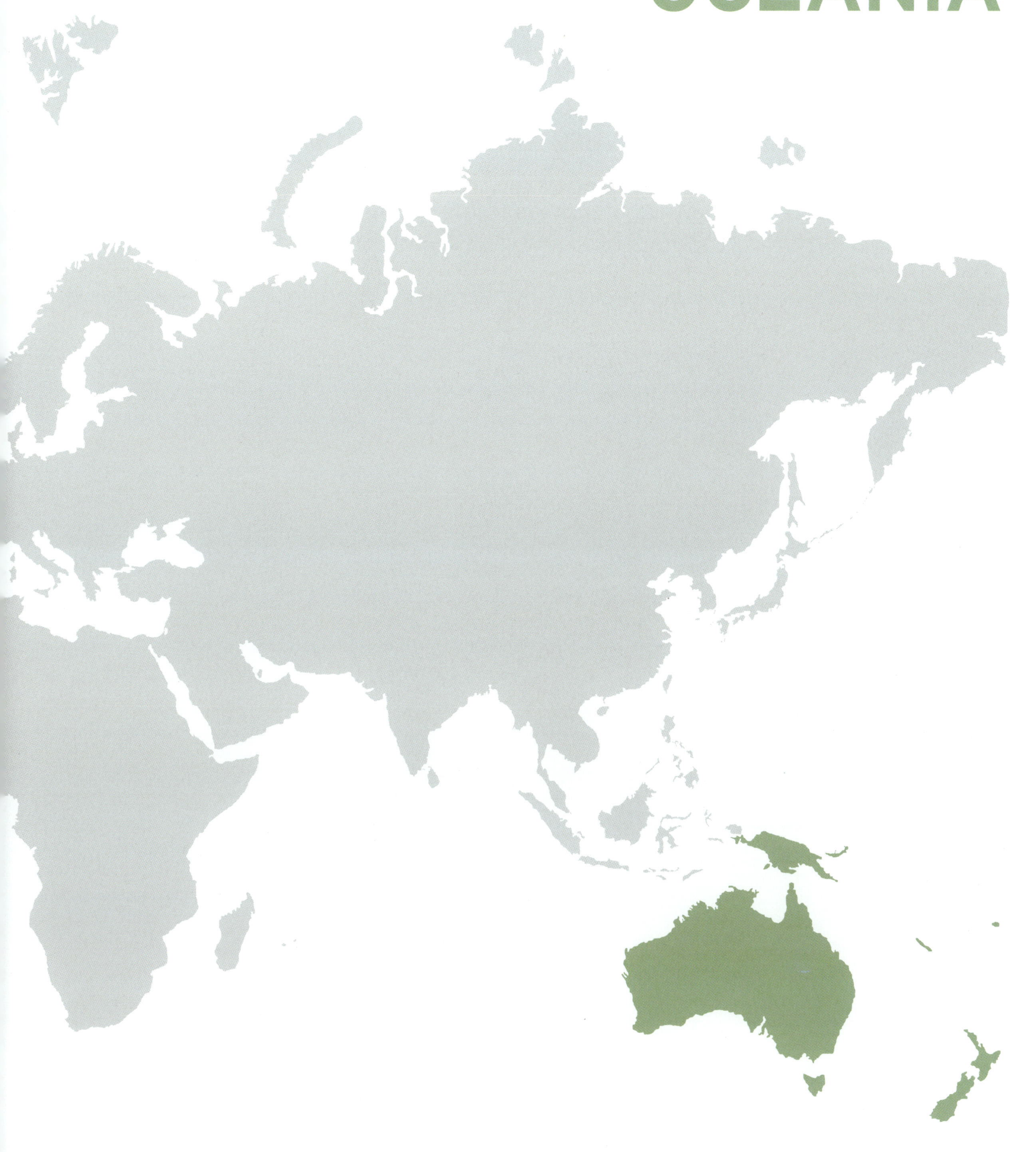

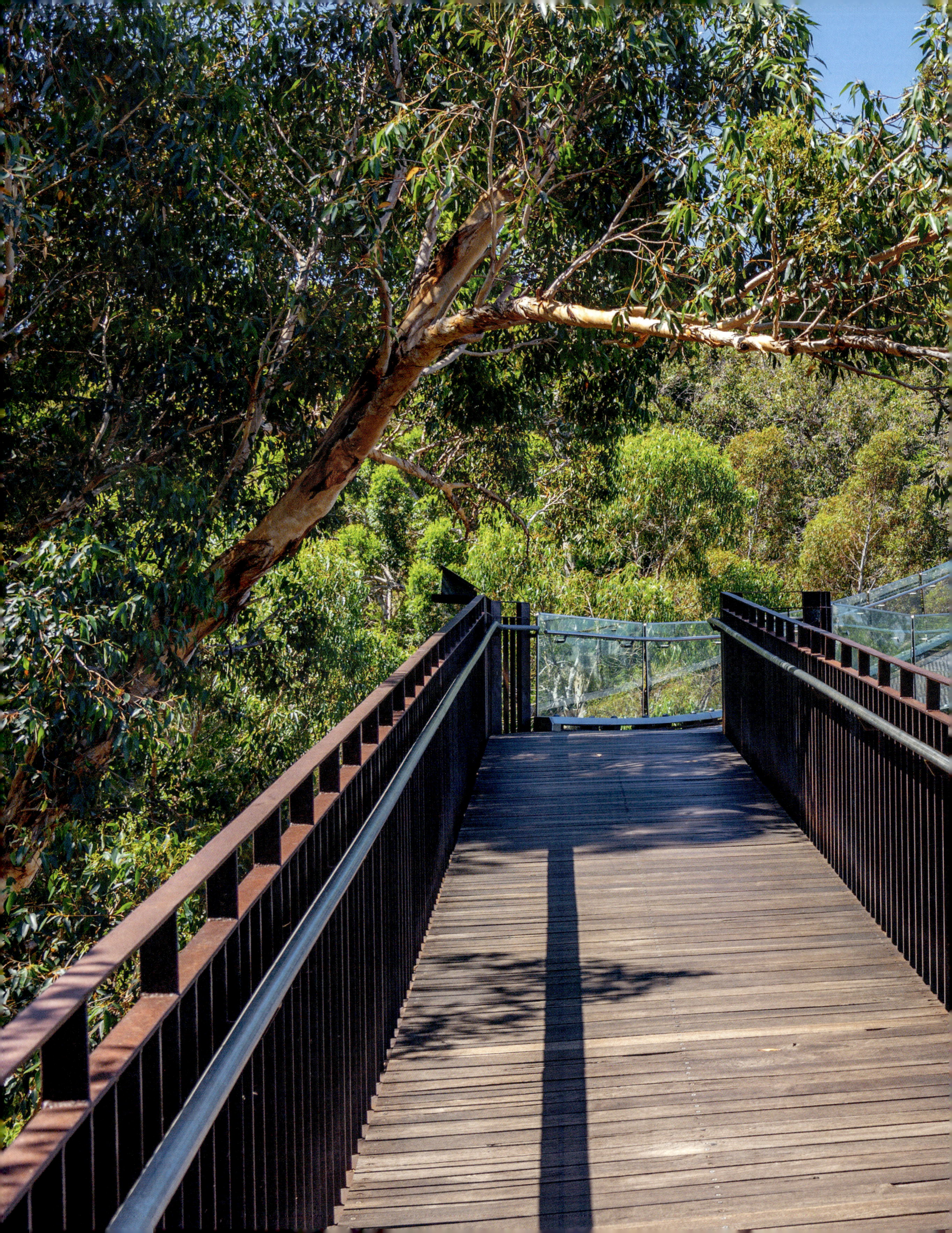

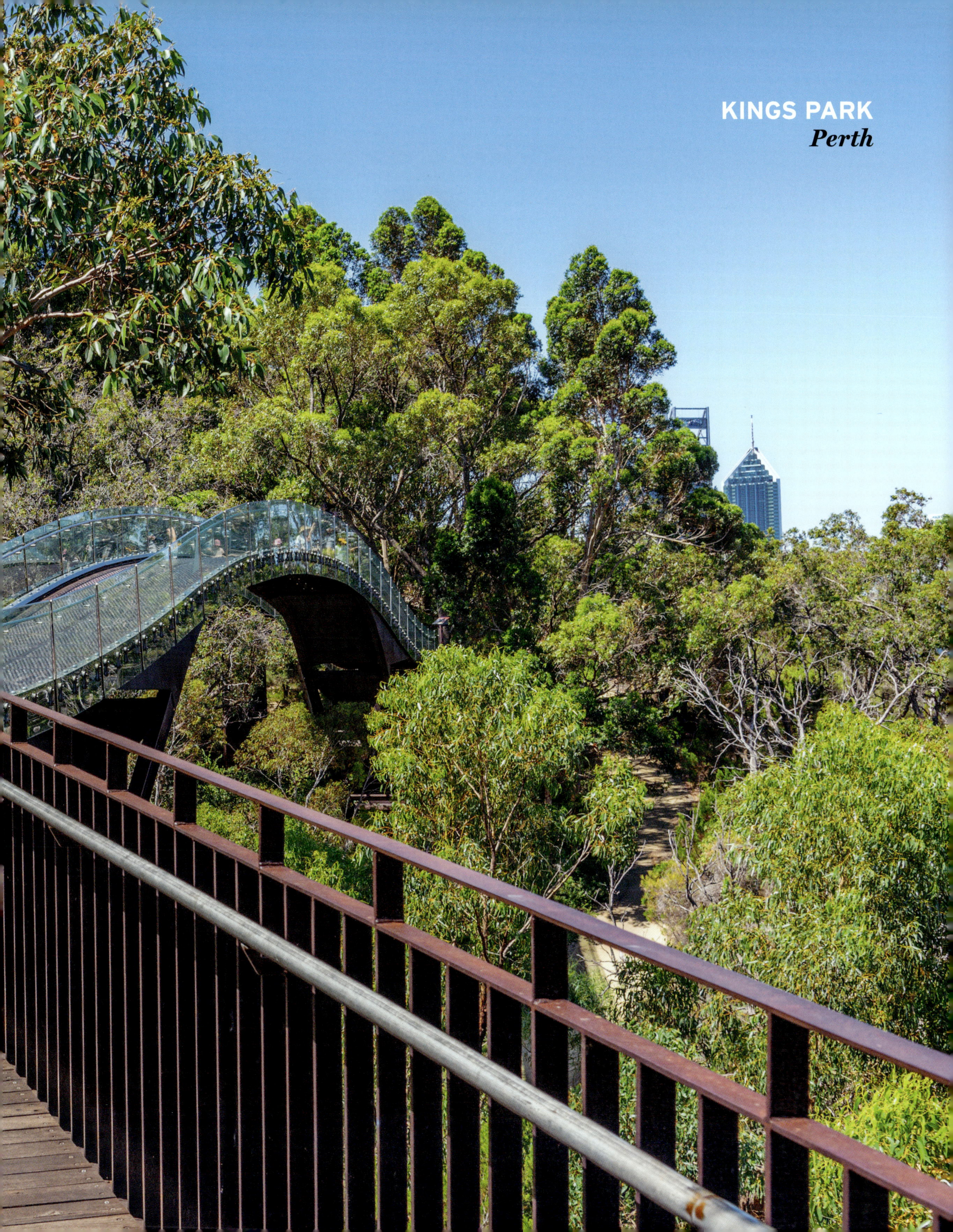

KINGS PARK
Perth

ADELAIDE BOTANIC GARDENS WETLAND
Adelaide

A place of serenity and inspiration in close proximity to the hectic city center, the Adelaide Botanic Gardens Wetland is a constructed wetland designed by the acclaimed Australian landscape architecture studio T.C.L in 2013. Spanning 4.9 acres, it offers city-dwellers the chance to connect with nature and learn about the importance of wetlands for the urban environment.

As a very dry city Adelaide is particularly vulnerable to water scarcity caused by droughts, overuse and pollution, and conscious water use is therefore essential in both the everyday life of residents and in urban planning. The Adelaide Botanic Gardens Wetland helps to filter polluted rainwater, reduce flooding, and provide a habitat for local wildlife, and imaginative features like trails, stepping stones and a viewing platform allow visitors to lose themselves in the wetland experience.

One of the most garlanded presences on the Australian landscape architecture scene, the team at T.C.L are whole-heartedly committed to holistic design, a commitment amply evident in the Adelaide Botanic Gardens project. Located on the land of the Indigenous Kaurna people, the wetland also educates visitors about Kaurna culture through structures, artworks and information boards that promote sustainability and environmental awareness.

Ein Ort der Ruhe und Inspiration in der Nähe des Stadtzentrums von Adelaide: Das Adelaide Botanic Gardens Wetland ist ein künstlich angelegtes Feuchtgebiet, das 2013 vom angesehenen australischen Landschaftsarchitekturstudio T.C.L entworfen wurde. Es bietet auf einer Fläche von zwei Hektar Stadtbewohner:innen die Möglichkeit, sich mit der Natur zu verbinden und mehr über die Bedeutung von Feuchtgebieten für die urbane Umgebung zu erfahren.

Adelaide gehört zu den trockensten Städten Australiens und ist besonders anfällig für Wasserknappheit, die durch Dürren, übermäßigen Verbrauch und Umweltverschmutzung verursacht wird. Ein bewusster Umgang mit Wasser ist daher für die Bewohner:innen und die Stadtplanung unerlässlich. Das Feuchtgebiet der Adelaide Botanic Gardens trägt dazu bei, verschmutztes Regenwasser zu filtern, Überschwemmungen zu reduzieren und einen Lebensraum für die lokale Tierwelt zu schaffen. Gestalterische Elemente wie kleine Wege, Trittsteine und eine Aussichtsplattform ermöglichen den Besucher:innen, tief in das Feuchtgebiet einzutauchen.

Das Feuchtgebiet befindet sich auf dem Land des indigenen Kaurna-Volkes und informiert die Besucher:innen anhand von Kunstwerken und Informationstafeln über ihre Kultur und wirbt für mehr Nachhaltigkeit und einen achtsamen Umgang mit der Umwelt. Als eines der am häufigsten ausgezeichneten Landschaftsarchitekturbüros Australiens hat sich das Team von T.C.L komplett dem ganzheitlichen Design verschrieben.

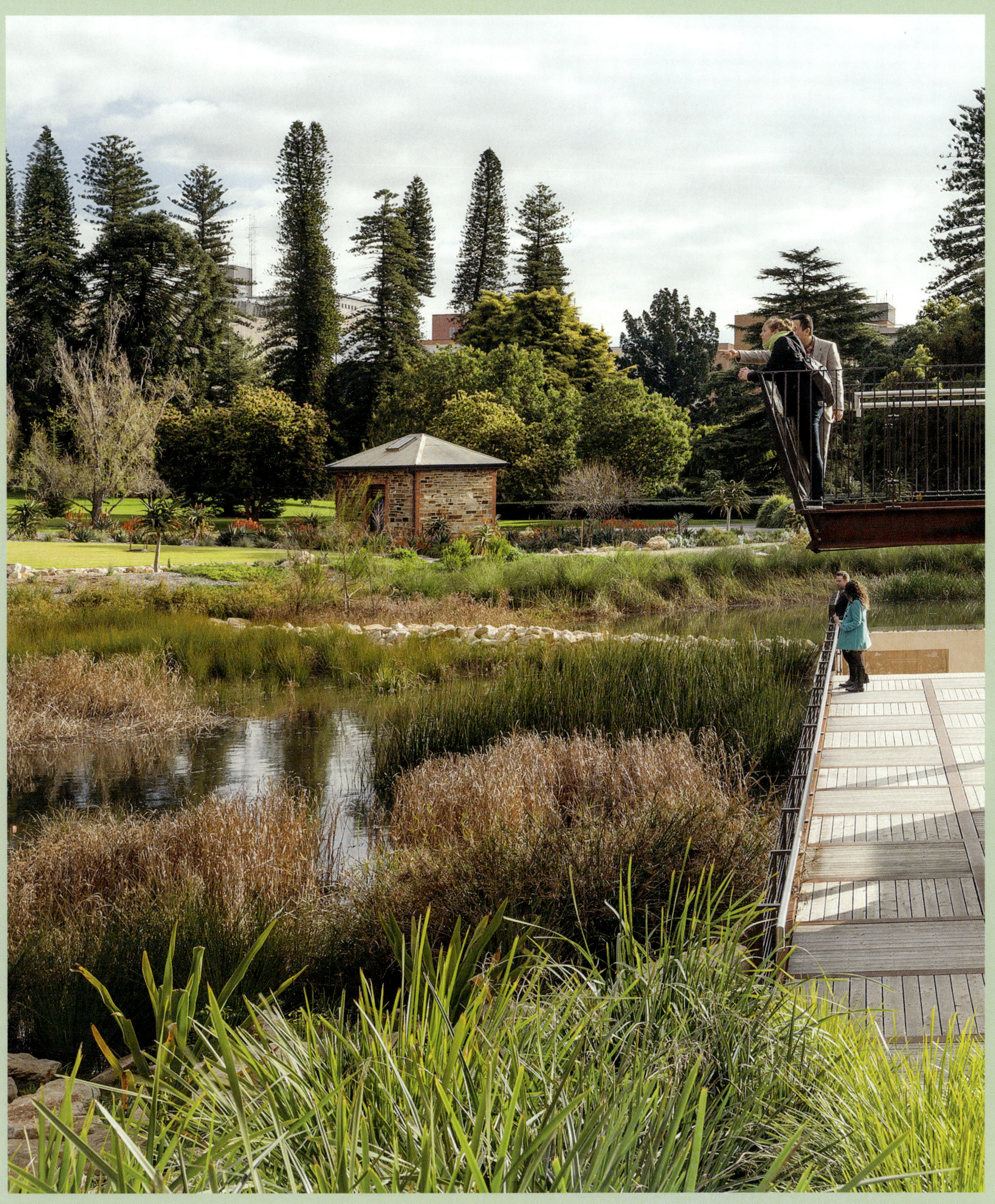

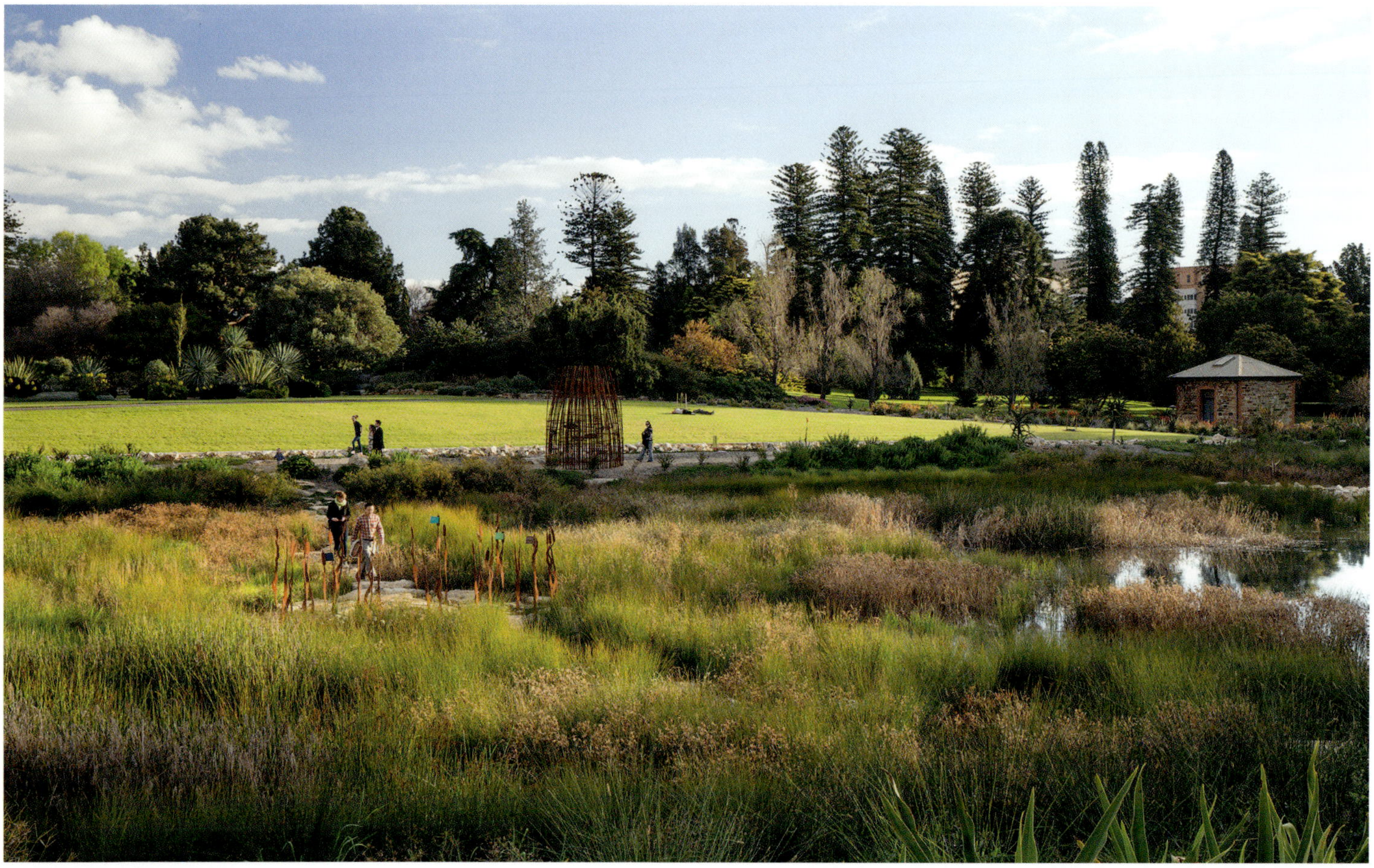

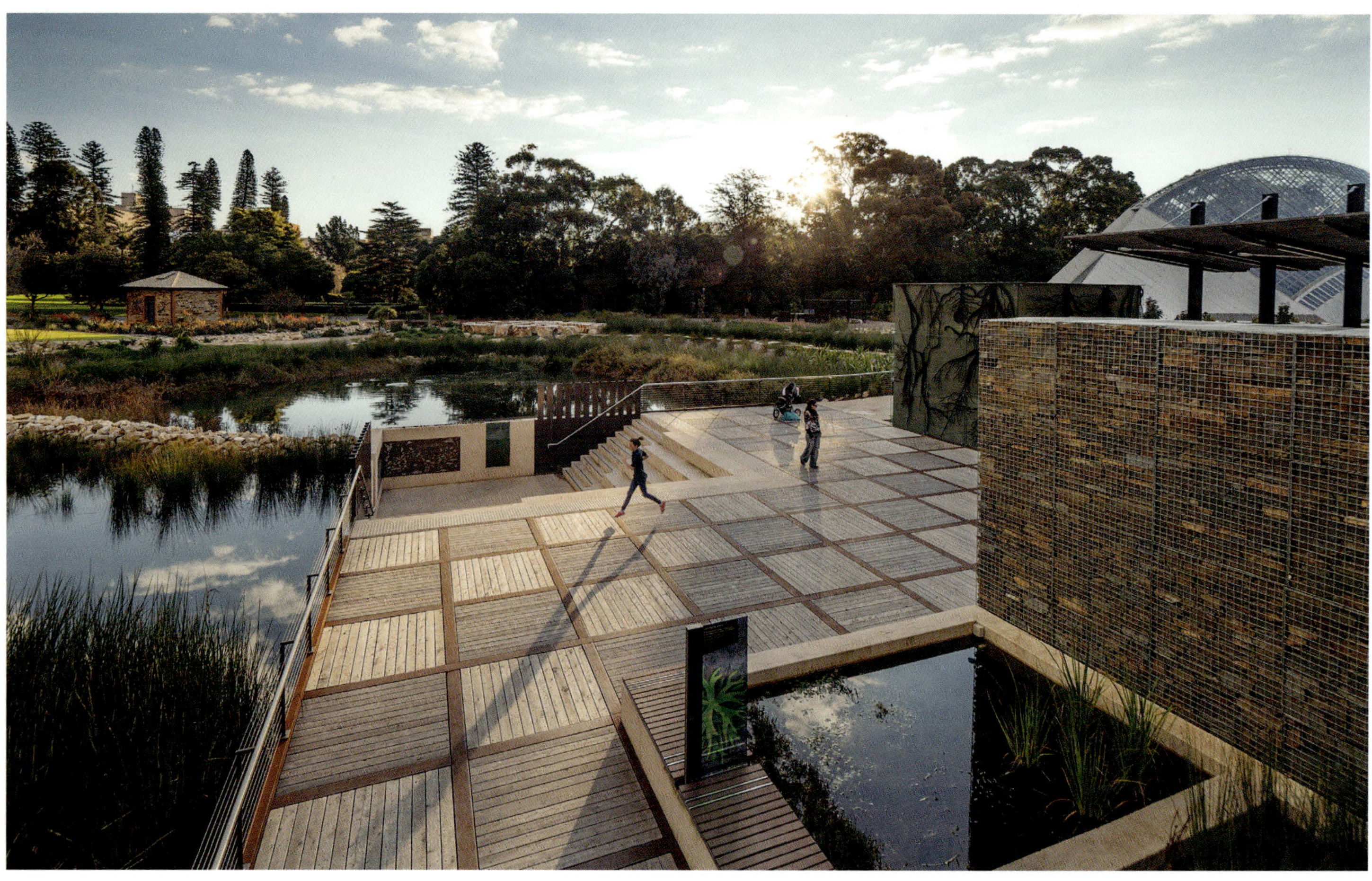

T.C.L

Q&A

What influenced the design of the Adelaide Botanic Gardens Wetland?

Our design was based on three pillars: plants, water, and people. We wanted to create a place that focused on enhancing all three. Creating an integrated experience for visitors that was immersive, educative, and sensorial while simultaneously being regenerative for the environment and this critical Adelaide waterway.

Why are wetlands so important?

The First Creek Wetland, and wetlands in general, ameliorate flooding, purify polluted stormwater runoff, provide habitat, and are an educational and recreational resource. Wetlands are increasingly being constructed in highly urbanized locations, which necessitates designers to explore ways to protect their inherent purpose, as well as enliven a connection with the natural environment for the people who live in and around them. They are critical to the health of our world, so their importance cannot be overstated.

What principles of sustainability are applied at your studio?

We seek out every opportunity to embed sustainability and water-sensitive urban design (WSUD) initiatives into our design responses. We work with clients to proactively determine every avenue that minimizes impact and maximizes the ecological well-being of the sites. The art of embedding innovative sustainable elements into immersive, beautiful, and memorable environments is a major aim of our practice.

Was beeinflusste die Gestaltung des Adelaide Botanic Gardens Wetlands?

Unser Design dafür basierte auf drei Säulen: Pflanzen, Wasser und Menschen. Unser Ziel war es, einen Ort zu schaffen, der sich auf die Förderung aller drei konzentriert. Wir wollten den Besuchern ein ganzheitliches Erlebnis bieten, das eindringlich, lehrreich und sinnlich ist und gleichzeitig die Umwelt und diesen wichtigen Wasserweg in Adelaide regeneriert.

Warum sind Feuchtgebiete so wichtig?

Das First Creek Wetland und Feuchtgebiete im Allgemeinen mildern Überschwemmungen, reinigen verschmutztes Regenwasser, bieten Lebensraum und sind Orte der Erholung und Umweltbildung. Feuchtgebiete werden in zunehmendem Maße in stark urbanisierten Gebieten angelegt, sodass die Stadtplaner:innen nach Möglichkeiten suchen müssen, ihren eigentlichen Zweck zu schützen und den Menschen, die in und um sie herum leben, eine Verbindung zur natürlichen Umwelt zu vermitteln. Sie sind für das Wohlergehen unserer Welt von entscheidender Bedeutung, und sollten daher nicht unterschätzt werden.

Welche Prinzipien der Nachhaltigkeit gelten in Ihrem Studio?

Wir suchen nach jeder Gelegenheit, Nachhaltigkeit und wassersensible Stadtentwicklung (WSSE) in unsere Entwürfe einzubauen. Wir arbeiten mit unseren Kund:innen zusammen, um proaktiv jeden Weg zu finden, der die Auswirkungen minimiert und die ökologische Qualität der Standorte maximiert. Die Kunst, innovative, nachhaltige Elemente in eindrucksvolle, schöne und unvergessliche Umgebungen einzubetten, ist eines unserer Hauptziele.

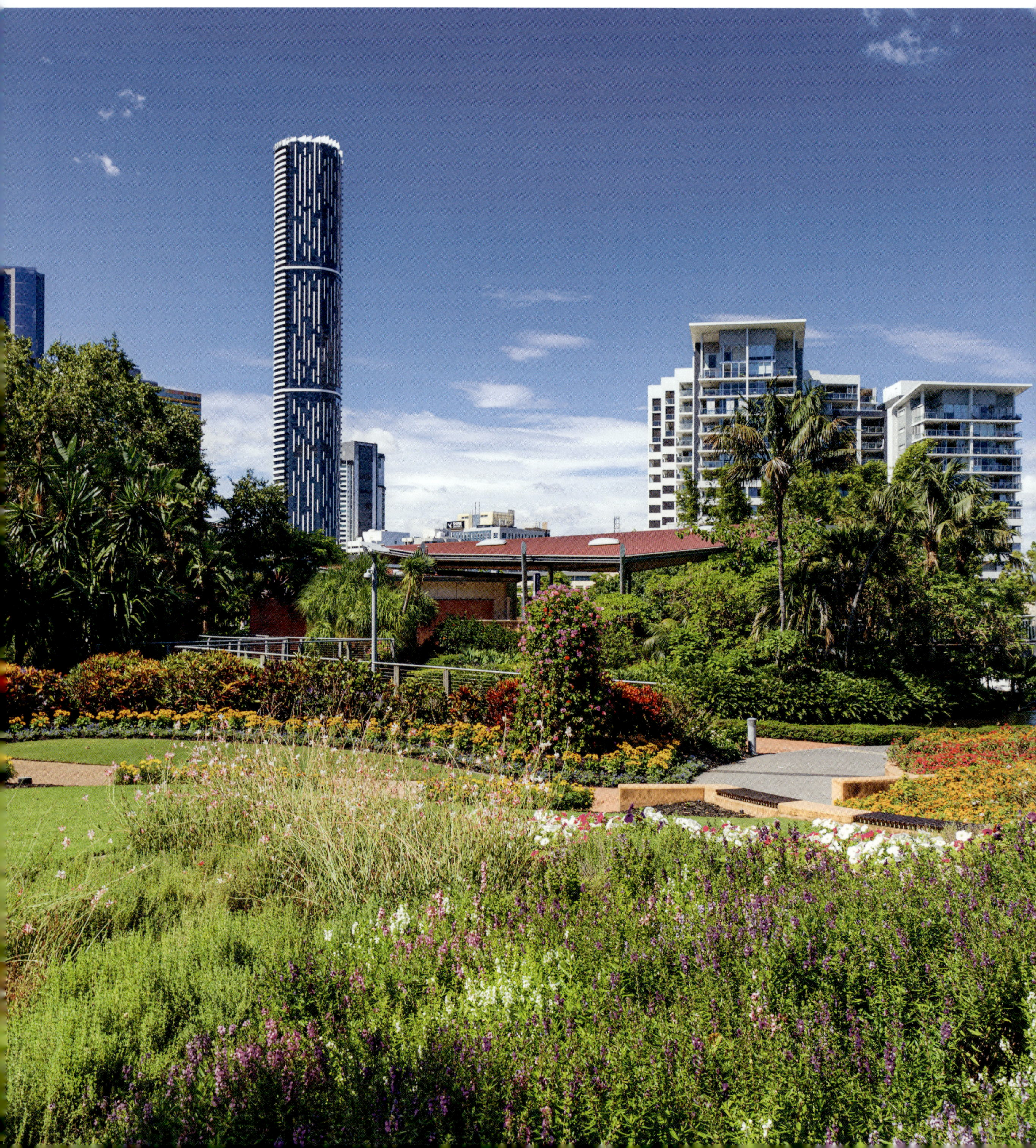

Brisbane in Australia is known for its commitment to urban greening and sustainability. The city has developed a wide range of green spaces, from large public parks to smaller community gardens and green roofs, and Roma Street Parkland and Southbank are two of the most popular.

Das australische Brisbane verfügt über ein breites Spektrum an Grünflächen, von großen öffentlichen Parks bis hin zu kleineren Gemeinschaftsgärten und grünen Dächern. Roma Street Parkland und Southbank sind zwei der beliebtesten Grünflächen der Stadt, die für Nachhaltigkeitsengagement steht.

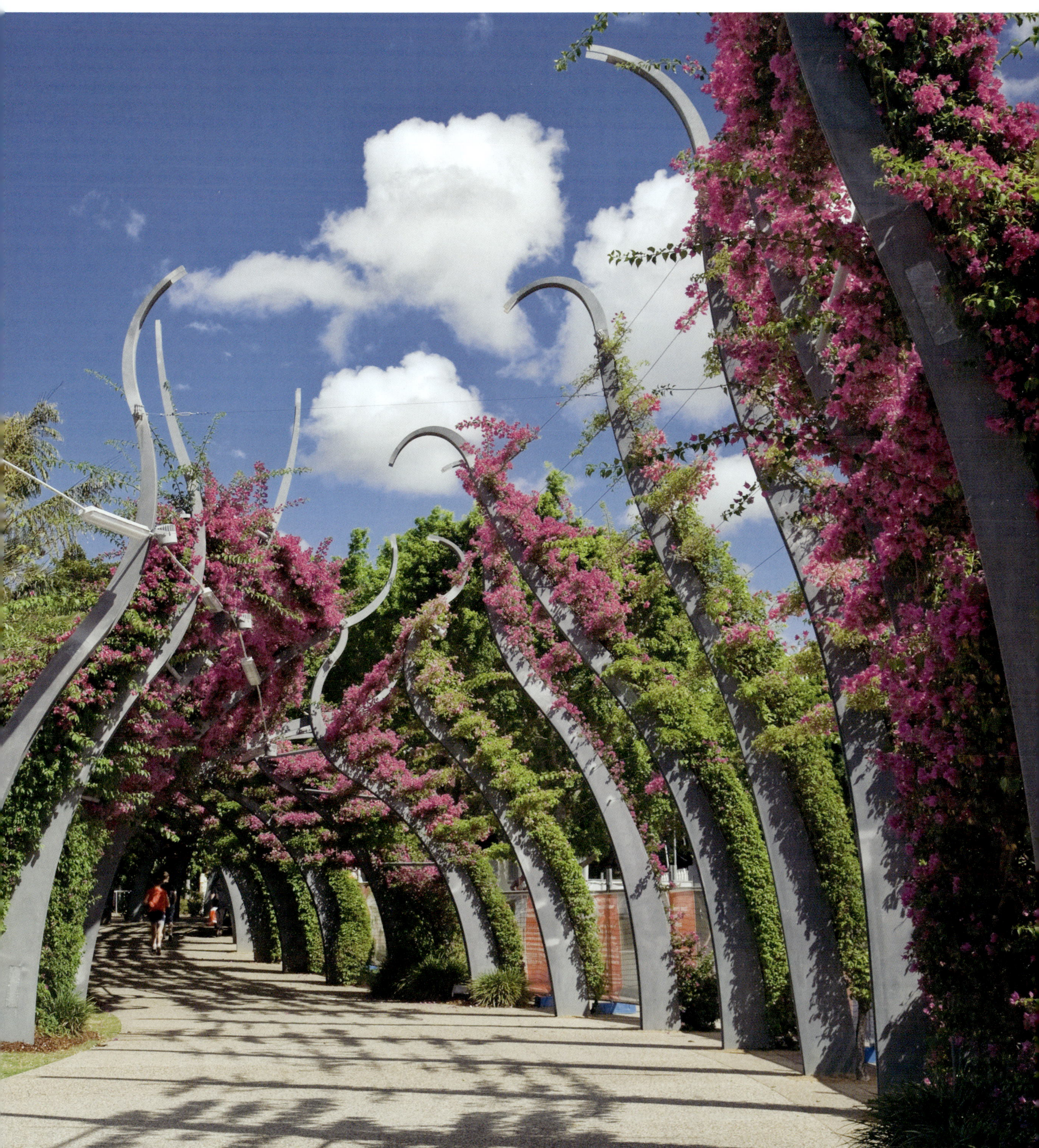

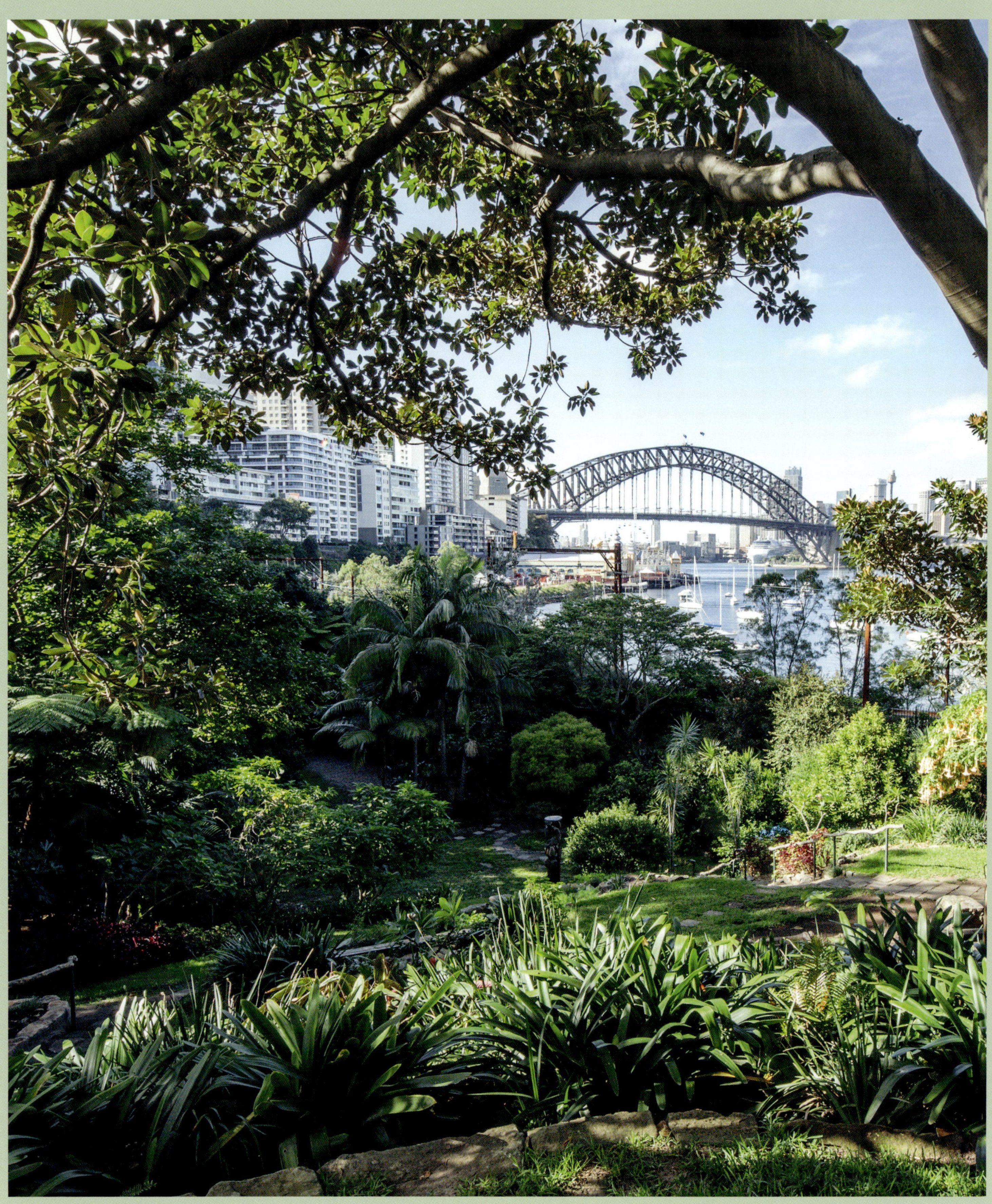

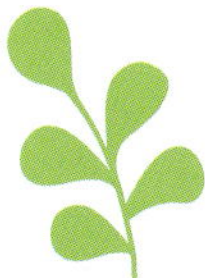

WENDY'S SECRET GARDEN
Sydney

Wendy's Secret Garden is a serene refuge from Sydney's frantic urban hustle, boasting breathtaking views of the Opera House and Harbour Bridge. Located in the desirable Lavender Bay neighborhood, the garden was once an overgrown and abandoned lot owned by the local railroad company. In 1992, however, celebrated art curator Wendy Whiteley saw the potential for something more.

After the passing of her ex-husband, the famous Australian artist Brett Whiteley, she took it upon herself to transform the neglected space into a thriving public garden. Without seeking permission, Whiteley cleared the scrub and set to work, creating winding paths, a leafy canopy of trees, and scattering donated artworks throughout the garden, and today Wendy's Secret Garden is a beloved spot for picnics and contemplation for people from all over the world. Asked if she knew anything about horticulture beforehand, the now 81-year-old replied, "The only other garden I ever looked after was the rooftop garden of the Chelsea Hotel in New York City. We had an apartment there, and you could see the garden through binoculars from the Empire State Building."

Thanks to Whiteley's hard work and perseverance, Wendy's Secret Garden has been granted a permit by the state for at least the next 60 years, ensuring that future generations can continue to revel in its tranquil beauty.

Wendy's Secret Garden ist eine Oase der Stille abseits der Hektik Sydneys und bietet einen atemberaubenden Blick auf das Opernhaus und die Harbour Bridge. Der im begehrten Viertel Lavender Bay gelegene Garten war einst ein verwildertes Grundstück, das der örtlichen Eisenbahngesellschaft gehörte. Im Jahr 1992 erkannte die berühmte Kunstkuratorin Wendy Whiteley jedoch das Potenzial für mehr.

Nach dem Tod ihres Ex-Mannes, des berühmten australischen Künstlers Brett Whiteley, nahm sie es auf sich, das vernachlässigte Gelände in einen blühenden öffentlichen Garten zu verwandeln. Ohne Genehmigung räumte Whiteley das Gestrüpp beiseite und machte sich an die Arbeit. Sie legte verschlungene Wege an, pflanzte ein dichtes Blattwerk aus Bäumen und verteilte gespendete Kunstwerke im Garten. Heute ist Wendy's Secret Garden ein beliebter Ort für gemeinsame Picknicks und gemütliche Stunden der Muße, den Menschen aus der ganzen Welt besuchen. Auf die Frage, ob sie vorher etwas über das Gärtnern wusste, antwortet die heute 81-Jährige: „Der einzige andere Garten, den ich je gepflegt habe, war der Dachgarten des Chelsea Hotels in New York City. Wir hatten dort ein Apartment, und man konnte den Garten mit einem Fernglas vom Empire State Building aus sehen."

Dank Whiteleys harter Arbeit und Beharrlichkeit hat Wendy's Secret Garden vom Bundesstaat eine Genehmigung für mindestens die nächsten 60 Jahre erhalten, sodass sich noch zukünftige Generationen an seiner Schönheit und Ruhe erfreuen können.

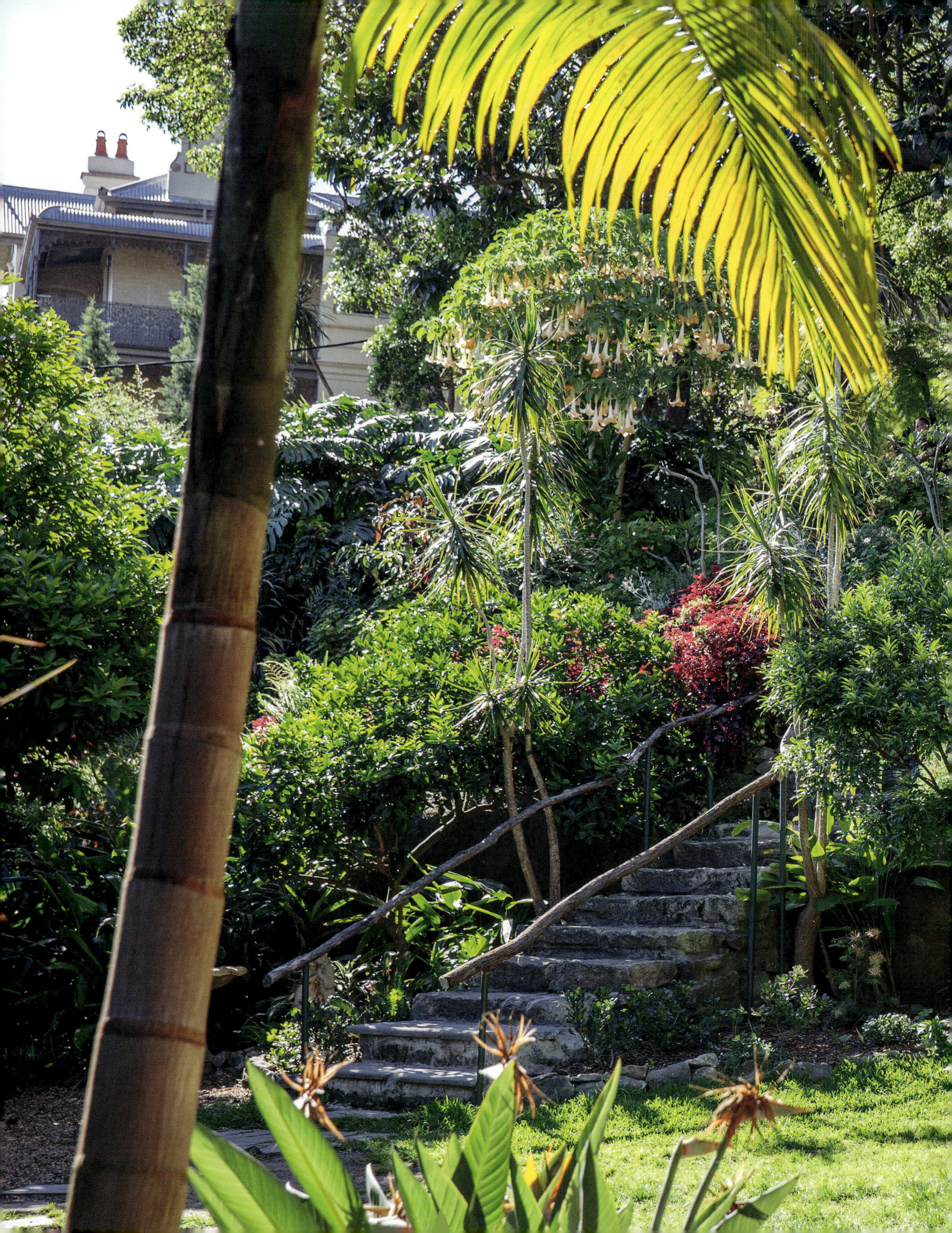

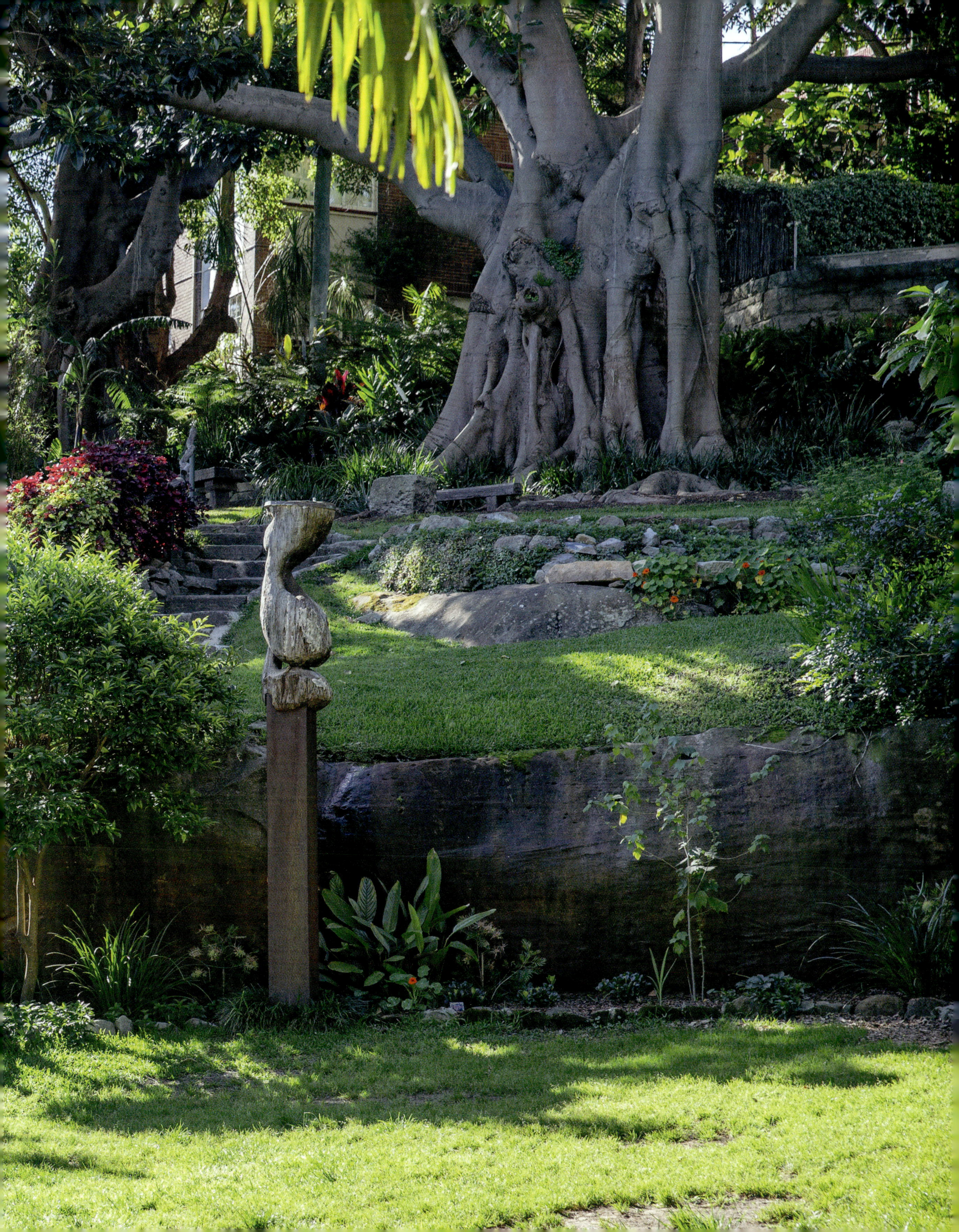

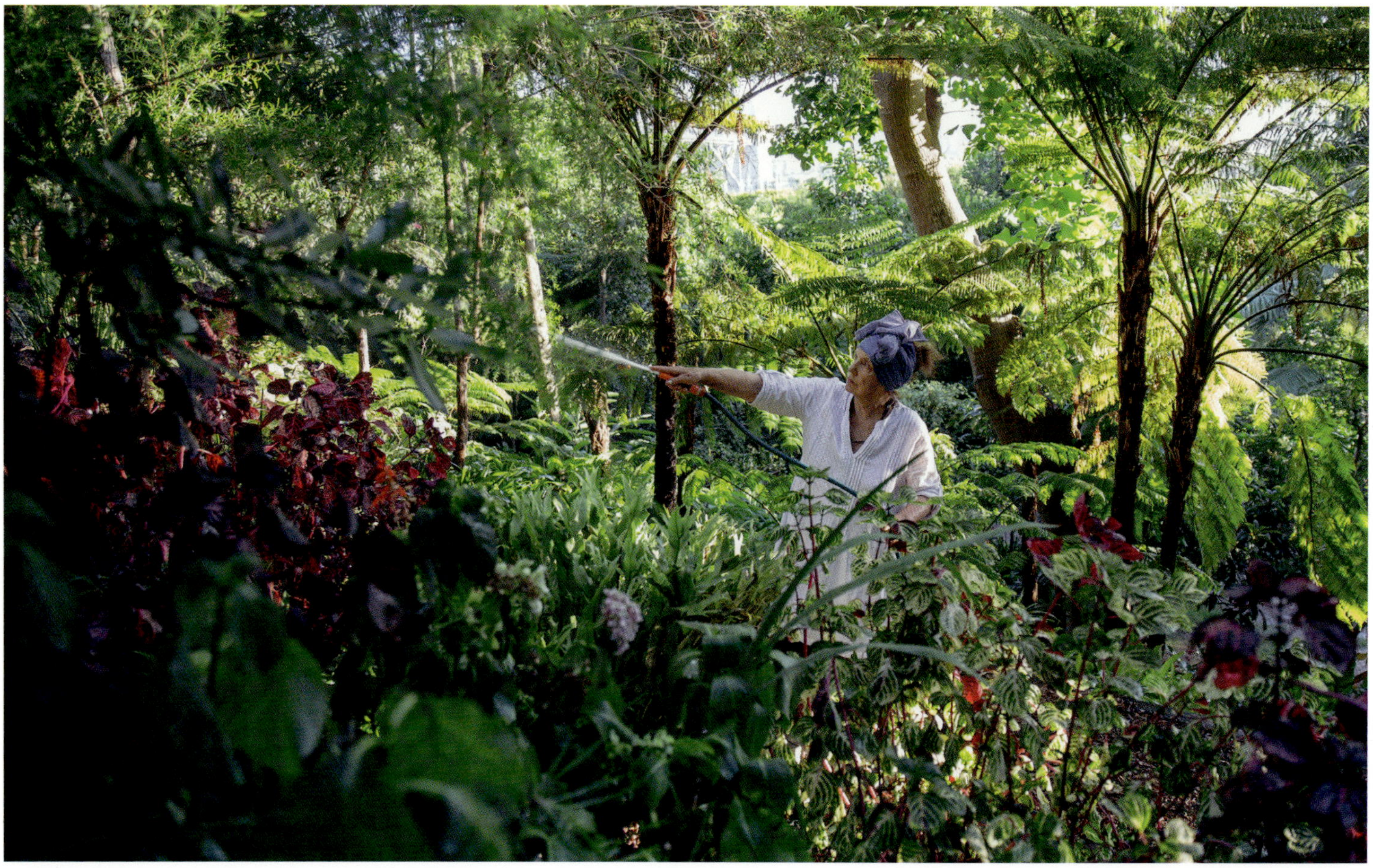

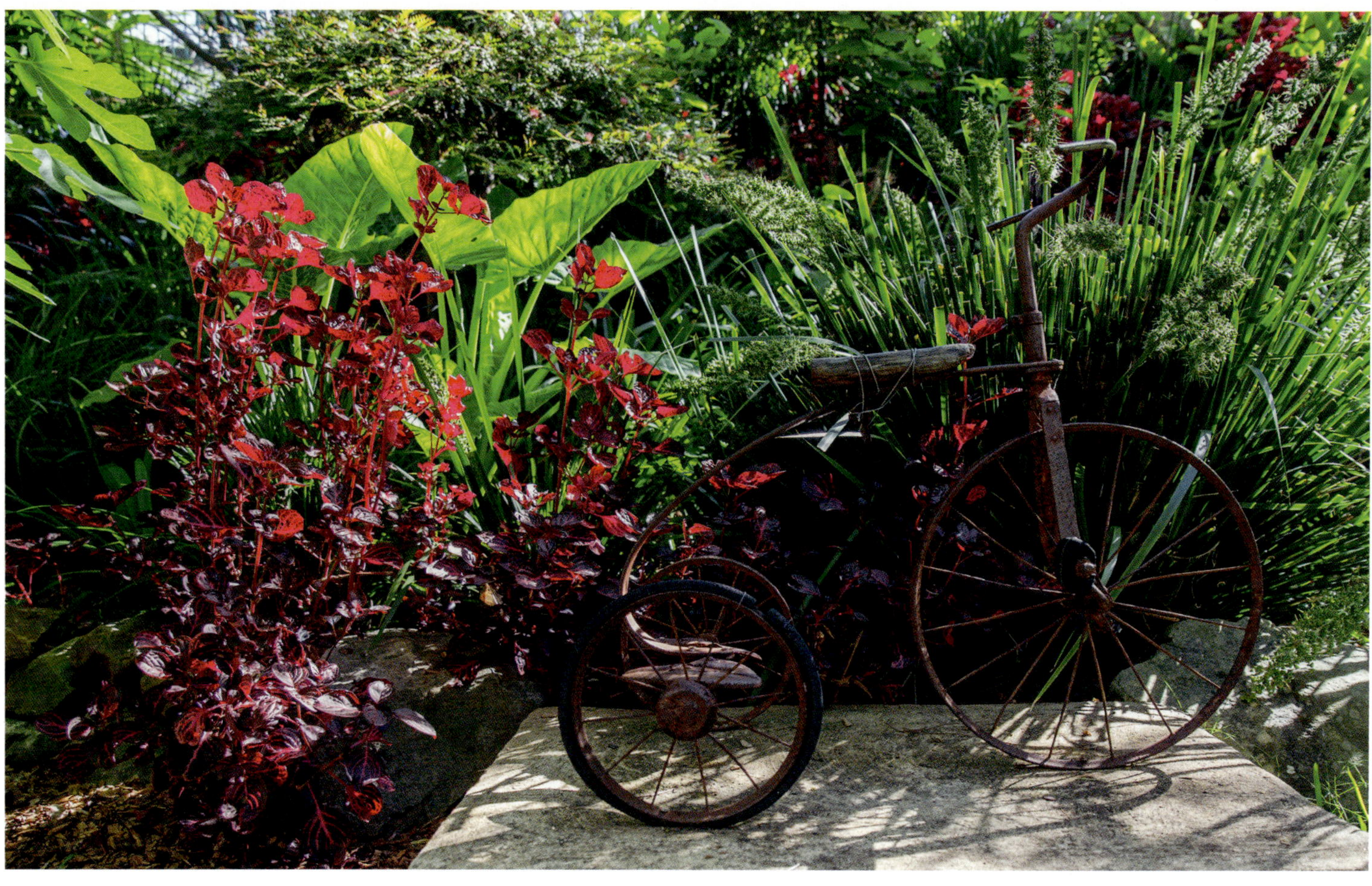

WENDY WHITELEY

Q&A

What is it like to see people enjoying the garden you've created?

I absolutely love it. I can see the garden from my balcony, and it brings me joy to see people enjoying it—kids running around, people getting married, and even just reading a book in a peaceful atmosphere. The whole meaning of it was to share it with others.

How did you go about planting the garden?

I rely on my own eye rather than specific plant species. I like to mix native and exotic plants together and, if I don't know something about a particular plant, I'll read the label and learn more about its watering and shading needs. My design process is centered on whatever looks good—I'll pair big leaves with small leaves, place bushy ones against hard edges and mix colors and greens. It's all about creating the same kind of aesthetic appeal as looking at a painting.

Given that Sydney is already experiencing the effects of the climate crisis with severe floods and droughts, what do you think about the future?

I don't think we'll be able to fix climate change quickly enough to prevent plants from needing to adapt. However, we can try to save animals from being destroyed by ensuring that species like koalas and wombats survive these disasters. There's a lot of work to be done. That was even the case before climate change, but now it's becoming much more extreme. However, I'm feeling fairly positive about the current government in Australia. But politicians, none of them are saints, that's for sure. At least the public seems to be heading in the right direction.

Was ist das für ein Gefühl, wenn Sie sehen, wie die Menschen den von Ihnen angelegten Garten genießen?

Ich liebe es. Ich kann den Garten von meinem Balkon aus sehen und freue mich sehr, wenn ich sehe, wie die Menschen ihn genießen – Kinder, die herumtollen, Paare, die heiraten, und einfach Leute, die in einer friedlichen Atmosphäre ein Buch lesen. Der Sinn des Gartens war es ja, ihn mit anderen zu teilen.

Wie sind Sie bei der Gestaltung vorgegangen?

Ich verlasse mich eher auf mein eigenes Auge als auf bestimmte Pflanzenarten. Ich mische gerne einheimische und exotische Pflanzen und wenn ich etwas über eine Pflanze nicht weiß, lese ich einfach das Etikett und finde heraus, was sie an Wasser und Schatten braucht. Mein Gestaltungsprozess konzentriert sich auf das, was gut aussieht. Ich kombiniere große Blätter mit kleinen Blättern, setze Buschiges gegen harte Kanten und mische Farben und Grüntöne. Es geht darum, den gleichen ästhetischen Reiz zu erzeugen wie beim Betrachten eines Gemäldes.

Sydney leidet bereits unter den Auswirkungen der Klimakrise mit schweren Überschwemmungen und Dürren – wie blicken Sie in die Zukunft?

Ich glaube nicht, dass wir die Klimakrise schnell genug bewältigen, um zu verhindern, dass sich Pflanzen anpassen müssen. Was wir aber retten können, ist die Tierwelt, indem wir dafür sorgen, dass Arten wie Koalas und Wombats diese Katastrophen überleben können.
Es gibt noch viel zu tun, das war schon vor dem Klimawandel so, aber jetzt ist alles noch extremer. Allerdings bin ich diesmal recht positiv gestimmt, was die aktuelle Regierung in Australien angeht. Aber Politiker sind keine Heiligen, soviel ist sicher. Zumindest scheint sich die Bevölkerung in die richtige Richtung zu bewegen.

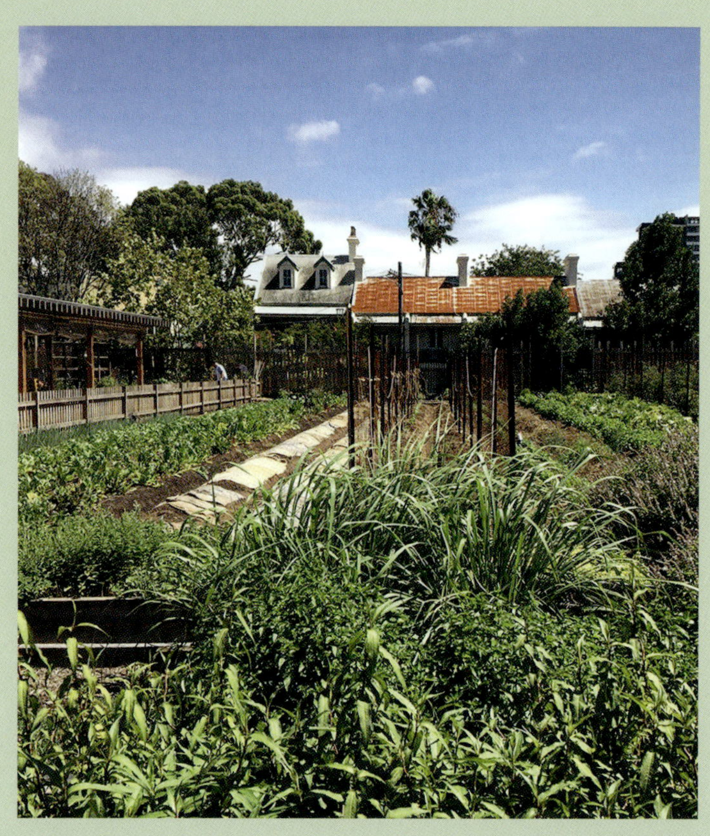

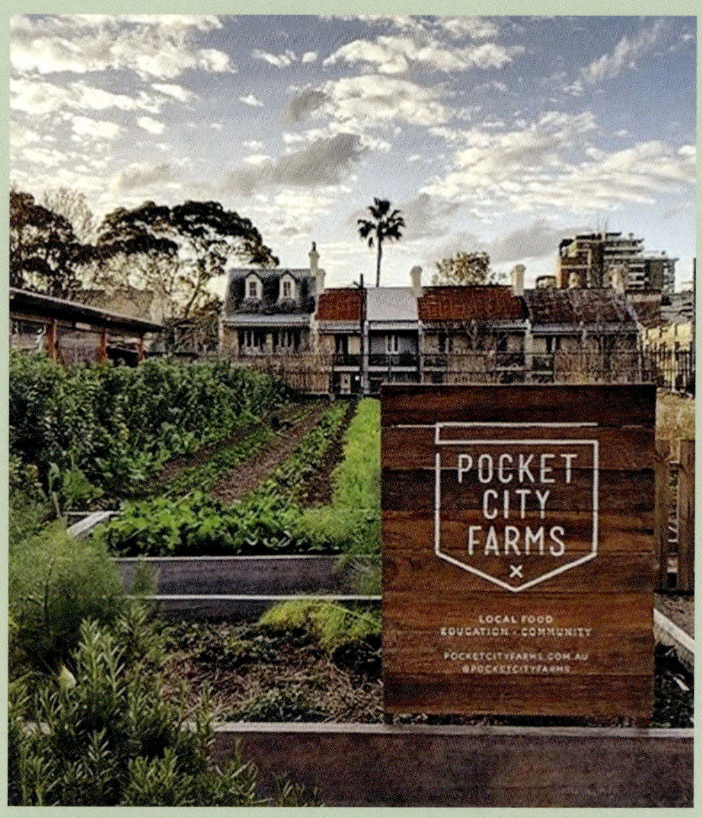
POCKET
CITY
FARMS
LOCAL FOOD
EDUCATION / COMMUNITY
POCKETCITYFARMS.COM.AU
@POCKETCITYFARMS

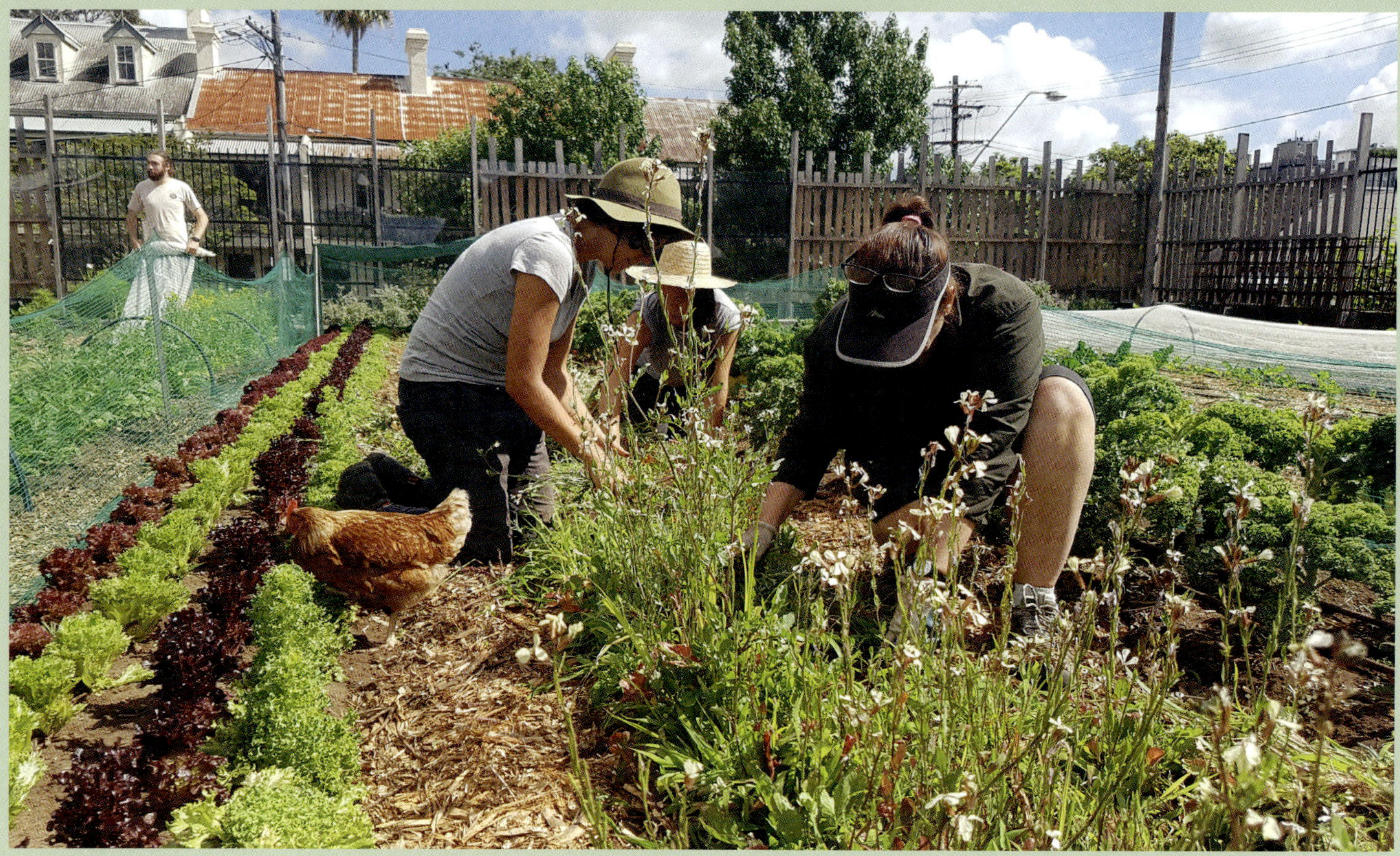

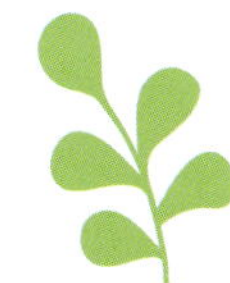

POCKET CITY FARMS
Sydney

Transforming an abandoned bowling green in Sydney's city center, Pocket City Farms has emerged as a pioneering urban education and community hub that champions sustainable and regenerative agriculture. The brainchild of Emma Bowen and Michael Zagoridis, and the first of its kind in Australia, this Sydney urban farm was founded in 2016 with the goal of fostering connections among communities through fair access to food.

Spanning 12,900 square feet, Pocket City Farms boasts a market garden employing regenerative practices to enhance soil health and support biodiversity, has its own native beehives, and generates its own compost from food waste from the restaurants it supplies. In line with the farm's ethos, a food forest along the street provides free food for the local community.

Pocket City Farms is more than just a farm. It also runs various educational programs and events for communities, schools and businesses to demonstrate that it is possible to produce food in a sustainable and environmentally friendly way in the city while strengthening communities.

Pocket City Farms ist ein Pilotprojekt in Sydney, das nachhaltige und regenerative Landwirtschaft in der Stadt fördert. Die Farm wurde 2016 von Emma Bowen und Michael Zagoridis auf einer verlassenen Grünfläche gegründet und war damit die erste ihrer Art in Australien. Ziel von Pocket City Farms ist es, Gemeinschaften durch fairen Zugang zu Lebensmitteln miteinander zu verbinden.

Die 1200 Quadratmeter große Farm betreibt einen Marktgarten, der mit regenerativen Methoden die Bodengesundheit verbessert und die Biodiversität erhöht. Pocket City Farms hat zudem eigene Bienenstöcke und produziert eigenen Kompost – aus Lebensmittelabfällen, die von den Restaurants stammen, die die Farm beliefert. Im Einklang mit dem Ethos der Farm, können sich Menschen im Food Forest an der Straße vor dem Eingang kostenlos Obst und Gemüse pflücken.

Pocket City Farms ist mehr als nur ein städtischer Bauernhof. Das Team organisiert auch eine Reihe von Bildungsprogrammen und Veranstaltungen für Gemeinden, Schulen und Unternehmen. Das Projekt verdeutlicht, dass es in der Stadt möglich ist, Lebensmittel nachhaltig und umweltfreundlich zu produzieren und gleichzeitig die lokale Community zu stärken.

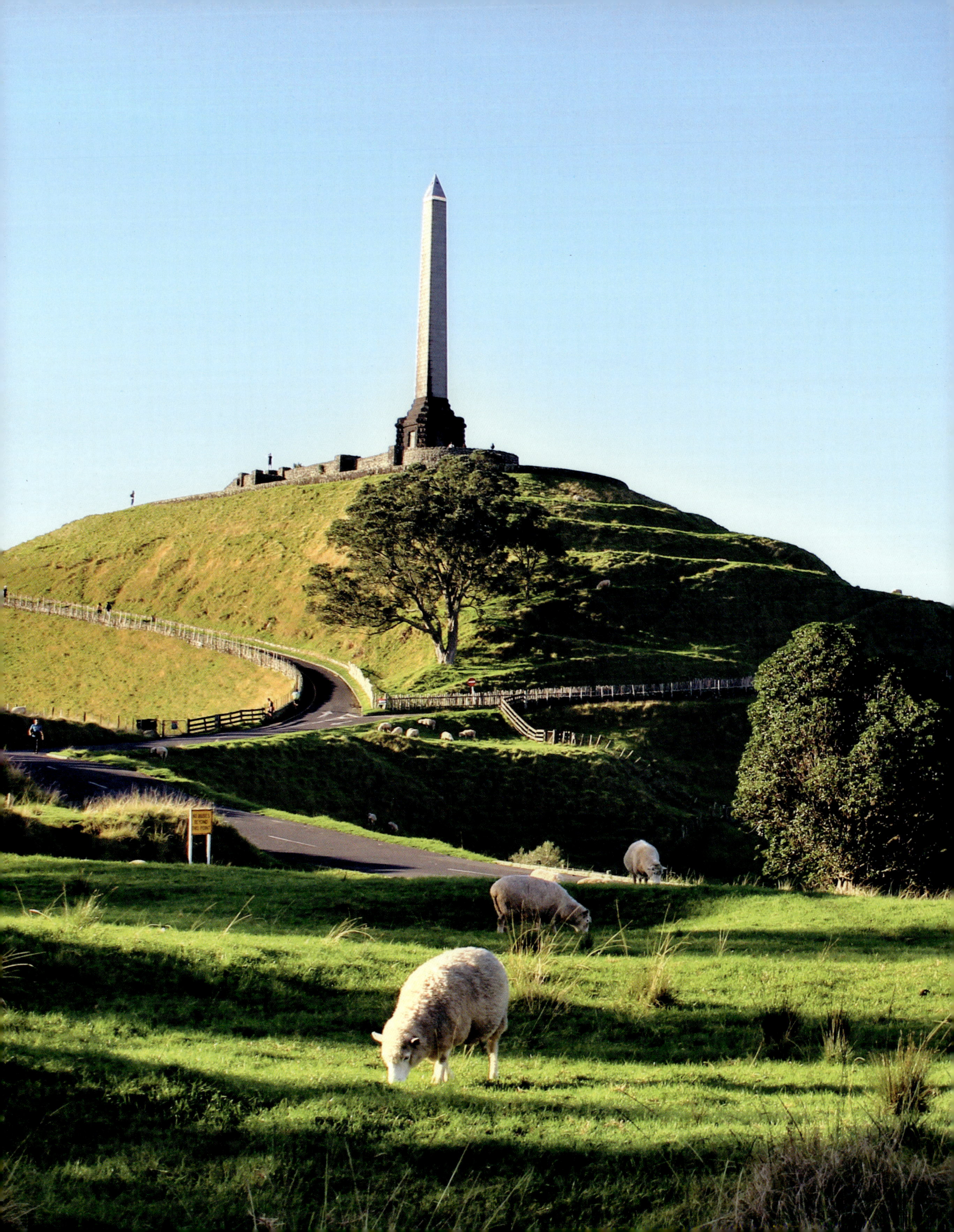

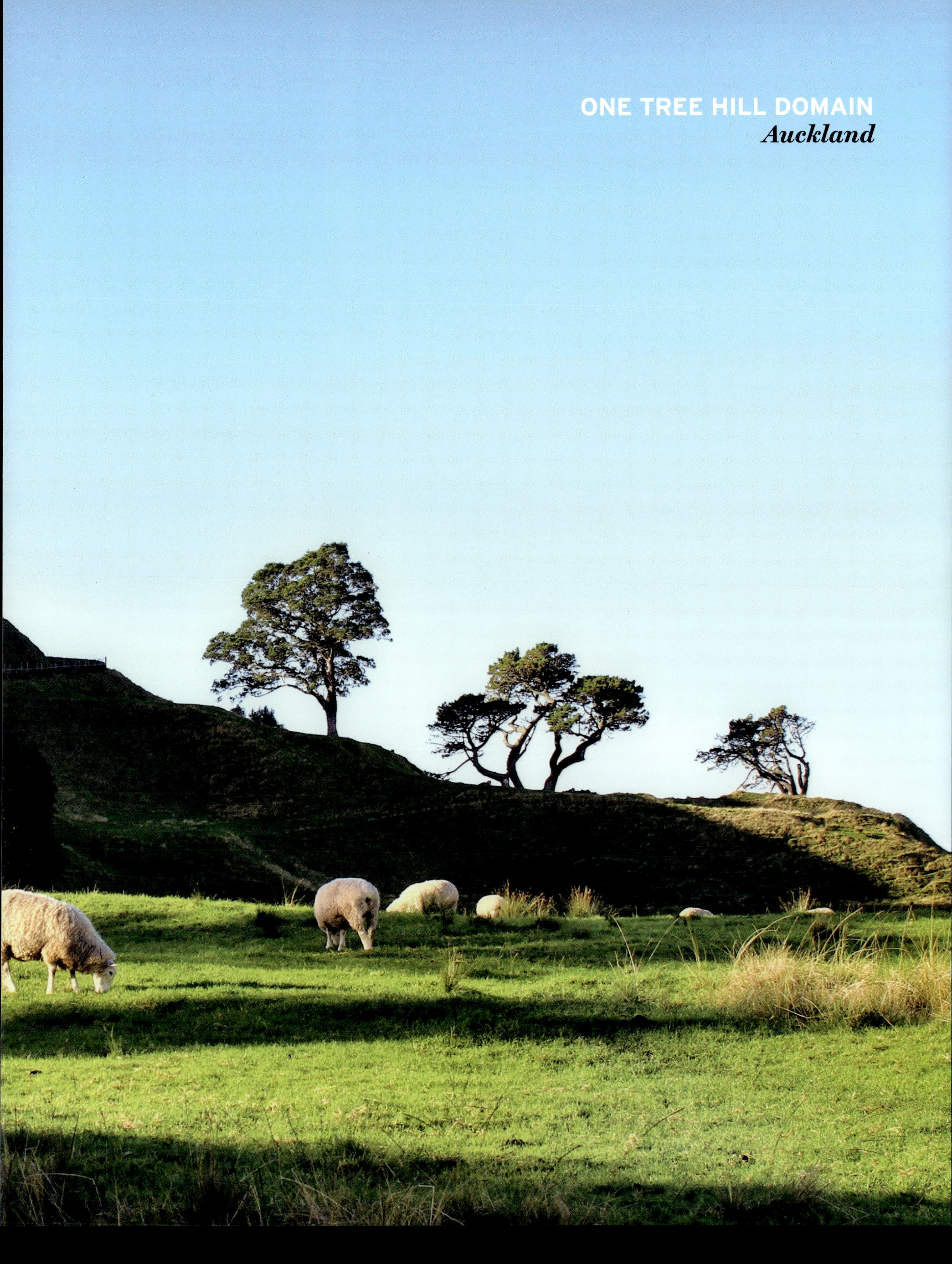
ONE TREE HILL DOMAIN
Auckland

Index

Biography

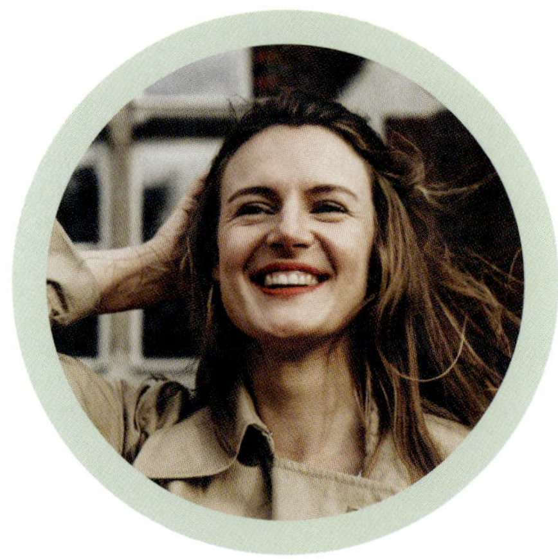

Jessica Jungbauer is a freelance journalist and photographer focusing on food, travel, and sustainability. Through her writing and photography, she tells the stories of inspiring people and places committed to creating a sustainable future. Her work appears in leading magazines worldwide such as *National Geographic Traveler*, *DER SPIEGEL*, *ZEITmagazin ONLINE*, *Frankfurter Allgemeine Zeitung*, *VOGUE*, *The Guardian*, BBC, *Condé Nast Traveler*, and more.
www.jessicajungbauer.com

Jessica Jungbauer ist freie Journalistin und Fotografin mit Fokus auf Food, Reise und Nachhaltigkeit. In ihren Texten und Fotos erzählt sie die Geschichten von inspirierenden Menschen und Orten, die sich für eine nachhaltige Zukunft einsetzen. Ihre Arbeiten erscheinen in führenden Magazinen weltweit wie *National Geographic Traveler*, *DER SPIEGEL*, *ZEIT Online*, *Frankfurter Allgemeine Zeitung*, *VOGUE*, *The Guardian*, BBC, *Condé Nast Traveler* und mehr.
www.jessicajungbauer.com

Acknowledgements

This book is a labor of love, nurtured by the steadfast support of my husband Bernd and my dog Momo, my dearest companions on all of our park bench adventures. It would not have been possible without my editor, Nadine Weinhold, who saw the potential in this project and gave me the creative freedom to bring it to life. My meticulous English proofreader Abe Davies, who tended to every word with care. The entire team at teNeues, who gave me the green light to bring it to fruition and helped it flourish. My family, always encouraging me to reach new heights. My beloved friends, especially Sandra, Ela, Vicy, Charmaine, Ana, and Lina, for being the roots I can always count on to hold me steady and help me grow. And last but not least, the contributors who shared their stories and helped make this book a lush garden of inspiration.

Dieses Buch ist ein echtes Herzensprojekt, ermöglicht durch die unerschütterliche Unterstützung meines Mannes Bernd und meiner Hündin Momo, meinen liebsten Begleitern auf allen Parkbänken dieser Welt. Es wäre nicht möglich gewesen ohne meine Redakteurin Nadine Weinhold, die das Potenzial dieses Projekts erkannte und mir den kreativen Freiraum gab, es zum Leben zu erwecken. Meinen akribischen Englisch-Lektor Abe Davies, der jedes einzelne Wort mit größter Sorgfalt überprüft hat. Das gesamte Team von teNeues, das mir grünes Licht für die Umsetzung gegeben hat, damit sich das Buch entfalten kann. Meine Familie, die mich immer wieder ermutigt, Neues zu wagen. Meine lieben Freundinnen, insbesondere Sandra, Ela, Vicy, Charmaine, Ana und Lina, die mir stets Halt geben, um zu wachsen. Und nicht zuletzt alle Beitragenden, die ihre Geschichten mit mir geteilt haben, um dieses Buch zu einer Quelle der Inspiration zu machen.

Image Credits

Imprint

© 2023 teNeues Verlag GmbH

Texts by Jessica Jungbauer

Editorial Coordination by Nadine Weinhold, teNeues Verlag
Production by Sandra Jansen-Dorn, teNeues Verlag
Photo Editing, Color Separation by Robert Kuhlendahl,
teNeues Verlag
Design by Anika Lethen
Book Composition by Nadine Weinhold, teNeues Verlag

Copyediting by Abe Davies (English),
Nadine Weinhold, Stephanie Rebel (German),
teNeues Verlag

ISBN: 978-3-96171-440-7
Library of Congress Number: 2022950622
Printed by GPS in BiH

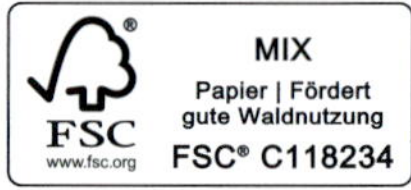

Picture and text rights reserved for all countries. No part of this
publication may be reproduced in any manner whatsoever.

While we strive for utmost precision in every detail, we cannot be
held responsible for any inaccuracies, neither for any subsequent
loss or damage arising.

Every effort has been made by the publisher to contact holders of
copyright to obtain permission to reproduce copyrighted material.
However, if any permissions have been inadvertently overlooked,
teNeues Publishing Group will be pleased to make the necessary
and reasonable arrangements at the first opportunity.

Bibliographic information published by the Deutsche Nationalbibliothek: The Deutsche Nationalbibliothek lists this publication
in the Deutsche Nationalbibliografie; detailed bibliographic data
are available on the Internet at dnb.dnb.de.

Published by teNeues Publishing Group

teNeues Verlag GmbH
Ohmstraße 8a
86199 Augsburg, Germany

Düsseldorf Office
Waldenburger Straße 13
41564 Kaarst, Germany
e-mail: books@teneues.com

Augsburg/München Office
Ohmstraße 8a
86199 Augsburg, Germany
e-mail: books@teneues.com

Berlin Office
Lietzenburger Straße 53
10719 Berlin, Germany
e-mail: books@teneues.com

Press Department
e-mail: presse@teneues.com

teNeues Publishing Company
350 Seventh Avenue, Suite 301
New York, NY 10001, USA
Phone: +1-212-627-9090
Fax: +1-212-627-9511

www.teneues.com

teNeues Publishing Group
Augsburg / München
Berlin
Düsseldorf
London
New York

teNeues